# 「決定版」雪崩学

北海道雪崩事故防止研究会編

山と溪谷社

# 目次

序 ── 常識の否定 ── 10
本書を読まれる方に 12

## 1章　雪を科学する　　秋田谷英次・尾関俊浩・福沢卓也　15

 1　降る雪・積もる雪……………… 16
  （1）雪は天からの手紙である
  （2）雪の結晶のでき方
  （3）雪の層のでき方
  （4）雪庇のでき方
 2　積もってからの雪の変化……………… 24
  （1）圧密と焼結
  （2）昇華蒸発と昇華凝結
  （3）水が関与した変態
 3　積雪の分類と積雪層の変化……………… 27
 4　雪崩の基礎知識……………… 29
  （1）雪崩跡の何を見ればよいか
  （2）雪崩の運動形態
  （3）雪崩のスピード
  （4）雪崩はどこまで到達するか
  （5）雪崩の内部構造と衝撃力
  （6）スラッシュ雪崩
  （7）雪崩の運動モデル

## 2章　雪崩の発生メカニズム　　秋田谷英次・成瀬廉二・尾関俊浩・福沢卓也　39

 1　雪崩の分類……………… 40
 2　面発生表層雪崩……………… 42
  （1）発生のキーを握る「弱層」
  （2）5種類の弱層
  （3）弱層形成と雪崩発生
  （4）弱層の寿命
  （5）弱層がない表層雪崩
 3　点発生表層雪崩……………… 53

4　全層雪崩……………………55
　　（1）全層雪崩の発生メカニズム
　　（2）乾雪全層雪崩
　5　外国の雪崩分類………………59
　6　ハードスラブ雪崩……………60
　　（1）十勝連峰OP尾根の雪崩
　　（2）過去のハードスラブ雪崩事故
　7　ブロック雪崩…………………62
　8　氷雪崩…………………………63
　　（1）懸垂氷河の崩落と氷雪崩
　　（2）氷雪崩の研究例

# 3章　雪崩の危険判別法　　成瀬廉二・福沢卓也・阿部幹雄　　65

　1　面発生表層雪崩の対策………67
　　（1）ハンドテスト
　　（2）シャベルずりテスト
　　（3）コンプレッションテスト
　　（4）崩壊テストまたは雪柱載荷テスト
　　（5）ルッチブロックテスト
　　（6）スクラムジャンプテスト
　2　各テスト方法の比較…………77
　　（1）所要時間
　　（2）主観性
　　（3）雪の感触
　3　弱層テストの評価基準………79
　4　その他の雪崩の対策…………81
　　（1）点発生表層雪崩の対策
　　（2）全層雪崩の対策
　　（3）ハードスラブ雪崩の対策
　　（4）氷雪崩の対策

# 4章　スキーパトロールとガイドのための
　　　実用的雪氷調査法　　尾関俊浩　85

　1　降雪の調査……………………86
　　（1）日降雪量

（2）積雪深
　2　積雪の調査……………………89
　　　（1）スノーピット
　　　（2）層構造
　　　（3）雪質と粒径
　　　（4）硬度
　　　（5）シアーフレームテスト
　　　（6）上載積雪荷重
　3　雪崩の発生予測に向けての観測項目………………94
　　　（1）雪温
　　　（2）密度
　　　付録　雪崩調査カード

# 5章　行動判断　樋口和生　97

　1　ルート選択……………………98
　　　（1）斜面の傾斜度
　　　（2）地形図による判断
　　　（3）植生による判断
　2　雪崩危険地帯の通過法………………102
　　　（1）樹林帯内の雪崩危険地帯でのルート判断
　　　（2）疎林帯や白い斜面でのルート判断
　　　（3）雪崩危険個所の通過
　　　（4）雪庇の判断
　　　（5）沢の中での判断
　　　（6）視界がない場合の判断
　3　行動を継続するか否かの判断………………109
　　　（1）登高と下降
　　　（2）トラバース
　4　宿泊地の選択と露営方法………………110
　　　（1）宿泊地の選択
　　　（2）積雪期の露営方法

# 6章　雪崩対策の装備　阿部幹雄　115

　1　雪崩ビーコン……………………116
　　　（1）雪崩ビーコン

（2）日本における雪崩ビーコン普及の歴史

　（3）雪崩ビーコンの周波数は 457 kHz

　（4）雪崩ビーコンの電波特性

　（5）デジタル雪崩ビーコン

　（6）雪崩ビーコン携行者の生存率

　（7）日本で最初の雪崩ビーコンによる生存救出

　（8）雪崩ビーコンの機種

　（9）雪崩ビーコンの選択基準

　（10）雪崩ビーコンの性能比較

 2　シャベル……………………133

　（1）1人に1本のシャベル

　（2）シャベルの選択基準

　（3）シャベルの機種

 3　ゾンデ………………………139

　（1）ゾンデについて

　（2）ゾンデの選択基準

　（3）ゾンデの機種

 4　そのほかの装備……………………143

　（1）レッコ

　（2）雪崩紐

　（3）ナイフ

　（4）ノコギリ

　（5）エアーバック

　（6）アバラング

　（7）そのほかの道具

# 7章　セルフレスキュー　　阿部幹雄　149

 1　生存救出は時間との競争………………150

　（1）雪崩埋没者の生存率

　（2）セルフレスキューの実践

　（3）セルフレスキュー実践のための装備

 2　雪崩に遭遇した時の行動………………153

　（1）雪崩に巻き込まれた者の行動

　（2）捜索者の行動

　（3）遭難者の埋没位置の推定

3　雪崩ビーコンの捜索方法……………………157
　　　（1）直角法と電波誘導法
　　　（2）電波誘導法による捜索
　　　（3）直角法による捜索
　　　（4）雪崩ビーコンの機能チェック
　　　（5）雪崩ビーコン使用の注意
　　　（6）雪崩ビーコンの捜索練習法
　　4　雪崩ビーコンがない場合のセルフレスキュー………………168
　　　（1）緊急パトロール
　　　（2）ゾンデ捜索
　　5　救助隊の要請…………………169

# 8章　セルフレスキューだけでは生存救出できない　阿部幹雄　171

　　1　セルフレスキューの限界………………172
　　　（1）セルフレスキュー実践の概念
　　　（2）セルフレスキューの限界
　　2　チームレスキュー………………175
　　　（1）救助隊
　　　（2）山岳型の雪崩災害とレジャー型の雪崩災害のレスキュー態勢
　　3　これからはヘリコプターの時代………………………179
　　　（1）ヘリコプター配備の充実
　　　（2）消防防災ヘリコプターと警察ヘリコプターの特徴
　　4　ヘリコプター救助に必要な知識……………………180
　　　（1）隊員の降下方法
　　　（2）収容方法
　　　（3）着陸、ホバリングの注意事項
　　　（4）ヘリコプター誘導の方法
　　　（5）ヘリコプター救助に必要な情報
　　　（6）ヘリコプターに発見されやすい方法
　　　（7）ヘリコプターが飛行できない時
　　　（8）費用
　　5　雪崩犬を育てよう…………………186
　　　（1）雪崩犬の優秀な能力
　　　（2）犯罪捜査犬と雪崩犬

（3）雪崩犬の選定条件
　（4）雪崩犬の育て方

## 9章　遭難者発見後の対応　　樋口和生　197

　1　遭難者発見後の医療的処置について……………………… 198
　　（1）埋没時間と死亡率
　　（2）救助の現場でできること
　　（3）低体温症
　　（4）窒息
　　（5）低体温症か窒息かの判断と対処法
　　（6）凍傷
　　（7）骨折・脱臼
　　（8）その他
　2　遭難者の搬送……………………… 206
　　（1）担ぎ降ろす
　　（2）ソリによる搬出
　3　遺体の安置……………………… 210
　　（1）ダメージのチェック
　　（2）遺体の安置

## 10章　救助隊による本格的捜索　　樋口和生　213

　1　ゾンデーレン……………………… 214
　　（1）ゾンデ隊の組織
　　（2）ゾンデ捜索の実際
　2　トレンチ掘り……………………… 220
　3　導水融雪法……………………… 220
　4　パトロール……………………… 222
　5　その他の捜索方法……………………… 223
　　（1）金属探知機
　　（2）インパルスレーダー
　　（3）地中探査レーダー
　　（4）電磁波探知装置「シリウス」

## 11章　雪崩事故の実例　　阿部幹雄　225

　　（1）ニセコアンヌプリ "春の滝" の雪崩……………………… 226

（2）ニセイカウシュッペ山"アンギラス"の雪崩……………………233
　　　（3）樺戸山塊の全層雪崩………………………242
　　　（4）十勝岳ＯＰ尾根のハードスラブ雪崩………………244
　　　（5）八ガ岳日ノ岳ルンゼの雪崩………………………246
　　　（6）志賀高原前山スキー場コース外の雪崩…………………251
　　　（7）カナダのヘリスキーでの大規模な雪崩……………………255
　　　（8）谷川岳一ノ倉沢滝沢の雪崩………………………261
　　　（9）蒲田川左俣・日本最大の表層雪崩…………………265

## 12章　雪崩対策の現状　　福沢卓也・樋口和生・阿部幹雄　267
　　1　雪崩先進国スイスの現状……………………268
　　　（1）充実したスイスの雪崩情報システム
　　　（2）ここまで進んでいる雪崩コントロール
　　　（3）スイス山岳会の雪崩講習会
　　2　ドイツの雪崩教育………………………279
　　3　日本のスキー場における雪崩対策………………………280
　　　（1）ARAI MOUNTAIN & SNOW PARKの雪崩対策
　　　（2）花火による雪崩コントロール
　　　（3）ニセコ町の「雪に関する情報」

## 13章　山岳雪崩遭難の実態調査　　福沢卓也　289
　　1　日本の雪崩遭難の実態……………………290
　　　（1）山岳雪崩遭難の時代的推移
　　　（2）雪崩のタイプときっかけ
　　　（3）発生斜面の向き
　　　（4）雪崩発生時の天候
　　　（5）月ごとの発生件数
　　　（6）雪崩発生時刻
　　2　ヒマラヤの雪崩遭難の実態………………………294
　　　（1）ヒマラヤ登山の事故原因
　　　（2）事故原因の時代推移

## 14章　全国山岳雪崩発生地点地図　　和泉　薫　297
　　1．ニセコ連峰　2．利尻山　3．大雪山　4．十勝連峰　5．札幌近郊　6．芦別岳周辺
　　7．日高連峰　8．知床連峰　9．北海道その他　10．谷川岳周辺　11．後立山連峰

12. 黒部、剱・立山連峰　13. 槍・穂高連峰　14. 八ガ岳周辺　15. 南アルプス
　　16. 富士山　17. 大山　18. 中央アルプス　19. その他

**資料**　阿部幹雄・樋口和生　335
　1　日本の雪崩教育と雪崩関連情報……………………… 336
　　（1）雪崩教育を実施する団体と講習会・講演会
　　（2）雪崩関連情報
　2　北海道雪崩事故防止研究会の概要と活動の歴史……………… 339

参考文献一覧　344

旧版あとがき　346

あとがき　348

本文写真＝秋田谷英次，阿部幹雄，尾関俊浩，和泉 薫，樋口和生
写真協力＝伊藤健次，笠井芳郎，上石 勲，長谷川 勉（提供＝時事通信社）
カバー表写真＝中国、ミニヤ・コンガ北壁の雪崩（阿部幹雄）
カバー裏写真＝カナダでのヘリスキーでスキーヤーを襲う雪崩

デザイン＝渡邊 怜
編集協力＝株式会社千秋社出版部
地図・図版製作＝株式会社千秋社／イラスト＝渡邊 怜

# 序 ——常識の否定——

　絶好の新雪斜面を滑る時や、ちょっとした斜面のトラバースに、「雪崩は大丈夫かな？」などと気になりなりながらも、不用意に入り込んでしまった経験があるのは私だけではあるまい。その結果、同行した仲間を失ってしまった悲しい話や、幸運にも九死に一生を得た話をしばしば耳にする。雪山では、われわれはいつもこの雪崩の恐怖と付き合っていかなくてはならない。冬山経験の豊富な人なら、だれもが痛感している問題だろう。

　雪崩による遭難は、しばしば一度に大勢の犠牲者を出す。中国四川省の梅里雪山で起こった雪崩が、17人もの命を一度に奪ったのはセンセーショナルな遭難事件として各方面で大きく取り上げられたのを覚えている人も多いことだろう。6000m以上の高山を目指した日本隊について、日本ヒマラヤ協会が行った詳細な調査によると、全死亡者の48％は雪崩による遭難であったことが報告されている。

　雪崩による死亡事故が大きい割合を占めるのは、何も高所登山に限った話ではない。日本の冬山でも、死亡者の約半数が雪崩遭難によるものなのだ。

　登山者ばかりでなく、スキーヤーも雪崩の危険と無関係ではない。ふかふかの新雪斜面を求める山スキーヤーはもちろんのこと、ゲレンデスキーヤーも一歩コースの外に出ると、雪崩の危険にさらされることになる。1994年2月、兵庫県のスキー場で起きた雪崩で、3人の犠牲者が出たことは記憶に新しい。こういったスキー場周辺の雪崩事故は、近年特に増加傾向にある。圧雪されたゲレンデにもう飽きてしまって、「だれも滑っていないスロープを滑りたい」という上級スキーヤーが増えてきたことの現れなのだろうか。

　「冬山で最も恐ろしい『雪崩』についてもっと知りたい」、という純粋な興味で本書の著者3人が集まり、5年間にわたってさまざまな角度から雪崩についての勉強会を開いてきた。しかし残念なことに、日本のみならず外国を見渡してみても、登山者やスキーヤーを対象として書かれた雪崩啓蒙書は極めて少ない。わずかにあ

序──常識の否定──

る書物の頁をめくってみると、その内容は必ずしも科学の進歩に追い付いていないことを、私たちは痛感したのだった。

　本書を執筆するに当たり、特に気を付けたことがある。それは、現時点でまだ分かっていないことは、言葉を濁さずに「わからない」と明示し、すでに解明されていることは、なるべくその背景を詳しく解説するように心がけた点である。こうすることによって、より納得のゆく内容に高めることを目指したのであるが、その反面、手っ取り早く雪崩に強くなりたい人にとっては、少々まどろっこしいと感じられるかも知れない。そういう人は、面倒な箇所をどんどん飛ばして読み進んでいただきたい。

　また、これから本書の頁をめくられる読者の皆さんに、ひとつだけお願いしたいことがある。それは、各人の頭の中にある雪崩の断片的な古い知識を、一度すべて捨て去っていただくことだ。

　夜間は日射が当たらないから雪崩は起きない、樹齢10年は下らない木があれば大丈夫、気温が低ければ雪は締まって安定している、雪が降ってなければ雪崩はまず大丈夫……、といったことが巷ではまことしやかに囁かれているらしい。こういった霊感じみた言い伝えは、この際さっぱりと忘れて、白紙の状態にしていただきたい。そして、これからひとつひとつ積み重ねられるであろう知識と各人の貴重な実体験とを照らし合わせ、理解の度を深めていただくことを、筆者一同、切に希望する次第である。

福沢卓也

(前著『最新雪崩学入門』より)

11

# 本書を読まれる方に

この本を手にとったあなたは雪崩にまつわる6つの質問にどのように答えますか？

### 「雪崩」とは、どんな現象か？

斜面に降り積もった積雪には、重力の作用により、斜面に沿って落下しようとする力（駆動力）が常に作用しています。ところが雪粒同士や地面との間にそれを支えようとする力（抵抗力）が生じます。普通は駆動力と抵抗力の均衡が保たれていますが、駆動力が抵抗力の限界を超えると積雪が目に見える早さで斜面を流れ下ります。この現象を雪崩と呼ぶのです。

私たちが警戒すべきなのは面発生表層雪崩。積雪は層構造になっていてその中に滑りやすく壊れやすく脆く、抵抗力が小さい「弱層」が存在します。「弱層」の上に多量の降雪、風で吹きだまる雪により上載荷重が増加すれば駆動力が大きくなり抵抗力の限界に近づきます。そこへ人為的な刺激が加わると「弱層」が破壊され抵抗力は消滅、雪崩が起きるのです。雪崩を知るには「弱層」を理解することがとても重要なのです。

### 3000m級の雪山でなければ、雪崩の心配はないか？

斜面に雪が積もっていれば、どこでも雪崩の危険は存在します。山の高さも地域も無関係で、斜面に雪が降り積もれば雪崩の危険があります。かといって、雪山はどこもかしこも、いつも雪崩の危険がいっぱいだと恐れることはありません。雪崩事故が起きると「まさか雪崩が起きるとは思わなかった」、「あそこでは雪崩は起きたことがない」などと言う人がいますがそれは勝手な思いこみ、雪に無知で雪崩の危険を察知できなかったことをさらけ出しているのです。雪崩の危険はどこにでもありますが、いつも危険なわけではありません。危険を予測して、雪崩を回避すればよいのです。

### 雪崩は予測できるのか？

24時間の降雪量と気温を根拠に出される気象庁の雪崩予報は、弱層が原因となる表層雪崩の予測にはあまり役立たないので、自分で雪崩予測するしかありません。「弱層」があるのかないのか、あるとすれば、どの程度危険かを判断する「弱層テスト」が有効です。ただし、「弱層テスト」を行っても完全な雪崩予測は不可能です。「弱層テスト」のために雪を掘り、積雪断面を観察すれば、あなたは雪に触れ五感で雪を感じられます。雪崩予測は、科学的知識と経験、それに加えて危険を察知する能力が大切です。五感で雪を感じれば本能が働いてより正確な雪崩予測が出せるのです。

### 雪崩に巻き込まれたら、どうすればよいのか？

「死なない」「生きる」といった命への執着心の強弱が、生死を左右するでしょう。雪崩に巻き込まれ、「ダメだ」と諦めた人は死ぬ。諦めなかった人は、たぶんかなりの確率で生き残る。とてつもない大規模な雪崩なら話は、別ですが……。

人間は雪より比重が重いため雪崩の中では深く沈んでいきます。深い場所に埋まるより浅い場所に埋まれば助かる確率は高く、埋まらないで雪崩の表面に浮かべば助かります。表面に浮かぶには、泳ぐようにもがき暴れることです。雪崩埋没者の死因は、窒息が圧倒的に多く抵抗空しく埋まったら手で顔をガードして口に雪が入らないようにし口の周りの呼吸空間を確保します。雪崩の脅威に比べて人間などはかないものですが、3ｍの深さに埋まり90分後に救助された人もいます。生存を諦めないこと、それに尽きるでしょう。

　もしあなたが雪崩に流される人を見守る立場だったら、「遭難点」と「消失点」、「デブリ範囲」を把握すべきです。埋没の可能性が高い区域を推定して捜索します。可能性のない場所を捜して"見殺し"にする例は意外と多く、救助するあなたの判断と行動が仲間の生死を左右するのです。

## 「大きな声を出すと雪崩が起きる」というのは本当か？

　雪崩が起きるのではないかと声を出すのもはばかられるほど緊張を強いられたことがありますが、実際に雪崩が起きたことはありません。雪崩を起こさないためには斜面に降り積もった雪の微妙な安定を壊さない、つまり、「弱層」を壊さないことです。1カ所に人が集まって荷重を集中させない、斜面を切るような行動を避ける、転倒して衝撃を与えないなどの細心の注意が必要です。「大きな声を出すと雪崩が起きる」と感じるような危険地帯に入らないことが何よりも重要で、そんな危険地帯では、大きな声よりもあなた自身の存在が積雪の安定を壊し、雪崩を引き起こす原因であることを肝に銘じなさい。

## ビーコンをつけていれば、雪崩にあっても助かるというのは本当か？

　雪崩に巻き込まれたら助からないと諦めるのが誤りであるのと同じく、ビーコンを付けていれば助かると考えるのも間違いです。ビーコンは、生存救出の確率を高める道具にすぎません。雪崩による死亡原因のほとんどは窒息なので埋没から15分以内に発見救出できるかが生死の分かれ目です。それを可能にできる道具がビーコン。埋没者を発見してもシャベルがなければ掘り出すこともできず、救出後の応急処置や搬送がちゃんとできなければ、ビーコンを付けていたところで助かりません。

　私はビーコンを持たない、使えない仲間といっしょに雪山に行きたくない。雪崩に埋まっても助けることができず、私を捜してもらうこともできないからです。雪崩に絶対大丈夫な道具でないけれど助かるためには必要不可欠な道具、それがビーコンなのです。

*

　あなたの持っている雪崩の知識でどのように答えましたか？　「うまく答えられなかった」ですって？　では、この本を読んで最新の雪崩知識の理解を深め、雪崩から命を守ることにしましょう。

阿部幹雄

# 1章
# 雪を科学する

秋田谷英次・尾関俊浩・福沢卓也

1. 降る雪・積もる雪
2. 積もってからの雪の変化
3. 積雪の分類と積雪層の変化
4. 雪崩の基礎知識

# 1 降る雪・積もる雪

　気温は低いが、風のない穏やかな天気の時に、ひらひらと降ってくる雪にはきれいな六花の樹枝状結晶が見られる。このような雪が積もると、息を吹きかけるだけで飛んでしまうほど軽い。一方、強い吹雪で飛んでくる雪は結晶の壊れた小さな破片を含み、最初から密に積もり、風のない時に積もった雪とは比べ物にならないほど硬く重い。さらに、積もった雪は時間が経つと締まって硬くなったり、また融けはじめると、ざくざくのざらめ雪に変化する。

　ある斜面で雪崩の危険があるかどうかを判断するには、そこにはどんな雪が積もっているかを知らなければならない。積雪の性質は上に述べたように、積もった時の雪の結晶形と、その時の気象条件で最初の状態が決まる。一方、積もった後も気温や日射で粒子の形が変化したり、さらに積雪自身の重さで変形しその内部構造も変わるので、積雪の性質は多種多様である。したがって、雪崩の危険を判断するためには、雪を科学の目で見つめ現在の積雪の状態を知り、さらに今後の変化の予測を行う必要がある。

## （1）雪は天からの手紙である

　この言葉は雪の結晶の世界的研究者である中谷宇吉郎の言葉で、地上で降雪結晶の形を見れば、その雪が降ってきた上空の雲の中の状態がわかるという意味である。すなわち、雪の結晶は成長する時の温度や湿度によってその形が決

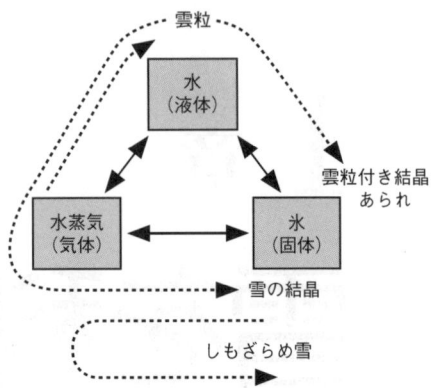

**図1-1　水の3つの状態**
氷には水蒸気からできるものと、水からできるものとがある。水はもちろん氷も蒸発して水蒸気になる。水蒸気は目に見えない

まるということだ。

　ここで、結晶のでき方を説明する前に、水や氷の本質的なことに触れておこう。水も氷も、また水蒸気も$H_2O$という水の分子からできている。$H_2O$分子同士が強固に結合しているのが氷、緩やかな結合が水、この分子がバラバラになって飛び交っているのが水蒸気である。この3つの状態は条件次第で互いに変化することができる（図1-1）。$H_2O$そのものは原子・分子の世界であるからどんな顕微鏡でも見ることができない大きさである。人が吐く息には水蒸気が含まれているが見ることはできない。ところが寒い日に吐く息が白く見えるのは、寒さのため水蒸気が集まってできた水（微水滴）が見えるからである。

　雪は雲から降ってくるが、雲は小さな水滴であるから水である。それは寒い時の吐く息が白いのと同じものだ。雪の結晶は氷であるが、雲を作っている水滴（雲粒）が凍ったのではなく、

水蒸気が結晶（氷）になったのだ。雲粒が凍るとただの丸い氷の球にしかならない。あられや雲粒付き結晶を顕微鏡で見ると無数の小さな氷の球（凍結した雲粒）が見える。したがって、雲の中から雪の結晶が生まれるためには、水である雲の粒子がいったん蒸発して水蒸気になり、その水蒸気が集まって氷の結晶へと成長するという過程を経る。後に積雪の変態で述べる「霜ざらめ雪」（注）は雪の粒子が蒸発して水蒸気になり、それが再び集まって新たにできた氷（霜）の結晶であり、「ざらめ雪」は雪粒子の周りの水が直接凍ってできた氷である。前者は雪の結晶に似た形をしており、後者は雪粒子に付着していた水がそのままの形で氷になったものだ。

（注）「霜ざらめ雪」の日本雪氷学会での正式名称は「しもざらめ雪」

## （2）雪の結晶のでき方

雪の結晶は雲の中で生まれ、それが落下しながら成長して地上に積もる。雲は0.1mmよりも小さな水滴（雲粒という）からできている。雲粒は非常に小さいため、過冷却といって－30℃程度までは凍らずに液体のままで存在できる。冬に日本で見られる雲の温度は氷点下になっているが、まだ凍っていない小さな水滴（過冷却雲粒）からできている。しかし、雲の頂上付近では気温が非常に低いので雲粒は液体

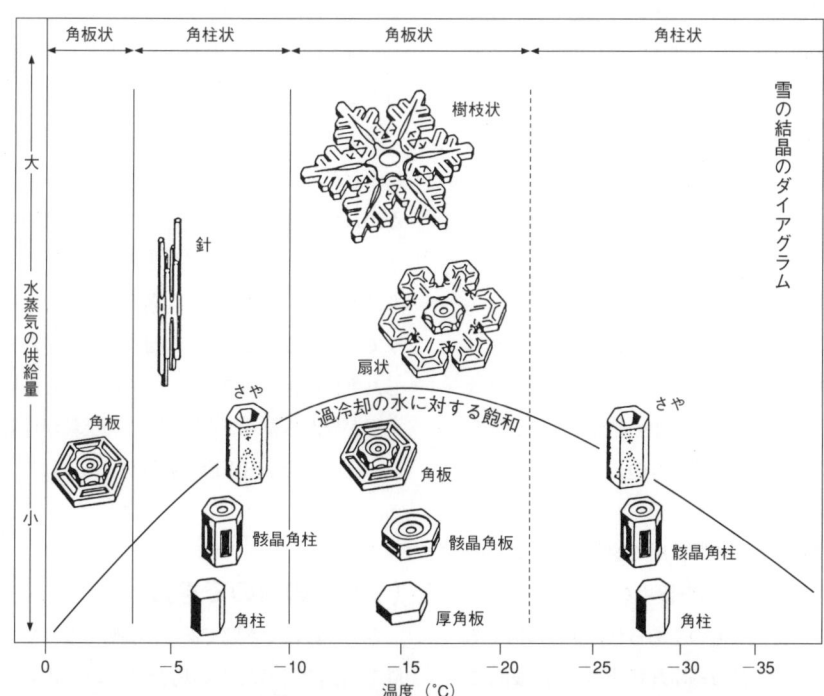

図1－2　中谷ダイアグラムの概念図（小林禎作・古川義純、1991、『雪の結晶』から）

のままでは存在できずに、氷晶と呼ばれる小さな六角柱の氷の結晶になっている。氷晶は冷えた日に地上でも観察でき、ダイヤモンドダストと呼ばれている。さて、氷晶が雲の中を落下する途中で液体状の雲粒の近くを次々と通過する。すると液体である過冷却雲粒は直ちに蒸発して水蒸気になり、固体である氷晶に凝結して結晶が成長し始める。氷晶の周りに雲粒がたくさんあると水蒸気の量も多く、湿度が高いので成長は早くなる。

中谷は様々な温度と湿度の条件で人工的に雪の結晶を成長させ、天然に見られる雪の結晶の形は温度と湿度によって決まることを見出した。前頁図1－2に示したものが中谷ダイアグラムと呼ばれるもので、結晶の形とそれが成長した時の温度と湿度の関係を表している。このダイアグラムから、雪の代表的な結晶である樹枝状結晶は－15℃前後で湿度の高い領域で成長することがわかる。地上で観察された雪結晶を中谷ダイアグラムと比べると、上空の雲の中の温度や湿度が読みとれるので、結晶は天からの手紙ということができる。

しかし、実際に雪の結晶を観察すると、写真の様にきれいな、完全な形の結晶が降ることはまれで、壊れた結晶や沢山の結晶がくっつき合ったもの、形の不鮮明なもの、さらにはあられ状のものなど結晶の形が全くわからないものも非常に多い。吹雪の時は風で壊れたり、結晶同士が衝突し完全な形を留めないのは理解できる。形の不鮮明なものやあられの正体は何であろうか。先に雲粒は過冷却状態の水滴であることを述べたが、雪の結晶が無数にある雲粒の中を1000ｍ以上も落下する途中で雲粒に衝突する確率が高いことも容易に想像できよう。マイナスの温度の結晶と同じくマイナスの温度の液体粒子（過冷却雲粒）とがぶつかると、雲粒の過冷却は直ちに解消し、凍結して水滴の丸い形をしたままの氷の球になってしまう。結晶として成長するには、雲粒が蒸発して水蒸気（$H_2O$分子）になり、その水蒸気が結晶に取り込まれなければならないのだ。結晶に多数の雲粒が衝突して氷の球となって付着し、元の結晶形が全く残っていないものが「あられ」である。凍結した水滴が付着しているが、まだ結晶の形が識別できるものは雲粒付き結晶と呼ばれる。いわゆる、豪雪といわれる時は雲粒がたくさん含まれている濃い雲の中を降ってくるので、当然雲粒付き結晶やあられ状のものが多く降ってくることになる。

図1－3に雲粒付き結晶の成長過程を模式的に示した。雲の頂上付近でできた氷晶が落下しながら水蒸気の供給を受けて徐々に樹枝の部分が成長する。やがて結晶に雲粒が衝突すると直ちに凍結し、球状の氷が付着した雲粒付き結晶ができあがる。写真1－1は無数の雲粒が付着した雲粒付き結晶である。さらに、もとの結晶の形が分からなくなるほど多くの雲粒が付着した、硬い球形や円錐形のものが「あられ」である。

## （3）雪の層のでき方

さて、ここで本題である、弱層となりやすい降雪結晶とそうでない場合について話を戻そう。雪は降ったり止んだりしながら地上に積も

1-1 降る雪・積もる雪

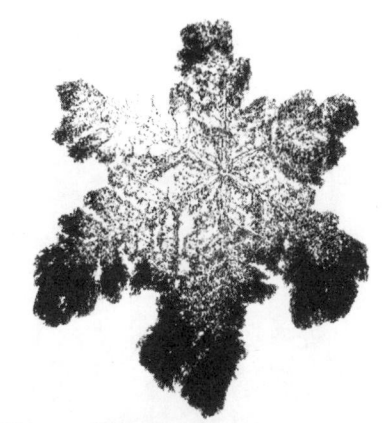

写真1-1 雲粒付き結晶

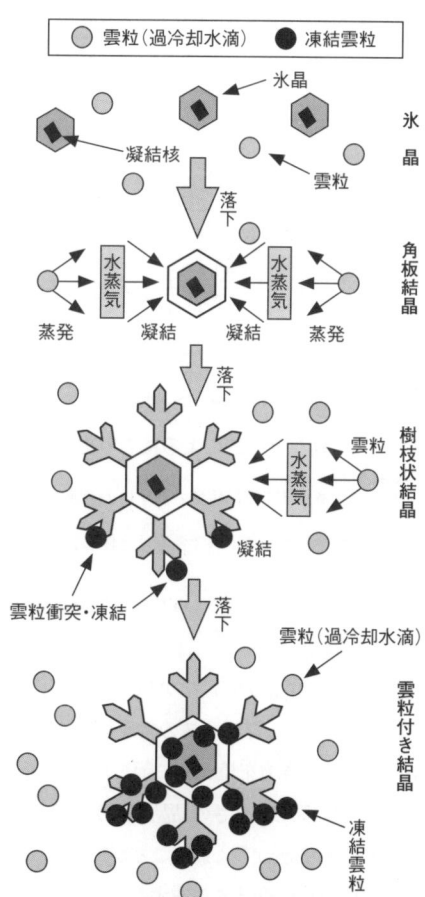

図1-3 雲粒付き結晶の形成機構

写真1-2 ブラシで処理した新雪層の断面。スケールの目盛は1cm

り、しだいに厚さを増してゆく。降る時の上空の気象条件により結晶の形は異なり、また風の強弱により吹きだまりになったり、ふわふわに積もったりする。さらに降雪が止んでいる間に暖気や日射で表面の雪の性質は変化する。そのため、積もった後の雪はいくつもの層になっている。各層の雪質、密度および雪粒子の形等によって層の性質もそれぞれ異なっている。写真1-2は表面付近の新雪層の断面を柔らかいブラシで掻き落としたものである。45cm、48cmおよび50cm付近の硬い部分が落ちずに残っているのがわかる。

次頁写真1-3は雪の断面を色水で着色したものだが、たくさんの細かい層や濃く染まった部分と薄くしか染まっていない層が見られる。スプレーで色水を散布すると、積雪の粒子間のすき間に吸収される。ところがすき間が大きすぎると毛細管現象で保持できずに流下して、別の小さなすき間で吸収されてしまう。粒子が詰

19

写真1-3 着色した積雪断面。粒子が詰まった層は濃く染まる

**図1-4 結晶サイズによる積もり方と色水の染まり方**
a：色水は大きなすき間に保持されないので薄くしか染まらない
b：全てのすき間が小さいので色水は全体に吸収されて濃く染まる

まった層の方が色水で染まりやすく、その層は丈夫なのだ。

層の中で特に機械的な強度が小さいものを弱層と呼んでいる。機械的強度が小さい層のでき方として次の場合が考えられる。

①風の弱い状態でふわっと積った場合：風が弱ければ結晶の細い枝も壊れず、ふわっと積もるので密度は非常に小さい。一方、風が強いと壊れた結晶の小さな破片がまじり、この破片は風で飛ばされて雪面を移動する間に、大きな結晶同士のすき間を埋めるように堆積するので密に積もることになる。

②大きな結晶でしかもそのサイズがそろっている場合：大小の結晶が混ざっていると、大きな結晶のすき間に小さな結晶が入り込み、全体としてすき間の少ない密度の大きな層となる。砂利だけでは強いコンクリートができないのと同じ原理である。粒子の小さな砂が混じっていると、砂利のすき間を砂が埋めて強いコンクリートができるのである。

図1-4に結晶のサイズの揃ったもの（a）と、大小の異なったサイズの雪が積もった時（b）の層のでき方を模式的に示した。この図から（a）の同じ大きさの結晶が静かに積もったものは空隙部分が多く弱いことが想像できよう。これらの層に色水を散布すると（a）のすき間の大きな部分で色水は保持されずに流下するので着色されない。一方（b）の場合は小さなすき間にまで色水が浸透し濃く着色される。

吹雪を伴った降雪や地吹雪時の吹きだまりは最初から丈夫なことは経験的に知っている。このような雪は図1-4の（b）のような積もり方をしている。小さな結晶やその破片が混じり、風を伴いながら密に積もったものである。この雪の断面に色水を霧吹きでかけると、濃く着色された細かい層がたくさん見える。雪粒子が密

に積もると小さなすき間がたくさんできる。そこには色水が毛細管現象で吸着されて濃く見えるのだ。

　先に示した写真1-3の断面を着色した写真で説明しよう。左のスケールは一目盛り1cmである。95～110cmの間は濃く染まった層が見られないのは風の弱い時に積もった雪である。特に107～110cmの薄い層はほとんど染まっていない。この層は大きなすき間がたくさんあるため、色水が大きなすき間には保持されずに下方へ流下したためである。すなわち弱い層は丈夫な層より相対的に色水で染まり難いのだ。小さなたくさんの層ができるのは、吹雪の時には風速や降雪の強さが一様ではなく、時間的に変動しているためと考えられる。

　色水以外にも薄い雪の壁を透かして見ると弱い層と丈夫な層の区別ができる。厚さ10cm程度の雪の壁を作り太陽の光で透かして見たのが写真1-4である。中央と下方に2本の明瞭な明るい層が見える。上の層は典型的な弱層であった。隙間の多い弱い雪は光をよく通すので明るく、小さな粒子が密に詰まった丈夫な層は光が散乱してしまうので暗く見える。一方、下の明るい層は氷板に近いざらめ雪で丈夫な層である。この層は、大きな氷粒子がすき間なく詰まっていて透明なので明るく見えるが弱層ではない。なお、弱層の種類や形成過程・微細構造は別の章で詳しく述べる。

## （4）雪庇のでき方

　写真1-2、1-3および図1-4の積雪断面に見られる雪の各層はほぼ平行に積み重なっ

写真1-4　太陽光に透かした積雪断面。弱層は明るく見える

ている。これは風が弱い時に降り続いた雪はかなり広い範囲で一様な厚さで積もるからだ。ところが、強風下では雪が風で飛ばされて全く積もらない所と、飛ばされた雪が厚く堆積する所ができる。特に山頂では風上側の雪が飛ばされ、風下側に厚く堆積し吹きだまりや雪庇ができることは珍しくない。この吹きだまりや雪庇の各層は曲がっていたり、その厚さも一様でなく、途中でなくなったり、層の間に雪が詰まっていないすき間ができることもある。そして、時々

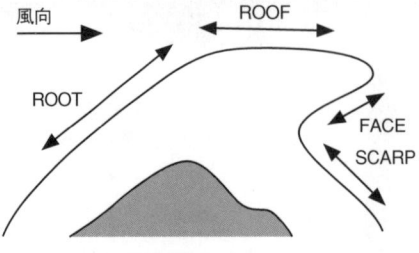

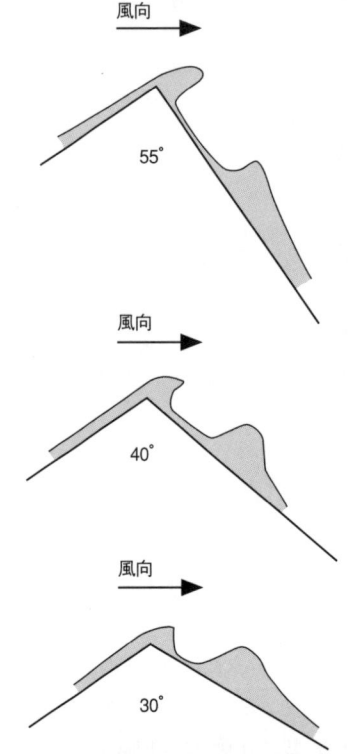

**図1－5　雪庇各部の名称および雪庇形状と地形の関係**
Gerald Seligman SNOW STRACTURE AND SKI FIELD (1979 the third edition)

ROOT：ルート(付け根)，ROOF：ルーフ(頂部)，
FACE：フェイス(正面)，SCARP：スカープ(急斜面)

登山者が雪庇を踏み抜くという事故も珍しくない。ここではとてつもなく大きな雪庇が発達し、それが崩落した大事故を紹介しよう。

## ■大日岳の雪庇崩落

2000年3月5日、北アルプス大日岳頂上付近で巨大な雪庇が崩落した。その際、この雪庇上にいた11名が雪庇とともに転落し、そのうち、2名が亡くなった。

事故直後の空中写真を用いて破壊面の形状や積雪深が求められた。その結果、雪庇の張り出しが40m以上、崩落点の積雪の深さは約20m、崩落した雪の厚さは約10m、雪庇先端から15m以上も尾根側で破壊し、その長さは二百数十メートルという今までに観測や調査報告の例のない巨大なものであった。ここでは同事故の調査報告書から巨大な雪庇の成因や崩落原因を述べ、登山者に改めて雪庇崩落に注意されることを望みたい。このように、自然界にはまだまだ人間が知らない事がたくさんあるのだ。

最初に雪庇の定義を述べよう。我が国での雪庇の定義は次の様になっている。「地表面の起伏が緩傾斜から急傾斜に変化する場所に、風下側に形成される吹きだまりの一種。ときには庇が片持ちばりのように長く伸び、その巻き込みを伴う。山地の雪庇の崩壊により雪崩の引き金となることも多い。道路の切土区間、除雪による雪堤にできる雪庇は、交通障害、視程障害を引き起こすこともある」(1990、『雪氷辞典』)。一方、欧米で現在も通用している文献によると図1－5のように雪庇各部の名称および雪庇形状と地形との関係が記載されている。しかし、

| 期　間 | 冬型気圧配置の出現率 | 平均風速室堂平 | 積雪層の厚さ室堂平（3/10） | 左の気象データから推定される | |
|---|---|---|---|---|---|
| | | | | 雪庇形状 | 雪の特徴 |
| 前　期<br>12〜1月 | 33%<br>降雪少ない | 0m/sが10日間<br>弱風期間 | 30日間の層厚<br>53cm | 吹きだまり形成。<br>SCARP形成 | SCARP部分が形成。<br>しもざらめ化 |
| 後　期<br>2月〜3/5 | 60%<br>降雪多い | 3m/s以上<br>強風期間 | 36日間の層厚<br>250cm | SCARP上に<br>巨大雪庇発達 | 巨大雪庇はSCARPより硬度・密度大 |

表1−1　気象の特徴とそれから推定される雪庇の特徴
　　　雪庇の崩壊事故は3月5日。平均風速は標高が大日岳と近似している室堂平のデータを参考にした。積雪層の厚さは3月10日室堂平の積雪断面観測で各層の形成日を追跡した値から求めた。霜ざらめ化した積雪は室堂平の前期の降雪層で観測されている。大日岳の崩落した雪庇下部でも霜ざらめ化した雪が確認された。

わが国ではこれらの図が紹介された文献はなく、雪庇各部の名称の日本語訳もないことから雪氷研究者も登山者も雪庇に関しては欧米より関心が低かったと考えられる。

事故調査報告書によると、今回の事故は特異な気象による巨大雪庇の発達と、これまで経験したことのない雪庇の大きさのため、雪庇の下の山頂の位置を誤認したと結論づけられている。巨大な雪庇が発達した特異な気象と、この雪庇の特徴をまとめて表1−1に示した。

また、今回の雪庇崩落の原因およびその特異性として以下の事項があげられた。
①冬の前期（12月〜1月）は冬型気圧配置の出現が少なく、降雪・風速も小さかった。そのため山頂にはROOFとFACEが未発達の吹きだまりができた。この吹きだまりの先端下部が崖状の急傾斜（SCARP）となった。この急傾斜は強風下で大きな雪庇が発達する地形要因である。
②さらに、前期は積雪の増加が少なかったため、同じ雪面が長期間外気にさらされ、

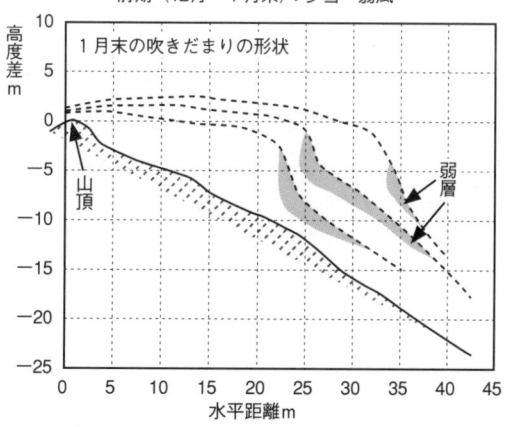

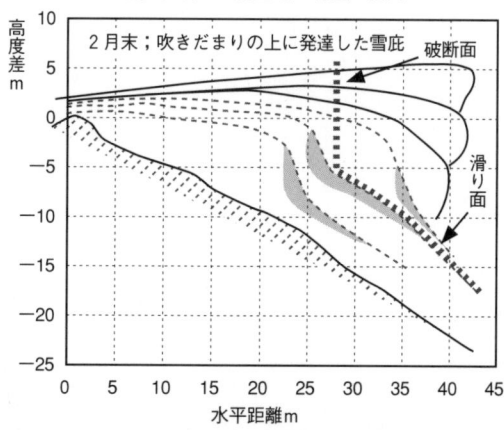

図1−6　大日岳雪庇の形成過程と内部構造

霜ざらめ化を促進した。SCARP部の雪は
ROOFやFACE部より低密度のため霜ざら
め化で脆い雪に変わった。前期に山頂にできた
吹きだまりの形状は図1－6の上段と考えられ
る。

③後期（2月～3月5日）は冬型気圧配置がた
びたび現れ、暴風雪に見舞われた。そのため前
期の吹きだまりの上に巨大な雪庇が発達した。
雪庇の成長段階でその先端は下方に巻き込み、
下の雪面（SCARP）に接触しながら成長し
た。

④巨大な雪庇の重量は下の雪（霜ざらめ化した
SCARP）によって支えられていたが、脆弱
な霜ざらめ雪は雪庇の重量を支える限界に達し
た。雪庇を片持ち梁とし、破壊時の応力計算に
よると崩落した雪庇重量に対し、その上にいて
転落した人間の重量の効果は1％以下と見積も
られている。事故直後の空中写真から得られた
雪庇の破断面は図1－6の下段である。

# 2 積もってからの雪の変化

積もった直後の雪は結晶の形がはっきり残っ
ているが、マイナスの温度でも時間が経つと、
もはや六角形や樹枝状の形はなくなってしま
い、またしだいに締まって硬くなる。一方、融
解が始まると雪は濡れて大きな丸い粒となり、
ざくざくになってしまう。この様な変化を「雪
の変態」といい、雪崩の危険を知るには変態の
知識が必要となる。

積雪の性質は降雪結晶の形や降雪時の気象条
件によって異なるが、積もった後も変態によっ
て絶えず変化している。どんな雪でも積もった
直後は新雪で、春になるとざらめ雪になってつ
いには融けてしまう。その途中段階で周囲の温
度や日射、重力などの環境によって雪の性質は
様々に変化する。このような雪の変態を理解す
るために、雪や氷の基本的な性質を図1－7お
よび表1－2に示した。

## （1）圧密と焼結（図1－7の1、2）

積もった直後の雪（新雪という）は結晶の枝
同士が絡み合い密度は非常に小さい（50kg／
m³程度）。次から次と雪が積もると最初に積も
った新雪はそれ自身の重さで押しつけられる。
その力が小さくても結晶の細い枝は容易に変形
して、圧縮される。圧縮されて密度が増すこと
から「圧密」と呼ばれる（図1－7の1）。た
くさん雪が積もるほど、時間が経つほど圧密は
進む。しまり雪と呼ばれる硬い雪は積もった時
の数分の一に圧密されている。

雪は圧縮されて密度が大きくなっただけではあまり丈夫にならない。雪粒同士の接触点が太くなり強固に結合しなければ丈夫にならない。図1-7の2に示したように、一点で接触していた氷の球はしだいに結合部（ボンド）が太くなり強固な結合部ができあがる。0℃が融点の氷にとっては、-5℃や-10℃はきわめて融点に近い高い温度で、氷の分子が接触部へ活発に移動するためである。陶器などの焼き物は粘土を練り固めて融解点より低い温度で焼き固めたものであるが、雪粒子も同じ原理で固まるのだ。このように、氷や粘土の粒子が融ける少し前の温度で互いに強固に結合する現象を「焼結」という。新雪がしまり雪になるのも、雪を踏み固めて少し時間をおくと硬くなるのも圧密と焼結の2つの作用が関与しているのだ。

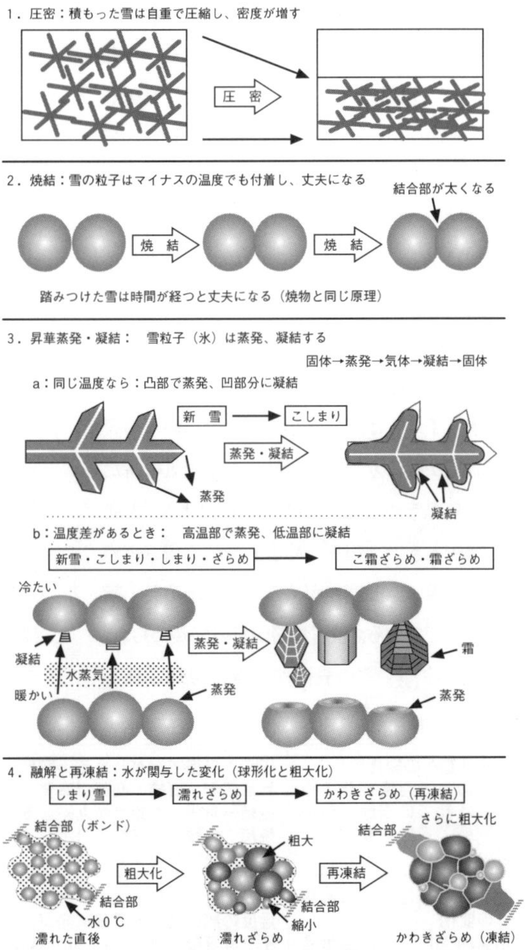

## （2）昇華蒸発と昇華凝結

（図1-7の3a，3b）

洗濯物が乾くのは水が空中へ蒸発するため、寒い日に窓の内側に結露してくるのは、空気中の水蒸気が凝結するためである。これは液体の水が気体（水蒸気）になったり気体が液体になる現象である。一方、固体の氷が蒸発して気体（水蒸気）になったり水蒸気が凝結して固体（氷）になる現象は昇華蒸発、昇華凝結という。氷点下の温度の下では、液体である水の状態を経ずに氷は蒸発したり、水蒸気から直接氷の結晶ができるのだ。雪の結晶のできかたで述べたように、結晶が雲の中で成長するのは昇華凝結である。この昇華蒸発・凝結は氷点下の雪の中でも活発に起こり、温度条件によってしまり雪になったり霜ざらめ雪になったりする。積雪の内部では絶えずいずれかへの変態が進行している。

温度がほぼ一様な雪の中では氷粒子の尖った

図1-7　雪の変態に関する基本的性質

部分で蒸発が起こり、へこんだ部分に凝結する。その結果、新雪の枝の尖った先端はしだいに丸味をおび、反対に窪みのへこみは小さくなる（図1－7の3a）。新雪の結晶形が消失して「こしまり雪」から「しまり雪」になるのは「昇華蒸発・凝結」、「圧密」と「焼結」の3つの作用による。雲粒付きの新雪結晶もしまり雪になると、微小な氷球である雲粒は昇華蒸発によりその痕跡はなくなっている。

一方、雪の中で大きな温度差がある場合、暖かい氷粒子からは蒸発が起こり、冷たい氷の表面に凝結が起こり、この凝結した水蒸気は新たに霜の結晶をつくる（図1－7の3b）。雪崩の危険が大きい「霜ざらめ雪」や「こ霜ざらめ雪」の成因は、温度差がある時の昇華蒸発・凝結によってできる。積雪表層が日射で暖められ、夜間放射冷却で雪の表面が急激に冷却される

と、表層内には大きな温度差が生じ、短時間で霜ざらめが生成される。また、寒冷地で、冬の間積雪に覆われていると、地面に接した雪粒子の温度は高く、表面に近い雪粒子は外気の影響で温度が低くなっている。この場合は表層付近の霜ざらめ生成の時ほど温度差が大きくないが、長時間継続するので底の層全体が霜ざらめに変態する。春になって融雪が進み、融け水が底の霜ざらめまで達すると、弱い濡れ霜ざらめに変化し、全層雪崩になることがある。

## （3）水が関与した変態
（図1－7の4）

融雪の融け水や降雨が雪の中に浸透すると、雪粒子同士の隙間や粒子表面が0℃の水の膜で覆われる。このような濡れた状態が続くと小さな雪粒同士が合体した房状の塊（クラスター）

| 変態様式 | 変態のメカニズム | 関連した現象 |
|---|---|---|
| しまり雪への変化<br>0℃以下で温度変化の小さい状態での変態。乾いた変態。多雪・寒冷地に多い | 圧密：自重で雪がしまる→密度増加<br>昇華蒸発・凝結：凸部で蒸発、凹部に凝結→角張った結晶が丸くなる。<br>焼結：氷粒子の接触点（ボンド）が太くなる→丈夫になる | つぼ足や圧雪車で踏み固め雪が固まるのも圧密と焼結による。<br>雪温が高いほどこの変態は促進 |
| 霜ざらめ・こ霜ざらめ雪への変化<br>積雪内部に大きな温度差（温度勾配）がある時の変態。乾き雪の変態。<br>積雪が少なく寒い地域では全層が霜ざらめ雪となる。 | 向かい合った粒子間で温度差があると温度の高い粒子で昇華蒸発が、低い粒子で昇華凝結がおこり、霜の結晶が形成される。<br>霜の結晶は下に向かって成長する。<br>晴れた日の夜間は表層で大きな温度差ができ一晩で形成される→弱層となる | 寒冷地の積雪下層では温度勾配が小さくても長時間かかって霜ざらめ化する。<br>極地や高山地帯の高密度の雪は著しく硬い霜ざらめ雪となる |
| ざらめ雪への変化<br>0℃で水が関与した変態。濡れ雪の変態。暖地の真冬の積雪。全ての雪はざらめ雪になって融け去る。 | 水の表面張力で①凹部に水が集まる、②小粒子が凝集する、③その結果粒子は丸く・大きく・結合部は太くなる。<br>日射が強いとボンドが融けてバラバラになる→弱層となる | 濡れた雪が凍結すると（再凍結）急速に粒子は粗大化しボンドは太くなり丈夫になる。<br>しみわたり（凍み渡り）は春先の早朝、表層が凍結してできた硬いざらめ雪の上を渡り歩くこと |

**表1－2　積雪の変態様式とその特徴**
「こ霜ざらめ雪」は「霜ざらめ雪」への移行段階のもので霜ざらめ雪より結晶は小さい。密度の小さなこ霜ざらめ雪は弱く弱層となる。

となる。これが「濡れざらめ雪」で、塊同士の連結部（ボンド）が細いのでかなり弱いものが多い。春先、日中日射があり気温が高いと表層が濡れざらめ雪に変わる。この濡れざらめゆき雪が弱層となることがある。

夜になって表面が冷えると、濡れざらめ雪のまわりの水が凍結し、結合部が太くなり丈夫な「かわき（凍結）ざらめ雪」となる（図1－7の4）。春先の冷えた早朝、雪面が硬くなり雪の上を自由に歩き回ることができるのは、このかわきざらめ雪である。日が昇り気温が上昇すると、再び表面は濡れざらめ雪となりボンドが細くなって弱くなる。

これまで述べた4つの変態に関する基本的性質とその結果できる積雪の種類を表1－2に示した。

## 3 積雪の分類と積雪層の変化

これまでの我が国の積雪分類は積雪の変態過程によってなされていた。世界各国の積雪分類も基本的には雪の変態に注目して作られていたが、国毎に若干の違いがあった。研究者や実務者の間から共通の分類を作ろうという動きがあり、1990年に国際分類が定められた。国際分類と我が国の分類は細部を除くと同じであったが、国際分類と完全に一致するように1998年に日本雪氷学会で新しい積雪の分類を定めた。これで海外と積雪情報を交換しても同じ物差しを用いているので相互に利用できるようになった。

次頁表1－3に積雪の分類を示した。この分類は変態によって形成される雪粒子の形態によってなされるので、現場ではルーペ等での粒子観察と指等で粒子同士の結合状況を確認する必要がある。新たに追加されたのは氷板、表面霜、クラストの3つである。これらの3つは積雪全体の中で占める割合は小さいが、特異な性質を持ち、これまでも多くの観測者は特記事項として観察・記載することが多かった。たとえば、表面霜やクラストは表層雪崩の原因となったり、氷板は融解や再凍結の指標として使われていた。

一降りの降雪である厚さの層ができ、それが何層にも重なったのが積雪である。1つの層に注目すると、積もった直後は厚く密度が小さいが、時間が経つと圧密で縮み厚さは減少し、密度は増す。いわゆる「雪が締まる」現象が起こ

| 雪質(ゆきしつ) | 記号 | 説　　　　　明 |
|---|---|---|
| 新雪 | + | 降雪の結晶形が残っているもの。みぞれやあられを含む。結晶形が明瞭ならその形（樹枝等）や雲粒の有無の付記が望ましい。大粒のあられも保存され指標となるので付記が望ましい |
| こしまり雪 | / | 新雪としまり雪の中間。降雪結晶の形は殆ど残っていないが、しまり雪になっていないもの |
| しまり雪 | ● | こしまり雪がさらに圧密と焼結によってできた丸みのある氷の粒。粒は互いに網目状につながり丈夫 |
| ざらめ雪 | ○ | 水を含んで粗大化した丸い氷の粒や、水を含んだ雪が再凍結した大きな丸い粒が連なったもの |
| こしもざらめ雪 | □ | 小さな温度勾配の作用でできた平らな面をもった粒、板状、柱状がある。もとの雪質により大きさは様々 |
| しもざらめ雪 | ∧ | 骸晶（コップ）状の粒からなる。大きな温度勾配の作用により、もとの雪粒が霜に置き換わったもの。著しく硬いものもある |
| 氷板 | — | 板状の氷。地表面や層の間にできる。厚さは様々 |
| 表面霜 | V | 空気中の水蒸気が表面に凝結してできた霜。大きなものは羊歯状のものが多い。放射冷却で表面が冷えた夜間に発達する |
| クラスト | ∀ | 表面近傍にできる薄い硬い層。サンクラスト、レインクラスト、ウインドクラストなどがある |

**表1－3　積雪の分類** (1998、日本雪氷学会)
注1）ひらがなの付いた名称（○○雪）は雪を省略してもよい。例：ざらめ、こしもざらめ
注2）1つの雪の層が一種類の雪質からできているとは限らない。2種類の雪質が、ときには3種類の雪質が混在していることもある。

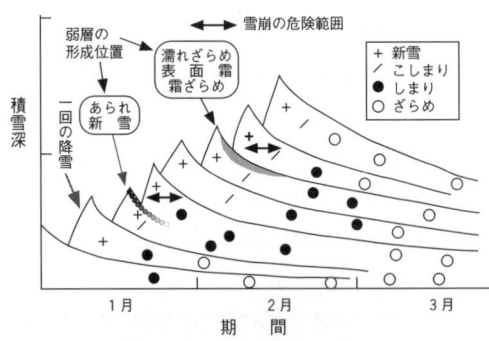

**図1－8　積雪層の変化と弱層模式図**
積雪の内部を見ると多くの層が重なっている。弱層は表面で形成される。その後の降雪で弱層は埋まる。時間がたつと弱層は消滅する（圧密と焼結で丈夫になる）

る。一冬を通して雪の深さを眺めると、降雪中は深さを増し、雪が止むと圧密により緩やかに減少する。図1－8に一冬を通しての積雪層の変化を示した。

雪の深さは1回ごとの降雪に対応して鋸の歯のように変動しながら増えている。雪質は新雪から「こしまり雪」、「しまり雪」に変わり、最後には全層「ざらめ雪」になってその一生を終える。もし、降雪中に「あられ」がまとまって降ると積雪中に「あられ層」が閉じこめられる。また、雪の表面に「表面霜」ができ、それが次の降雪で埋められると、この表面霜も雪の中に薄い層として閉じ込めら

れるが、やがて変態によって粒子形状がしだいに変わり、ついには周りの雪と区別が付かなくなる。この層の変態がまだ進まないうちに、すなわち"表面霜の強度が小さいうち"に、大量に次の降雪があると（上載積雪が増えると）、雪崩の危険が増す。

山に入って雪崩の危険を予知するには、現在の雪の表面状態ではなく、内部の雪の構造がどうなっているかを知る必要がある。行動中は時々雪穴を掘って雪の内部を調べて危険を判断しなければならないのだ。危険な状態は多くの場合1、2週間前から現在までの気象条件によって決まるのだ。

# 4
# 雪崩の基礎知識

後に詳しく解析するように、雪崩事故の大半は表層雪崩で発生している。しかし表層雪崩は発生の予測が難しいことから観測できる機会は少なく、実際の表層雪崩に関するデータは少ない。もし、表層雪崩に遭遇したり観察できる機会があったら、それらを記録として残すことが雪崩事故防止に役立つはずである。ここでは、表層雪崩を目撃した際に、多くの情報を読みとるために必要な雪崩の基礎知識を述べる。なお、雪崩の分類は第2章で取り上げるので、それを参照して欲しい。

斜面上部から発生した雪崩は運動しながら流下し下方で停止する。運動中の雪崩を目撃できるのはごくまれで、実際見られるのは雪崩の跡のみのことが多い。表層雪崩はその後の降雪で埋まると、もはや跡すらもわからなくなる。少ないチャンスではあるが表層雪崩を観察できる機会があったなら、そこからできるだけ多くの情報を引き出す必要がある。雪崩の現場では迅速にかつ十分な情報を記録しなければならないので、96頁の雪崩調査カードをコピーして携行することをお勧めする。

## （1）雪崩跡の何を見ればよいか

雪崩の跡は位置と形態により、発生区、走路、堆積区の3つに区分することができる（図1-9）。

雪崩が発生した最上部付近を発生区と呼ぶ。発生区の位置と形態は、雪崩の種類や発生メカ

ニズムを知る貴重な情報となる。記録すべき情報としては、雪崩が起こった斜面の向き、発生点の位置・標高、破断面の上部が点状か面状か（点発生か面発生か、面発生の時はその幅と厚さ）、地形（凹か凸か）、植生（樹木があるかないか）、雪質（濡れ雪か、乾き雪か）、周囲の雪の堆積状況（吹きだまりか、雪庇があるか）などがある。

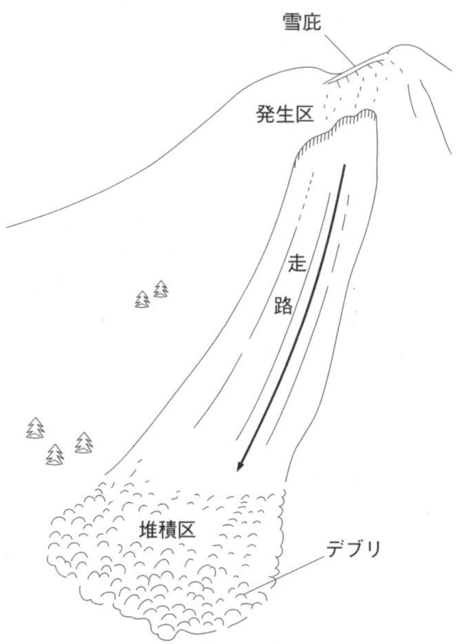

発生区から堆積区までの道筋を走路と呼ぶ。比較的小規模な雪崩では走路が明瞭でない場合もある。走路に関しては次の事項を記録する。見取り図、縦断形状、横断形状、走路中の障害物の有無とそれらの破損状況。

雪崩で運ばれた雪が堆積している範囲を堆積区と呼ぶ。記録項目は、堆積した雪（デブリ）の体積（幅、高さ、長さ）、デブリの状況（雪以外のものが混じっているか、雪は塊状またはブロック状か、乾いているか）。

これらの観察項目を測定するにあたり、斜面が不安定であることが考えられるので、二次雪崩の発生に十分注意し、手早く行う必要がある。したがって現場での測定に加えてビデオ、写真による記録やスケッチを行い、あとから地図等を参考にして記録を完成することになる。

図1－9　雪崩の発生区・走路・堆積区

### （2）雪崩の運動形態

雪崩の運動形態は流れ型、煙型の2つに大別できる（図1－10）。流れ型雪崩は雪煙をあげることなく流れ下る雪崩で、湿雪の雪崩がこれに当たる。煙型雪崩は文字通り雪煙をあげながら流下する雪崩で、雪煙は乾き雪によって形成される。発達した煙型雪崩は一般的に下層は密度の高い流れ層で、それを雪煙が覆うような内部構造を取ると言われている。

雪崩の運動を目撃できた場合は、雪煙を上げながら落下したかどうかで煙型か流れ型かを判断する。多くの場合は雪崩

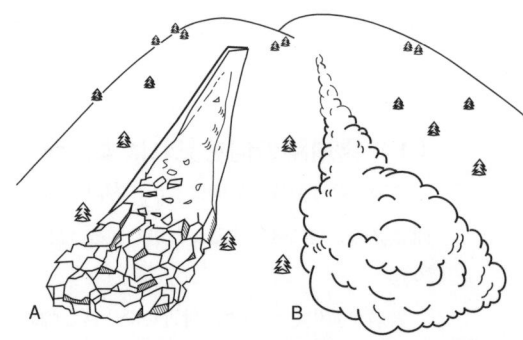

図1－10　流れ型雪崩（A）と煙型雪崩（B）の概念図

1-1 降る雪・積もる雪

写真1-5 ブロック状のデブリとU字形に削られた走路が見られる流れ型雪崩の跡

写真1-7 枝折れが見られる煙型雪崩の跡

図1-6 煙形の表層雪崩

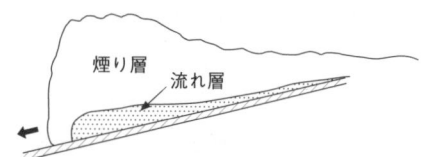

図1-11 頭部と尾部が形成された煙型雪崩の模式図

の跡の観察になるので運動形態はデブリや雪崩で破損した物体から判断することになる。次の場合は明らかに流れ型の雪崩である。

・濡れ雪が雪崩となり、デブリはブロック状で多量の土砂を含んでいる。

・雪崩の走路の積雪が深いU字形に削られ、沢に沿って蛇行している（写真1-5）。

次の場合は煙型と判定できる。

・デブリが白く、ブロック状になっていない。

・雪崩が通過した範囲で樹木の幹は残っているが上方の枝がもぎ取られている（写真1-7）。

・周囲の雪の様子から雪崩発生当時の雪が乾き雪で新雪に近いと考えられる。

（3）雪崩のスピード
——スキーやスノーボードで逃げ切れるか

雪崩の運動を観測する試みは多々行われてきたが、自然の雪崩は山奥で明確な前兆なく起こるため、観測が難しく、また危険が伴う。そこで近年は人工雪崩実験や模擬雪崩、コンピュータ・シミュレーションによる解析が進めら

31

れ、雪崩の運動が明らかになってきた。なかでも雪崩の先端速度と衝撃力は比較的容易に測定ができる項目であることから、実測による研究が行われている。

十分に発達した雪崩は先端部が膨らんだ頭部を形成し、後端は尻尾のように細長くのびた尾部を形成することが知られている（図1-11）。雪崩の最大速度は頭部で観測され、頭部は尾部より速い速度で流れ下る。雪崩のように空気抵抗を受けて運動する流れの場合、頭部を形成して層が厚くなると、空気抵抗や底面摩擦抵抗とつり合う速度（終速度）は大きくなり、雪崩はより速いスピードで流れることができる。つまり雪崩の先端は大きな頭部となってスピードが速くなるので、尾部は頭部からどんどん遅れることとなる。もし先端より後端の方に大きなかたまりが現れても、雪崩の後端は先端に追いついて頭部を形成し、頭部から遅れた雪塊が尾部を形成することとなる。この現象は大きな雪崩ほど速度が速いということに他ならない。

雪崩の速度は運動形態により異なる。流れ型雪崩は大小の雪塊が比較的低速で流れ下るのに対し、煙型雪崩はより高速で雪煙を巻き上げながら駆け下る。典型的な流れ型雪崩である湿雪全層雪崩の速度は一般に秒速10～30mであるのに対し、大規模な煙型雪崩の場合、最大速度は秒速50～100mに達すると言われている。これは時速に直すと時速300kmにもなり、新幹線並のスピードであることがわかる。スキーやスノーボードの滑走速度は通常時速40～50km、滑降競技でも時速100km程度であるから、雪崩に遭遇したら雪崩より速く滑ろうとするより、すみやかに雪崩の走路から離れるよう心がけるべきである。

## （4）雪崩はどこまで到達するか

山の麓に構造物を造る時は雪崩の到達範囲かどうかを正確に予測しなければならない。もし到達範囲内であれば、何らかの対策が必要である。登山やスキーの場合は到達範囲内で行動するので、いま雪崩の危険があるかどうかの判断が必要である。しかし、雪山でテントや雪洞で野営する際には、もし夜中に気象が急変して雪崩が発生した時のことを考慮しなければならない。明らかに雪崩の走路や到達範囲内での野営は避けるべきである。

前節で述べたように、雪崩は規模が大きくなるほど速度が増し、その到達距離は長くなることが知られている。したがって、毎年発生するような小規模な表層雪崩では到達しなかった地点にも数十年に一度発生するような大規模な雪崩の場合には到達することが考えられるので注意が必要である。

ここでは過去の雪崩データから雪崩の到達距離を求めた結果を紹介する。雪崩のデブリ末端から発生地点を見上げた角度（仰角）は高橋の観測によると表層雪崩で18度、全層雪崩で24度といわれている。この角度は10％の安全率を見込んだもので、この角度より遠方であれば雪崩が到達する確率は低い（98頁・図5-1「高橋の18度法則」参照）。

藤澤らは1974年以降に発生した55回の表層雪崩災害を解析し、地形データと雪崩の到達距離に関する統計処理を行った。その結果、雪崩

## 1－1 降る雪・積もる雪

|  |  | 日本 | A | B | C | D | E | F |
|---|---|---|---|---|---|---|---|---|
| 見通し角<br>(度) | 最小 | 16.1 | 18.0 | 18.9 | 14.0 | 15.5 | 20.5 | 20.4 |
|  | 平均 | 26.7 | 29.4 | 25.4 | 20.1 | 22.1 | 27.8 | 26.8 |
|  | 最大 | 45.5 | 42.0 | 34.2 | 35.9 | 30.7 | 40.0 | 32.5 |
| 標高差<br>(m) | 最小 | 17 | 342 | 320 | 104 | 128 | 350 | 426 |
|  | 平均 | 230 | 827 | 765 | 429 | 543 | 869 | 903 |
|  | 最大 | 970 | 1539 | 1400 | 1145 | 1134 | 1960 | 1915 |

表1－4　各地域での見通し角と標高差 (藤澤、1998を一部変更)
A：Western Norway, Norway　B：Alaska, U.S.A.　C：Sierra Nevada, U.S.A.　D：Colorado, U.S.A.　E：Canadian Rockies & Percells, Canada　F：Coast Mountains of British Columbia, Canada

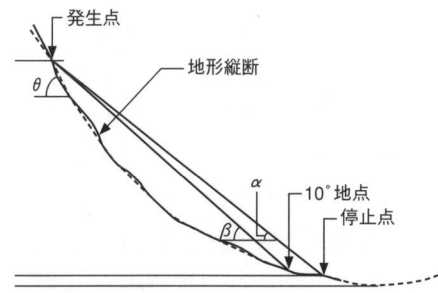

図1－12　雪崩走路の地形パラメータと最大到達距離の見通し角

の停止点から発生点を見上げた仰角は25～35度を中心とした正規分布とみなすことができ、最小値は16.1と高橋の結果よりも小さな値を得た。これを北欧、北米の研究例と比較、整理したものが表1－4である。ただし日本以外の地域の事例は超過確率が100年以上のものを用いている。雪崩の統計モデルとしては地形の効果を考慮して、雪崩の発生点と雪崩走路上の傾斜10度の地点を結んだ角度 ($β$) から最大到達距離での見通し角 ($α$) を推定する手法が広く使われている (図1－12)。しかしこの手法は雪山の行動中に行うことは想定していないので、ここでは見通し角の結果の記述にとどめる。

実際の雪山で上記の見通し角を適用すると、ほとんどの行動は雪崩到達範囲内となる。この法則は山麓に施設等を作る際に雪崩の危険の有無を判断する目安である。これまでも急な斜面の末端から相当離れていて、ここまで雪崩が来るとは全く考えていなかったという大事故は少なくない。したがって豪雪や豪雨の異常気象の際には、思わぬ所で想像もできないような大きな雪崩があることをこの法則は物語っている。

### (5) 雪崩の内部構造と衝撃力

雪崩に巻き込まれた人が雪崩の中で泳いだというような体験談を耳にすることがある。それでは雪崩の内部はどのようになっているのだろうか。雪崩の内部の様子は測定が難しいことからまだ完全にわかったとは言いがたい。しかし近年の人工雪崩実験や模擬雪崩実験、コンピュータ・シミュレーションにより、さまざまなことがわかってきた。

図1－11の模式図で示したように、十分に発達した煙型雪崩では、雪面近傍の流れ層を雪煙りが覆う2層構造をとることがわかってい

る。湿雪雪崩の場合は雪煙り層を伴わないので、流れ層がむき出しになった流れ型雪崩である。また煙型雪崩の高さは先端では高く膨らみ、後端に行くにしたがって薄くなる頭部―尾部構造をとる。雪粒子の密度は空間的に大きく変動するが、平均すると流れ層底部で大きく高さとともに小さくなる。流れ層の平均密度は西村らによると50～500kg/m³、シェラー(Shaerer)によると乾き雪で60～90kg/m³、濡れ雪で100～400kg/m³である。雪煙り層の密度は空気の密度1.3kg/m³（0℃）の数倍から10倍程度である。人間の密度はほぼ水（1000kg/m³）に等しいから、この結果より人間が雪崩の中で浮くことは難しい。しかしNishimuraの実験より200～300kg/m³の流れ層の粘性は水とだいたい等しいので、流体としては泳ぐことが可能といえる。

雪崩の内部は乱流と考えられ、速度は空間的に大きく変動するが、平均すると先端のやや後ろで速度の最大値をとったあと末端に行くにしたがって徐々に減速している。流れ層の速度の鉛直分布を測定したところ、雪面のごく近くに大きな速度勾配の層があり雪粒子が非常に活発に運動している層と考えられる。雪煙り層の先端や上部では周りの空気の取り込みが起こり、その内部は激しい乱流状態である。図1－13は黒部峡谷で観測された雪煙り層内の激しい風速変動を示している。

煙型雪崩では、流れ層が地形的要因で止まった後も雪煙り層が高速で流れ下り、建築物を破壊することがある。また雪煙り層の前面に発生する爆風や衝撃波（ショックウェーブ）によって建造物が破壊されたという報告があるが、これまでの観測や理論的考察では音速にはほど遠く、衝撃波の発生はないと考えられる。しかし高速の雪煙り層は空気と雪粒子の混相流であり、空気より数倍大きな衝撃力により流れ層の停止位置よりもはるか前方の建造物を破壊させると考えられる。

雪崩の流れ層内で、雪粒子が物体にぶつかる力を測定すると、スパイク状の大きな衝撃が多数記録される。これは雪崩の中に含まれる雪塊が衝突した時の衝撃であり、雪崩の運動エネルギーから推定される衝撃よりも数倍大きな値を示す。雪崩がさらに発達すると雪塊の間は流動化した雪で埋められていると考えられ、雪塊の衝突によるスパイク状の衝撃の記録はなくなり、雪崩内の空間的な密度と速度の変動にしたがって波状の衝撃の変

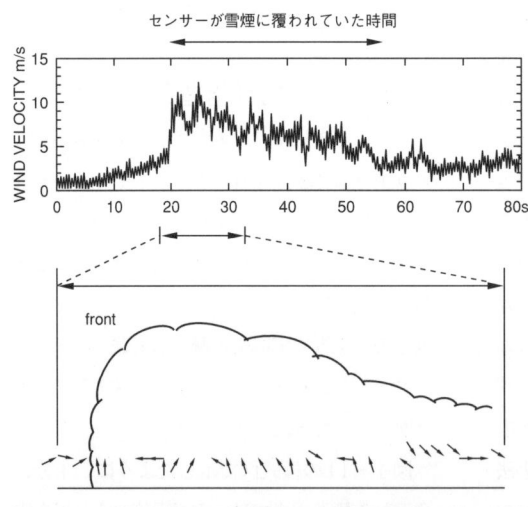

図1－13　黒部峡谷で観測された雪煙層内の激しい風速変動 (Nishimura et. al., 1995)

動が記録される。また雪崩では密度と速度に鉛直分布があるため衝撃力にも高度分布がある。一般的に衝撃力は雪崩の底部で大きく、高さとともに減少する。

　雪崩が構造物に与える衝撃力は雪崩そのものの運動エネルギーのほか、構造物の形状、特に雪崩が衝突する面の形状によって左右される。コンクリート堰堤のような壁面なのか、杭のように衝突する面が狭いのかによって衝撃の受け方が異なる。

　2000年3月27日に岐阜県上宝村左俣谷で発生した乾雪表層雪崩は、雪崩発生量166万$m^2$、高度差1595m、最大到達距離4200mと国内で記録された雪崩では最大級の規模であったが、コンクリート製の治山施設が破壊され、中には長さ6m、重さ約35tものコンクリート塊が300mも流されたり（写真1－8）、作業車両が約300m流され大破して見つかった（写真1－9）。さらに押し流された休憩小屋は5mものデブリの下から発見された。これは大規模な雪崩の例であるが、道路脇で発生するような小規模な雪崩でも、車が埋まって動けなくなるとかフロントガラスが割れるような被害が発生している。またスキーヤーやスノーボーダーは小規模な雪崩でも衝撃で流されると考えてよく、十分危険であることを認識するべきである。

### （6）スラッシュ雪崩

　スラッシュ雪崩とは融雪水や雨などの多量の

写真1－8　雪崩により300mあまり流された長さ6m、重さ約35tのコンクリート塊

写真1－9　約300m流され大破した作業車両

水を含んだ積雪により起こる雪崩であり、一般の湿雪雪崩よりも流動化して流れ下る（雪泥流）のが特徴である。国外では氷河地帯や永久凍土地帯のような不透水層の上の積雪が多量の水を含んだ時に発生することが知られていた。国内では富士山でしばしば発生する雪代（ゆきしろ）が同様の現象であるといわれてきたが、一般には知られていなかった。

　近年の調査により、河川や流雪溝で起こったスラッシュ雪崩が床下、床上浸水や死者を出す災害を起こしている事実がわかってきた。これ

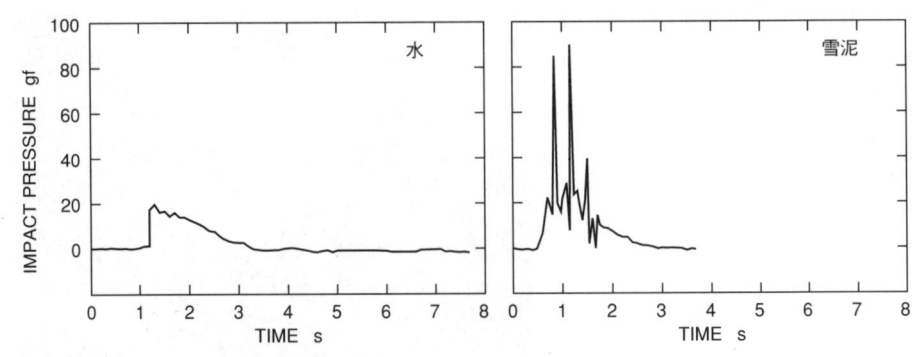

図1-14 スラッシュ雪崩の衝撃記録（上石ら、1994）

らのスラッシュ雪崩は多量の水を含んで流下することや、停止後は水が抜けて雪崩のデブリ状になることから、融雪水による鉄砲水や雪崩と記録されていたものが多い。積雪は水を含むと結合が急速に弱くなることから、スラッシュ雪崩は20度前後の緩い斜面でも発生することがある（54頁表2-4参照）。また流動化が進むにつれ急に流れやすくなる性質がある。

同じ量のスラッシュ雪崩と水流ではどちらの衝撃力が大きいであろうか。氷は水よりも軽いので、密度だけ見れば水と雪からなるスラッシュの方が水よりも小さいのだが、実験をしてみると、スラッシュ雪崩では水よりはるかに大きなスパイク状の衝撃が記録される（図1-14）。スラッシュ雪崩内には大小の雪泥の塊が形成され、これが衝突するので、杭のような構造物に大きな力がかかることとなる。

## （7）雪崩の運動モデル

雪崩とは高い所に積もった雪が斜面に沿って下り落ちる運動である。したがって雪崩の運動モデルは、その重力による落下運動を単純化し

て再現するような取り組みが行われてきた。

雪崩の運動理論は対象とする運動形態が流れ層か雪煙り層かと、衝撃力計算や雪崩危険度マップの作成などの使用目的によって様々なモデルが考案されている。運動モデルを大別すると流体として扱ったもの、剛体として扱ったもの、つぶつぶ（粒状体）の流れとして扱ったものがある。雪崩を流体として取り扱った例として基礎的で、現在でも広く使われているのがフェルミー（Voellmy）理論である。これは雪崩を、斜面を流れる開水路流れと考えて、重力、乱流の抵抗、雪崩底面での摩擦抵抗から雪崩の速度を求めたもので、様々な改良を経て今日に至っている。その他には、雪崩を粘性のある流体（ニュートン粘性流体）としてコンピュータ・シミュレーションを実行する方法、煙型雪崩を重い流体の塊が軽い流体の中を斜面に沿って下る重力流（サーマル）や重い流体が連続的に供給される重力流（プルーム）として、塩水を使った水槽実験やコンピュータ・シミュレーションを行ったものがある。現在では計算能力の向上にともない、現実の雪崩に即して斜面形状の

みならず雪面からの雪の取り込みや空気の取り込みを考慮した3次元数値モデルも開発されている。

　剛体モデルは雪崩をひとかたまりの物体とみなし、その質量中心の運動を計算するモデルである。この方法のモデルも多くの研究者によって改良がなされ、剛体の運動という単純化の利点を生かして、実際の複雑な地形上で、雪崩の経路を正しく計算するような場合に用いられる（図1-15）。

　粒状体モデルは主に流れ型雪崩もしくは煙型雪崩の流れ層の運動モデルとして開発が進んでいる。これらは雪崩を粘性と弾性を持った粒子の集まりとして、斜面を落下する粒子同士の衝突を計算することにより雪崩内部の運動や密度分布を求める。

　次に粒子流のモデル実験であるピンポン球雪崩を取り上げる。これは「スキーのジャンプ競技台を実験斜面として、最大55万個のピンポン球で雪崩を再現する」というたいへん大がかりな実験で、札幌宮ノ森ジャンプ競技場（ノーマルヒル）のランディングバーンを使って行われた。

　ピンポン球はその軽量さゆえに短時間で空気抵抗とつり合った速度に到達するという特徴がある。流れの状態を表す数（フルード数）で比較すると、毎秒8m程のピンポン球雪崩は、秒速50mで4km以上流れ下った大規模な煙型雪崩に相当するのである。

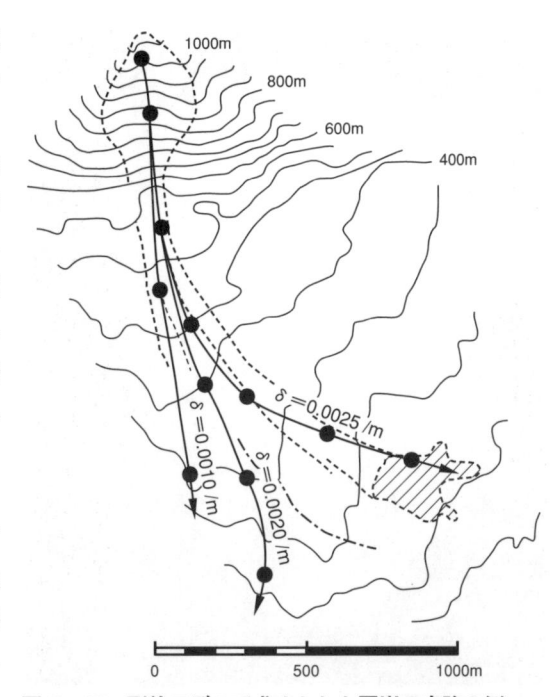

**図1-15　剛体モデルで求められた雪崩の走路の例**
（納口、1986）

**写真1-10　ピンポン球30万個の流れでは衝撃で流される人が続出する**

ピンポン球は1粒子で斜面を流れ下る際には空気抵抗と人工芝の抵抗により流下速度は時速10kmほどしかないが、30万個の集団となる

写真1-11　34万個のピンポン球を使ったピンポン球雪崩実験。先端に目玉状の模様が形成された

と時速50～60kmと自動車並みの速度になる。ピンポン球雪崩では実際の雪崩では体験できないこと、たとえば雪崩の中に入って衝撃を体験することができるが、ピンポン球も30万個の集団ともなれば衝撃で一緒に流される人が続出する（写真1-10）。また、ピンポン球雪崩にともなう気流測定では流れ層の約3倍の高さまで空気が粒子に引きずられて運動していることが観測されており、これが雪崩の雪煙り発生のメカニズムにつながると考えられる。ジャンプ台を用いた模擬雪崩実験では前後、上下、左右の運動のシミュレーションが行え、上下方向の粒子の入れ替わりや左右方向の粒子の流れをとらえることができる（写真1-11）。

ピンポン球雪崩の観測データは解析作業が進められているところであり、その結果はスーパーコンピュータを用いた粒状体雪崩の数値モデルに応用されている。現在は数万個の粒子と底面および粒子間の衝突による相互作用を考慮したコンピュータ・シミュレーションが可能となった。ピンポン球雪崩で観測された頭部―尾部などの雪崩の特徴を数値モデルで再現するには、空気との相互作用をどのように組み込むかが課題である。

# 2章
# 雪崩の発生メカニズム

秋田谷英次・成瀬廉二・尾関俊浩・福沢卓也

1. 雪崩の分類
2. 面発生表層雪崩
3. 点発生表層雪崩
4. 全層雪崩
5. 外国の雪崩分類
6. ハードスラブ雪崩
7. ブロック雪崩
8. 氷雪崩

# 1 雪崩の分類

　ひとくちに雪崩といっても、その発生形態にはいくつかのパターンがある。そして、それぞれのパターンによって発生メカニズムが異なる。にもかかわらず、雪崩に関するこれまでの解説の中には、これらをごちゃ混ぜにして断片的記述を羅列しているものがあまりにも多く目立つ。その結果、真実からは到底かけ離れた迷信じみた言い伝えがまことしやかに横行する事態に陥ったのである。

　「雪崩を避けるために、夜中に行動を開始した」などという行動記録を目にしたことがある。これを、「夜中ならば雪崩の心配はない」と解釈したならとんでもない間違いにつながる。おそらく、この行動記録を書いた人は、直射日光のあたる急斜面やルンゼでよく起こる、湿雪の点発生表層雪崩を避けるために夜中に行動したのだろう。この判断は、この種の雪崩を避けるための正しい判断といえる。しかし、これをすべての雪崩に拡張して当てはめるわけにはいかない。後に述べるように、登山者が最も警戒すべき面発生の表層雪崩はこの範疇にはないのだ。このように、経験に基づいた知識は、ある場合に限っては非常に正しいものである。しかし、その時得られた経験的知識がすべての場合に当てはまると決め込んでしまうの

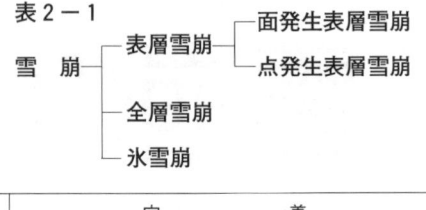

表2－1

```
雪崩 ─┬─ 表層雪崩 ─┬─ 面発生表層雪崩
      │            └─ 点発生表層雪崩
      ├─ 全層雪崩
      └─ 氷雪崩
```

| 雪崩分類の要素 | 区分名 | 定義 |
|---|---|---|
| 雪崩発生の形 | 点発生 | 一点からくさび状に動き出す。一般に小規模 |
| | 面発生 | かなり広い面積にわたりいっせいに動き出す。一般に大規模 |
| 雪崩層（始動積雪）の乾湿 | 乾雪 | 発生域の雪崩層（始動積雪）が水分を含まない |
| | 湿雪 | 発生域の雪崩層（始動積雪）が水分を含む |
| 雪崩層（始動積雪）のすべり面の位置 | 表層 | すべり面が積雪内部 |
| | 全層 | すべり面が地面 |

| | | 雪崩発生の形 | | | |
|---|---|---|---|---|---|
| | | 点発生 | | 面発生 | |
| 雪崩層（始動積雪）の乾湿 | 乾雪 | 点発生乾雪表層雪崩 | 点発生乾雪全層雪崩 | 面発生乾雪表層雪崩 | 面発生乾雪全層雪崩 |
| | 湿雪 | 点発生湿雪表層雪崩 | 点発生湿雪全層雪崩 | 面発生湿雪表層雪崩 | 面発生湿雪全層雪崩 |
| | | 表層（積雪の内部） | 全層（地面） | 表層（積雪の内部） | 全層（地面） |
| | | 雪崩層（始動積雪）のすべり面の位置 | | | |

**表2－2　雪崩の分類名称** (1998、日本雪氷学会)
その他の雪崩現象として以下のものを定めた。
・スラッシュ雪崩（大量の水を含んだ雪が流動する雪崩）
・氷河雪崩・氷雪崩
・ブロック雪崩（雪庇・雪渓等の雪塊の崩落）
・法面（のりめん）雪崩（鉄道や道路などで角度を一定にして切り取った人工斜面の雪崩）
・屋根雪崩

は、とても危険なことだ。

雪崩の危険から身を守るためには、各々の雪崩の発生メカニズムをよく理解して、あらゆる種類の雪崩に対応しなくてはならない。

発生形態に着目して雪崩を大別すると、表層雪崩、全層雪崩、氷雪崩の3つに分けることができる。このうち、表層雪崩は、発生域の形状から、面発生と点発生とに分けられる（表2-1）。

この章では、雪崩をこれらの4つの種類、すなわち、面発生表層雪崩、点発生表層雪崩、全層雪崩、氷雪崩などに分類して、それぞれの発生メカニズムを詳しく解説してゆくことにする。

日本雪氷学会では1998年にこれまでの雪崩分類の整理・見直しを行い、表2-2に示した新しい分類を定めた。点発生と面発生は図2-1に、また、全層雪崩と表層雪崩および乾雪雪崩と湿雪雪崩に関しては始動積雪という概念を入れて図2-2に示すような厳密な定義をした。すなわち、発生域で地面が出ていれば全層、出ていなければ表層雪崩に、また発生域の雪が濡れていなければ乾雪雪崩、水を含んでいれば

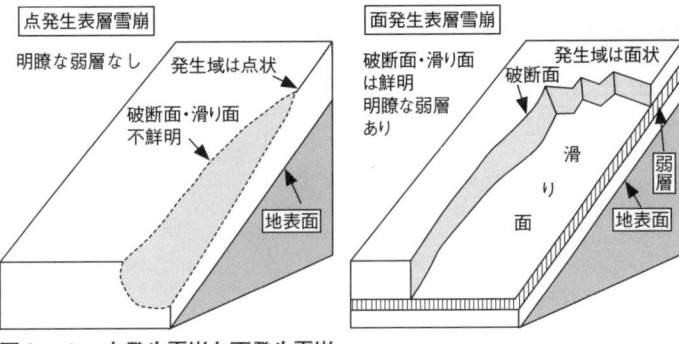

図2-1　点発生雪崩と面発生雪崩

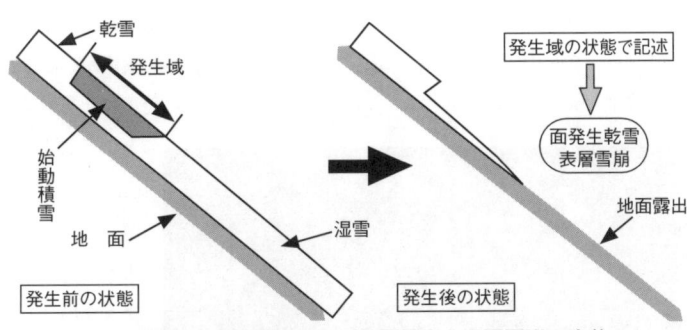

図2-2　全層雪崩と表層雪崩および乾雪雪崩と湿雪雪崩の定義
発生域の積雪（始動積雪）の状態で全層か表層か、乾雪か湿雪かを決める。雪崩の末端やデブリの状態だけで雪崩の名称は決まらない

湿雪雪崩と呼び、分類は発生域の状態を表すものとした。したがって、雪崩の末端で地肌が出ていて、デブリが濡れていても発生域の状況がわからなければ、湿雪全層雪崩と即断はできない。この章では面発生表層雪崩、点発生表層雪崩、全層雪崩および氷雪崩などについて、それぞれの発生メカニズムを詳しく解説してゆくことにする。

## 2
## 面発生表層雪崩（写真2-1）

　登山者やスキーヤーが最も警戒すべき雪崩が、この面発生表層雪崩だ。面発生表層雪崩とは、滑り層より下の積雪を残して上層部の積雪のみが崩落する雪崩のことをいう。発生域にスッパリ切れた破断面（クラウン：crownと呼ばれる）を伴うことから、この分類名がついている。何の前触れもなく突然発生するこの雪崩は規模・破壊力ともに大きく、堆積域ではしばしばブロック状のデブリが累々と積み重なり、絶望的な光景を呈する。現実に、このデブリの下で身動きできず、窒息し冷たくなってゆく人が大勢いるのだ。

### （1）発生のキーを握る「弱層」

　実際に起こった面発生表層雪崩の発生域に行って、破断面付近の積雪の成層状態を調べてみると、非常に特徴的な構造をしていることが多い。それは、特殊な雪結晶からなる強度の小さい薄い層（「弱層」：weak-layerと呼ばれる）が、比較的よく連結した厚い層にはさまれた成層構造をしていることだ。言い換えると、この種類の雪崩が起こるときには、弱層が、よくしまった雪にサンドイッチされている状態にあるということができる。弱層の厚さは数cm以下で、しばしば数mm程度とごく薄いため、一見、層と層の境界で滑ったように見えることがある。しかし、このような場合でもルーペを使って詳しく観察すると、たいていの場合は特殊な雪からなる薄い層がはさまっているものだ。

　サンドイッチされた弱層は、わずかの刺激でも壊れやすく、上に積もっている雪、すなわち「上載積雪」に対して「すべり層」としてふるまう。何かのきっかけで弱層内でいったん破壊が起こると、破壊は直ちに弱層内を面的に伝搬し広がってゆく。その結果、弱層より下の雪を残して上の雪のみが滑り落ちる面発生表層雪崩が発生するのだ。

　この諸悪の根源ともいうべき弱層とは、いったい何者なのだろうか。これまでの研究報告によると、弱層には5つの

写真2-1　ニペソツ山天狗岳付近の雪崩発生地点。面発生表層雪崩の破断面が見られる

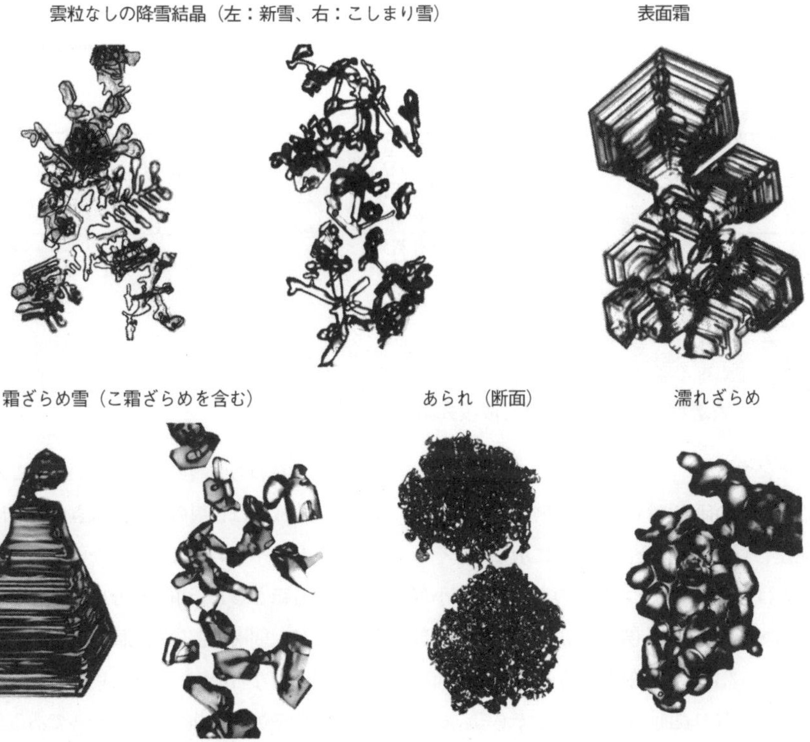

2－2 面発生表層雪崩

雲粒なしの降雪結晶（左：新雪、右：こしまり雪）　　　表面霜

霜ざらめ雪（こ霜ざらめを含む）　　あられ（断面）　　濡れざらめ

図2－3　弱層となる5種類の雪粒子

種類があることが分かっている。その5つとは、「霜ざらめ雪」、「表面霜」、「雲粒なしの降雪結晶」、「あられ」、「濡れざらめ」と呼ばれる特殊な結晶形の雪である。それらの雪粒子を図2－3に示した。

## （2）5種類の弱層
### ①霜ざらめ雪（次頁図2－4）
　この雪は1章の雪の変態で述べたように、雪の層中に温度差がある場合に、雪粒子間で起こる昇華蒸発・凝結によってできる霜の結晶である。霜ざらめへの発達途中のものを「こ霜ざらめ雪」と呼ぶが、ここでは両者を含めて「霜ざらめ」と呼ぶことにする。両方とも成因は同じで、実際には一つの層の中に両方の結晶粒子が混ざっていることの方が多く、どちらも弱層になるからである。寒冷で雪の少ない地方では底の方の厚い層全体が長時間かかって霜ざらめになるのが一般的である。しかし、そのような霜ざらめは表層雪崩の原因となることは少ない。ここで述べる霜ざらめは表面付近の薄い層が1、2日の短期間に形成されるもので、典型的な弱層となる。このような霜ざらめを、底にできるものと区別するため「表層霜ざらめ」と呼

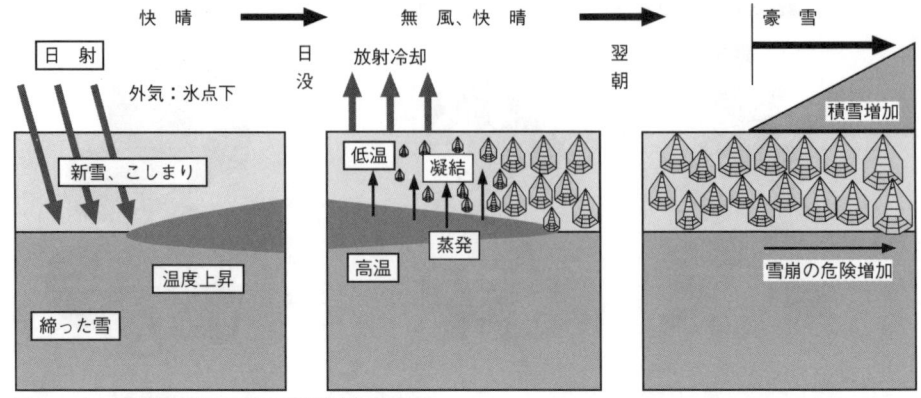

図2-4　表層霜ざらめ雪の弱層形成模式図

ぶことにする。

　これまでの研究で得られた表層霜ざらめが最も発達しやすい条件を図2-4に示した。その条件とは、①固く締まった雪の上に密度の小さい雪の層があること（新雪やこしまりの層が数センチ）、②昼間に日射があること、③夜間に放射冷却で雪の表面が冷えることである。この3つの条件が揃えば一晩でも脆弱な表層霜ざらめが形成される。日射は表面の密度の小さな雪の層を透過して、下部の締まった雪を効率的に暖める。外気温が氷点下でも内部は日射で暖められ、融けることすらある。この現象は内部融解として知られている。晴天の日は太陽が沈むと、放射冷却で雪の表面から熱が上空へ向かって逃げ、雪面温度は急激に低下する。表層の内部は日中暖められているので、この層の上下では大きな温度差が生まれ、下方の暖かい氷は盛んに蒸発する。氷は融けて水にならなくても、温度が高ければ盛んに蒸発して水蒸気になるのだ。水蒸気は上方の冷たい雪粒子に凝結して霜の結晶を作る。翌朝には表層全体が脆い霜ざらめ、すなわち弱層に変化している。この霜ざらめの形成には日射の影響が大きいので南斜面の方が起きやすい。このような弱層ができることはそれほど珍しい事ではない。雪崩が起こるためには、弱層の上に短期間で多量の雪が積もらなければならない。弱層といえども時間が経つと圧密や焼結で強度を増すからである。この弱層はサンドイッチ状に厚い層にはさまれると表層雪崩の危険が大きくなる。

②**表面霜**（図2-5、写真2-2）

　夜間、晴れていて冷えた日の朝に、外に置いた車の屋根やフロントガラスが白くなっていることがある。一晩中晴れていたから雪が降ったわけではない。その正体は、空気中の水蒸気が放射冷却で冷えた車の屋根などに凝結してできた霜の結晶である。これと同じ現象が積雪の表面で起こったものを表面霜、木の枝にできたものを樹霜という。表面霜や樹霜ができた日に、朝日が当たると積雪の表面や木の枝がキラキラと輝いた美しい光景に出会う事がある。霜の表

2-2 面発生表層雪崩

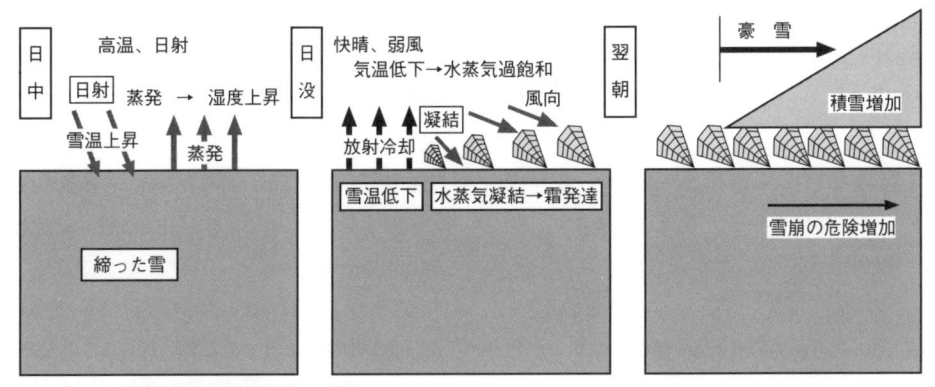

図2-5 表面霜の弱層形成模式図

面は平らな面を持つため、太陽光が反射して輝くのだ。次に述べる雲粒の付いていない大きな降雪結晶も光が反射して輝いて見える。

表面霜の成長に関してこれまでの研究で以下のことが明らかになっている。

表面霜ができるには、①放射冷却で雪の表面が冷やされる必要がある。②この冷えた表面に凝結する水蒸気が多いほど（湿度が高いほど）霜の成長は早い。③また、霜が成長する際に、弱い風がある方が水蒸気の供給量が多くなり大きな霜が成長する。これらの結果を要約したのが図2-5である。

日中、気温が高く日射があると雪の表面で蒸発が起こり、湿度が上がる。日が陰ると放射冷却で雪の表面が冷やされる。それにつれて気温も低下するため、相対湿度は上昇する。実測によると、湿度90％以上で表面霜の発達が著しい。また2～3m/s程度の弱い風があると大きな霜が形成された。上の3つの条件がそろった時に、一夜のうちに雪面から上に向かって、数mm～1cmあまりの表面霜が成長する。弱

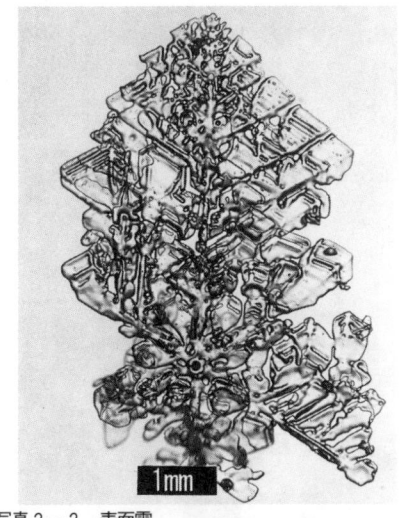

写真2-2 表面霜

い風がある時は、風で水蒸気が運ばれるため、全ての霜が風上の方向に向いている。霜の結晶の形は降雪結晶と同じように温度と湿度によって樹枝状や広幅状に変化するが大きな結晶はシダ状のものが多い。写真2-2はできて間もない表面霜の写真である。これらの霜の結晶は付け根が細く、横方向の連結が少ないため顕著な弱層となる。もし、翌日になって、多量の雪が

45

積もると、表面霜の弱い構造が雪の下で温存され、しばらくの間は弱層としての機能を持つことになる。

### ③雲粒なしの降雪結晶（図2－6、図2－7、写真2－3、写真2－4）

激しい降雪時の結晶は、多数の結晶の併合、大小の結晶の混合、雲粒（凍結した微水滴＝凍結雲粒）付き結晶の混入が一般的である。また、吹雪時の降雪は風で破砕された小破片を多数含んでいる（写真2－3）。このような結晶が積もると大きな粒子の間には小さな粒子や破片が入り込み、隙間の少ない状態となる。雲粒や小さな結晶が多いほど、隣同士の結晶と多数の点で接触することになる。氷が点で接触すると焼結作用でその結合部が太くなり、じきに丈夫になる。一方、雲粒のない大きな結晶は風の弱い時、薄い雲からヒラヒラと舞い降りることが多い。雲粒がないため結晶表面はなめらかで、日が当たるときらきらと輝いて見える。平らな物体が静かに落下すると水平に（斜面では斜面に平行に）積もる（図2－6）。そのため、雲粒のない結晶が層になって積もると、表面が滑らかなため接触点が少なく、焼結による結晶の結合が少ない。すなわち、雲粒なしの層は滑りに

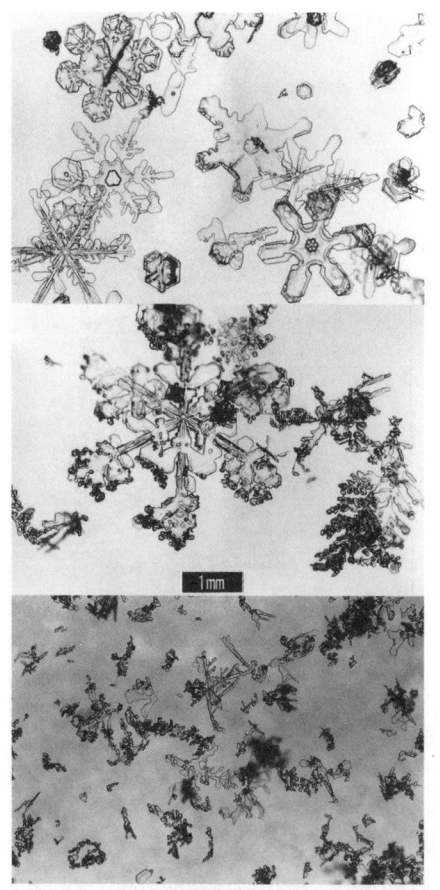

写真2－3　降雪結晶の形態　上)雲粒なしの結晶、中)雲粒付き結晶、下)風で破砕した結晶(吹雪時)

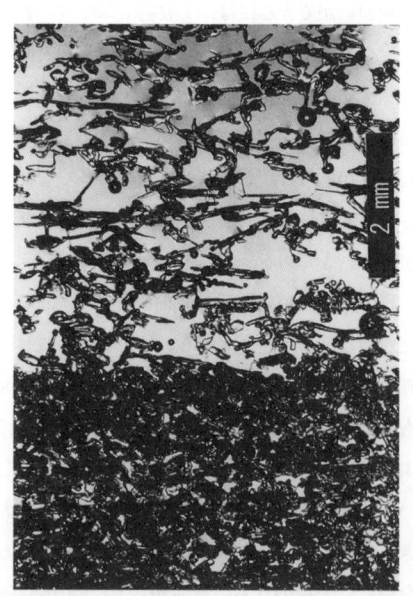

写真2－4　上部が雲粒の付かない結晶が水平に積もった弱層、下部は吹雪層（鉛直薄片写真）

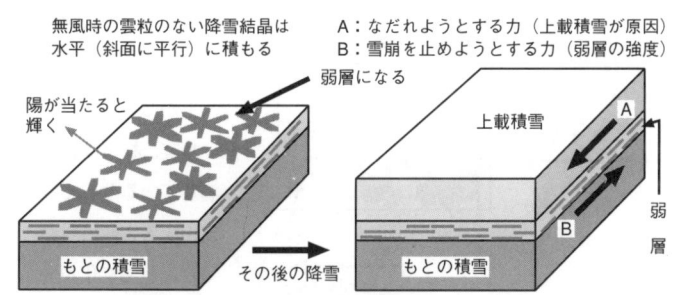

2－2 面発生表層雪崩

図2－6 雲粒のない新雪の弱層形成模式図

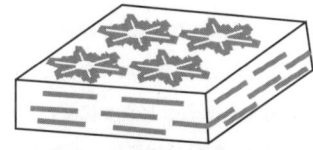

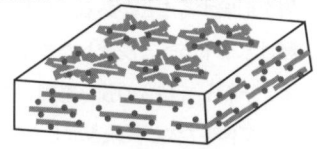

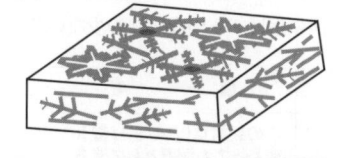

図2－7 弱層になる新雪と弱層にならない新雪の模式図（鉛直断面）

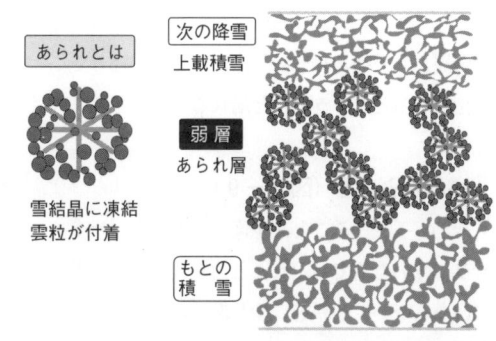

図2－8 あられからなる弱層模式図（鉛直断面）

対する抵抗が小さく、弱層となるのだ。特に、広幅六花状の大きな結晶は比較的長く弱層としての機能を失わない。

図2－7に新雪結晶の形によって弱層になるものとならないものを模式的に示した。風の弱いときに積もる、「大きな美しい結晶」は雪崩にとって危険信号なのだ。写真2－4には雲粒の付いていない結晶が水平に積もってできた弱層の鉛直薄片写真を示した。この弱層の下にある層は吹雪でできた層で（ウインドパック）、両者を比較すると弱層の強度がいかに小さいかが想像できよう。

### ④大粒のあられ（図2－8）

あられは雪の結晶に雲粒がびっしりと付着したもので、球状で硬いものが多く、粒径が1cmに近い大粒のものもある。このあられは、寒冷前線通過時の発達した積雲から降ってくることが多い。大粒のあられは粒径がそろったものが降るので、図2－8の模式図の様に普通の雪と比べて接触点が少なく、大きなすき間ができる。あられ自身は硬いので圧密は進まず長時

47

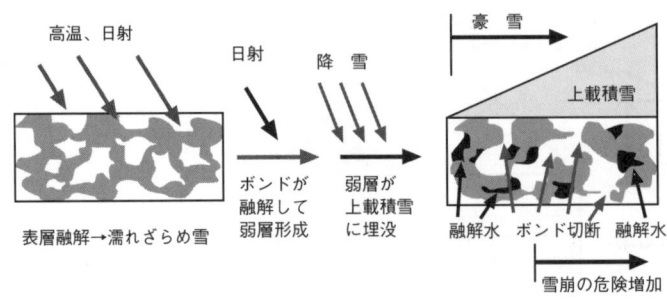

図2-9 濡れざらめ雪の弱層形成模式図（鉛直断面）

間弱層として振る舞う。そのため時間が経っても指で触るともバラバラと崩れる。

#### ⑤濡れざらめ雪（図2-9）

今、雪玉を作ることを想像してみよう。サラサラに乾いた雪では、うんと力を入れないと玉にはならない。しかし、少し湿った雪で雪玉を作ると、いとも簡単に質のいい玉を作ることができる。今度は、ビショビショに濡れた雪で作るとどうなるだろうか。一応、形にはなるが、握るとつぶれる腰のないヘナチョコ雪玉ができ上がる。

事実、積雪は適度に濡れているとしまって安定する方向に向かってどんどん変化が進んでゆく。しかし、強い日射に当たったり、大雨や肌ではっきりと感じ取れるほどの急激な気温上昇があって、積雪が多量の水分を含んだ時はこの限りではない。ビショビショに濡れた状態がしばらく続くと、雪粒は球形化して独立し、結合の乏しい層を形成することがある。しかしこの弱層は、融け水が下方へと浸透したり凍り付いたりすると、一転して結合の強い堅固なざらめ雪へと変化してゆくため、長続きはしない。

濡れざらめ雪が弱層となるのは、積雪表面が日射等で急激に溶けて、つながりの少ない球状

| 種　類 | 結晶の形 | 形成条件または特徴 | 備　考 |
|---|---|---|---|
| 新　雪 | 雲粒なしの結晶、大きな広幅六花は顕著な弱層 | 弱風または無風の時の降雪。この雪が積もると強度は小さい | この新雪は「こしまり雪」に変わっても弱層として残る。 |
| 表　面　霜 | 広幅六花の一部に似た形のものから「しだ状」のものまである | 夜間の放射冷却と弱風、高湿度で顕著に発達する | 積雪の表面から風上に向かって無数に成長。日が当たるとキラキラ光る |
| 霜ざらめ | 典型的なものは骸晶状やコップ状。角柱や平板状もある | 表面に新雪があり、昼間の強い日射と夜間の放射冷却で表層中に発達する | まだ「霜ざらめ」に発達していない「こ霜ざらめ」も弱層となる |
| あ　ら　れ | 凍結水滴（雲粒）の集合体で球形または円錐形。大きさは直径数ミリ | 雪結晶が雲の中を落下中に雲粒を補足し凍結したもの | 前線の通過時に降る。粒同士の結合が弱くバラバラな状態が長く続く |
| 濡れざらめ | 大きな球形の氷の粒で互いの結合が弱い | 強い日射でボンドが融ける。凍結せずに積雪内に埋没すると弱層となる | 凍結すると丈夫なざらめ雪になる |

表2-3　弱層となる5種類の雪の形状と特徴

のざらめ雪になり、その直後に、多量の雪（上載積雪）が積もった時である。濡れざらめ雪の上に断熱性の高い新雪が積もると、寒気の進入は遅く、弱い濡れざらめの状態がしばらく保たれるので雪崩の危険がある。

　以上、5種類の弱層に共通していえることは、雪粒同士のつながりが乏しいということだ。ある積雪層の強い弱いは、主にその層を構成する雪粒の連結の度合いで決まる。もちろん、よく連結しあった雪からなる層は強く、連結の乏しい雪の層は弱い。連結しやすさとは、24頁で説明した「焼結」の進行しやすさに他ならない。角張った結晶（霜ざらめ、表面霜、雲粒なしの降雪結晶）や非常に大きな雪粒（あられ）は、雪同士の接触点が少ないため焼結が進行しにくく顕著な弱層となる。また、雪が多量の水分を含むと（濡れざらめ）、雪粒同志の結合が切れ強度が低下して弱層となるのである。これまで述べた弱層となる5種類の雪をまとめて表2-3に示した。

## （3）弱層形成と雪崩発生

　このように弱層の形成過程を詳しく見てゆくと、種類を問わず多くの弱層は、まず積雪の表面付近で作られることが分かる。弱層が表面で形成されただけならば、面発生表層雪崩は発生しない。表面で作られた弱層が、後の降雪によって埋没したときにはじめて、面発生表層雪崩の準備が整ったことになるのだ。

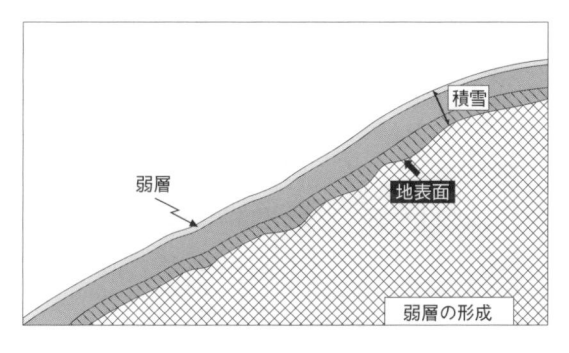

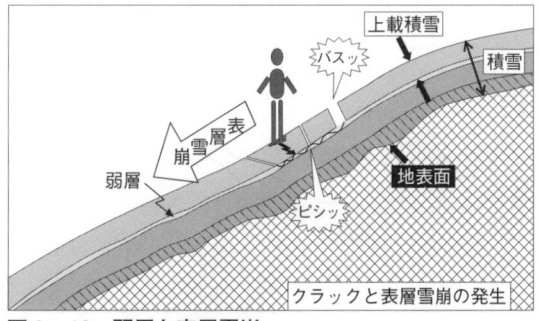

図2-10　弱層と表層雪崩

　なお、弱層の上に積もった雪を上載積雪といい、弱層が上載積雪の重さに耐えられるかどうかが雪崩の鍵となる。弱層が、30cmの降雪に埋められれば30cmの厚さの表層雪崩、70cmの深さに埋まれば70cmの厚さの表層雪崩の準備が整ったことになる。表面で形成された恐ろしい弱層は、その後の降雪によってきれいに隠されてしまい、表面的には何ひとつ痕跡を残したりはしない。一見、何の変哲もない斜面に見えるが、実はその下には恐ろしい弱層が、登山者の到来を手ぐすね引いて待ち受けているのだ。

　この状態で微妙なバランスを保っていた斜面に、登山者やスキーヤーが入り込んだらどうなるだろうか。答えは明々白々である。人が入り

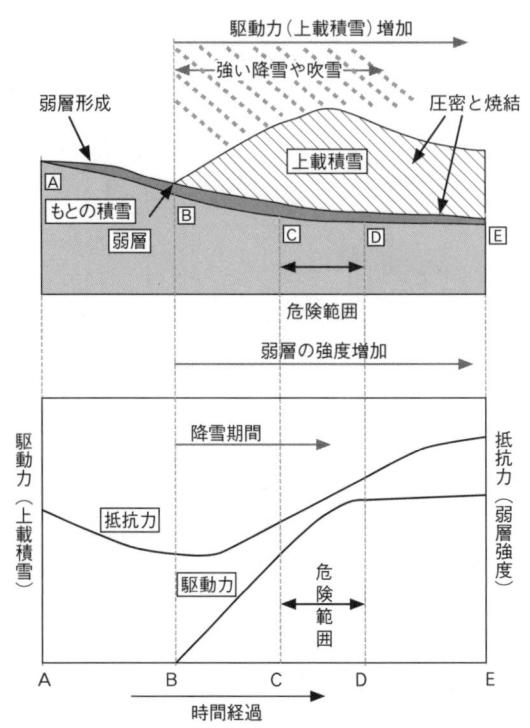

図2－11　弱層形成と表層雪崩発生の時間推移

を超えるほどの降雪があると、面発生表層雪崩は自然発生する。この場合、雪崩の厚さは相当厚いと予想される。そして大規模な雪崩となって雪煙を舞い上げながら、谷を流れ下ることだろう。

図2－11は弱層形成後に上載積雪が増加し、それに伴い斜面内で雪崩れようとする力（駆動力）と雪崩を止めようとする力（抵抗力＝弱層の強度）の時間推移を模式的に示した。

ある時、表面に弱層が形成された（A－B）。その後、降雪で弱層が埋没し始めた（B－C）。上載積雪（駆動力）が増加すると圧密や焼結で弱層強度も増加する。降雪が激しいと弱層が丈夫になる速度以上に駆動力が増加し、両者が接近する（C－D）。この範囲が雪崩の危険範囲である。図では抵抗力の方が上にある（大きい）ので自然発生の雪崩は起こらない。しかし、その斜面に人が入り込むと、その体重や衝撃で駆動力が増し、抵抗力に接すると誘発雪崩が起こることになる。降雪が止むと駆動力は一定となり、弱層の強度は圧密や焼結で増加し、雪崩の危険は遠のくことになる（D－E）。斜面を横切る際は雪穴を掘り、積雪の内部情報（弱層と上載積雪）を得る必要がある。自分が今、この図のどの時間帯にいるか、安全な範囲か危険な範囲かをこの図とともに頭に入れておくことをすすめたい。

このような弱層がいったんできると、いつまでも雪崩の危険が続くわけではない。弱層も圧密や焼結で丈夫になり、やがてその痕跡すらも

込んだ刺激によって、図2－10のように弱層内では部分的に破壊が起こり、破壊は直ちに弱層内を面的に伝搬し広がってゆく。そして、上載積雪内のところどころに縦のクラックを生じさせながら、ブロック状の雪が流れ落ちてゆくことが多い。こうして発生した面発生表層雪崩は、下流にある雪をさらに取り込みながら体積を増し、速度を上げてゆく。最終的には、デブリを累々と積み重ねて停止するのであるが、この時の雪の圧力はものすごいらしい。「セメントで固められたようで自力では脱出できなかった」という証言者は多い。

また、人が入り込まなくても、弱層の支持力

なくなるのだ。ここでもう一度一冬を通して雪の積もり方や積雪層、弱層のでき方を眺めてみよう（28頁・図1－8）。1回の降雪で1つの積雪層ができ、一冬では幾つもの層が形成される。ある時、どこかで弱層が作られ、それが降雪により埋没する。この弱層はやがて圧密や焼結で強さを増し、やがて弱層としての働きは無くなってしまう。この間のどこかでもっとも雪崩の危険が高い時があるはずで、その時その斜面に人が入り込むと雪崩を誘発することになるのだ。ここでもう一度注意を喚起するが、雪崩の危険があるかないかは表面からでは決してわからないのだ。弱層は新しく積もった雪の下に隠されているのだから。

### （4）弱層の寿命

表層雪崩に関係する弱層は表層付近で形成され、後の降雪により埋没することが多い。一般的に埋没した積雪層は上からの荷重で密度が大きくなり（圧密）、接触した雪結晶の間に結合ができる（焼結）ことにより強度が増す。また温度環境によっては融解再凍結や霜ざらめ化などの変態を受けて強度が変化する。弱層の場合も時間の経過とともに変態が進むことが知られているが、はたして弱層の寿命はどれくらいあるのだろうか。

弱層に着目して圧密とせん断強度の時間変化を測定した研究は少ないが、霜ざらめ雪や表面霜の弱層はその他の雪質よりもせん断強度が増しづらいという報告がある。図2－12は降雪結晶、あられ、霜ざらめ雪、表面霜の弱層についてせん断強度（SFI）の時間変化を観測した例であるが、霜ざらめ雪と表面霜のせん断強度は時間が経ってもなかなか増加せず、およそ1カ月ものあいだSFIが100以下に維持され、弱層のまま残っていた例も見られた。実際の雪崩でも積雪初期に形成された弱層が、一冬のあいだ維持された場合がある。霜ざらめ雪と表面霜はいずれも水蒸気の輸送によって上下方向に結晶が成長することから、縦方向に連結が発達しており、荷重に強くせん断に弱い特徴をもっている。したがって時間が経過しても密度の増加と焼結の進行が遅いため、せん断強度が増加しづらいのではないかと考えられている。このような弱層の性質は傾向としてはわかっているが、量的にわかるまでには至っていない。

以上のように弱層の寿命に関してはまだ研究の途上であり、これから観測データを増やす必要がある。研究が進み、弱層の立体構造と変態のメカニズムが明らかになれば、弱層の寿命を

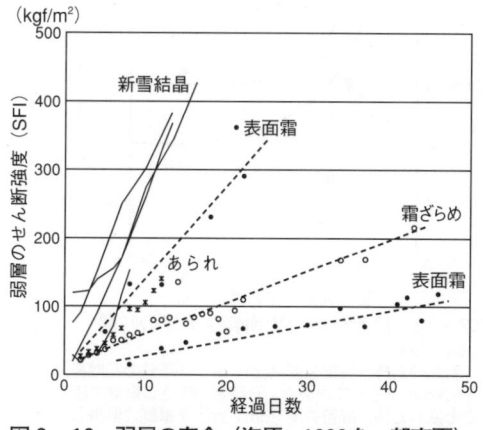

**図2－12 弱層の寿命（海原，1999を一部変更）**

予測できるようになるであろう。

## （5）弱層がない表層雪崩

これまで表層雪崩は積雪中に弱層がある時に発生することを述べてきたが、豪雪時には特に弱層がなくても表層雪崩が発生することがある。一般的には上載積雪が増加すると、そのため下層の雪は圧密によってせん断強度も増加してしだいに斜面積雪は安定化する。しかし、豪雪時には下層のせん断強度の増加する早さ以上に上載積雪が増加する場合がある。遠藤（1992、1993）は積雪の温度が氷点下で、降雪強度が激しい場合に雪崩が発生することを理論的に求めた。図2-13に降雪強度と雪崩発生までの時間を計算した結果を示した。積もった直後の密度（初期密度）50kg/m³の時の降雪強度と雪崩発生までの時間を斜面傾斜に対して示されている。斜面傾斜35度の場合、降雪強度3.1kg/m²hrで5時間後に雪崩が発生し、4.0kg/m²hrの時は3時間後に発生、3.0kg/m²hrの時は時間が経っても雪崩は発生しない。雪崩が発生しないのは駆動力の増加する速さより、下層の強度が先に大きくなるためだ。傾斜が45度の斜面では降雪強度2kg/m³hrの時は8時間後に雪崩が発生するが、それ以下の降雪強度では雪崩は発生しない。また3kg/m³hrの降雪強度では3時間後に発生する。弱層がなくても24時間に60cm以上も積もると、急斜面の積雪は非常に不安定になり表層雪崩が発生するという結果だが、もし弱層があればもっと少ない雪でも危険なことは直感的に理解できるであろう。

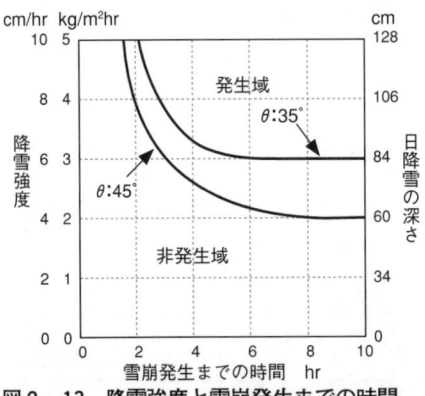

**図2-13 降雪強度と雪崩発生までの時間**
（Endo、1992）
θ：斜面傾斜角、降雪強度（cm/hr）は積雪の初期密度を50kg/m³として求めた。日降雪の深さは計算で圧密を考慮した値、降雪強度（cm/hr）を単純に累積したものではない

# 3 点発生表層雪崩（写真2－5）

　積雪表面のある部分がその安息角（注 雪粒が自然に崩れ落ちる臨界の角度。雪質、温度、含水率によって大きく変化する）より急な傾斜の所で最初に崩れ、これが周囲の雪を巻き込んで流れ下るのが点発生表層雪崩である。したがって、傾斜の非常に急な斜面やルンゼでは、この点発生表層雪崩が頻繁に発生する。ある点を起点にして雪崩が発生するので、この分類名が付けられた。雪崩の跡は、発生地点を頂点とする細長い三角形の特徴的な形となる。一般に、点発生表層雪崩は規模が小さく、それほど危険ではない。

　乾雪の点発生表層雪崩は、寒冷・弱風時にしんしんと積った新雪が流れ落ちるものである。雲の中で多くの雲粒を付けた雪や、強風に揉まれて細かく破砕した雪は、雪どうし互いの結合が速やかに進行するため、雪崩になることは滅多にない。反対に、雲粒を身に付けていない、きれいな形を保った雪は、互いに接触する点数が少ないため、なかなか連結し合わない。このことは、大粒の「あられ」のみが積もった場合も同様である。このような雪が数cm以上積もると、急斜面で局所的に崩れた雪が周りの雪を巻き込んでこの種の雪崩となる。しかし、その規模は一般に小さく、過大に恐れることはない。

　湿雪の点発生表層雪崩は、降雪や吹雪の後に、強い日射が当たった時に多く発生する。これは、日射によって表面付近の積雪が融かされ、雪が水分を保持し流動性を高めるためである。積雪に日射が当たると、ざらめ雪の変態で述べた様に、雪粒同士の結合部が選択的に融かされ、効率良く雪粒の球形化が進行する。さらに、積ったばかりの雪は小さな粒子が多いため多くの水分を保持し、いっそう流動性が高まることになる。このことが、日射の当たる急斜面やルンゼで、点発生湿雪表層雪崩が頻発するゆえんである。また、肌で感じとれるほどの急激な気温上昇や降雨の場合にも、積雪表層は水分を含むため、点発生表層雪崩の危険性が増す。

　登山者やスキーヤーがこの点発生湿雪表層雪崩の危険性の大小を評価するには、積雪表層の雪を手に取って、水分の多い少ないを検討するのがよい。雪は、程よく湿っている（水分量が

写真2－5　点発生表層雪崩

| 用　語 | 特　徴 | おおよその含水率 |
|---|---|---|
| 乾いている | 通常、雪温（T）は0℃未満。雪温がマイナスであると液体の水は存在しないので「乾いた雪」である。乾いた雪では雪玉を作っても、すぐばらばらに崩れる | 0％ |
| 湿っている | T＝0℃。10倍のルーペを使っても液体の水は見えない。握る等して軽く砕くと、雪粒は互いにくっつき合う | ＜3％ |
| 濡れている | T＝0℃。10倍のルーペを使うと、隣接する雪粒との凹んだ部分に水が見える。しかし、両手で普通に握ったぐらいでは、水がしみ出ることはない | 3－8％ |
| 非常に濡れている | T＝0℃。両手で普通に握ると、水がしみ出ることがある。しかし、雪粒間の隙間が完全に水で満たされてはいない | 8－15％ |
| スラッシュ | T＝0℃。雪は水で溢れていて、隙間の大部分は水で満たされている。水べた雪 | ＞15％ |

表2－4　濡れ雪の呼び名とその特徴

少ない）と互いの結合を増しより堅固で丈夫な雪へと変化してゆくが、その水分量が多すぎると今度は粒子の球形化が進み流動性が高まる。その境目の水分量はどのくらいかが問題であるが、筆者らの経験的な観察によると、表層が「非常に湿っている」または「スラッシュ（水べた雪）」（表2－4）に分類される雪の時にこの種の雪崩が多く発生するようである。しかし残念ながら、水分量を一様にコントロールすることは実験上困難なため、詳細な研究報告は未だなされてはいない。

乾雪であれ湿雪であれ、広い斜面で起こった単独の点発生表層雪崩は規模が小さいため、完全に埋没する危険性はほとんどない。しかし、いくつかのルンゼが集まっていて複数の雪崩が合流するような場所や幅の狭い沢筋では、流れる雪の体積が2倍、3倍と多くなるため、点発生表層雪崩といえども危険性が高まる。特に、湿雪の場合は、乾雪の時と比べて雪の密度が高く、雪崩の衝撃力も大きいため、このような場所を通過する際には注意が必要となってくる。

また、バランスを要求される冬期登攀の場合には、湿雪の場合はもとより乾雪といえども侮ることはできない。登攀者が微妙なバランスで辛うじて壁にへばりついているとき、たとえ少量でも上から雪が落ちてきたらどうなるかは、容易に想像できよう。冬期の登攀においては、ルートの難易度と新たに積った雪の量とを、常に比較検討して行動することが肝要である。

積雪が「スラッシュ」といわれるほどまでに水分を含んだ場合には、20度程度の緩斜面でも湿雪表層雪崩が発生することがあり、この場合は特に「スラッシュ雪崩」と呼ばれる。スラッシュは多量の水を含んだ雪と水の混合体であり、非常に流動性が高く、通常の雪崩に比べて遠くまで到達する。積雪がスラッシュと呼ばれるほどまでに含水することはめったになく、スラッシュ雪崩による山岳雪崩遭難の報告も数少ない。しかし、富士山では、凍土が融雪水の浸透を妨げ、広範囲にスラッシュを形成するため、表土を巻き込んだ大規模なスラッシュ雪崩が発生することが古くから知られている。周辺地域

ではユキシロとも呼ばれ、大雨の時や積雪が急激に融解する時には警戒が強められている。

このように点発生表層雪崩の発生機構を見てゆくと、前章で述べた面発生表層雪崩と酷似している点の多いことがわかるであろう。点発生表層雪崩にとって好都合な、雲粒のない降雪結晶、あられ、水分の多い濡れ雪は、いずれも面発生表層雪崩の弱層を構成する雪たちである。重要な弱層であった表層のしもざらめ雪と表面霜は、たかだか1〜2cm程度の層厚にしかなり得ないため、点発生表層雪崩を起こすことはない。すなわち、点発生表層雪崩は、表面で形成された厚い弱層そのものが急斜面で崩れ落ちて発生する雪崩と解釈することができる。

# 4 全層雪崩 (写真2−6)

全層雪崩とは、一度に地面までの積雪全層が崩落する雪崩のことをいう。春先になって気温が上がると多く発生する。これは、融雪水や雨水が浸透し、地表面を滑りやすくするためだ。しかし、北陸などの標高の低い山地では真冬でも湿った雪のため全層雪崩は珍しくない。また北海道でも底に霜ざらめ雪があったり笹地の急斜面では厳冬期の発生もまれではない。全層雪崩による大規模な山岳遭難の例は極めて少ない。それは、全層雪崩の場合は表層雪崩とは違って、際だった前兆現象が現れるからだ。何の前兆もなく発生することはまれだからである。発生域ではクラック、その下方ではこぶ状の起伏(雪しわ)といった前兆現象が現れた後で発生している。したがって、登山者はそれらの前兆のある斜面に入り込まないことで、この雪崩を避けることができる。

ここで、日本雪氷学会の雪崩分類(表2−2)にしたがって全層雪崩を分けると、点発生乾雪全層雪崩、点発生湿雪全層雪崩、面発生乾雪全

**写真2−6　全層雪崩**

層雪崩、面発生湿雪全層雪崩の4つに分けられる。点発生の全層雪崩はきわめて少なく、観測や研究の事例もない。大部分の全層雪崩は面発生であり、その発生メカニズムは乾雪も湿雪の場合も同じである。ただし雪崩の運動形態は乾雪と湿雪では大きく異なっている。

## （1）全層雪崩の発生メカニズム

これまでの観測によると、全層雪崩が多発するのは融雪期である。先に述べたように積雪底面に水分があると雪は滑りやすくなるためだ。しかし、多くの例外もある。水がなくても底にしもざらめ雪のような弱い雪があったり、地面が倒伏した植生で覆われている場合には寒冷な厳冬期でも発生している。

これまで表層雪崩について述べてきたので、それと全層雪崩を対比すると両者の類似点、相違点が明確になるだろう（表2－5）。

次に全層雪崩の発生メカニズムを模式図を使って説明しよう（図2－14）。

斜面に積もった雪は重力によって絶えず斜面下方へ移動しようとする力（駆動力）が働いている。その力は雪が多いほど、また斜面が急なほど大きくなるのは直感的にも理解できよう。この動きを止めるように働く力が底面滑り（グライド）抵抗である。この2つの力の大小関係が雪崩の決め手になるのだ。山地の斜面は傾斜や地表の凹凸、植生は一様ではない。そのため同じ厚さの雪が積もっていても、斜面の位置によって滑りの抵抗に差が生じる。滑り抵抗が小さい場所ではより多く滑るので、上流の滑りの少ない場所（滑り抵抗は大きい）との境に引っ張りの力が働き、ついには破壊（引っ張りによる破壊）しクラックができる。クラックはほぼ斜面に直角でその幅は上から下までほぼ同じである。これは破断は純粋に引っ張りで生じた証

| 比較項目 | 表層雪崩 | 全層雪崩 |
| --- | --- | --- |
| 滑り面の位置とその特性 | 積雪内部<br>特殊な結晶からなる弱層 | 地表面<br>地表の水分・凹凸・植生。積雪底面の雪質 |
| 発生の駆動力 | 弱層上の積雪（上載積雪） | 斜面上の全積雪 |
| 発生の抵抗力 | 弱層の強度 | 底面の滑り（グライド）抵抗 |
| 発生までの経過と前兆現象 | ①弱層破壊、②瞬時に雪崩。前兆現象なし | ①クラック、②こぶ状起伏、③こぶ起伏破壊、④雪崩。①、②が前兆現象 |
| 雪崩の痕跡 | 不鮮明、次の降雪で消される | 破断面、デブリとも鮮明で痕跡は長く残る |
| 雪崩予知の手法 | 弱層、上載積雪確認 | グライド観測、クラック・こぶ状起伏確認 |
| 一般的な雪崩対策 | 登山では回避、人工雪崩 | 道路・構造物に対しては防止工法、人工雪崩 |
| その他 | 誘発雪崩の事故が多い | 毎年同じ場所、同じ時期に起こることが多い |

**表2－5　表層雪崩と全層雪崩の比較**
注：①クラックが発生してから数時間〜数日後に雪崩となることが多いが、クラックができても雪崩にならないこともある。②人工雪崩はわが国では実施例が少ない。

2−4 全層雪崩

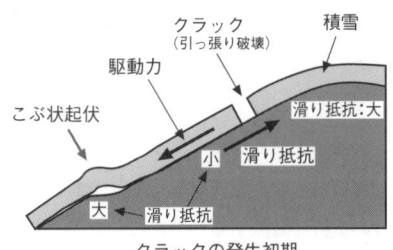

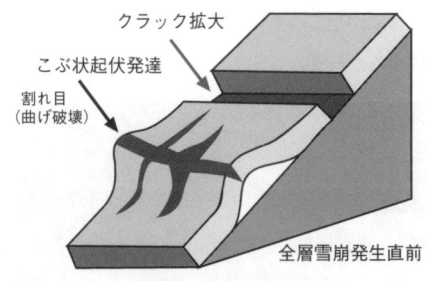

図2−14 全層雪崩の発生メカニズム

写真2−7 クラック、こぶ状起状とその割れ目

| 駆動力（大きいと雪崩の危険大） | 滑りの抵抗（小さいと雪崩の危険大） |
|---|---|
| 雪の重量に比例：豪雪年が危険<br>融雪期直前が最大：春先が危険<br>傾斜角度に比例：急傾斜が危険 | 地表の水分増加：危険大（急激な融雪や大雨）<br>地表面の凹凸：時期による変化なし<br>斜面植生の倒伏：年や時期により変化（茅、笹、潅木）<br>積雪底面の雪質：濡れ雪、霜ざらめが危険大 |

表2−6 全層雪崩発生の諸条件

拠でもあるのだ。クラックができるとその下方の積雪の滑りが活発となり、クラックの幅は拡大する。その広がる速さは近くで見ているとわかることもある。

滑り抵抗の小さい領域の雪は斜面をゆっくりと滑り下りるが、その下の滑り抵抗の大きい場所で動きは止められてしまう。その結果、そこには雪の層全体が上流から押されるため盛り上がり（こぶ状起伏と呼んでいる）ができる。起伏がしだいに大きくなり、やがて盛り上がりの頂上に先に生じたクラックに平行な割れ目が生じる。この割れ目は雪の層が大きく曲げられて折れてできたのだ。割れ目の数が多くなり、この割れ目に直角な別の割れ目が生じると、もはや上からの雪の滑りを支え切れなくなり、雪崩が発生する（写真2−7）。クラックができてからどれくらいの時間で雪崩になるかは千差万別である。とにかくクラックの下部を横切ることは避けるのが賢明だ。

雪が滑り落ちようとする力（駆動力）とそれを止めようとする力（滑りの抵抗）、この2つのバランスが全層雪崩の決め手となるのだ。2

つの力の特徴を表2-6に示した。

　全層雪崩の特徴として、この雪崩は毎年同じ斜面で発生することが多いと述べた（表2-5）。だからといって、この斜面は今まで全層雪崩が起こっていないから絶対大丈夫だということにはならない。何十年に一度という異常な気象条件で大きな災害が発生することは自然界ではよくあることだ。これまでも地面の植生の状態および積雪底面の雪質がかつて例を見ない異常な状態で雪崩が起こっている。

　斜面の茅、笹、灌木の生育は年による差は少ない。しかし、それらの植生が最初から雪の下に完全に倒伏しているか、または倒伏せずに雪の中に食い込んでいるかは年による差が大きい。植生の倒伏状態で滑りの抵抗が大きく違うのだ。冬の初めから植生が倒伏した場合は、今まで雪崩の起こらなかった斜面でも雪崩は発生している。もし、初雪が湿雪で大量に積もると枝葉に着雪して倒れ、そのまま根雪になると植生は最初から地面に倒伏してしまう。まさに、滑り台の上に雪が積もったようなものだ。例年は雪は少しずつ、降ったり止んだりしながら増えてゆく。すると植生は倒れたり、また起きあがったりしながら積もり、最終的には雪の中にがっしりと食い込み、滑り抵抗は大きくなる。このような場合は雪が融けてしまうまで雪を支えていたり、起こるとしても融雪がかなり進んでからである。

　次に積雪底面の霜ざらめが異常に発達したり、春先の豪雨・異常高温で底面の雪の水分が異常に増えると、今まで雪崩が起こっていない斜面での発生を見ることがある。特に、最初から脆い霜ざらめが、春になって多量の水を含むと滑りの抵抗は激減するのだ。このような条件では急な沢筋などの雪崩常習地ではすでに多くの雪崩が起こっているので、だれでも雪崩に警戒するだろう。

写真2-8　マツネシリ山の全層雪崩の跡。写真中央の円い尾根直下の黒い部分が露出した地面（写真＝品川誠）

写真2-9　底部に笹が露出しているクラック（マツネシリ山・写真＝品川誠）

## （2）乾雪全層雪崩

従来、厳冬期で雪が濡れていない時の全層雪崩については、事故被害例の報告がなく、山岳関係者に警戒されることは少なかった。

しかるに、1997年3月5日、北海道樺戸山塊マツネシリ山の標高870m付近の南斜面にて、厚さ約2.5メートルの全層雪崩が発生した（佐野・他、1997）。雪崩発生前に、斜面上部に長さ約10m、幅2m、深さ1.5mのクラックが存在しており（写真2-8）、登山者がクラック付近を歩いたことが引き金となって雪崩が発生した（人的被害なし）。同日までの2週間、気象台のデータから現地の気温を推定すると、日最高気温が0度に近づいたこともあったが、平均気温は-15℃から-5℃の範囲にあった。このことから、積雪は融解が起こっておらず、積雪内部の温度は氷点下、すなわち乾雪であることは明らかである。

クラックの底部に笹が見えていたので、現場は笹の斜面である（写真2-9）。厳冬期で、融雪水や雨水が関与しなくても、急斜面にて笹が倒伏しその上に厚い積雪が存在すると、笹の上面は摩擦が小さく、滑りやすく、全層雪崩発生の可能性を抱いている。多くの場合、1日に数mmから数cmの早さで徐々に雪が滑るので、斜面上部にクラックが形成される。このような、厳冬期のクラック成長は必ずしも稀な現象ではない。北海道ニセコアンヌプリ山のスキー場のコース周辺（ニセコ藤原の沢等）で冬期にクラックが認められ、立ち入りを特別警戒する措置がとられることが時々ある。

# 5 外国の雪崩分類

いままでは、主に日本雪氷学会（1965、1998）が定めた雪崩分類にしたがって述べてきた。この分類は、雪崩発生箇所が点か面か、流れた雪の層が表層か全層か、その雪が乾雪か湿雪か、の3つの要素の組み合わせとなっている。実際に遭遇する雪崩は、この分類にもとづくと記述しにくいこともある。

アメリカなど英語圏では、雪崩を以下の2つに大きく分類している（The Avalanche Handbook,1993；Snow Sense,1999）。日本語に訳しにくいが、訳語と原語をカッコ内に示す。

①結合の弱い雪崩（Loose snow avalanches）
②雪層雪崩（Slab avalanches）

①は、積雪表層の結合の弱い雪の流下が1点から始まり、流れるにしたがい幅が広くなり、雪崩跡は三角形となることが多い。点発生表層雪崩に相当する。乾雪も湿雪も両方あり得る。この雪崩の多くは、傾斜35度以上の急斜面で起こる。発生は、吹雪の最中または直後、あるいは暖気、雨、強い日射の時に発生しやすい。

②は、広い領域の雪の層が同時に流れ出す雪崩であり、発生直後の雪は板状で、しだいに小塊や粉状になる。面発生雪崩に相当する。流れる雪層が積雪の上層一部の場合は表層雪崩、積雪の底部から全ての雪の場合は全層雪崩となる。乾雪も湿雪も両方あり得る。さらに、流れる雪の層を、ソフトスラブ（soft slab：軟らかい雪層）とハードスラブ（hard slab：固い

雪層）に分けることもある。
　その他の雪崩として、以下を分類に加えることも多い。
③スラッシュ雪崩（Slush avalanches）
④氷雪崩（Ice avalanches）
⑤雪庇崩壊（Cornice collapses）
　③は前述した（35頁）。④、⑤は以下に述べる。⑤雪庇崩壊は、わが国で時々報告されるブロック雪崩に含める。

## 6 ハードスラブ雪崩

　ハードスラブ雪崩（hard slab avalanche）とは、降雪時または降雪後の強い風により形成された固い風成雪の層（hard wind slab）が、広範囲にわたって流れ落ちる雪崩であり、「面発生乾雪雪崩」の一種である。国内外の山岳雪崩の大半は、激しい降雪中あるいは大雪の止んだ直後、人為的刺激により誘発される軟らかい新雪層の雪崩である。一方、尾根上や斜面上部のハードスラブ雪崩に対しては、形成のメカニズムがほとんどわかっていないことと、危険度の判定法がなかったために、従来はハードスラブ雪崩を警戒し、そのための対策をとっていた登山者や山スキーヤーは少なかったと思われる。

### （1）十勝連峰ＯＰ尾根の雪崩

　1994年12月3日、十勝連峰大砲岩から北西に延びるＯＰ尾根の稜線上を4名が4～5ｍの間隔で歩行中に、厚さ20～30cmの固い雪層に亀裂（クラック）が入り、直後に両側の斜面に板状の雪が流下し（図2-15）、谷底へ流れ落ちる大きな雪崩となり、1名が遭難した。この稜線上で雪崩れた雪は、アイゼンの爪が2～3cm埋まる程度の比較的固い雪層（hard slab）であったため、以後、ハードスラブ雪崩と呼ぶこととなった（成瀬・他、1995）。発生時の状況にもとづく分類によると、「面発生乾雪表層雪崩」に相当する。すなわち、広範囲にわたりクラックが走り、そこから乾いた（0℃以下の）表層の雪が雪崩となったもので

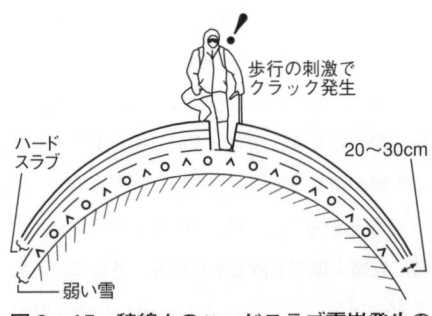

図2-15　稜線上のハードスラブ雪崩発生の概念図

ある。しかしながら、冬期の山岳地で起こる最も一般的な表層雪崩とは、性質が非常に異なる。

OP尾根のハードスラブ雪崩は、固い雪層（ハードスラブ）とその下の層（メンバーによると、ざらめ状の雪）との境界面の付着力が非常に弱く（弱層という）、雪層が著しく不安定な条件下にある時、歩行の刺激が引き金になったと判断される。雪崩発生前1ヵ月間の気象台の諸データ分析の結果、11月初めから中旬まで激しい寒暖が繰り返されていたので、積雪表層付近で大粒の脆い「霜ざらめ雪」が発達し、弱層が形成されたと推定された（成瀬・他、1995）。この霜ざらめ雪の上に、19日から12月2日にかけて、断続的にかなりの量の降雪が、時に強風をともない堆積したと考えられる。したがって、雪崩発生時には固い風成雪が形成されていたと推測できる。なお、堆積後に雪の変態過程で風成雪がさらに硬化することもあり得る。

## （2）過去のハードスラブ雪崩事故

過去の文献等を調べてみると、ハードスラブと思われる雪崩事故がいくつか認められた。

最も古くは、今西錦司（1933）が「風成雪とその雪崩」について論じており、1932年2月10日の草津白根山の雪崩や他の事例を紹介している。しかし、今西は「風成雪とは、降雪後に、いったん積もった雪が風の影響によって変形したもの」と定義しており、今西の風成雪はすべて固い雪とは限らない。

1938（昭和13）年2月10日、十勝上ホロカメットク山西南方尾根における北大山岳部の事故（2名死亡）について、パーティのリーダー湊正雄（1941）は報告書の中で以下の様に述べている（原文のまま。ただし、旧かな・旧漢字は改めた）。「シーデポーから大約八十～百米先の山稜北側の地点は、帰途底雪崩の発生した箇処であるが、少なくとも往路には何等の異常をも、危険感をも感ずることがなかった。即ち筆者の感じでは、山稜上は雪堤が張り出して居り、全く平らに見え、且つ雪の状態は完全に堅くアイゼンの歯が沈む程度（略）」。なお、ここでは「底雪崩」と記述されているが、「積雪層基底のザラメ雪と上の硬締雪（かたしまりゆき）との間の界面が、底雪崩の滑り面であったと言えそうに思う（佐々保雄・湊正雄）」ので、表層雪崩であり、ザラメ雪は「霜ざらめ雪」と考えられる。注目すべき点は、この雪崩が、OP尾根の雪崩と非常に酷似していることである。

また、金坂一郎（1973）は、「雪板雪崩の中には、足で踏んでもあまり沈まない、堅くて重い雪があり、これが僅かな刺激で崩壊して流れ出すことがある。筆者が雪崩らしい雪崩に流されたのはたった一度であるが、荷を四五キロほど背負ってもスキーの跡が僅かにつく程度のかなり密度の高いものであった。降雪後の強風の雷鳥沢（風上側）でのことである」と述べている。

成瀬（1989）がアンケート調査からとりまとめた147件の山岳雪崩の中にも、稜線付近のハードスラブ雪崩と思われる雪崩事例がある。それらは、北日高神威岳南面（1965.3.20、1名死亡）、ニペソツ山西南面尾根（1968.1.1）、南日高神威岳南東斜面（1975.3.26）、日高・ルベツネ山～ヤオロマップ岳（1978.3.17）である。

## 7 ブロック雪崩

日本雪氷学会（1998）の雪崩分類の一部修正版には、その他の雪崩現象として「ブロック雪崩（雪庇・雪渓等の雪塊の崩落）」が加えられた。これは、積雪が小片や粉々に砕けて流れ下る雪崩とは少し様子を異にし、雪庇崩壊（Cornice collapses）等による雪塊が小さく砕けずに落下したり斜面を転がり落ちるものである。

和泉・他（2000）によると、登山中のブロック雪崩事故は谷川岳で有名で、春から夏にかけて沢を遡行している際、上流の雪渓の一部が崩壊、落下して登山者に被害をおよぼしたものである。最近は、登山者よりも山菜採りのため雪渓下方に接近し事故に遭うことが時々ある。2000年6月18日、新潟県の浅草岳の標高1300m付近の急斜面上の雪渓が崩壊し、大小多数の雪ブロックが総量約20トン落下し、沢の中で遭難者の救助活動を行っていた捜索隊員に直撃し、9名が死傷した（和泉・他、2000）。

### ■浅草岳のブロック雪崩

山菜取りの遭難者を県警ヘリコプターに収容作業中、ブロック雪崩が捜索隊を直撃。警察官、消防士ら4人が死亡、5人が重軽傷を負った。

新潟県入広瀬村の福島県境にある浅草岳（1586m）に前日から山菜採りに入り行方不明になっていた男性A（52歳）の捜索隊は、北西面にある「安の沢」標高1200m付近の林の中で死亡しているAを発見した。捜索隊は雪渓を登りAが倒れている場所に集まった。2000年6月16日午前8時17分、遺体発見現場に新潟県警ヘリコプターが到着、航空隊隊員と担架を下ろし収容作業をしていた。午前8時25分、200mほど上方の斜面にあった雪渓から「小さな白い氷の塊がコロコロ転がってきた」。見張りをしていたB（73歳）が「雪崩だ」と手を振りながら捜索隊に叫んだ。大きなものは畳一枚分もある氷となった固い雪の塊、ブロックが雪渓から無数に落下、見張りをしていたBとCを直撃、死亡させた。さらに落下したブロックはL字型に跳ね、斜面下方で担架へ遺体を収容していた警察官、消防士らの頭や胸を直撃し2名が死亡、5人が重軽傷を負った。この氷の塊の重量は1mで600～700kgの重さである。

この年の浅草岳は雪が多く残っており、事故の数日前には気温が30℃を超え、前日の午後には雨が降った。15日以降、気温は平年を4～5℃上回っていた。Bは地元の遭対協副会長で遭難があれば案内役として出動、浅草岳を最も知る人だった。そのBは、「今日は雪崩が起きるかもしれない」と3度、家族に言い残して捜索に出かけている。そして遺体収容作業を見守りながら、雪崩が起きた雪渓を「あれが落ちたら危ない」と指摘していたという。このブロック雪崩の原因は、気象的な要因によるもので現場上空に待機していた県警ヘリコプターが原因ではないとされた。

# 8
## 氷雪崩 (写真2-11)

　氷雪崩（こおりなだれ：ice avalanches）は、氷河の急斜面に林立する高さ数mにおよぶ氷塔（セラックス）やクレバスの崩壊、あるいは氷瀑（アイスフォール）から氷塊、氷片の落下により引き起こされる。氷と雪、ときには岩石が混じり、非常に高速に発達した氷雪崩は雪雲をともない、長距離に達する。

　氷雪崩による遭難事故は、高山の登山隊に多い。特に、氷雪崩の先端が地形の起伏を越え、予想外の地点にまで達することがあるので、時には多量のメンバーの遭難となり得る。氷雪崩について、科学的な調査・研究はほとんど行われておらず、詳しいことはまだよくわかっていないが、これまでの研究成果および山岳雑誌掲載記事に基づいて、断片的にでもわかっていることを列挙してゆくことにする。

### (1) 懸垂氷河の崩落と氷雪崩

　懸垂氷河（hanging glacier）とは、氷河をその形態に着目して分類した時の1つで、崖の上端から迫り出し、急峻な山腹に垂れ下がるように張りついている氷河のことをいう。一般に、懸垂氷河は、そこより上流からの氷の流入量と崖下への崩落量の差し引きの結果、ある形状を保って存在している。したがって、その氷河が流動している限り、末端ではかならず崩落が繰り返されている。しかし、崩落の起こりやすい時間帯や頻度については、かならずしも明らかになってはいない。

　氷雪崩の典型的なものは、懸垂氷河の末端部で氷塊が重力の作用により崩落あるいは剥落し、斜面に衝突した衝撃により粉砕され流下するものである。これは、日本で見られる表層雪崩や全層雪崩とは全く異なった発生形態である。発生域で氷塊はクレバスから剥離することが多く、流下する過程ではしばしば爆風を伴う。その結果、堆積域では大小さまざまな大きさの氷ブロックが散在することになる。氷雪崩による遭難は数は少なくても、規模が大きいためその被害は甚大となり得る（写真2-10）。

### (2) 氷雪崩の研究例

　懸垂氷河崩落に起因する氷雪崩について、科学的な調査が実施された例はきわめて少ない。それは、調査に伴う危険が大きいこと、氷雪崩そのものが人里離れた山奥で突発的に起こる現象であるためである。また、氷雪崩に遭遇した登山者は少なくないかも知れないが、その際定量的なデータを計測し記録することは容易では

写真2-10　崩壊して雪崩が発生した破断面が白く見える懸垂氷河（中国・ヤンズーゴー氷河）

写真2-11 氷雪崩

ない。これまでに氷雪崩に関する論文は数編が発表されているのみである。以下に、これらの論文中の氷雪崩に関する記述を要約する。

スイス・アルプスのベルナー・オーバーラントにあるメンヒ（Mönch：4099m）にて1年あまり（390日）の間、懸垂氷河の挙動が写真撮影され、62回の雪崩が記録された（Alean,1985）。その結果では、雪崩の頻度に季節ごとの顕著な傾向は見られなかった。

南米パタゴニア北氷床にあるヤーデス山（Mt. Hyades：3078m）の懸垂氷河では、1985年夏、8mmビデオを用いた観測が行われ93回の氷雪崩が記録された。その結果、よく晴れた日、午前中だけで16回もの氷雪崩が起こったことが観測された（Kobayashi & Naruse, 1987）。このことについて著者らは、融解水の介在により氷河の流動が速まったため、と考察した。また、1998年夏にも同じ氷河にて、夏期13日間に659回の大小の氷雪崩がビデオ撮影された（Izumi & Naruse, 2001）。1回の雪崩継続時間は30秒以下であり、強い日射があたると小規模の氷雪崩が多発する傾向があったが、大規模な雪崩発生と気象条件との間には明瞭な関係は認められなかった。

このように、氷雪崩についての科学的な研究は、やっと手がつけられ始めたところであり、いまだ多くのメカニズムが解明されないままとなっている。

これまでの観察事例にもとづいて、言えることは以下の通りである。
①高所にある懸垂氷河は、流動している限りいつか必ず雪崩を起こす。
②夜中でも氷河は流動しており、懸垂氷河が崩落しても不思議ではない。
③氷雪崩が起こったあと、堆積域では氷ブロックが散在する。

これらに加えて、登山者の経験に基づいた事例報告として、次のことが記載されている（金坂、1975）。
④（ある場所に限って言えば）毎日決まった時刻に出やすいという報告は数多い。
⑤スケールの大きさを充分認識せずに選定したキャンプ地が、雪崩の襲来を受けた事故例も何度か報告されている。

しかし、昼間と夜中に起こる氷雪崩の頻度はどの程度か、または、晴天時と曇天時とではそれがどのくらい変化するのか、といった具体的な疑問に答えるためには、さらなる観測とデータの蓄積および解析が必要である。

# 3章

# 雪崩の危険判別法

成瀬廉二・福沢卓也・阿部幹雄

1. 面発生表層雪崩の対策
2. 各テスト方法の比較
3. 弱層テストの評価基準
4. その他の雪崩の対策

登山者やスキーヤーやスノーボーダーが雪山に入った時、さまざまな時、場所で「雪崩の危険はないか」、「本当に安全か」を判断しなければならない。そして、危険の可能性を少しでも感じたら、ルート変更とか、行動の様式を変えるとか、然るべき対処をする必要がある。本章では、山の現場にて大がかりな道具を用いないでできる「雪崩の危険性判別法」を述べる。

　斜面に積もっている積雪には、重力の作用により斜面に沿って落下しようとする力（駆動力）が常に作用している。一方、積雪内部の結合力および積雪と地面との摩擦力が積雪の落下を支えている（支持力）。しかし、この駆動力が増大するか、あるいは支持力が低下すると、両者のバランスが崩れ雪崩が発生する（図3－1）。雪が多量に降り積もったり、斜面に人が入り込むと駆動力が増す。一方、積雪の上層と下層との結合力が弱い（弱層形成）と上の層が滑りやすくなり、また、人が斜面を横切ると斜面上部の雪との結合を切断し支持力が低下する。春山では、融雪水や雨が地面まで浸透すると地面の摩擦力が低下する。

　同じ厚さの積雪でも斜面が急な方が駆動力は大きく、樹木があれば支持力は増す。どのような種類の雪崩でも、雪崩が起こるか起こらないかは、積雪の量（厚さ）、斜面の傾斜、積雪の強度、底部の摩擦、および人などによる刺激の様々な要素が支配している。

図3－1　天秤が左に傾くと雪崩発生．右に傾いている時は安定

# 1 面発生表層雪崩の対策

登山者、スキーヤーにとって最も恐ろしい面発生表層雪崩は、斜面の雪の表面を眺めるだけでは予知することは難しい。この雪崩を避ける最善の努力は、斜面の積雪に穴を掘って弱層の有無を確かめることだ。弱層の有無、雪の強さを確かめる作業を総じて、「シアー（ずり）テスト」あるいは「弱層テスト」という。

弱層テストには幾つもの方法があるが、いずれの方法でも雪崩が起こるかどうかを100％客観的かつ確実に判断することはできない。しかし、面発生表層雪崩の危険性を判別する際に、最も効果的な情報となることは間違いない。弱層テストで非常に大切なことは、いろいろな場所で何度も実施して「自分なりの判断基準を確立する」ことだ。ここでは、我が国や欧米で実施されているいくつかの弱層テストの方法を紹介する（以下の（2）、（4）、（5）、（6）は主に"Snow Sense"（1999）および"The Avalanche Handbook"（1993）に従った）。

弱層テストは、斜面の向き、幅、傾斜、植生等が変化するたびに行うべきである。また、前に述べたように、積雪の内部は時々刻々と変化しているので、朝何事もなく通過した斜面でも、午後になって「あやしいかな」と少しでも思ったらおっくうがらずにテストを行うことが望ましい。なお当然ながら、テストは雪崩に対して十分安全な場所で行わなければならない。またテストによっては、作業中に雪崩を誘発することもあり得るので、斜面の下方に、人やパーティーがいないことを十分確認しておく必要がある。

## （1）ハンドテスト（hand test）

日本の近代雪崩学はスイス国立雪雪崩研究所に留学した新田隆三が1972年に帰国、北大生に雪崩講習を行うことから始まった。そのころはシャベルはパーティに1本あれば十分と考える時代で、ひとりひとりが携行することはありえなかった。「弱層テスト」の1つであるシャベルを使うテストを講習できなかったため、手だけで行える「新田式ハンドテスト」（写真3-1）を考案した。

①雪柱の作成

積雪の表面に直径30〜40cmの円を描き、その下の雪を両手でかきだし、直径30〜40cm、高さ40〜50cm程度の円柱を作る（次頁写真3-1a）。なお、この時、円柱には力を加えたり、傷をつけないように注意し、自然のままの雪の柱を残す。

なお最近は、1パーティに複数本、あるいは1人1本のシャベルを携行することが多いので、手で雪を掻き出すよりシャベルを利用する方が能率がよいし、多少固い雪でも可能である。この場合は、高さ70cm以上の円柱を作る（写真3-2a）。その他の、テストのやり方は上と同じである。新田式ハンドテスト（両手で雪柱を掘る）と区別する必要がある時は、手掘式ハンドテスト（写真3-2：シャベルで雪柱を掘る。北海道雪崩事故防止研究会が札幌の手稲山で行ってきた雪崩講習会で推奨している方法）と呼ぶこともある。

写真3−1　新田式ハンドテスト

a．直径30〜40cmの円を両手で描き雪柱を作る

b．手首、ひじ、肩、体全体と順を追って、加える力を変えて雪柱を引く

c．弱層があれば雪柱はずれてせん断される

②雪柱の高さ

　登山者ならツボ足、スキーヤーならスキー、スノーボーダーならスノーボードで雪を踏みしめて沈んだ位置から70cmくらいの深さまで掘って雪柱を作る。その理由は、欧米の資料では雪崩の原因となった弱層の位置は積雪表面から深さ2mを超える事例もあるが、平均値はほぼ70cmとなっている。さらに計算によると、積雪表面に立ったスキーヤーの荷重の影響は深さ70cmくらいまで及んでおり、それより深部の雪にかかる力は非常に小さくなる。

　ところが1998年1月28日、ニセコ「春の滝」付近の表層雪崩事故では、"こ霜ざらめ"の弱層が雪崩の破断面にて100cmの深さにあった。北米の資料によると、人為的な表層雪崩の場合は、雪崩れる厚さは1.25m（または1.5m）以下といわれる。

　これらをふまえ北海道雪崩事故防止研究会では、ハンドテストを行うときは新雪の積雪深を確認し、それに応じて雪柱の高さを70cm以深とするように提唱している。ハンドテストを行う前に雪柱を指でつついたりブラシで表面を掃くことによって雪の硬さを判断でき、新雪と旧雪を識別できるので新雪のおおよその積雪深はわかる。

③雪柱に力を加える

　鉛直な雪の円柱を両手で抱え込み、ゆっくりと、しだいに強く、手前に引っ張る。この時、円柱をつぶしたり、壊したりしないようになるべく均一に力をかけるようにする。抱える位置を順次下にずらして引っ張る。手前に引っ張る力は、手首の関節を曲げて引く、肘の関節を曲

3-1 面発生表層雪崩の対策

写真3-2　手稲式ハンドテスト

a．高さ70cm以上の雪柱を作る

b．片膝を立ててしっかりとした体勢で、新田式と同じく引く力を変えて雪柱の安定度を調べる

c．表面から下へと雪柱を引っ張る

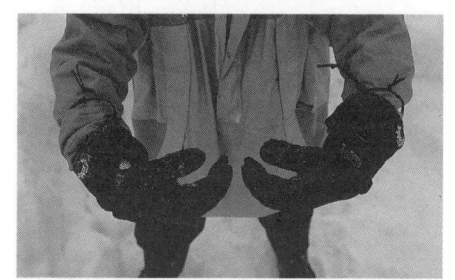

d．手首を使って雪柱を引っ張る

e．肘の関節を曲げて雪柱を引っ張る

f．弱層があると雪柱はせん断される

げて引く、肩を使って引く、腰を使って引くの4段階とする（写真3-2d、e）。

円柱の中に弱層があると、その面に沿って、鋭利な刀で切ったようにスパッと滑って割れる（写真3-2f）。手首だけの弱い力で引っ張った時円柱が切れるようだと「非常に脆い弱層があり」、雪崩誘発の危険が高いと判断できる。逆に、腰でふんばり、全身の力でやっと円柱が切れるようだと、雪崩の危険は低いと考えることができる。なお、同じ強さの弱層があった場合でも、弱層の上の新雪の量が多いほど、また斜面の傾斜が大きいほど、雪崩の危険性が増すことに注意しなければならない。

## （2）シャベルずりテスト
（shovel shear test）

欧米で行われている最もオーソドックスな弱層テストである。幅25cm以上のブレード面が平らなシャベル（角スコップ）が必要な道具である。これに、刃の長さ30cm以上の雪用ノコギリがあるとよい。なければ、スキー板で代用になる。（図3-2）

積雪斜面で人が作業ができる大きさの穴を掘る（約1m四方、深さ80cm程度）。穴の山側の積雪表面の軟らかい新雪を取り除く。その水平面に、奥行き（斜面の山方向）30～40cm、幅約25cmの四角形の印を付ける。手前（谷側）の幅が奥（山側）の幅より少しだけ長い、台形がよい。四角形の一方の横面の雪をシャベルでかきだし、他方の面は比較的硬い雪の層までノコギリで鉛直に切れ目を入れる（シャベルで雪をかきだしてもかまわない）。奥側の面にノコ

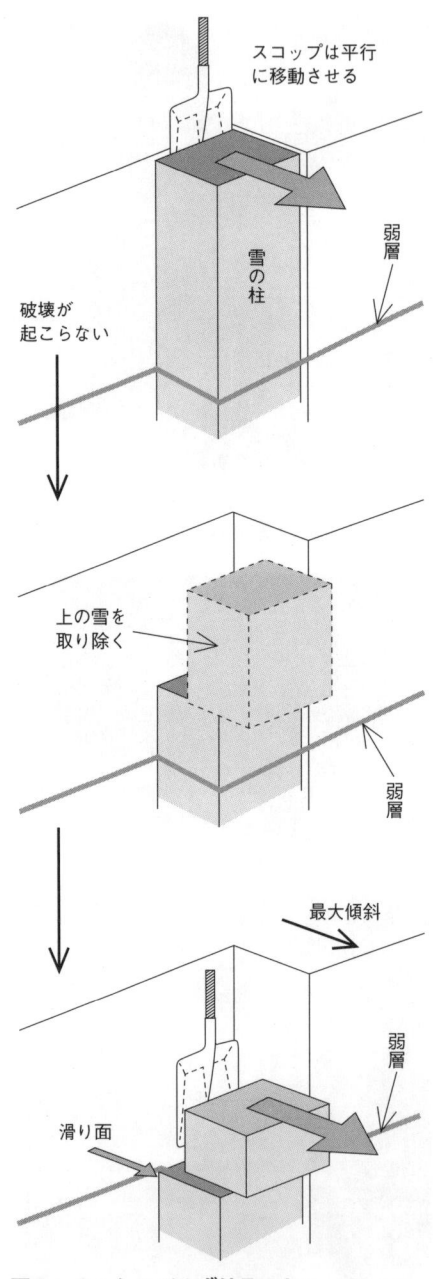

図3-2　シャベルずりテスト

ギリで鉛直に切れ目を入れる。切れ目の深さは、70cmを超えないようにする（四角柱の背が高いと根元から折れやすく、弱層が検知できなくなるからである）。ノコギリがない場合は、スキー板の先端を上に、滑走面を手前にして差し込むとよい。いずれにしろ、雪の柱が鉛直であることが重要である（図3－2）。

　両手でささえたシャベル（またはスキー板）を奥側の切れ目にさし込み、手前（谷側）に斜面に平行にゆっくり引っ張る。決して、シャベルをテコのように、ゆがんだ力を与えてはいけない。柱の中に弱層があると、ハンドテストと同様にスパッと切れる。ノコギリで切る時、あるいはシャベルを差し込むだけで弱層が滑った場合は、その弱層は非常に脆いと判断できる。力の入れ具合と、柱の割れ方から、自分なりの判断基準を作る必要がある。表層の雪に弱層が認められなかった時は、表面付近の雪を取り除き、下の層にシャベルをさし込む。なお、柱の中に顕著な弱層がない場合は、シャベルを引っ張った時、柱の根元で層構造とは異なる面で不規則に割れるので、弱層と見誤らないようにしなければならない。

　シャベルずりテストによる積雪の強さは、弱層の滑り状況から次の4段階にて評価される。
①非常に弱い：Very easy（雪柱の山側に切れ目を入れるだけ、あるいはシャベルを挿入しただけで雪柱が容易に破壊）
②弱い：Easy（挿入したシャベルに非常に弱い力を加えた時、雪柱が破壊）
③中程度の固さ：Moderate（挿入したシャベルに中程度の力を加えた時、雪柱が破壊）
④固い：Hard（挿入したシャベルに大きな力をじっくり加えた時、やっと雪柱が破壊）

　なお、客観性を高めるためには、このようなテストを、同一場所で複数回行うことが望ましい。熟達者は、1回のテストの所要時間は4分といわれる。また、このテストは、非常に軟らかい新雪層内の弱層を検知することはできない。なぜなら、シャベルを手前に引っ張った時、弱層で滑る前に、雪柱が圧縮されて壊れてしまうからである。

## （3）コンプレッションテスト（compression test：圧縮テスト）

　雪の柱の上にシャベルを置き、その上を叩く弱層テストの方法で、北米大陸ではよく行われている。日本ではカナダ式シャベルテストとも呼ばれ、新潟県のARAI MOUNTAIN & SNOW PARK（280頁参照）のパトロールたちが使い始め普及した。日本勤労者山岳連盟の講習会では「シャベルポンポンテスト」と呼ばれている（写真3－3）。

　ハンドテストに比べるとより微妙な感覚で弱層を発見でき、とりわけ軟らかい積雪層内の弱層を見つけやすい。シャベルを叩くことで雪柱内部の弱層を破壊させ滑らせるのだが、弱層は雪の隙間の多い層であることが多く、ポンポンと叩くと雪柱に亀裂が走り弱層内部の空気がピュッピュッと押し出されるような感じで崩れる。

　シャベルとノコギリが必要だが、テスト自体はとても簡単である。

　まず、シャベルずりテストと同様な手順で、

写真3－3　コンプレッションテスト

a．ピットを掘る

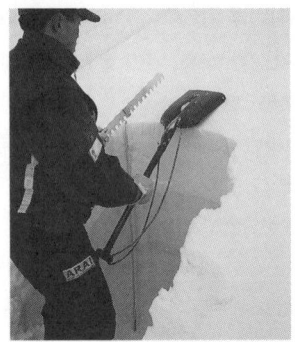

b．ブレード幅にノコ目を入れる

c．雪柱の左側は楔状に雪を取り除く

d．右側はブレード幅に雪を取り除く

e．雪柱の背面にノコ目を入れる

f．完成した四角い雪柱

g．手首を曲げてシャベルのブレードを叩く①

h．手首を曲げてシャベルのブレードを叩く②

i．肘を曲げてシャベルのブレードを叩く①

j．肘を曲げてシャベルのブレードを叩く②

k．肩を使ってシャベルのブレードを叩く①

l．肩を使ってシャベルのブレードを叩く②

1辺25～30cm程度の雪の四角柱をつくる。その雪柱の積雪表面にシャベルの凹面を下向きにしてそっと置く。手首を曲げてブレード背面を1回叩く。1回叩いた時破壊して滑る弱層がなければ、2回目を叩く。2回叩いても滑らなければ、叩く強さを増してゆく。手首の次は肘を曲げて叩く。2回叩いても弱層が認められなければ、順次、肩を使って、全身を使ってブレード背面を叩く。

このようにして、弱層が破壊したときの叩き具合を目安として、雪崩の危険度（積雪安定度）を判断する。

## （4）崩壊テスト（collapse test）またま雪柱載荷テスト（loaded column test）

このテストは、傾斜のある斜面の積雪で行う（傾斜30度程度で、安全な場所が望ましい）。

シャベルずりテストと同様な手順で、1辺25～30cm程度の雪の四角柱を作成する。その雪柱の上に、周辺の積雪からほぼ同じ断面積の雪ブロックを取り出し、積み木の様に順次積み上げてゆく（図3－3）。雪柱に弱層が存在していれば、いずれ弱層が滑って雪柱が崩壊する。その時、積み上げた雪の厚さ（および、可能なら密度も）を測定する。このテストの優れている点は、現在の弱層は荷重がどれだけ増加したら破壊して雪崩が発生しうるか、を定量的に判定できることである。

雪ブロックを積み上げる代わりに、雪柱の積雪表面にシャベルのブレードを置き、その上から手、上半身、身体全体で荷重をかける簡便方法もある。しかし、この場合は結果の判断が主観的になる。

## （5）ルッチブロックテスト（RB：Rutschblock test、ブロック滑りテスト）

スイス国立雪雪崩研究所が開発した弱層テストであり、各国に普及している。他のテストに比べると大がかりで所要時間は熟達者でも20分ほどかかるが、スキーヤーが斜面を滑る場合

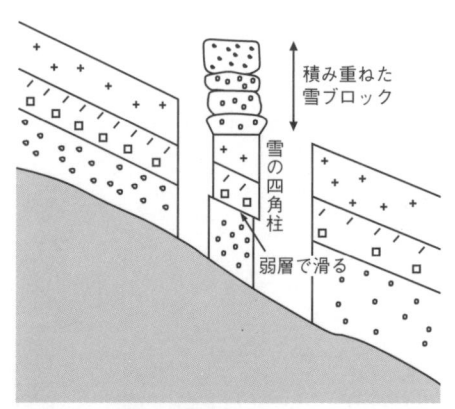

**図3－3　雪柱載荷テスト**

**写真3－4　ルッチブロックテスト**

の雪崩危険度が比較的客観的に判定できる。他の気象要素の観測、積雪層の性質の観測結果と合わせることにより、雪崩予報の判断データとされることが多い。テストの必要道具は、シャベル、細引き（直径数ミリ、結び目を作った長さ３ｍほど。雪を切断するために使用）、スキーである。

傾斜30度以上で、かつ雪崩の危険のない斜面を選ぶ。雪面で山側を向き、幅２ｍ弱（スキーの長さ）、奥行き（斜面の山方向）約1.5ｍ（スキーのポールの長さ）のコの字の溝（人が入る程度の幅）を掘る（図３－４）。溝の深さは、約1.5ｍまたはよく締まった安定した層までとする。溝で囲まれた雪ブロックの奥（山）側に、ロープかスキーの板で切れ目を入れる。

ブロックの山側の端にスキーをつけた人１人が乗り、以下の①～⑦の順序でテストを行い（写真３－５）、内部の弱層に沿ってブロックが滑って破壊した時の状況をもとに、積雪の不安定さを判定する。①～⑦の順に安定度が増す。

①**著しく不安定**：Extremely unstable－１
（溝を掘ったり、切れ目を入れている時破壊）

②**非常に不安定**：Extremely unstable－２
（スキーをつけた人がブロックの上端付近に静かに乗った時）

③**かなり不安定**：Extremely unstable－３
（スキーをつけた人がブロックの上端付近で膝を１回屈伸した時破壊）

④**不安定**：Unstable（スキーをつけた人が軽く１回ジャンプした時破壊）

⑤**やや不安定**：Potentially unstable／Marginally stable（スキーをつけた人が同じ地点で２回ジャンプした時破壊）

⑥**比較的安定**：Relatively stable（スキーをつけた人やはずした人が大きく繰り返しジャンプした時破壊）

⑦**安定または非常に安定**：Stable or very stable（スキーをはずした人が大きく繰り返しジャンプをしても破壊しない）

なお、このテストはスキーを持たないスノーボーダーやスノーシューアーでも全く同様の手順で行うことができる。ただし、テストブロックの幅を多少短くする。ブロックの奥行きの長さは上記と同じとする。

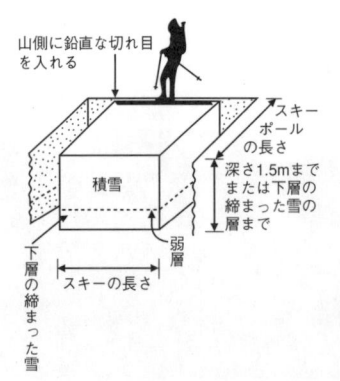

図３－４　ルッチブロックテスト

3-1 面発生表層雪崩の対策

**写真3-5 ルッチブロックテスト**

a．幅2m・奥行1.5mのコの字型の溝を掘る

b．山側を結び目を作った細引で切断する

c．スキーヤーが静かにブロックに乗る

d．ブロックに荷重を加える

e．弱層があればブロックは破壊される

f．破壊されたブロックからスキーヤーが滑り落ちる

## (6) スクラムジャンプテスト

　日本では勤労者山岳連盟がスクラムジャンプテストと呼び、スノーボーダー向けの弱層テストとしてすすめている。ルッチブロックテストの応用版ともいうべきもので、スキーをつけない複数人で行うテストである。手順は以下の通りである。
①積雪斜面にルッチブロックと同様の溝を掘り、コの字型のブロックを作る。横幅は参加する人数に応じて変える。
②テストに参加する全員がブロックの一番上端に乗り、お互いに腕をつなぎ、スクラムを組む（写真3－6a）。
③崩れなければ、ブロックの中程まで進む。
④崩れなければ、ブロックの下端まで進む。
⑤崩れなければ、中程まで戻り全員が同時に尻から斜面に落ち、衝撃を加える（写真3－6b）。

　スクラムジャンプテストを行う場所は慎重に選ぶ必要がある。斜面が連続した急斜面上部で行うと崩れたブロックとともに人が流される危険性がある。このテストは、ルッチブロックテストに比べて積雪の安定度を客観的に評価することは難しいが、講習会参加者などに積雪層内部に崩れやすい「弱層」があることを理解させるパフォーマンスに向いている。

　アラスカでは、これと類似のテストをバンザイジャンプテスト（banzai jump test、万歳に由来）と呼び、講習会等で受講者に実習させている。これは、ブロックの安定度を定性的に調べることと、ブロックの破壊とともに流されることを体験させる目的である。

　雪崩の危険のない斜面をテスト地に選び、積雪の表面に山側が短く谷側が長い台形を描く。

写真3－6　スクラムジャンプテスト　a．スクラムを組んだ3人がブロックへ力を加えてゆく　b．加える力を大きくしていってブロックが崩れなければ、最後に全員が尻から落ちて衝撃を加える

テスト者が1人の場合、台形の上辺（山側）は約1.2m、底辺（谷側）は約1.5m、台形の高さ（奥行きの長さ）は約1.2mとする。テスト者が1人増えるごとに、各辺に0.45mずつ加える。これらの寸法はおおよそでもよいのだが、場所を変えて、あるいは時間をおいてテストし比較する場合は、できるだけ同一寸法の必要がある。

雪用ノコギリまたはスキー板を用いて、台形の四辺を雪面から鉛直下方に深い切れ目を入れる。理想的には、弱層がありそうな位置より深くまで切れ目が達することが望ましいが、用いる道具により制約される。

ツボ足のテスト者が1人、2人、3人以上のいずれの場合も、ルッチブロックテストと同様な手順（①から⑦）を行い、ブロックの破壊を調べる。軟雪の場合は尻もちをついて着地する。テスト者が2人以上の場合は、お互いにしっかりと腕を組み、最後までそれを解かない。これは、なるべく同時にブロックに力を加えるためと、万一雪が崩れた場合、埋まって見失わないためである。

# 2 各テスト方法の比較

前述の各弱層テストの内、国内外で比較的広く普及しているハンドテスト（新田式、手稲式）、シャベルずりテスト、コンプレッションテスト、ルッチブロックテスト（RB）の特徴を次頁表3−1にまとめた。

## （1）所要時間

テストの所要時間は、登山行動中においては本質的な問題だ。登山者は、基本的に危険斜面通過のたびに弱層テストをすべきだが、RB等を1日に2度も3度も実施することは困難だ。そのための体力の消耗も登山活動においては無視できない。この点で、テスト時間の短いハンドテストやシャベルずりテストの方が登山行動に適しているといえる。

## （2）主観性

RBテストの客観性がやや大きいといっても、その結果が雪崩判断にとって決定的に優勢とは言えない。なぜなら、RBテストは雪崩が発生するような広い、長い斜面では行えないため、雪崩が起こり得ないような短い斜面のテスト結果が、その地域の代表性があるかどうか疑問の場合もある。もちろん他のテストも広い斜面の中央で行うことはできないが、雪柱のテストなら同斜面の端の安全地帯にて行うことができ、積雪の条件はそんなに大きくは異ならないと考えられる。なお、テストの誤差を減らし、客観性を高めるためには、危険斜面を通過する

前に、複数人が場所を変えて複数回の弱層テストを実施することが望ましい。

弱層テストの結果、そのまま進むか、迂回するか、引き返すかの判断は、最終的にはリーダーの主観によるものだ。登山中にリーダーがくだす判断は、雪崩判断に限らずすべて経験にもとづいた主観的なものであり、いずれのテスト方法を採用しても最終判断の時点では主観が重要となる。

また、RBの作業は実際の行動と対応がつきやすい。したがって、スキー場の管理の上で、ある斜面をオープンにするか否かの判断では、時間は比較的たくさんあり、また客観的な判断基準も管理上必要なので、RBテストが適している。

## （3）雪の感触

ハンドテストは、上から順次雪を手で引っ張ってみる作業をともなうので、固いとか軟らかいとか、サラサラしているとかいった雪の感触を必然的に肌で体験する。このことが経験となって内部に蓄積されてゆくことこそ、雪崩を警戒する私たちにとって非常に重要なことである。積雪は様々な層からできていて、そのことが雪崩の発生を考える時とても大切なのだと、頭で知ってはいても、体験しないとなかなか身につかない。『五感で雪を感じる』ためにも、雪を掘る、雪を触る、雪の固さを感じる、雪の層を調べる、雪の結晶を見て、雪を感じて欲しい。こうすれば積雪の内部構造から雪の経歴を読みとり雪崩危険度のシグナルを感知できるだろう。

| 弱層テスト | 利　　　点 | 欠　　　点 | 必要な道具 |
|---|---|---|---|
| ハンドテスト（新田式） | 所要時間が短い（10分以下）<br>体力的消耗が少ない<br>数多くのテストが実施可能<br>雪の感触を"五感"で体験できる | 判断の主観性：大<br>新雪層内の弱層を見つけるのが困難<br>深い積雪層までのテストは不可能 | なし |
| ハンドテスト（手稲式） | 同上<br>深い積雪層までのテスト可能 | 判断の主観性：大<br>新雪層内の弱層を見つけるのが困難 | シャベル |
| シャベルずりテスト | 同上<br>深い積雪層までのテスト可能 | 判断の主観性：大<br>新雪層内の弱層を見つけるのが困難<br>シャベルの扱い方で力の加わり方が大きく異なる | シャベル<br>ノコ |
| コンプレッションテスト（カナダ式シャベルテスト） | 同上<br>深い積雪層までのテスト可能<br>新雪層内の弱層を見つけられる | 判断の主観性：大 | シャベル<br>ノコ |
| ルッチブロックテスト（RB） | 判断の主観性：小<br>人為的な誘発雪崩に類似した結果を得られる | 時間がかかる（約20分）<br>体力的消耗が大きい（面積が大）<br>多数のテスト実施困難<br>安全なテスト地が少ない | シャベル<br>雪切断用の細引（長さ3〜4m） |

表3-1　5つの弱層テストの特徴

# 3 弱層テストの評価基準

弱層テストをするために積雪断面を掘り出した時、粒度ゲージとルーペ（10〜15倍の写真用のもの）を使って雪の結晶を観察すれば、より科学的に雪を理解できる。雪山に入る時にはこの粒度ゲージとルーペをポケットに忍ばせ、弱層テストを行えば、雪をより科学的に観察することができるだろう。ただやみくもに雪洞を掘る時のような状況ではなく、やはり雪崩の危険を判断する状況下で雪の感触に気を配ることは、何にも変えられない貴重な経験となるに違いない。

北海道雪崩事故防止研究会は、10年間の活動経験から新田式ハンドテストを改良、手稲式ハンドテスト方法を提唱し、雪崩危険度（積雪の安定度）の評価基準も定まってきた。表3−2に、同会がまとめた「弱層テストの評価基準」を示す。ARAI MOUNTAIN & SNOW PARKにて経験から導かれたコンプレッションテストの評価基準も、手稲式ハンドテストと

|  | 手稲式ハンドテスト | コンプレッションテスト | 雪崩の危険度 |
|---|---|---|---|
| 評価5 | 掘るだけでせん断する | 掘るだけでせん断する | たいへん危険 |
| 評価4 | 手首の関節を曲げて引くとせん断する | 手首を使って叩くとせん断する | 人が斜面に近づいた少しの刺激で危険がある |
| 評価3 | 肘の関節を曲げて引くとせん断する | 肘を使って叩くとせん断する | 一人が斜面に入り込むと危険がある |
| 評価2 | 肩を使って引くとせん断する | 肩を使って叩くとせん断する | 急斜面に大勢が入り込むと危険がある |
| 評価1 | 腰を使って引くとせん断する | 体全体を使って叩くとせん断する | 危険は非常に少ない |

**表3−2　弱層テストの評価基準**
（注）せん断：弱層が壊れて、雪の層がずれること

| 第5段階 | 積雪は非常に不安定で大変危険 |
|---|---|
| 第4段階 | 結合状態が非常に悪く、スキーヤーが斜面に近づいたちょっとした刺激でも雪崩の危険がある |
| 第3段階 | 多くの斜面で積雪の結合状態があまりよくなく、1人のスキーヤーが入り込むだけでも雪崩を起こす危険がある |
| 第2段階 | おおむね安定しているが、急斜面に大勢が入り込むと危険がある |
| 第1段階 | 積雪は安定しており雪崩の危険は非常に少ない |

**表3−3　ヨーロッパの雪崩予報**

ほぼ同じであった。

　日本は南北に長く、同じ雪といっても地域によって特徴があり雪質が異なっている。日本各地のさまざまな雪山を楽しむ人々によって弱層テストの情報が集約され、ヨーロッパの統一された雪崩予報基準（表3-3）の日本版が将来作成されることが期待される。

＊

　雪山の経験による知識と積雪表面の観察だけからでは雪崩の危険を予知することはできない。弱層テストは雪崩の危険度を知るだけでなく、積雪の内部構造を知ることに重要な意味がある。

　ハンドテストの手前に引く力やコンプレッションテストの叩く力は個人差があるため、客観的に危険度を数値で評価できない。けれどもテストを繰り返すことにより個人個人の判断基準が形成され、危険度の判定に役立つはずである。弱層テストを行う時、斜面の傾斜、弱層上に新たに積もった雪の量によって雪崩の危険度は異なり、また斜面に入る方法（ツボ足かスキーかなど）、刺激の強弱などさまざまな要因によって危険性は違ってくる。テストを行う場所の選定も慎重にする必要がある。積雪は斜面に一様な状態でないため、なるべく入ろうとする同じ向き、同じような斜度の場所で行うべきだ。ただし、テストを行うために危険を犯してはならない。

　弱層テストの内、ハンドテストおよびシャベルずりテスト等は弱層の強さ（弱さ）を判定するだけのものであり、雪崩の危険度の判断にすぐには結びつかない。なぜなら、同じ階級の弱層でも、急斜面は緩斜面より雪崩危険度は高いし、弱層の上に多量の雪が積もれば危険度は増す。したがって、弱層テストは現場での最終判断のための1つの重要な情報である。以上を現場にて総合的に判断して、行動するか、迂回するか、引き返すかを決定しなければならない。

　ただ漠然と「雪崩は起きそうもない」「危険だ」と考えるよりは、弱層テストを行うことで雪崩から命を守る安全率を高めることになる。科学的に雪を見よう、そして、あなたの経験と危険を察知する本能にすべてはゆだねられるのだ。

# 4 その他の雪崩の対策

## (1) 点発生表層雪崩の対策

　点発生表層雪崩は積雪の表面から発生するので、弱層テストでは危険性の判断ができない。この雪崩は急斜面で起こるので、雪が流れやすいかどうかを調べることが最も簡単で、確実である。安全な姿勢を保ちながら、スキーか靴で表面の雪を蹴ってみる、あるいは雪の塊をほうりなげる。その刺激で、周りの雪を取り込んで流れ下ってゆけばかなり危険、雪のブロックがすぐ止まってしまえば安全と判断できる。

　面発生表層雪崩に比べると一般的に規模は小さく、大きな災害となることは少ないが、多くの沢が合流する狭い谷の下部では十分な注意が必要である。

## (2) 全層雪崩の対策

　全層雪崩には、湿雪全層雪崩と雪温が氷点下の乾雪全層雪崩とがある。発生頻度は前者が圧倒的に多く、気温が0℃以上で雪が解けたり雨が降っている時、あるいはその直後、雪の多い急斜面で起こる。一方、乾雪全層雪崩は、北海道では笹地の急斜面に雪が厚く積もると起こることがある。季節を問わない。この雪崩は、初冬に雪が積もるとき笹が斜面に沿って倒伏すると、笹と雪の摩擦が非常に小さいので笹の上を積雪が滑るために発生すると考えられている。

　いずれの全層雪崩も、表層雪崩のように突然発生することはあまりなく、斜面の雪が地面の上をゆっくりと滑り始めるために、斜面上部にはクラックが、斜面下部には押しつぶされた雪のしわが生ずることが多い。したがって、クラックや雪しわが見られたら、その下方を通過しないことが最善の雪崩事故防止対策である。

## (3) ハードスラブ雪崩の対策

　ハードスラブの成因やその下層の弱層の形成メカニズムに関しては未解明な点も多く、完全に明らかにされるためには、現地の観測と室内実験が不可欠である。したがって、現在の雪氷学の知識では、ハードスラブに限らず普通の表層雪崩でも、真の予知、予報は不可能である。

　では登山者などにとって、雪崩遭難回避の対策はないのであろうか。たとえ弱層形成のメカニズムは不明ではあっても、弱層があるか、ないか、危険か、大丈夫かの判定は現場である程度は可能である。

　尾根上のハードスラブでも、頻繁に「弱層テスト」を行うべきである。固い雪なので、新雪の様なハンドテストはできない。したがって、携行しているシャベルで直径30cm程度の円柱を切り残し、手首、腕でその円柱を引き、弱層の有無、その強さを判定する。雪が非常に固い場合は、ピッケルを使用する。

　稜線上の風成雪は、一般に積雪深が小さいので、雪層内の温度勾配が大きく、霜ざらめ雪が形成されていることが多い。したがって、シャベルやピッケルで風成雪を掘ってみると、内部に霜ざらめ雪が成長していることが多いかもしれない。しかし、霜ざらめ雪の弱層が存在しても雪崩が起こるとは限らない。弱層が非常に脆

くても、その上のハードスラブが強固であれば、人の歩行の刺激では割れず、雪崩にはならない。尾根上で雪崩が発生するかどうかは、①弱層の弱さ、②ハードスラブの強さ、③両側斜面の傾斜の要素のバランスで決定される。

したがって、登山者は以下の手順で判断を行うべきである。
①ハードスラブの弱層テストを行う。方法は、現場の状況に応じて適宜。
②ハードスラブの固さ（破壊しにくさ）を、ピッケルやシャベルで殴打、足で強く踏む、蹴る、ジャンプするなどにより、判定する。もちろん、測定者の安全は確保した上で行う。
③周囲の地形、雪の量、植生などをもとに総合的に雪崩危険度を判断する。もし、危険の可能性を抱いた場合には、ザイルを所持している時は一人ずつ確保するなど、万一の雪崩発生に遭っても犠牲者を生じないよう可能な限りの対策を講ずるべきである。

## （4）氷雪崩の対策

氷雪崩の危険判断や対策については、諸外国の書物でもほとんど記述がない。それは、そのようなガイドラインを示すことができるほど、氷雪崩発生に関する知識が得られていないからである。

強いて対策と言えるものは、次の2点である。
①氷雪崩が発生した場合に雪崩の走路となりうると思われる地域へ入らない。極力別ルートを選定するか、迂回する。
②やむを得ず、氷雪崩が来襲しそうな地域を横切る場合は、できるだけ速やかに通過する。危険の可能性がある地域では、休憩をしたり、露営することは禁物である。

氷雪崩の発生を的確に判断することが困難な以上、その走路以外のルートを選択することが望ましい。しかし、そのルートも何らかの理由で通過できない時、登山隊は、進むか退却するかの苦しい判断に迫られることになる。進むと判断して、やむを得ず走路となる斜面に入域する場合、懸垂氷河の崩落を想定して被害を最小限にとどめる具体的な方針を立てることが肝要だ。

氷雪崩は、氷河の流動と氷の破壊の結果発生するものである。すなわち、氷河の流動により押し出された氷のどこかが破壊すると雪崩が始まる。氷河の流動は、一般に融雪水や雨が氷河底面に達し岩盤上を滑りやすくなる春から夏に速度が大きく、冬は速度が小さい。また、日射や暖気により氷の温度が上がったり、溶け水が氷の割れ目に浸透すると、氷は破壊しやすくなる。こういう観点からは、氷雪崩に対しては春夏の日中は最も危険度が高いといえそうである。事実氷雪崩の発生回数は、晴れて日射が当たっている時に多いという観測結果はあるが、夜間は発生が止まるわけではなく、むしろ回数が少ないとすると危険度の高い大きな雪崩が起こるかも知れない。

現段階で氷雪崩に関する知識は断片的なものではあるものの、それらを整理・包括して危険回避の判断材料となるべく、ここにまとめておく。
①夜中でも氷雪崩による事故報告が少なくないことをよく認識する。

3-4　その他の雪崩の対策

②懸垂氷河の末端付近にクレバスが見られるときには、警戒を強める。
③堆積域に氷ブロックが散在していたら、そこは氷雪崩の常襲地であるという認識を持つ。
④小雪崩でも侮らず、氷雪崩のシグナルとして、警戒心を持つ。
⑤氷雪崩の起こる時間帯を把握する等の現地観察を怠らない。
⑥大規模な氷雪崩は高速となり、慣性が強く、予想以上に遠くまで到達し得るという認識を持つ（AACK、1992）。
⑦氷雪崩や乾雪表層雪崩は、谷が屈曲しているとき谷底に沿って流れるのではなく、対岸の斜面に達したり、高さ20-30m程度の小山は容易に乗り越え得ることを認識する。

　現地の状況に応じた人員配置の変更、キャンプ地の選定およびルート選択といった重要な課題に対し、上記の認識に基づいて明確な方針を立てることが、氷雪崩について現時点でできる限りの最善の対策、ということができるだろう。

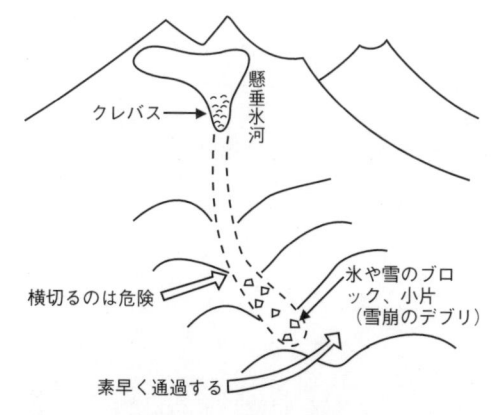

表3-5　懸垂氷河の下部の氷雪崩

# 4章
# スキーパトロールとガイドのための実用的雪氷調査法

尾関俊浩

1. 降雪の調査
2. 積雪の調査
3. 雪崩の発生予測に向けての観測項目

表層雪崩は前兆現象が見えないために発生の予測が難しい。したがって常に積雪を観測することが大切になる。行動中には弱層テストが主になろうが、ここではスキーパトロールやガイド向けに行動前もしくは定期的に行う実用的な積雪の観測方法を紹介する。なお、研究や調査を主体として積雪を観測する方は参考文献（『雪氷調査法』、『新編防雪工学ハンドブック』）を参照していただきたい。

## 1 降雪の調査

### （1）日降雪量

斜面積雪の安定度を求めるにはその日に積もった新雪の量を知らなくてはならない。これは降雪量と呼ばれ、積雪板（雪板）を用いて測定する。

積雪板は通常一辺の長さ50cmの正方形の板に50cmあまりの角棒を立てたものである（図4-1）。日射による融雪を避けるため積雪板は白く塗り、角棒には積雪板が0cmとなるように目盛りをふるとよい。また降雪の積もり方が変わらなければ寸法を変えてもかまわない。測定間隔は気象庁では時間を決めて日に3

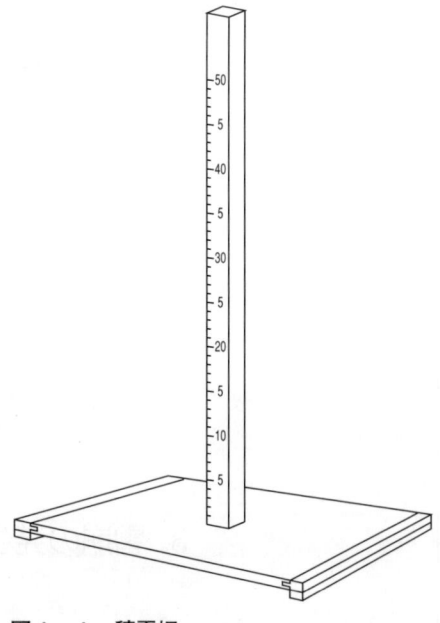

**図4-1　積雪板**

回または2回測定しているが、その日の行動の指標とするのならば毎朝測定して日降雪量として使用してもかまわない。いずれにしても積雪は沈降するので測定方法を明記することが必要である。

　積雪板は建物や木によって吹きだまったり吹き払われたりしない場所を選び、積雪板の上面が周りの積雪と同じ高さになるように設置する。降雪深を読む時には角棒の周りだけ盛り上がったり窪んだりすることがあるので、なるべく雪面に顔を近づけて積雪板全体を代表する値を読むようにする。深さを読んだあとは積雪板に沿って雪べら等で新雪を切り出して雪の重さを測定すると、（新雪の重さ）／（新雪の深さ×積雪板の面積）から新雪の密度を求めることができる。

　雪べらは先が四角で平らな小さなシャベル（10～15cm四方）であり、スノーピット内の作業で雪を切り出すのに便利である。自作することもできるが、大き目の左官こてや料理用のターナーを使いやすいように加工して使用してもよい（写真4－1）。次頁図4－2は一般的な雪べらの三面図と組み立て図である。自作する場合の参考にしていただきたい。

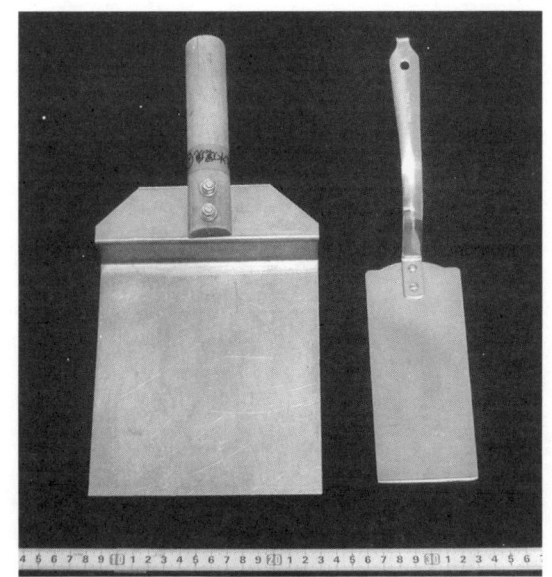

写真4－1　雪べら（左）と料理用ターナー

と安価で使いやすい物ができる。雪尺を設置するときは吹きだまりや排雪場所は避け、水平な露場に雪尺のゼロ目盛りが地表面に一致するように垂直に立てる。積雪深を読む時には雪尺の周りの雪を乱さないように離れた位置から読むようにする。積雪は沈降するので、雪尺で測定した積雪深の増加量と積雪板で測定した新雪の量は必ずしも一致しない。積雪深を自動測定する場合には超音波積雪深計を用いるとよい。

## （2）積雪深

　積雪全層の深さは雪尺を設置して測定する。雪尺はポールや木の杭を白く塗り、表面に測量用のスケールテープなどを貼り付けて自作する

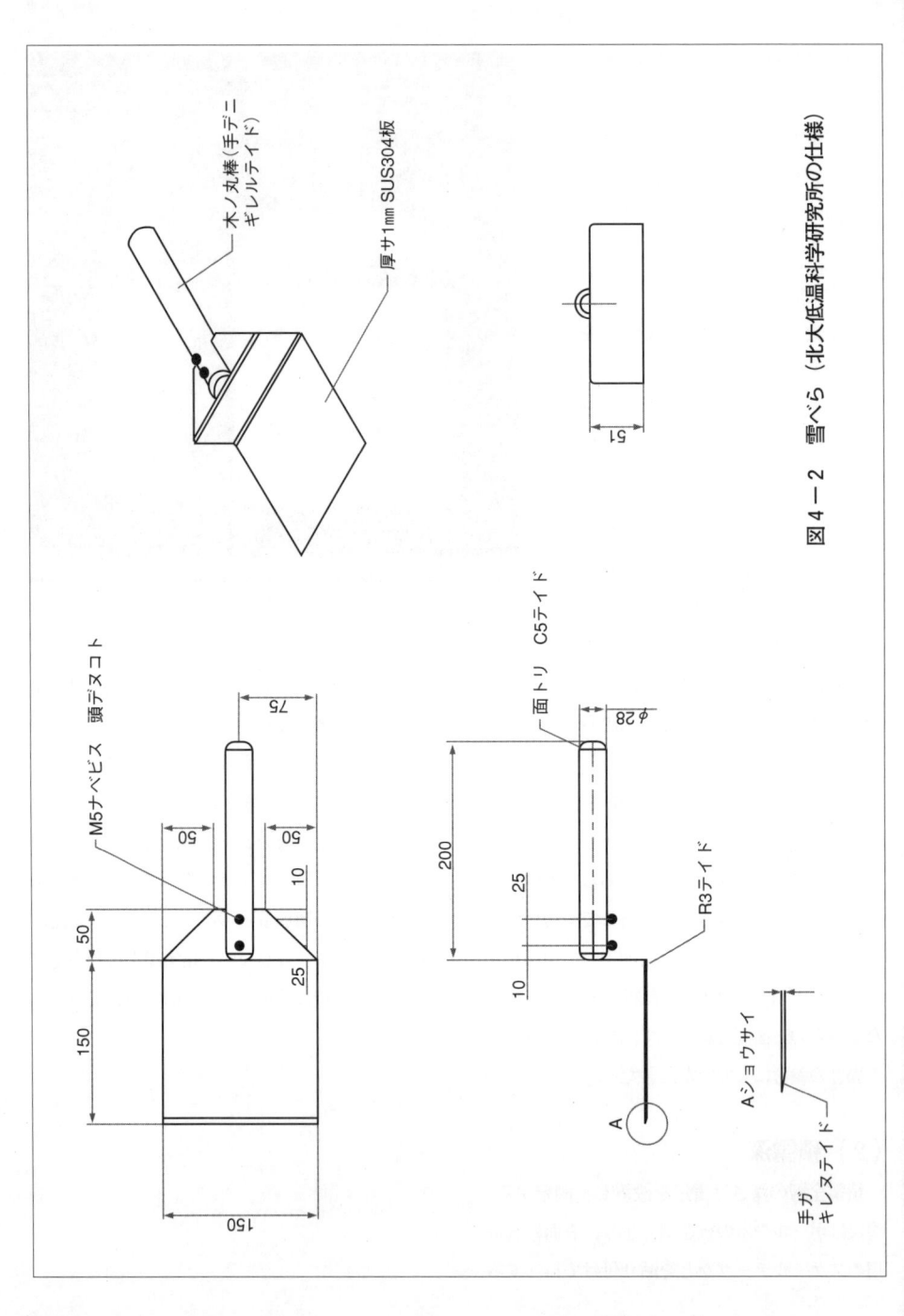

図4−2 雪べら（北大低温科学研究所の仕様）

# 2 積雪の調査

## (1) スノーピット

積雪の調査はスノーピット（雪穴）を掘って行う。一通りの作業には30分から1時間かかる。弱層テストで顕著な弱層がある場合に行うことになるであろう。観測場所は周囲に障害物がなく積雪が一様に積もっている所を選び、幅1～2mのスノーピットを掘り、1つの壁面は観測のためにきれいな垂直断面を出すようにする（写真4－2）。この時、排雪を観測断面側に捨てたり壁面を圧したりしないように注意する。観測断面を仕上げる時にはシャベルの裏面に雪が付着していないことを確認し、積雪層に水平に少しずつ削るようにするときれいな断面を作ることができる。積雪断面ができたらスケールを立てて層構造の観測を行う。

## (2) 層構造

積雪層の雪質や硬度や密度の違いを知るには手で触ってみるのが一番わかりやすい。観測断面を上から下へ指でなぞりながら雪の感触や雪の掘れぐあいを比較して層位を決める（写真4－3a）。手で触ることにより、たとえば霜ざらめ雪がどれほどもろい層かを体験できるで

写真4－2a　スノーピットを作製して雪を観察する

写真4－2b　スノーピット

写真4－3a　指で雪に触って層構造を見る

写真4－3b　ブラシで積雪断面を掃いて層構造を見る

写真4-4a 粒度ゲージ（透過光式）を使いルーペで雪の結晶を見る

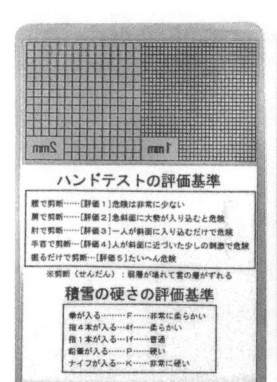

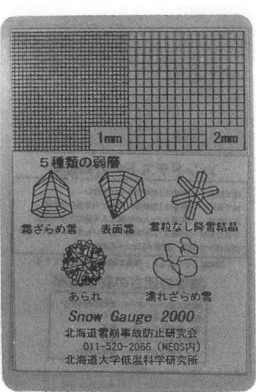

写真4-4c 光透過型の粒度ゲージ（snow gage）
北海道雪崩事故防止研究会作製の粒度ゲージ。北大低温研の研究者は雪の結晶を観察しやすい光透過型を使用している

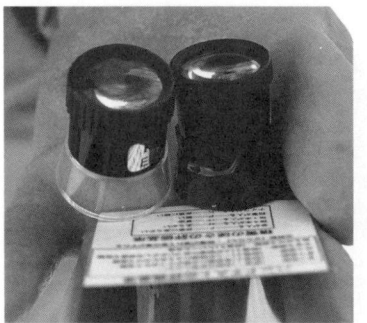

写真4-4b 粒度ゲージとルーペ。ルーペの透明部分を黒いビニールテープで覆う

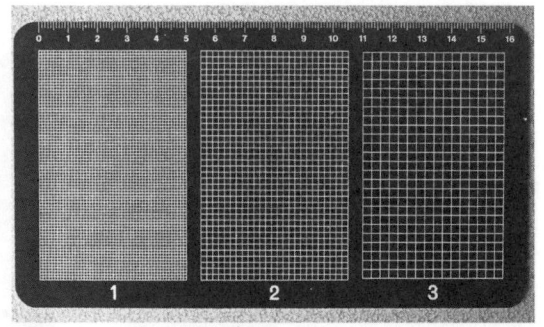

写真4-4d 光不透過型の粒度ゲージ

あろう。また小さなブラシ（卓上ぼうき、炉ぼうき）で断面を掃くようにすると軟らかい層が削れて固い層が残るので層構造の観測に便利である（写真4-3b）。

### （3）雪質と粒径

積雪の結晶は1mmに満たないものが多いので各層の雪質を観察するにはルーペと粒度ゲージを使う（写真4-4）。スキーワックスの選定用に雪粒子観察用品が市販されているが、ルーペはスライド用の5～15倍のものを転用してもよい。また粒度ゲージは1mmと2mmの方眼を印刷した透明シートをカードケースやパウチシートに入れて作成するとよい。粒度ゲージに雪粒子をバラバラにして載せルーペでのぞくと、43頁図2-3や46頁写真2-3で示したような結晶が見えるであろう。雪質は28頁表1-3の分類にしたがって記載する。粒度は雪粒子の平均的な直径または長径を測定し表4-1に示すように6段階に分類する。

| サイズ(mm) | Term | 用語 |
|---|---|---|
| <0.2 | Very fine | 微小 |
| 0.2～0.5 | Fine | 小 |
| 0.5～1.0 | Medium | 中 |
| 1.0～2.0 | Coarse | 大 |
| 2.0～5.0 | Very coarse | 特大 |
| >5.0 | Extreme | 超特大 |

表4－1　粒度

| ハンドテスト | 硬度の目安(Pa) | Term | 用語 | 表記 |
|---|---|---|---|---|
| 拳が入る | $0\sim10^3$ | Very low | 非常に柔らかい | R1 |
| 指4本が入る | $10^3\sim10^4$ | Low | 柔らかい | R2 |
| 指1本が入る | $10^4\sim10^5$ | Medium | 普通 | R3 |
| 鉛筆が入る | $10^5\sim10^6$ | High | 硬い | R4 |
| ナイフが入る | $>10^6$ | Very high | 非常に硬い | R5 |

表4－2　ハンドテストによる硬度

## （4）硬度

　積雪の硬度は斜面積雪の安定度を知る上でぜひとも測定したい。雪崩の引き金となる弱層の破壊はせん断破壊であるから、あとで記述するせん断強度試験（シアーフレームテスト）が直接的な強度測定であるが、シアーフレームテストは時間を要するので、弱層以外は圧縮破壊による硬度を測定する。研究用には木下式硬度計や、プッシュプルゲージ、カナディアンゲージと呼ばれる貫入式硬度計が用いられるが、ここでは簡便に硬度を知る方法としてハンドテストを紹介する。表4－2に示すように拳、指、鉛筆の順に積雪層に挿入し、挿入できたものからおよその硬度を測定する。測定位置の決定は機械的に一定間隔（たとえば10cmおき）で測定する方法もあるが、ハンドテストの場合は各層ごとに測定することが多い。

## （5）シアーフレームテスト

　弱層がある場合にはシアーフレームテストを行う。これは図4－3のようなせん断有効面積250cm²の薄い金属性フレームを用いて行うせん断強度試験で、斜面積雪の安定度を定量的に求める方法として世界的に用いられている。測定方法は、シャベルテストで弱層の位置を確認したら、弱層の上の積雪をフレームの高さよりわずかに残して取り去り、シアーフレームを弱層の少し上まで挿し込んで約3秒でせん断破壊させた際の張力を測定する（写真4－5）。せ

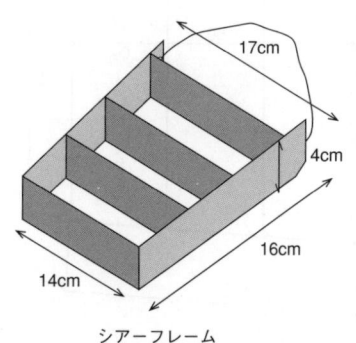

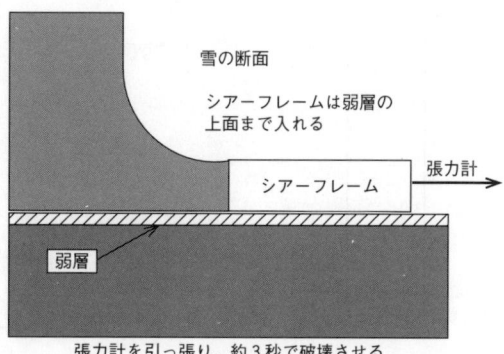

図4－3　シアーフレームテスト

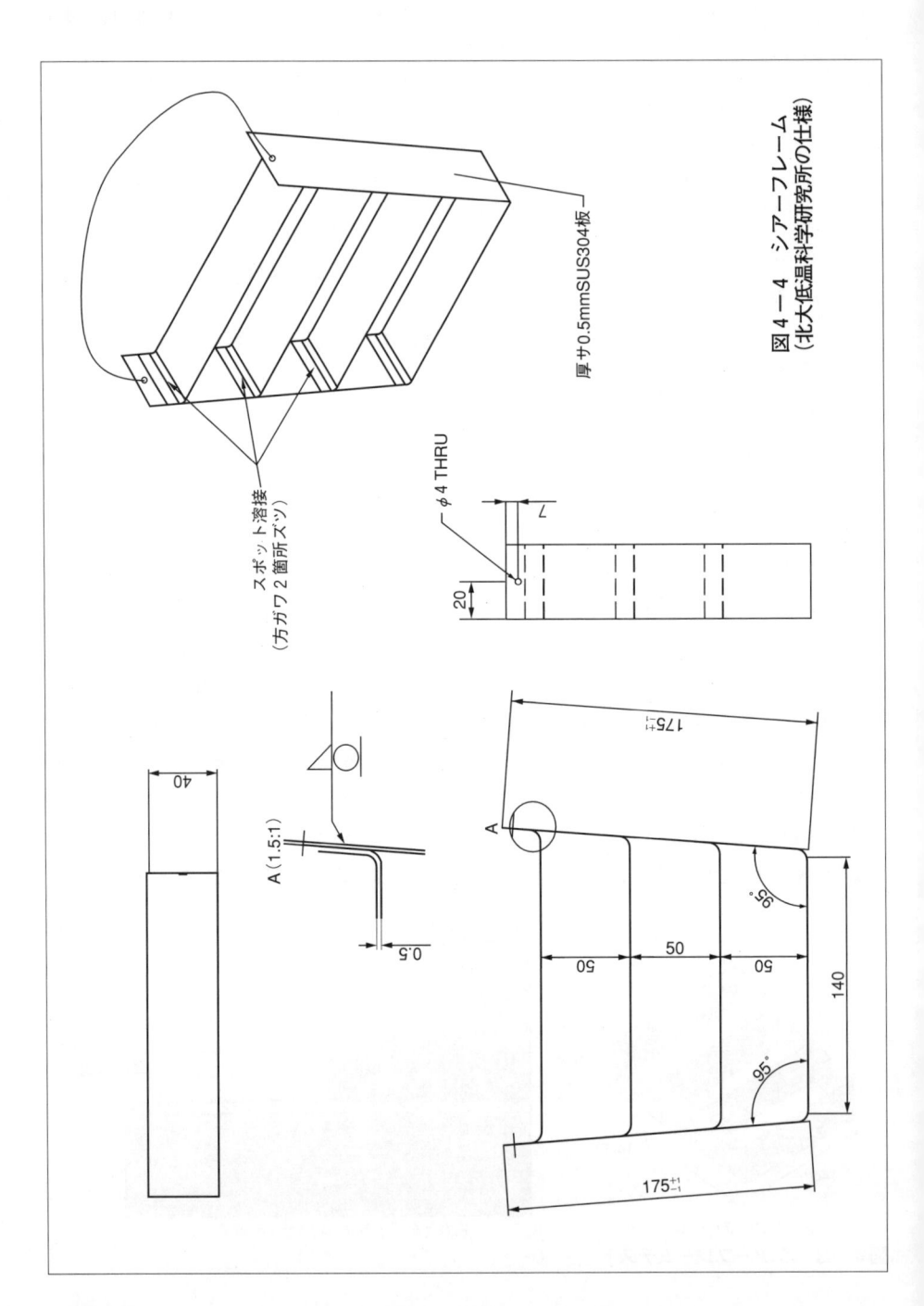

図4-4 シアーフレーム
(北大低温科学研究所の仕様)

写真4-5　シアーフレームによる張力の測定

ん断強度指数ＳＦＩ（Shear Frame Index）は張力をフレームのせん断有効面積で割った値として求める。ＳＦＩは各回の測定にばらつきがあるので、21回の測定の中央値を用いる。ばらつきが少ない場合は数回の測定の平均値を用いてもよい。斜面の安定度ＳＩ（Stability Index）は弱層の単位面積にかかる上載積雪荷重Wnと対象となる斜面の傾斜角$\theta$を用いて、
$SI = SFI/(Wn \sin\theta) = SFI/(W \sin\theta \cos\theta)$
で求められる。ここでWは水平単位面積あたりの弱層上の上載積雪荷重である。統計的にはＳＩが2〜4程度の低い値の場合雪崩が発生することがあるので、この範囲を警戒範囲としている。米国、カナダではＳＩ＝1.5を雪崩発生基準としている。シアーフレームは市販されていないので、自作することとなる。図4-4にシアーフレームの三面図と組み立て図を載せたので参考にしていただきたい。

## （6）上載積雪荷重

ＳＩを求めるには上載積雪荷重（Wn）を測定する必要がある。測定には直径約5cmの円柱型スノーサンプラーを用いるのが便利であるが、一定の底面積の円柱が切り出せるのであれば塩ビパイプや煙突を使ってスノーサンプラーを自作してもかまわない（写真4-6）。

測定方法は、スノーピットの弱層の位置にシャベルを水平に挿し込み、積雪表面からシャベルまでスノーサンプラーを垂直に挿し入れる。雪べらなどでサンプラーの周辺の雪を取り除きサンプラーを掘り出し、中の雪を袋等に移して重量を測定する。スノーサンプラーの底面積でこの重量を割ったものがW（Wn＝cos$\theta$）に当たる。

＊

以上は行動前や定期的に行う積雪調査について述べてきたが、雪崩現場に居合わせた時や、雪崩発生後2、3日以内で、かつ暖気や吹雪などの急激な気象変化がなかったと予想される場合は、次のようなことに着目して付近の積雪を調査すると雪崩予知や危険判断に有用な情報と

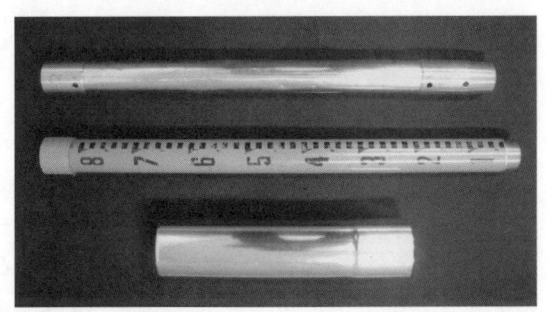

写真4-6　神室式スノーサンプラー、塩ビパイプ製スノーサンプラー、煙突（上から）

なる。
①周囲の自然積雪を歩いてどの程度ぬかるか（一様な固さか、途中に固い層または弱い層があるか）
②滑り面の深さが確認できるか（発生区で雪崩となって落下した雪の厚さ）
③残っている積雪層中に弱層が認められるか（弱層テストを試みる）／弱層があったなら雪粒子の大きさと形を観察
④積雪内で見られた弱層と実際の雪崩の滑り面との対応がつくか。

# 3 雪崩の発生予測に向けての観測項目

　現在欧米諸国では数キロから数十kmの気象数値モデルと積雪の一次元変態数値モデルを組み合わせて雪崩の危険度予測を行っており、今後わが国でもこうした取り組みが期待される。しかし現在の数値モデルでは数mmの厚さしかない弱層の形成を予測するのは困難であるから、広域で週一回程度行うスノーピットデータが不可欠であり、スキーパトロールや道路管理者との連携が必要となるであろう。
　このような積雪の数値モデルを動かすには、上記の観測データ以外に積雪内の雪温と密度のプロファイルが必要となる。

## （1）雪温

　雪温はサーミスタ温度計または棒状温度計（写真4－7）を用いて測定する。
　温度計は積雪層に平行（積雪断面に垂直）に挿入し、温度が落ち着くまで待ってから0.1℃まで読む（写真4－8）。雪温は10cm間隔で雪面から深さを変えて測定する。したがって温度計を2本用いて深さを替えつつ交互に読むようにすると効率的である。雪面付近では日射の影響があるので、雪べらなどで温度センサーに日陰をつくり測定する。
　サーミスタ温度計は最近ではセンサーが金属棒になっているものがホームセンター等でも手に入る。棒状温度計は－20℃程度まで目盛りのあるアルコール温度計でかまわないが、なる

4-3 雪崩の発生予測に向けての観測項目

べく細いものがよい。

## (2) 密度

積雪層の密度は密度サンプラーを用いて測定する。高さ3cm、体積100 cm$^3$の角型サンプラー（図4-9a）が便利であるが、市販されていないので、厚さ1～2mmの金属パイプや塩ビパイプ（図4-9b）で自作してもよい。

各層の密度は一定体積の雪を採取しその重量を測定して求めるので、サンプラーは体積が正確にわかること、雪がサンプラー内部に隙間なく入ることに注意する。

測定位置の決定は一定間隔で測定する方法もあるが、通常は各層ごとに測定する。測定は積雪表層から下に向かって行い、角型サンプラーの場合サンプラー上面の位置を測定した深さとして記録する。

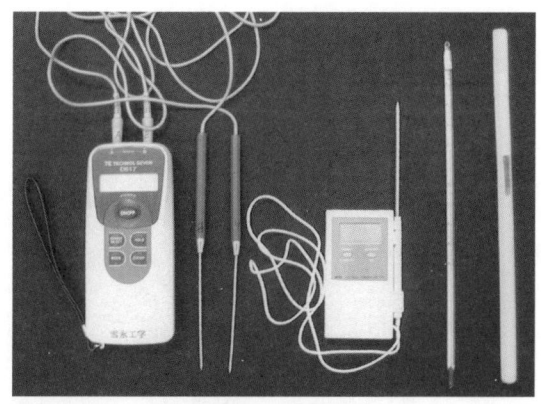

写真4-7 2センサー型サーミスタ温度計、1センサー型サーミスタ温度計、棒状温度計（左から）

写真4-8 温度計による雪温の測定

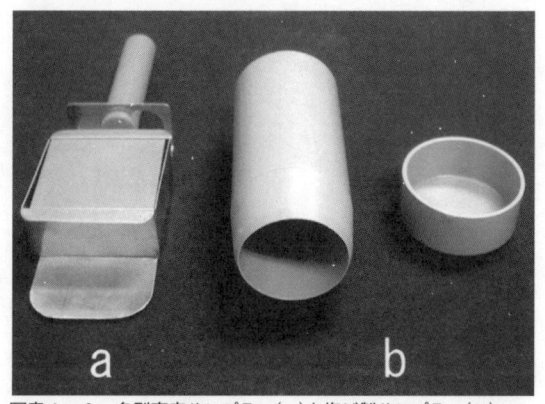

写真4-9 角型密度サンプラー(a)と塩ビ製サンプラー(b)

# 雪崩調査カード「AVACARD」

北海道雪崩事故防止研究会 事務局
Tel：011-520-2066　Fax：011-520-2067

## I 調査時の状況
- 記入者（氏名）：_____（雪崩遭遇者・雪崩目撃者）
- 所属機関（連絡先）：_____
- 調査年月日：_____年___月___日（　）
- 調査時刻：_____頃から_____頃まで
- 調査時の天候：_____

## II 雪崩の概況
- 発生年月日・時刻：_____年___月___日、_____頃
- 発生場所（住所・俗称）：_____
  ※可能であれば地図を添え、その地図上にプロットする。
- 発生時の天候：（前日：_____、前々日：_____）
- 発生時の風：強い・弱い・通常、（風向：_____）
- 発生時の積雪深：_____cm（測定場所：_____）
- 被害状況：_____

## III 雪崩の規模
- 雪崩の幅：約_____m
- 雪崩の長さ：_____m～_____m
- 斜面の向き：北・北東・東・南東・南・南西・西・北西
- 斜面の平均傾斜：約_____度
- 斜面の形態：開平斜面・谷斜面・その他（　　　）

## IV 発生区
- 発生地点：標高　約_____m
  山の山頂部・中腹・山すそ・面発生・不明
- 発生の形：点発生・面発生・不明
- なだれ層の雪質：新雪・旧雪・混合、硬い・軟らかい
- なだれ層の乾湿：乾・湿・混合
- すべり面の位置：積雪内部・地面・不明
- 発生規模（幅または面積）：約_____m、約_____m²
  （厚さ）：約_____cm
- 発生斜面の向き：北・北東・東・南東・南・南西・西・北西
- 発生地点の地表状態（植生）：_____
- 発生誘因：自然発生・人為発生・不明
- 発生地点付近の雪庇（大・小・無）、クラック（有・無）

## V 堆積区（デブリ）
- デブリの面積：幅_____m、長さ_____m
- デブリ中央部の厚さ：約_____m
- デブリの状況：乾・湿・混合、粉状・ブロック状・混合
  土砂を含む・含まない、硬い・軟らかい
  その他（　　　　）
- デブリ末端から発生地点までの見通し角：約_____度

## VI その他
- 特記事項・スケッチ・写真等
  ※写真は縮尺になるもの（人など）を入れて撮影する。

# 5章
# 行動判断

樋口和生

1. ルート選択
2. 雪崩危険地帯の通過法
3. 行動を継続するか否かの判断
4. 宿泊地の選択と露営方法

# 1
# ルート選択

登山者であってもスキーヤーであっても、雪の斜面を登り降りする時やトラバースをする際には、常に雪崩の危険にさらされている。しかし、いつでもどこでも雪崩が発生するわけではなく、雪崩に対する科学的な知識を身につけ、ルートファインディングの力を養えば、雪崩による事故は未然に防ぐことができるはずである。

雪山でのルートファインディングの力は、知識だけでは身につかない。知識に経験が伴って初めて力となる。経験の浅い人は、経験の豊富な人と山に同行することでより確かな力が養われるだろう。

楽しむために行ったはずの場所で、悲惨な事故に遭わないためには、雪とルートを的確に読み、ときには引き返すくらいの慎重さが要求される。

## （1）斜面の傾斜度

登山者やスキーヤーに致命的な打撃を与える雪崩は、表層雪崩である。表層雪崩が発生するメカニズムは、第2章で詳しく見た。

それでは、どのような傾斜の斜面でもはたし

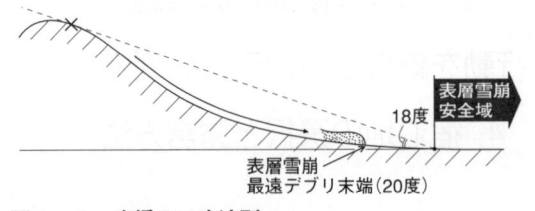

図5－1　高橋の18度法則

表層雪崩の安全地域を知るための見通し角18度は、水平距離と標高差の比率が約3：1。
行動中はストックを利用して角度を計ることができる

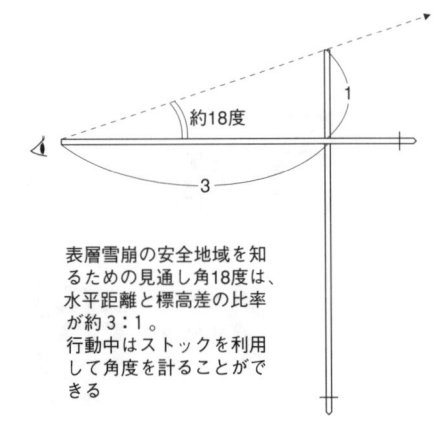

図5－2　ストックを利用して18度を知る

て表層雪崩は起こるのだろうか。

1つの指標として、「高橋の18度法則」がある。高橋喜平氏は、雪崩のデブリ末端から発生点を見た仰角（見通し角）が20度の場所まで表層雪崩のデブリが到達する可能性があるとし、この結果に10％の安全係数を考慮して、表層雪崩に対する安全地域は、見通し角18度以下という結果を得た（図5－1）。

つまり、実際に歩いている場所が平坦でも、発生地点との見通し角が18度以上の所では、表層雪崩に巻き込まれる可能性が高いということであり、大事をとるのであれば雪崩の危険性が高い場合には、危険斜面のかなり下の方を迂回する対処も必要となる。

しかし、実際に山中で見通し角18度以下の所ばかりを選んで行動するわけにもいかず、他の基準と併せて判断することになろう。

ちなみに18度とは、水平距離と標高差の比が約3：1である。行動中に18

写真5－1　トレールの右側斜面の上部は斜度30度を超え、過去に雪崩が発生している。トレールの左側斜面も急斜面で雪崩が発生する

度を知るには、図5－2のように、ストックを利用して角度を計る方法がある。

## （2）地形図による判断

　山に入る楽しみの1つに、事前の下調べがある。ガイドブックや各種記録、経験者の情報などを集めてルートを決めるのだが、地形図からだけでも読み取れることはたくさんある。

　幸いわが国の国土地理院では、5万分の1と2万5000分の1の地形図を発行し、日本全土をカバーしており、書店に行けば全国のどこの地形図でも簡単に手に入れることができる。

　また、国土地理院では、2万5000分の1地形図閲覧システムをインターネットのホームページ（http://mapbrowse.gsi.go.jp/）上で試験公開をしているので、行き先に合った地形図を検索するのに便利だ。

　地形図から、地形（尾根、沢、斜面、崖の大きさや形、方角）や植生（広葉樹が多いのか針葉樹が多いのか、高木は生えない場所なのか）等の情報を読み取るだけでも、吹きだまり斜面、雪庇の発達の仕方、雪崩が多そうな斜面なのか違うのかなど、行く先の山のイメージをつかむことができる。

　登山者のみならず、新雪を求めてバックカントリーに繰り出すスキーヤーやスノーボーダーも地形図を読む技術を身につけ、安全に雪山を楽しんでいただきたい。

　山中でどちらの地形図を使うかは、好みによるところもあるが、細かい地形を把握するには2万5000分の1の地形図が適している。

　たとえば次頁図5－3で見てみると、富良野岳の北尾根の東側には崖の印が連続しており、ここは季節風の風下側になるため、雪庇が発達しやすいことが予想される。また、部分的に西側も崖印が見られたり傾斜が急になっている部分もあるので、細い雪稜状になることも考えられる。

　富良野岳北尾根の東側斜面や富良野岳南東側の沢の源頭部、富良野岳と三峰山の間の稜線の北側斜面は傾斜が急なため、雪崩の危険が考えられるので不用意には入り込まないようにす

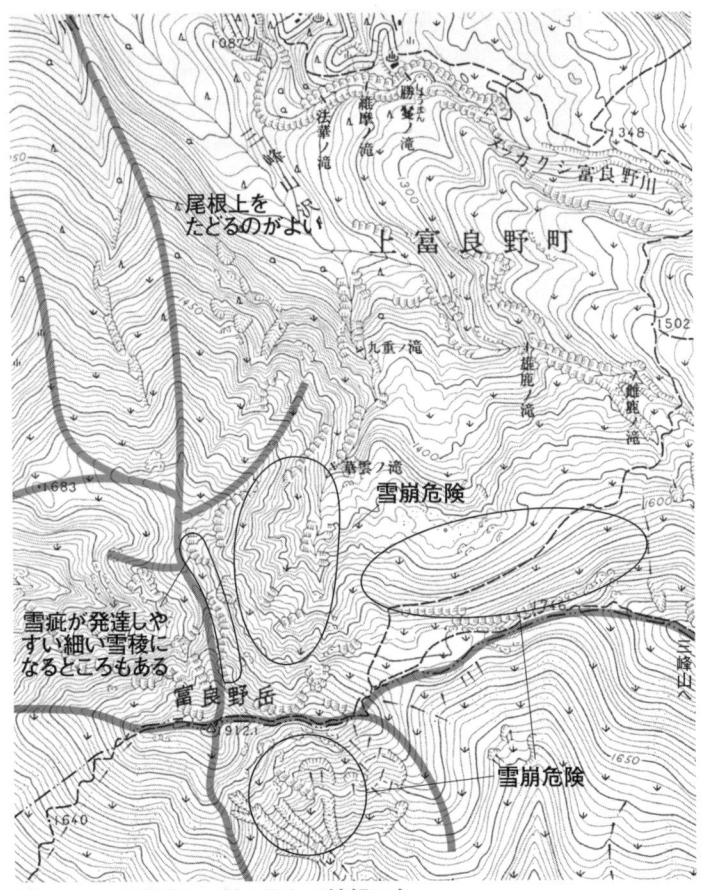

**図5－3 地形図から読み取れる情報は多い**
（2万5000分の1地形図『十勝岳』）

内だけで雪崩に対する警戒を行うのは危険である。

前項でも述べた通り、歩いている場所が平坦でも、発生地点との見通し角が18度以上の所では、表層雪崩に巻き込まれる可能性が大だからだ。水平距離と標高差は、地形図から簡単に読み取れる。

一見安全な樹林帯を歩いている時でも、その上方にどんな地形が広がっているかということを常に頭の中に入れておかなければならない。

さえぎる物のない大斜面、ルンゼ、雪庇の発達しやすい尾根など、地形図から読み取れるだけでもかなりの情報量がある。

ここでは、紙面の都合上読図の技術を解説することはできないが、この技術をマスターするには経験を積むことが第一である。フィールドに出るときは地図とコンパスを携え、こまめに地図を見る習慣をつけ、経験者から指導を受けるなどして技術を修得していただきたい。

る。

北尾根からさらに北に派生する尾根は傾斜が急で、樹林限界以上も急傾斜が続いており、東側は急斜面になっているので、雪の吹きだまりが考えられる。特に上部では雪崩に気をつけて、尾根上を忠実にたどるのが安全だろう……といった具合だ。

山中、特に視界の悪い日や視界の利かない樹林帯を行動している時、見えている地形の範囲

写真5-2　富良野岳(中央)。右に延びるのが北尾根、左は三峰山へ続く稜線

## (3) 植生による判断

　樹林限界より下では、雪崩がよく起こる場所では樹木が生育しにくく、そこだけ木が生えていないために一見して危険地帯であることがわかる。

　視界が利いている場合は容易に判断できるが、ガスや降雪で視界の利かない時に樹林帯を行動していて、突然木の生えていない斜面に出くわした時は要注意である。

　こういった斜面は、一見滑降に非常に適した斜面に見えるが、その由来を知るとスキーヤーやスノーボーダーも安易に入り込む危険性が認識できるであろう。

　なお、序章でも述べたように、「太い木が生えているから安全」といった認識は間違いで、表層雪崩は時として予想をはるかに超えた破壊力を伴って発生することがある。したがって、樹林帯の中でも雪崩の危険は充分に考えられるため、周囲、特に上方の地形を考慮に入れた行動判断は不可欠となる。

　また、冬だけに限らず、春先や夏の様子からも雪崩危険地帯の予想ができる。

　斜面に遅くまで残る雪渓は、季節風の風下側に見られ、冬の間の吹きだまりによるものが多い。このような斜面は、冬にはスキーやスノーボードに適しているが、反面形成された弱層が残りやすく、雪崩の危険地帯でもある。(107頁図5-8参照)

　沢には、遅くまで雪渓の残る場所がある。厚く残る雪渓を見てみると、表面や雪の中に倒木が混じっていることが多い。このような雪渓は、冬の間の度重なる雪崩が堆積してできたものが多い。本流上部からの雪崩のデブリでできた雪渓は、本流沿いに長く残っているし、側面の支

写真5-3　沢の雪渓。冬の間に雪崩で堆積した雪は遅くまで残る

写真5−4　雪崩で折れた木。積雪の表層部に出ていた所だけが折れている

流から来た雪崩のデブリによるものは、その範囲は狭いものの、本流の対岸まで乗り上げていることが多い。

周囲の地形を見渡してみると雪崩の経路が見て取れる。沢の底から雪崩の経路を見上げてみると、背の高い木は生えておらず、岩盤が露出していたり、草つきの斜面になっていたり、細い灌木がかろうじて斜面にへばりつくように生えていたりする。

また、ある一定の高さから木の幹が折れ、沢山の木が同じ方向に倒れている風景を見ることがある（写真5−4）。これは、冬の間に大規模な表層雪崩があったことを示している。雪崩れた表層部の木の幹が折れ、雪崩れなかった下層部分の幹が残ったものだ。雪崩の破壊力の凄まじさを知ることができる。

このように、夏の山から得られる情報も多く、こういった場所の上部の斜面は冬の間の雪崩危険地帯で、冬にここをルートに取る場合は細心の注意が必要となることがわかるだろう。

# 2

# 雪崩危険地帯の通過方法

行動中は、雪崩危険地帯をできるだけ避けるようにルートを選ばなければならないが、実際には危険であることを知りつつもそこを通過しなければならない場面はいくらでもある。

大切なのは、「自分が危険地帯を通過している」ということを認識すると同時に、「どれくらい危険であるか」という判断基準を持つことであろう。

雪山の世界では、「絶対安全」ということはありえないが、自分なりの判断基準と照らし合わせて、そこを通過するか、迂回するか、撤退するかの判断を下す必要がある。

## （1）樹林帯内の雪崩危険地帯でのルート判断

それでは、実際に雪崩危険斜面を通過する際のルートのとり方を見てみよう。

図5−4は、木が密生している樹林帯の斜面で、明らかに雪崩の通過コースだけ木が生えていない場所である。図の右方向から左方向に向かって進む場合を考えてみよう。

樹間を行動している時は、周りの地形が見えにくいが、雪崩が常襲する場所にさしかかると、そこだけ木が全く生えていないか、周囲の樹木よりも極端に細い（若い）木が疎らに生えている場合が多いので、雪崩危険地帯にさしかかったことが比較的容易にわかる。

そういった場所は、迂回する事が原則である。迂回するルートとしては、雪崩の到達範囲より

下を行くものと、雪崩の発生地点より上を行くものが考えられる。

斜面の下で傾斜が緩くなっていて、樹木が充分に大きく育っている場所まで行けば十分安全である。

また、雪崩常襲場所を上にたどっていけば、常襲場所の幅が徐々に狭くなってゆき、やがては白い斜面がなくなる場所がある。その場所より上側を通過すれば安全である（ただし、さらにその上側の斜面に危険箇所がある場合は除く）。

周囲の植生から判断して、危険地帯がある程度絞られるので、こういったルートの場合は、判断は比較的容易である。

しかし、積雪の状態によっては、木がたくさん生えている樹林帯でも雪崩は起こることがある事は忘れてはならない。

## （2）疎林帯や白い斜面での
　　　ルート判断

樹林帯では、雪崩の常襲箇所の見極めは比較的容易であるが、樹林帯より上部のダケカンバ等の疎林帯や高山帯、雪の吹きだまりによってできた白い斜面では、格段に難しくなる。

しかし、このような場所が、スキーやスノーボードの適地であることも事実で、それだけにより慎重な判断が要求される。

樹林帯から高山帯に移行する疎林帯では、雪崩の危険箇所とそうでない所の境が樹林帯ほど明確ではないため、植生からだけで雪崩危険箇

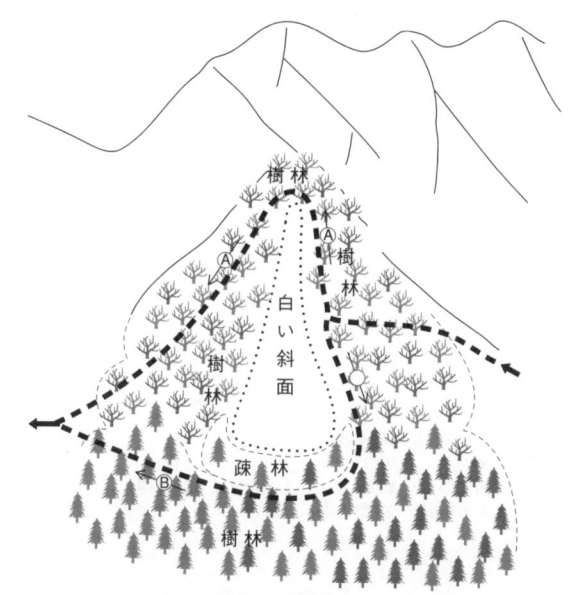

**図5－4　雪崩危険地帯は迂回することが原則**
危険地帯の上側（A）か下側（B）を迂回する

**写真5－5　森林限界近くのダケカンバの疎林帯。疎林帯での雪崩危険箇所の判断は難しい**

所を判断することは難しい。

このような場所では、地形の変化を読み取って判断を下す必要がある。一見、真っ白で一様な傾斜に見える斜面でも、よく見れば微妙な起伏の変化はあるし、小さな沢状の地形や尾根が見られる場合がほとんどである（図5－5）。

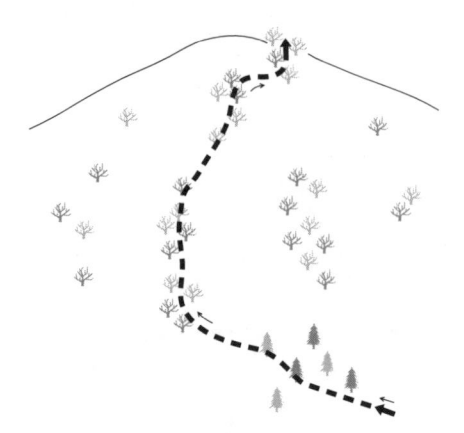

**図5-5　疎林帯の通過ルート**
起伏のやや高まった所に木が生えていることが多い。木の多い所をつなぐようにルートを選択する。樹林限界より上でも尾根状の地形を選んで進む

## （3）雪崩危険箇所の通過

　雪崩危険箇所を迂回することによって、雪崩以外の別の危険が予想される場合や、技術的に困難が予想される場合、極端に時間がかかってしまう場合など、迂回するよりも通過してしまった方がよいと判断することの方が実際には多いはずである。

　ここで問題になるのは、「迂回するよりはそこを通過した方が楽」、「迂回するのは面倒だ」といった理由で、雪崩危険箇所を通過してしまうことである。

　命の危険と照らし合わせてみると、少々時間がかかったり、多少体力的に消耗したとしても、まずは迂回する可能性を考えてみるべきであり、その可能性と危険地帯の通過による危険性を秤にかけて判断する必要があろう。

　迂回の可能性を考慮して、それでも危険箇所を通過した方がよいと判断した場合、どういう行動をすればよいのだろうか。

　雪崩危険箇所には、一度にたくさんの人数で入り込まないというのが雪山の鉄則だ。入り込む人数が増えれば、それだけ斜面にかかる負荷が増え、雪崩を誘発する可能性も増す。

　また、万が一雪崩が起こった場合も、多数の人が巻き込まれることになる。

　以下に、雪崩危険地帯を通過する際の基本的な流れを見てみよう。

①弱層テストを行う（図5-6a）

　積雪の表面だけを見て、雪崩の危険性があるか否かの判断を下すことはできない。積雪内に雪崩を引き起こす弱層が存在するかどうかは、

　常識的に判断して、周りよりもくぼんでいる沢状の地形に雪崩が集まり、逆に高まりとなっている尾根状の地形は比較的安全であるといえる。

　しかし、ルートを見る上で重要なことは、自分が進もうとする方向の地形だけに目をやるのではなく、周囲の地形や斜面全体を危険地帯と認識して、広い視野でルートを捉えて判断することである。

　このような場所で雪崩の危険を回避するのも、樹林帯での行動と同様危険箇所をできるだけ迂回することにある。ここでは、尾根上を進むことが原則となるが、積雪状態や周りの地形によっては、尾根の上が必ずしも安全とはいえないことは肝に命じておく必要がある。

　また、スキーやスノーボードで滑降を楽しむ時は、弱層テストを行なって、雪質を十分見極めた上で判断することはいうまでもない。

a. 雪崩危険地帯にさしかかったら、弱層テストをしてから通過ルートを選定する

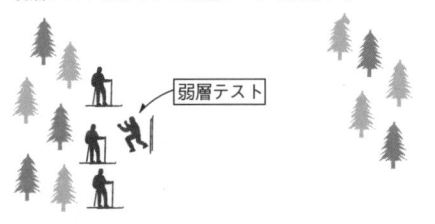

b. 雪崩危険地帯は1人ずつ通過し、他の者は見守る。斜面上部にも注意

c. 先頭が安全地帯に到着したら後続に合図を送り、1人ずつ通過する。全員が通過中の者を見守る。斜面の上部にも注意。全員が安全地帯に到着してから出発する。

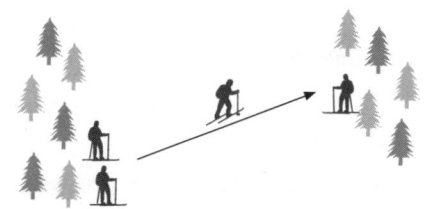

**図5-6 雪崩危険地帯の通過**

**図5-7 雪崩危険箇所通過前のチェック**

（ザックのチェスト・ストラップをはずす／ストックの手皮をはずす／雪崩ビーコンをチェックする／ザックのウエスト・ベルトをはずす／スキーの流れ止めをはずす）

実際に積雪の中を調べてみなければわからない。第3章で見たように、山の中で行動中に積雪内の弱層の有無を調べるための最も簡便で確実な方法は、弱層テストを行うことである。

雪崩危険箇所を通過する際には、通過直前に比較的安全な場所で弱層テストを実施する必要がある。

②危険箇所の向こう側の安全地帯を確認し、通過ルートを決める

弱層テストを行い、雪崩が起こる可能性が低いと判断した場合、危険箇所を通過することになる。その際、危険箇所の向こう側の安全地帯まで、できるだけスムーズに移動する必要がある。そのため、危険箇所を通過する前に、あらかじめ目標とする安全地帯を確認し、通過するルートを決めなければならない。

途中に太い木の生えているような場所があれば、そこを経由するようにルートをとるとより安全性が増す。

③ビーコンが送信状態になっていることを確認する

通過ルートの確認の後、身につけている雪崩ビーコンが発信状態になっていることを確認する。実際には、行動開始時に発信チェックを行っているはずであるが、再度確認するくらいの慎重さがほしい。

④ザックのウエストベルトやチェストストラッ

プ、スキーの流れ止めやストックの手皮をはずす（図5−7）

危険箇所通過時には、万が一雪崩に遭遇して流されることも考え、あらかじめザックのウェストベルトやチェストストラップ、足首に紐を巻き付けるタイプのスキーの流れ止めやストックの手皮は外しておく。これは、雪崩に巻き込まれて流された時に、ザック、スキー、ストックなどは身動きのじゃまになるし、スキーなどが立木に引っかかって脱出が不可能になるケースもあるからだ。

雪崩に巻き込まれて流され始めたら、身につけているものはできるだけはずし、暴れたり泳ぐなどして脱出を試みよう。

⑤危険箇所は1人ずつ通過し、先行する人は安全地帯に入ってから後続の人に合図を送る（図5−6b、c）

実際に危険箇所を通過するときは、何人もの人が一度に危険箇所に入り込むのではなく、危険箇所を通過するのは一度に1人とし、雪崩に遭遇した場合の被害を最小限にする必要がある。

そのため、先行する人は、安全地帯にたどり着いてから、後続の人に合図を送り、後続の人は先行者の合図があるまで危険地帯に踏み込まないようにする。

⑥危険箇所を通過中は、他の人は通過中の人を見守る（図5−6b、c）

また、危険箇所を通過している人がいる場合には、先行して安全地帯に辿りついた人も、後続で待機している人も、全員が通過中の人を見守り、万が一その人が雪崩に流された時に、流され始めの場所（遭難点）、姿が見えなくなった場所（流失点）、流された方向を確認して捜索につなげる体勢をとっておく必要がある。

⑦斜面の上方を常に注意する

さらに、危険地帯を通過中の人がいる場合には、通過場所よりも上方にも注意を向けて雪崩の襲来に備え、雪崩が発生した場合に周囲の人に注意を促せるようにしておく。

＊

以上のようなことが雪崩危険箇所を通過する際のポイントとなる。

選んだルートが待機場所から見通せないような場合は、全体を見通せる位置に待機場所をずらすなど、現場の地形などによって臨機応変に対応する必要がある。

## （4）雪庇の判断

雪庇は、尾根の風下側に雪が庇の様に張り出している。

雪庇は、季節風や沢の吹き上げなどの卓越風の風下斜面の傾斜が急な所によく発達する。雪が庇状にせり出していることと、雪庇の形成過程で雪が風下に巻き込むように積もるため、積雪の層構造が急勾配となり、崩れやすくなっている。

南北方向に延びる尾根では、季節風の風下斜面の傾斜が急な所で発達しやすい。東西方向に延びる尾根では、雪庇の方向が一定せず、両側に雪庇が発達する場合もある。（両面雪庇）

比較的大きな沢の源頭部では、沢からの風の吹き上げが卓越風となり、雪庇が発達する場合がある。

これらは、地形図から読み取ることができる。

また、大きな低気圧の通過時には、ふだんは見られない所に一時的な吹きだまりと雪庇が形成されることがあるが、低気圧の通過後季節風が強まると、これらは短時間で吹き払われ消えてしまう。

雪庇が張り出している尾根を行く時は、風上側の木の生えている場所や地面が見えている場所など、明らかに雪庇でないとわかる場所を歩くのが鉄則だ。尾根上に積もった雪と雪庇の境界は、一見しただけではわからない。（図5-8）

特に長時間の行動の後や悪天時など、疲れている時は要注意で、つい雪庇側にルートを取ってしまいがちだ。

雪庇の上には藪もなく、一見歩きや滑りが快適そうに見えるが、それが落とし穴で、雪庇の踏み抜きによる滑落事故や雪庇の崩落によって誘発された雪崩に巻き込まれる事故は後をたたない。

写真5-6　雪庇の発達した尾根

## （5）沢の中での判断

山へのアプローチで沢沿いの林道を利用したり、沢の中を歩いたりすることがある。

沢の中では、雪崩の発生区の見通しが利かないため、雪崩の発生に気づくのが遅れることと、上部からの雪崩が集まってきやすいことで、非常に危険だ。

入り込んだ本流が比較的傾斜の緩い沢であっても、傾斜の急な支流から雪崩が襲ってくるかもしれないし、大規模な雪崩が上流から本流沿

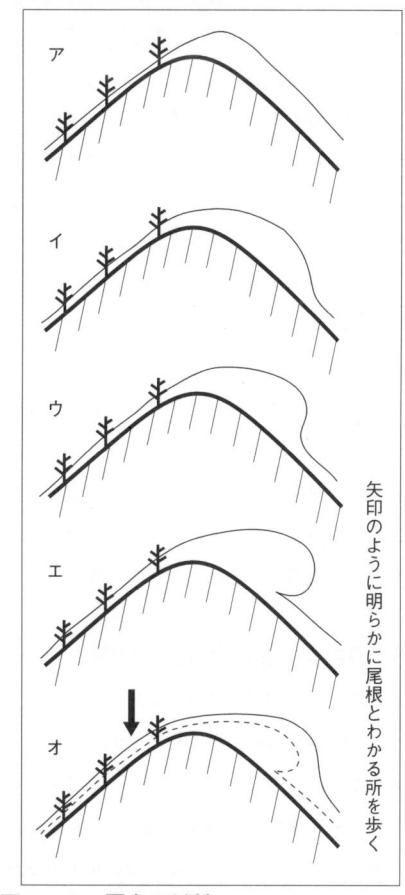

図5-8　雪庇の判断

矢印のように明らかに尾根とわかる所を歩く

いに来るかもしれない。

　斜面での雪崩であれば、比較的逃げ道は確保しやすいが、沢の中で雪崩に襲われたら、逃げるのは難しい。

　山へのアプローチはできるだけ沢からのルートを選ばず、尾根を辿るようにしたい。ただ、他にアプローチルートがなく、沢沿いに行かなければならない場合は、ドカ雪直後は避け、できるだけ早めに尾根に上がるのが賢明だ。

　筆者もドカ雪直後に日高に入山し、札内川沿いの林道を辿っていた時に、側面の支流からの雪崩に危うく巻き込まれそうになったことがあった。その場所までは、支流ごとに小規模なデブリが見られていたが、そこだけデブリが見られず、小さな橋を渡っている時に音もなく雪崩が襲ってきた。4人パーティで間隔を開けて歩いていたが、突然目の前に身の丈以上の白い壁ができ、一瞬にして前方を歩いていた2人が見えなくなった。幸いにして、パーティのちょうど中間に雪崩が落ちてきたので、だれもかすり傷ひとつ負わなかったが、デブリを見てみると広い河原の対岸まで乗り上げている大きなもので、これに捲きこまれていたら一巻の終わりだったろう。あの時の恐怖は忘れられない。

## （6）視界がない場合の判断

　これまでは、視界が開けていて、周囲の地形や植生が見渡せる場合を前提に判断基準を考えてきたが、山の中ではガスがかかったり多量の降雪によって視界が利かない場合も多い。

　視界が利いていようといまいと、雪崩危険地帯を通過する際の原則は同じであり、危険箇所の通過時のポイントも変わらない。しかし、視界が利かない場合には、視界が利く場合と比べて、判断材料が極端に少なくなるため、雪崩回避のルートの選択は格段に難しくなる。

　弱層テストを行い、危険箇所を通過できると判断したとしても、危険箇所の向こう側の安全地帯が見えなければ、安易に踏み込むことは控えた方がよいであろうし、通過中の人が途中で見えなくなるようであれば、その人の安全性を考えると無理はできない。

　視界がない場合は、無理して行動せず、視界が広がるまで一時待つか、ルートを変更するなど、慎重に行動するべきだろう。

# 3
# 行動を継続するか否かの判断

　雪崩危険地帯にさしかかり、危険箇所を迂回するのか、通過するのか、そこから撤退するのかは、かなり慎重な判断が要求されることは間違いない。これは、その場にいる人の経験、判断力、体力、気力、そしてルートの性質、気象条件等によって千差万別であり、この場合はこうすべきだといったマニュアルは存在しない。

　しかし、いかなる場合も共通して言えることは、その場から無事に帰ってこなければならないということだろう。楽しむために出かけた雪山で、不幸な結果が生じぬようにしなければならない。

## (1) 登高と下降

　雪山に限らず、ルートの選択を行う場合、登りよりも下りの時の方が難しいといわれる。

　ルート選択を誤ったり現在地を見失った場合、確実に安全な場所や現在地を確認できる場所まで戻ることが山の鉄則だ。しかし、下降中に引き返すことはすなわち登りを意味するため、精神的にも体力的にもつらい行動となる。今下ってきた所を登り返すことは、体力的にも消耗するし、登りの辛さを考えるとそのまま下ってしまいたくなる。少々危険を冒しても楽な方に逃げたくなるのは人間の心情だろう。しかし、ここに大きな落し穴があり、特に雪崩に関しては甘い妥協は許されないことは肝に銘じておく必要がある。

　特に、スキーやスノーボードで下る場合は、短時間に長距離を下ることになるため、登り返しの判断はより難しくなる。また、登高時、下降時に限らず、雪崩危険箇所を通過する場合は弱層テストを行ってから入り込むという原則は変わらないが、下降時、特にスキーやスノーボードで下る場合はより慎重になる必要がある。これは、ツボ足で下る時よりも下降スピードが早く、最初に弱層テストを行った条件とは違う斜面を通過する確率も高くなる。第3章の面発生表層雪崩の対策で見たように、斜面の条件（向き、幅、傾斜、植生等）が変化するたびに弱層テストは行うべきだ。これは、条件の違いによって、弱層の出来方や斜面に対する荷重の影響が異なるため、入り込む斜面の一カ所で弱層テストをして危険度は少ないと判断したからといって、その判断を斜面全体に当てはめるべきではないことは肝に銘じておく必要がある。

　新雪を舞い上げて一気に滑り降りる快感はだれもが知っているが、より安全に下るためには、条件の違った斜面に入る場合には再度弱層テストを行うくらいの慎重さがほしい。

## (2) トラバース

　雪山での行動では、斜面を直線的に登り降りするだけでなく、斜面をトラバースする（横切る）ことも多い。

　白い斜面をトラバースする時の注意点は、先に見た雪崩危険地帯の通過方法の手順に従えばよく、とにかく一度に複数が斜面に入り込むのを避ける。

スキーやスノーボードでの滑降時も斜面をトラバースすることは多い。ただし、ツボ足でトラバースするよりも雪崩を誘発する可能性が高いことは知っておこう。

雪の斜面では、積雪全体が下にずり下がろうとする力が働いており、その力の拮抗が何らかの影響で破られた時に雪崩が発生する。弱層を含む斜面では、この力のバランスがより微妙に保たれているが、そこをスキーやスノーボードでトラバースすると、線状に斜面を切り裂く結果となり、雪崩を誘発しやすくなる。

斜面に入りこむ前の弱層テストで、自分にとっては危険が少ないと判断しても、使っている道具によっては十分安全とは言えないことがある事を知って、慎重に行動していただきたい。

# 4 宿泊地の選択と露営方法

行動中だけでなく、積雪期に山中で宿泊する場合もまた、雪崩の危険性を常に考慮に入れなければならない。宿泊場所の選定にあたって、雪崩の危険を回避する際のポイントは、行動中のそれと基本的には変わらないが、周囲の地形や植生、積雪の状態、気象条件を考慮して判断を下す必要がある。

## (1) 宿泊地の選択
### ①積雪状態による判断

テントやイグルーで泊まる際の場所の選択は、沢状の地形でないこと、樹林帯の中であっても上方に雪崩の危険な斜面が近くにないこと、雪が吹きだまりにくい場所など、行動中のルート選択と同じ基準で判断すればよい。

問題は、雪洞に泊まる場合である。

雪洞を掘るにはかなりの積雪が必要となり、雪洞に適した場所と言うのは風下側の吹きだまり斜面に多い。吹きだまり斜面では積雪内に弱層が残りやすく危険である（図5-8）。また、雪庇を利用して雪洞を掘ることも多く、雪庇の崩落に伴って雪洞が崩壊する危険性もある。

さらに、吹きだまりによって雪庇が埋められてしまい、一見平らな斜面に見える場所では、雪洞を掘り進むと空洞が現れたり、亀裂が見られることがあるが、そのような場所は直ちに放棄し、他の場所に移らなければならない。

いずれにしても、雪洞を掘る場所を探す場合は吹きだまり斜面に立ち入ることになるため、

事前に弱層テストを行って安全性を確かめる必要があるし、場所によってはザイルによる確保が必要になる。

#### ②気象条件による判断

低気圧の通過によるドカ雪は、南から南東の風を伴って降る場合があり、吹きだまりが北から北西斜面にできることがある。通常、季節風の風上側の斜面は雪崩に対して比較的安全であると考えられがちだが、このような気象条件でできた吹きだまり斜面は非常に危険である。

また、雪崩の危険性とは話が少し横道にそれるが、このような吹きだまりは一時的なものであり、そこに雪洞を掘ったりすると、低気圧通過後の冬型の気圧配置で季節風が強まった際に、雪洞が削られることになり非常に危険である。さらに、発達した低気圧の通過時などは、季節風によってできた吹きだまりが削られる場合もあるため、気象条件には常に気を配る必要がある。

#### ③地形による判断

南北方向に伸びる稜線では、季節風の風下側の東側斜面に雪洞を掘る場合が多いが、東西方向に伸びる稜線では風の方向が一定ではないため、その場所によって雪の吹き溜る方向が違う。これは、沢の吹き上げ等による卓越風の方向が場所によって異なるためであり、それぞれの場所で吹きだまり斜面を判断することになる。

### （2）積雪期の露営方法

テントを持たずとも、積雪を利用して山で泊まることができたら、行動範囲が広がるし、非常時のシェルターとしても活用できる。ここで

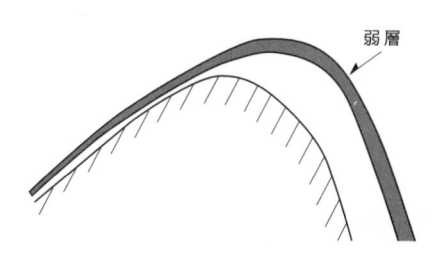

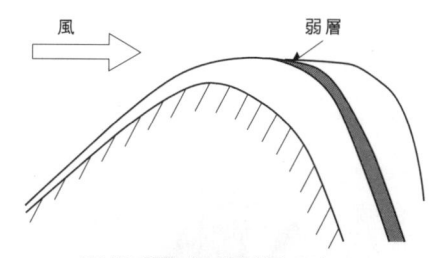

**図5－8　吹きだまり斜面の弱層**

は、雪を利用した、雪洞とイグルーの作り方を紹介する。

雪の内部は、雪自体の断熱効果が働いて、外気温が下がっても比較的寒くなく過ごすことができる。悪天時はテントに泊まるよりはるかに快適だが、作るのに慣れを必要とするのと、雪洞を作る際には場所の選定が難しい。

バックカントリーで使う前に、比較的安全な場所で練習したり、経験者に指導してもらうことをおすすめする。

#### ①　横穴式雪洞の作成（図5－9）

a　作業を開始する前に、雨具、オーバー手袋、帽子を着用し、衣服が濡れないようにする。

b　雪洞を掘ろうとする斜面で弱層テストを行う。

c　ゾンデを使うなどして、十分な積雪量があ

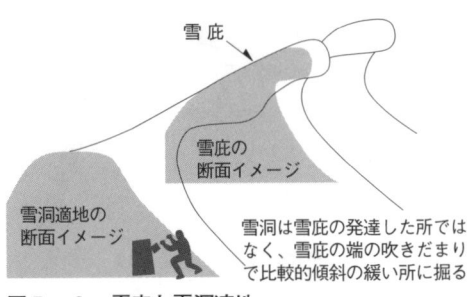

図5－9　雪庇と雪洞適地

雪庇は雪庇の発達した所ではなく、雪庇の端の吹きだまりで比較的傾斜の緩い所に掘る

写真5－7a　雪洞を掘ろうとする斜面で弱層テストをする

写真5－7b　雪洞はノコギリでブロックを切り出すと効率よく作れる

ることを確認する。

d　しゃがんで通れるくらいの通路を横に掘り進む。

e　2～3m掘り進んだら、左右、奥、上に広げる。

f　外側で待機する人は、掘り出された雪を捨てる。

g　グループの人数にあった大きさが確保できたら、天上をドーム型に整えてしずくが垂れないようにし、床を平らにならす。

h　就寝時に入口を塞ぐためのブロックは残しておく。

　掘る時は、ただやみくもにスコップで掘り進むのではなく、ノコギリで切れ目を入れて、柱状のブロックを切り出すようにすると効率よく作業がはかどる。

　雪洞を掘っていて、積雪内部に亀裂が見つかった場合は、雪崩の危険性が大きいため、その場所は放棄して別の場所に移動する。

　慣れると、4人用を2時間くらいで掘ることができる。

## ② イグルーの製作

イグルーは、本来北極圏に住むイヌイットの住居の形態で、氷や雪のブロックを積み重ねてドーム状にしたものだ。雪で作る場合、積雪量が少なくても、踏み固めてブロックを切り出せるくらいの量の雪があれば、どこでも作ることができる。

a　イグルーを作る場所とブロックを切り出す場所の雪を固くなるまで踏み固め、雪が締まるまで待つ。

b　雪が十分締まったら、ノコギリでブロックを切り出す。ブロックは、できるだけ同じ大きさのものを切り出す。

c　作りたい大きさに合わせて、一段目を円にして並べ、ブロック同士が接するところはノコギリで整形してすき間のないように並べる。

d　二段目以降は、下のブロックと互い違いになるように積み、ブロックの間に隙間ができないようにノコギリで整形する。

写真5－8a　雪を踏み固める

写真5－8c　ブロックを円形に並べ、ノコギリで整形する

写真5－8b　ブロックを切り出す

写真5－8d　2段目以後は互い違いに積み上げ、ノコギリで整形する

写真5－8e　ブロックが徐々に内傾するように積む

写真5－8g　最後のブロックをふたをするようにのせる

写真5－8f　ブロックが内側に倒れないようにする

写真5－8h　入口を掘り抜く

e　徐々にブロックが内傾するように、積んだブロックの上部を内側に傾斜させるようにノコギリで整形する。

f　イグルーの内側で1～2人作業をし、ブロックが内側に倒れないようにスキーのストックで支えたりしながら、ブロックの整形作業をする。

g　天井部が充分に狭くなったら、上からふたをするように最後のブロックを乗せる。

h　ブロックをすべて積み終わってから、風向きや地形を考えて、ノコとスコップで入口を掘り抜く。

＊

早めにブロックを内傾させていくのがコツだ。積雪が十分ある時には、ドームを小さめに作って、後から下の雪を掘りこんで作ると作業が効率的になる。

雪洞を掘るほどには積雪量のない斜面では、雪洞とイグルーを組み合わせたもの（半雪洞・半イグルー）を作ることもできる。

# 6章
# 雪崩対策の装備

阿部幹雄

1. 雪崩ビーコン
2. シャベル
3. ゾンデ
4. そのほかの装備

# 1 雪崩ビーコン

## （1）雪崩ビーコン

　雪崩埋没者を最も迅速、正確に捜索できる装備として欧米で高く評価され普及しているのが「雪崩ビーコン」（Avalanche Beacons）と呼ばれる雪崩無線機である。

　雪崩ビーコンは手のひらサイズの小型の無線機で、スイッチの切換えによって送信と受信が可能である。雪崩危険地帯で行動する登山者、スキーヤー、スノーボーダーなどが1人1台の雪崩ビーコンを携帯する。行動中は雪崩ビーコンのスイッチを送信状態にしておくと微弱電波を発信し続ける。機器によって差があるが最大50～100mの距離に電波を発信することが可能である。

　もし、だれかが雪崩に襲われ埋没、行方不明となったら、同行者（捜索者）は直ちにスイッチを切換えて受信状態にする。受信は外部スピーカーあるいはイヤホーンで聞くことのできる信号音として捉えるか、発光ダイオードが点滅し、光信号として感知できる。機器によって異なるが、最小受信範囲は15～20m、最大受信範囲は50～100mである。雪崩ビーコンの受信感度は数段階に切換えることが可能で、最大受信感度から捜索を開始する。雪崩埋没者の雪崩ビーコンが発信する信号音を捉えると音あるいは光信号が強くなる方向に受信段階を下げながら接近していく。音あるいは光信号が強くなる方向にどんどん進めば最終的に雪崩埋没者を発見できる。

　雪崩ビーコンを用いれば50m四方の広さで、深さ1m以内に埋没した遭難者を5分以内に発見することが可能となる。

　雪崩埋没者を生存のうちに発見救出するセルフレスキューを実践するためには必要不可欠な装備である。

　なお、捜索方法には直角法と電波誘導法（接線法）の2種類がある。

## （2）日本における
## 　　雪崩ビーコン普及の歴史

　この雪崩ビーコンが日本に登場したのは1970年代初頭。オーストリア製のピープスが輸入販売されたが、性能の卓越性に注目する人が少なく、まったく普及しなかった。この状況が大きく変化したのは1991年1月に北大低温科学研究所雪害部門と北大山スキー部OB会などが手稲山で開催した雪崩講習会が契機となった。当時、アメリカのコロラド大学から低温研に留学していたチャーリー・ジスキン氏が2台の雪崩ビーコン、オルトボックスF2（ドイツ製）を所持しており、これを用いて捜索を実演した。発信状態の雪崩ビーコンをザックに入れて、50m四方と想定したデブリ範囲内の深さ50cmに埋めた。受信状態にした雪崩ビーコンを手にして捜索したチャーリー・ジスキン氏は素速く埋没したザックを発見。講習会参加者は雪崩ビーコンの威力を目のあたりにして驚いたのである。しかも、初めて雪崩ビーコンを使用するという講習会参加者が捜索しても短時間で確実に埋没ザックを発見できたのである。それ

まで雪崩埋没者の捜索といえばスカッフとコールによる緊急パトロール（168頁参照）のみ、雪崩対策装備としては雪崩紐しか念頭になかった関係者を目覚めさせたのである。

　雪崩ビーコンの有効性に注目した北大山スキー部、山岳部、ワンダーフォーゲル部は雪崩ビーコンの導入を直ちに決定し、91年12月にオルトボックスＦ１プラスを70台購入、冬期の山行では部員は必ず１台の雪崩ビーコンを携帯するようになった。

　この雪崩講習会を機に北海道雪崩事故防止研究会が結成され、毎冬、雪崩講習会を開催するようになり、雪崩ビーコンの普及に力を入れた。一方、日本で初めての雪崩ビーコンの開発研究を試みていた萩元茂治氏と雪崩教育を実践していた日本勤労者山岳連盟の中山建生氏もこの講習会に参加していた。萩元氏の努力は２年後に結実し、アルペンビーコン1500（ＡＢ1500）として1993年冬に発売されたのである。日本勤労者山岳連盟はこのＡＢ1500を採用し、同連盟主催の雪崩講習会で雪崩ビーコンの普及に務めている。

## （３）雪崩ビーコンの周波数は457kHz

　雪崩ビーコンが雪崩捜索機器として登場するのは1960年代後半。オーストリアで開発された最初の雪崩ビーコンの周波数は2.275kHzだったが、後にスイス製の457kHzの雪崩ビーコンが登場した。2.275kHzの雪崩ビーコンを携帯したオーストリアのスキーヤーがスイスで雪崩に埋没、スイス製の457kHzの雪崩

写真６－１　雪崩ビーコンによる捜索の実演をするチャーリー・ジスキン氏

ビーコンしか持っていない捜索隊は発見できなかったという事態が生じた。そんな混乱した事態の出現に関係機関は国際的に統一された周波数の使用が好ましいと調整することになった。雪の中を透過しやすい電波の周波数は高い（457kHz）のか低い（2.275kHz）のかを試験した結果、国際山岳対策遭難協議会（IKAR）は1984年にこんな結論を出した。
「ドイツ、フランス、イタリア、オーストリア、スイスにおける工学的試験によれば、より高い周波数（457kHz）が低い周波数（2.275kHz）よりも感知範囲、探知時間、探知誤差の諸点で優れていた」

　この結論を受けて、ドイツでは直ちにＤＩＮ規格で457kHzを雪崩ビーコンの統一周波数と定めた。しかし、ＩＫＡＲは世界的な周波数の統一決定を保留して、欧米の雪崩ビーコン製

作会社に次のような要請を行った。
① 1984年秋以降は457kHzと2.275kHzを使用した兼用ビーコンだけを製作する
② 86年秋以降に単一周波数（457kHz）を認定する
③ 89／90年冬期以降は単一周波数（457kHz）だけを販売する

さて、IKARはヨーロッパ中心の組織で、2.275kHzの雪崩ビーコン発祥の地アメリカはこの決定、要請に直ちには追随しなかった。独自の工学的検討を行ったアメリカも91年、雪崩ビーコンの周波数を457kHzとする結論を下した。

「アメリカでは1994／95年冬までは両用周波数（457／2.275kHz）を標準とし96年1月以降は単一の高い周波数（457kHz）のみを採用する」

こうして、雪崩ビーコンの登場から30年を経過して使用する周波数は457kHzに統一された。したがって、現在販売されている雪崩ビーコンは457kHzの周波数を使用した機器だけとなった。

## （4）雪崩ビーコンの電波特性

雪崩ビーコンを使用すれば50m四方の広さで、深さ1m以内に埋没した遭難者を5分以内に発見することが可能となり、雪崩埋没者を生存のうちに発見救出するセルフレスキューが実践できる。そのためには雪崩ビーコンの電波特性を知り、捜索方法（次章で解説）に習熟しなければならない。

### アンテナ

雪崩ビーコンの内部にはバーアンテナが入っている。このバーアンテナはフェライト（鉄酸塩）の芯にリッツ線を巻いている（図6-1）。芯の太さと長さ、リッツ線の太さと巻数が機器によって違っている。この差が電波の到達範囲などの結果となって現れてくる。

このバーアンテナは雪崩ビーコンの縦方向に内蔵されている。雪崩ビーコンによっては矢印でこの方向が示されている場合もある。

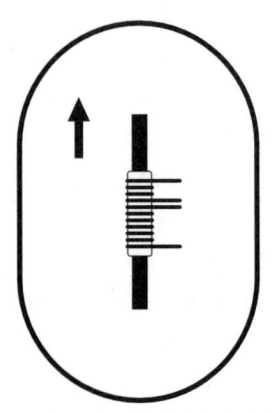

図6-1　バーアンテナとアンテナの方向

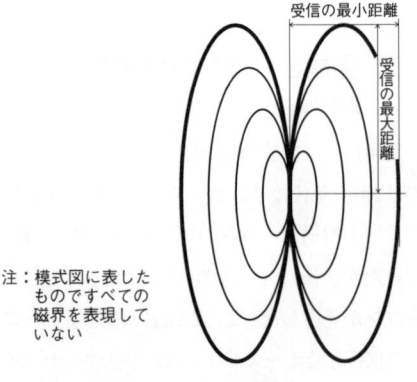

注：模式図に表したものですべての磁界を表現していない

図6-2　雪崩ビーコンの磁界

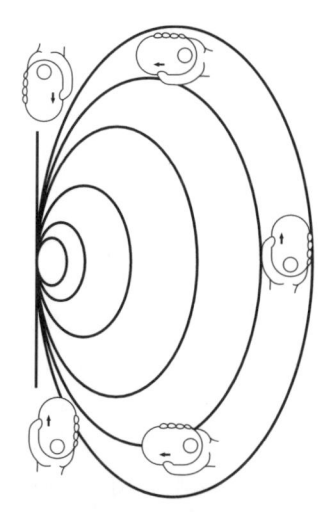

図6−3 送信電波と雪崩ビーコンが接線方向に交わる（受信感度が最大）

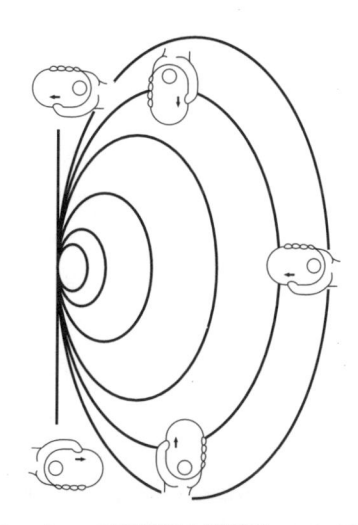

図6−4a 送信電波と雪崩ビーコンが直角方向に交わる（受信感度が最低）

## 電波の指向性

雪崩ビーコンに内蔵されているバーアンテナの電波（磁界）はアンテナを中心としてドーナツ状の指向性を持っている。

図6−2からわかるようにアンテナの縦方向に電波はより遠くへ飛び、横方向は短くしか飛んでいない。縦方向の電波到達範囲が最大受信距離となり、横方向が最小受信距離となる。捜索時において、送信と受信雪崩ビーコンの位置関係によっては最小受信距離で感知することになる。

## 送信電波と受信ビーコンの位置関係

雪崩埋没者が携行する雪崩ビーコンが発する電波と受信ビーコンが接線方向で交わる時に受信感度が最も高くなる（図6−3）。この特性を利用して捜索する新しい方法が電波誘導法（接線法）である。

送信電波と受信ビーコンが直角方向に交わる

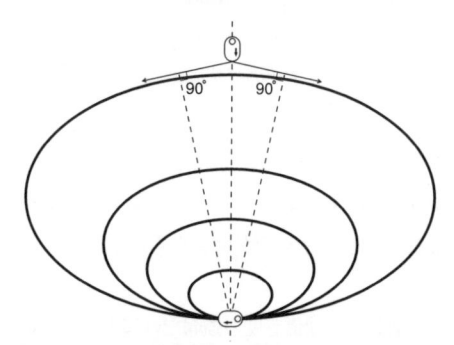

図6−4b 送信電波と雪崩ビーコンが直角方向に交わる時には、左右対称の2方向に強い信号を捉える

と受信感度が低下する。

図6−4bのような位置関係に発信ビーコンと受信ビーコンがある場合は2方向に同じ強度の受信音（光）を感知する。これは接線方向で受信感度が最大になる性質のため、最強の受信方向は左右対称となる。左右に同じ強さの信号音（光）を感知した時は、その中央方向に発信ビーコンがある。

## (5) デジタル雪崩ビーコン

　世界初のデジタル雪崩ビーコンと銘打って1997／98シーズンに登場したのがトラッカーDTS（アメリカ、ACCSESS、TRACKER DTS）。これを追ってオルトボックスが一部デジタル化されたアナログビーコンm1を発売した。雪崩ビーコンの世界も一気にデジタル化の流れになった。デジタルという言葉に電波そのものがデジタル化されたビーコンと受け取れるかもしれないが、そうではない。デジタルビーコンは今までのビーコンと同じく457KHzの電波を発信、受信する。1本のアンテナを内蔵するアナログビーコンに対し、トラッカーDTSはX型にクロスした2本のアンテナを内蔵しており、アンテナの受信強度の差を内蔵プロセッサーで解析することによって発信ビーコンへの距離と方向を液晶画面と発光ダイオードランプに表示することができる。距離や方向を視覚的に表示できるのがデジタルビーコンである。

　これに対し受信感度の強弱だけによって「発信ビーコンに近いのか、遠いのか。磁力線の接線方向に近いのか、遠いのか」だけを感知するのがアナログビーコンと言えよう。

　おなじデジタルビーコンでもアンテナが1本のタイプのものもある。オルトボックスm2とアルバ9000である。2本のアンテナタイプはトラッカーDTSとバリフォックスOPTO3000（マムート、レッドビーコン）である。最近は電波誘導法がビーコン捜索法の主流になってきたが、距離と方向が表示されれば捜索がいたって簡単になり、デジタルビーコンが使いやすいということになる。

　デジタルビーコンには方向と距離を表示するタイプと距離だけを表示するタイプの2種類がある。距離は、ビーコンの位置関係によってかなりのばらつきが生じる。デジタルビーコンの距離表示の精度は低いと考えるべきだ。

　デジタルビーコンで複数の電波を受信すると近くにある発信ビーコンを"無視"して遠くにあるほかのビーコンを感知するする現象が見られ、新たな問題が生じた。これはビーコンが発信する電波のパルス間隔の速度が関わっている。一度に1つの電波の距離と方向を解析する能力しかないデジタルビーコンは、捉えた1つの電波だけを固定して解析する。複数の発信電波があると発信周期の速い電波を先に捉え、解析回路に固定してしまう。それが近くにある発信周期の遅いビーコンを無視する理由だった。デジタルビーコンに無視されないために発信周期を速くする傾向があり、オルトボックスm2のパルス間隔は0.7秒と最も早くなっている。

　1つの電波を解析回路に固定するというデジタルビーコンの特徴からアナログビーコン以上にゆっくりと左右に振って電波を捉えることがより必要になる。

　雪崩ビーコンは到達電波距離を伸ばす方向に開発が進み、現在は80～90mが主流である。ところがデジタルビーコンは電波到達距離がアナログビーコンに比べて短い。トラッカーDTSのメーカー公称値は50mであるが、実際は20～30mの範囲内しか電波を受信できない。

　複数の発信ビーコンがあった場合、アナログ

ビーコンでは信号音が微妙にずれて聞こえるため何台のビーコンが発信しているか識別できる。デジタルビーコンは、1つの電波を捉えて解析した結果だけを表示するため、複数のビーコンが発信していることがわからない。バリフォックスOPTO3000（マムート、レッドビーコン）のみ複数受信を液晶画面に表示する。オルトボックスのｍ２はデジタルとアナログの中間的なビーコンなので複数の発信ビーコンを受信音によって識別できる。雪崩に埋没した行方不明者の数がわかっている時は捜索すべき人数がはっきりしているけれど、そういった情報がなければデジタルビーコンで捜索する場合、行方不明者の数を確認しなければならないだろう。

各メーカーが競ってデジタルビーコンを開発し、現在では4社から5機種のデジタルビーコンが発売されている。なお、オルトボックスのｍ２は「一部デジタル化されたアナログビーコン」とメーカーが説明しているとおりデジタルとアナログの中間的なビーコンと位置付けられる。

このほかデジタルビーコンの特徴は、低温に弱い液晶画面を使用しているため低温特性がアナログビーコンに比べ劣っている。ただしトラッカーDTSは、アナログビーコンに劣らず低温に強い。オルトボックスのｍ１が改良されたｍ２は、－30℃でも作動しアナログとデジタルあわせて最も低温に強いビーコンとなっている。

## （6）雪崩ビーコン携行者の生存率

それでは、雪崩ビーコンを携行してさえいれば雪崩の危険から生命を守れるのだろうか。雪崩埋没者の生存率を高めるだけであって、100％生命の安全を保証するわけではない。雪崩の規模によっては、雪崩に巻き込まれて即死状態で埋没することもあるし、短時間で発見できなかったり、捜索者が直ちに埋没者の捜索を開始できないこともある。

1994年12月に、十勝連峰のＯＰ尾根で発生した雪崩に巻き込まれた北大ワンダーフォーゲル部員Ｔは険悪な谷へと流された。Ｔをはじめ全員が雪崩ビーコンを携帯していたが、残ったパーティのメンバーが谷底のデブリへ到達できたのは雪崩発生から約3時間後、すでにＴは死亡していた。

スイスとカナダの雪崩ビーコン携行者と非携行者との生存率を調べた統計資料がある（次頁図6－5、6－6）。

スイスの資料は雪崩に埋没した140名のうち雪崩ビーコンを携行していた人の35％が生存して救出されたことを示している。非携行者の生存率は25％である。雪崩ビーコンを携行していた人の生存率が10％高かった。この資料は1988年のもので現在では雪崩ビーコンの普及率がもっと向上している。

カナダの資料は1986年から93年にかけての雪崩に埋没した73名の生存率である。雪崩ビーコンを携行していた41人のうち生存救出されたのは32％の12人、非携行者32人のうち生存救出されたのは13％、4人だった。

スイスにおける140名の
雪崩犠牲者の調査結果
Paul Fohn, Hans Etter
（スイス国立雪・雪崩研究所）
The Avalanche Review
Vol.7, No.2 November 1988

雪崩ビーコン携行者の生存率
生存 35.0%
死亡 65.0%

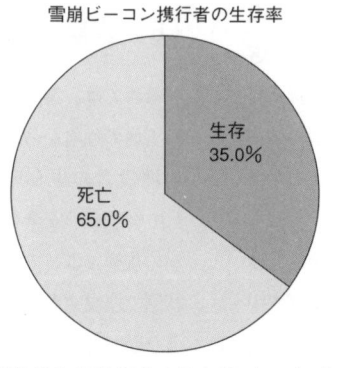

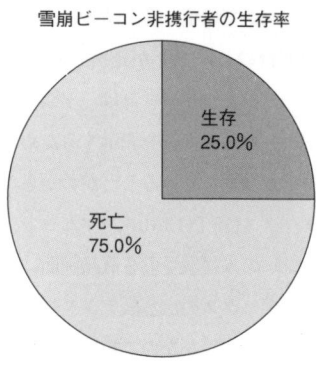

雪崩ビーコン非携行者の生存率
生存 25.0%
死亡 75.0%

図6－5　雪崩ビーコン携行者と非携行者の生存率（スイス）

1986～1993
カナダにおける73名の雪崩
犠牲者の調査結果
Bruce Jamieson
Avalanche News
No.42 1993/94

雪崩ビーコン携行者の生存率
生存 32.0%
死亡 68.0%

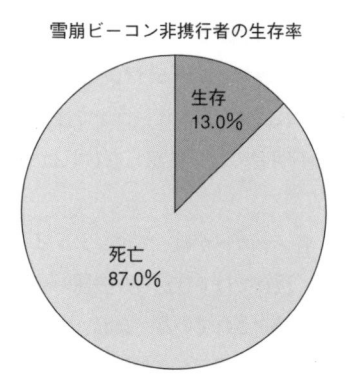

雪崩ビーコン非携行者の生存率
生存 13.0%
死亡 87.0%

図6－6　雪崩ビーコン携行者と非携行者の生存率（カナダ）

　スイスの統計では雪崩ビーコン携行者と非携行者の生存率の差は10％しかなかったが、カナダの統計では雪崩ビーコンを携行していれば、ほぼ3倍の確率で雪崩埋没者は生存している。

　つまり「雪崩ビーコンを携行していれば、雪崩に襲われた時に絶対に助かる」という保証はないけれど、「生存率を高める」効果がまちがいなくある。雪崩ビーコンは雪崩に埋没した人の生命を救う万能薬ではないけれど、相当に効力のある装備なのである。

## （7）日本で最初の雪崩ビーコンによる生存救出

　新潟県新井市の大毛無山に株式会社東京倶楽部は新しいスキー場を開設する準備を進めていた。日本海を望む、上越国境から西方にある大毛無山周辺の気象は、他の上越地方のスキー場に比べると、なおさら日本海の影響を強く受ける。豪雪に見舞われる上にあられが降りやすく、弱層を形成するため、雪崩に対しては特に注意を払う必要がある。大毛無山は昔から山スキーの適地として名が知られていたが、一般スキーヤーを対象とするスキー場のコースを開設する

には急峻な地形が多かった。逆に、上級スキーヤーには魅惑的なゲレンデを提供するのである。

　経営陣は新しいタイプのスキー場を建設する方針だった。スキーヤーが自然と触れ合い、新雪や深雪を滑れることを目指したのである。そのために、雪崩対策を万全にする方法を模索していた。スキー場の作業道の安全管理のためであったが、日本で初めて「ガゼックス」を2基設置した。ガゼックスによる雪崩コントロールの実験を積み重ねながら、雪崩の危険回避への方策を模索していたのだ。ガゼックスはフランスで開発された雪崩コントロール装置である。キャノン（大砲）と呼ばれる鉄製のチューブ内でプロパンガスを爆発させて雪面に衝撃を与え、人工的に雪崩を発生させる。いっぽう、恒常的に雪崩発生の危険がある斜面には、巨大な雪崩防護柵を建設した。

　スキーパトロールの雪崩教育の充実にも力を注ぎ、ヨーロッパやアメリカのスキー場に幾度となく研修に行かせるとともに、経験豊富なアメリカのスキーパトロールを大毛無山に招き、教育を受けた。科学的な雪の知識を学び、積雪断面調査法を修得したり、雪崩のコントロール、新しい捜索法などの経験を積んでいった。彼らは「雪崩をコントロールして徹底的な安全をはかる」欧米型のスキーパトロールへと成長していったのである。

　ところが、スキー場の開業が翌冬と迫った1993年1月31日、スキーパトロール2名が雪崩に遭遇、行方不明となる事故が発生したのである。

## 板状表層雪崩の発生

　小雪が降り始めたが、穏やかな天候だった。風に吹かれて固く締まった雪の表面に、昨日降った新雪が20cmほど積もっている。スキーパトロール歴5年を超えた木村達也と山田政則は、この冬からパトロールの仕事を始めたばかりの上野力、笹川竜二の4人でスキーコース外の踏査をすることになった。

　山頂リフト降り場からガゼックスを設置している船石沢上部の尾根にスキーで下る。この尾根をはさんで、北斜面の船石沢上部と東斜面上部にガゼックスがある。東斜面のガゼックスはその日の朝、爆発させたが雪崩は発生していなかった。船石沢側のガゼックスは、爆発せず不発だった。東斜面で、深さ160cmまで掘って積雪断面調査も試みたが、顕著な弱層はなかった。それに、スキーを履いて衝撃を与えても、積雪断面は崩れなかった。4人は船石沢に「新雪を荒らしに行こう」と決めた。

　ガゼックスの爆発、積雪断面調査、スキーによる加重……。危険な兆候はなかった。尾根をはさんだ反対側の船石沢も、雪崩の危険がないものと4人は油断した。スキーパトロールは2人1組での行動を原則とする。1人が滑る時、他の1人は安全な場所で監視するのである。尾根の上部に4人が集まると、木村がまず船石沢へと滑降し、山田がさほどの間隔をとらずに続いたのだ。木村は滑りながら「ゴロゴロ」という雷のような音を聞いた。変だと思い、滑るのを止めた。立ち止まって空を見上げても、雷光は見えなかった。再び滑り始めようとすると斜面全体が動き始めた。まるで大きな雪の島に自

分が乗っているようだった。木村の上部から雪崩が発生し、足下付近へと亀裂が走ったのである。尾根の方向へ逃げようとスキーを真横に滑らせたが、雪崩に巻き込まれて転倒した。流されながら必死に泳ぐ行動をとったが、ぐいぐいと雪の中に引きずり込まれ、雪崩の速度は速まるばかりだった。「早く止まってくれ、早く止まってくれ」と祈ることしかできなかった。

　木村に続いて滑り始めた山田も「ゴロゴロ」という雷のような音を聞き、周囲を見回した。「流れてる！」と叫び声がして下方を見ると「助けてくれ！」と木村が叫びながら、雪崩に巻かれていた。山田も雪崩から逃げようと尾根へ向かって横に滑ったが、背中に強い衝撃を受けて、転倒した。山田も雪崩に巻き込まれていった。ぎゅうぎゅうと雪に押しつぶされるため、体の自由は利かない。泳ぐことを諦め、呼吸空間を確保するため両手で顔を覆い、口の中に入ってくる雪を舌を使って押し出すのに精一杯だった。「止まれ、止まれ」と考えるだけだった。

## 雪崩に埋没した2人

　尾根の上にいた上野と笹川からは、流されてゆく2人の姿が見えた。あっという間に、視界から2人は消える。雪崩がおさまると無線機に向かって2人の名前を叫んだが、応答はなかった。斜面を見下ろすと高さ50cmの破断面が斜面上部に亀裂となって走り、幅30m、長さ200mの大きな雪崩が発生していた。末端は一面デブリの山で、2人が行方不明になったことを悟った。

　雪崩に巻き込まれた木村の体は頭を下に向け、俯せの状態でようやく止まった。動くのは手の指だけ、頭をわずかに動かすことさえできなかった。下向きに埋まっているのに木村は「上向き」と錯覚してデブリの暗闇の中にいた。口の周りにはコップ1杯分くらいの隙間があるだけで、呼吸が苦しい。「ハアー、ハアー」と激しい息をしながら「助けてくれ」と数回、叫んだ。「このままでは死んでしまう。落ち着け」と言い聞かせるうちに意識はなくなった。

　流されていた山田の体もデブリの中に埋まって止まった。体は横を向き、エビ反りの状態なので苦しい。脱出しようとするが、かろうじて左手の肘から先が動くだけで全く身動きがとれなかった。無線機から声が聞こえたので「上野たちが捜索してくれる。待つしかない」と思ったが、自分の雪崩ビーコンをちゃんと発信状態にしていたのか不安になった。「浅い所に埋まっている」とか「頭の先が上の雪面だろう」などと考えているうちに意識が薄れ始め、眠るようにして失神した。

　デブリに埋まった山田の認識は間違いだった。頭の先は地面であり、3mもの深さに埋まっていたのである。ただ、携帯していた雪崩ビーコン、オルトボックスF2だけは信号を発信していたのだ。

## 雪崩ビーコンでの捜索

　無線でパトロール本部へ事故発生を報告し、救援要請を求めた上野と笹川は、雪崩ビーコンを発信から受信に切り替え捜索を開始した。2人はスキーパトロールとしてこの冬から、働き始めたばかりだった。雪崩ビーコンの捜索練習

写真6－2　豊富な積雪に恵まれ、上級者向きの好ゲレンデを提供する新潟県・大毛無山

は、まだ一度しか経験がなかったのである。

　斜面を下ってゆくとビーコンの信号音を捉えることができた。信号音が消えるデブリの下方まで行くと登り返す。直角法の捜索で、受信感度2mまで埋没位置を絞り込んだ。持っていた携帯ゾンデをデブリに刺して捜索すると反応があったのは、雪崩発生から11分後のことであった。すぐにシャベルで掘り出しにかかる。

　呼吸を確保するために頭の部分を先に掘り出したいと思ったが、どちらが頭なのかはわからない。深さ2mまで掘ると木村のザックが現れた。急いで、顔を掘り出し呼吸を確保した。木村の顔は青白く、いびきをかいて失神している。上野は「いびきをかくのなら生きている」とほっとした。この時、応援のパトロールたちが到着し始めた。

　上野たちが捜索に使ったのはアルペンビーコン1500である。山田の携帯するオルトボックスF2が発信する信号を最小受信感度より1段階上の10mレンジで捉えていた。いくらピンポイント捜索を繰り返しても最小受信感度2mレンジに落とせなかった。これは、山田が3mの深さに埋まっているためだった。上野たちはあせった。すでに救出した木村の雪崩ビーコンの信号が邪魔になるので、急いで体を掘り出してスイッチを切った。それでも山田の埋没地点が特定できないのだ。

　山田が雪崩に埋没してから20分が経過している。生存救出の分かれ目となる15分は過ぎているのだ。すでに、救助隊として6名が現場に到着していたため、雪崩ビーコンでの捜索を断念し、デブリの掘り出しにかかることにする。

　10mレンジで大きな信号音がするのは、発見した木村周辺から上部にかけての範囲であ

る。山田も木村の近くに埋没していると推定できた。

　木村が埋まっていた場所から上に向かって掘り進むと山田のストックが発見できた。さらに上に向かって掘るとスキーが現れ、足が出てきた。雪崩発生から25分後のことである。木村から5m上部、深さ3mに山田は埋まっていたのだ。

　失神していた山田は周囲が明るくなるのを感じて、意識が戻り始めた。「なんでオレの上に乗るんだ」と意識が戻った山田は叫んだ。掘り出し作業をする人間が、下に山田の体があるとわからず踏みつけていたのだ。

　山田の体が完全にデブリの中から掘り出されたのは45分後のことだった。体温は低下し、意識は錯乱し始めていた。低体温症の顕著な症状である。そのころ、パトロール本部では低体温症の治療のために部屋の温度を高くし、湯を沸かして2人の搬送を待ち受けていた。木村は意識を回復すると自力で歩いて圧雪車に乗り込み、山田はソリで運ばれ圧雪車に収容された。

　本部に到着すると2人の衣類を着替えさせて体を毛布で包み、暖めた。体の周りには体温くらいの湯を入れたペットボトルを並べた。暖めようと体をマッサージすると山田は苦痛を訴えた。

　こうして木村と山田の2人は雪崩から救出された。病院に搬送された木村は、診察を受けただけで帰宅し、山田は1週間の入院ののちに無事退院した。

## （8）雪崩ビーコンの機種

### ①アナログタイプ

■オルトボックス　F1　フォーカス
《ORTVOX F1 Focus》

　世界で最も普及している雪崩ビーコンである。操作性のよさと確実性が優れ、道具としての信頼性が高い。受信音の明瞭さと強弱変化がすぐれ、3個あるLEDランプの視認性のよさとあいまって電波誘導法による捜索性能に優れている。受信範囲は80mとアナログビーコンのなかでトップクラスだし、もっとも低温に強く完成度の高いビーコンだ。

原産国：ドイツ、周波数：457kHz、受信範囲：80m、作動温度：-30℃～+50℃、寸法：20×80×120mm、重量：230g、使用電池：単3アルカリマンガン電池2本、電池寿命：《発信》300時間／《受信》40時間、受信感度：5段階、音情報：音が大きくなる、視覚情報：3個のLED・受信強度、バッテリーチェック：電源ON時のコントロールランプの点滅数、二次雪崩対策：手動切り替え（ダイヤ

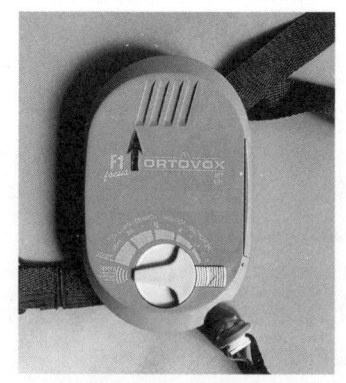

写真6-3a　オルトボックス　F1　フォーカス

ル式)、発信周期：1.2秒、定価：3万5000円

■サバイバル・オン・スノー　F1−ND
《SOS F1−ND》
　発売された時、オルトボックスを真似たビーコンだとの印象を受けたが、現在、世界の雪崩先進国となったカナダにふさわしいビーコンに進化した。なんといっても電波受信距離90mは、ビーコンの中で一番の長い距離である。より広い範囲をより早く捜索できる。「デジタル技術とアナログ技術の融合」でLEDランプが3個から7個に増え、微妙に受信電波の強弱を識別できるようになり電波誘導法の捜索がますます簡単になった。

原産国：カナダ、周波数：457kHz、受信範囲：90m、作動温度：−25℃〜+50℃、寸法：25×75×120mm、重量：230g、使用電池：単3アルカリマンガン電池2本、電池寿命：《発信》300時間／《受信》50時間、受信感度：7段階、音情報：音が大きくなる、視覚情報：7個のLED・受信強度、バッテリーチェック：バッテリーチェックLEDランプの色、二次雪崩対策：手動切り替え（プッシュ式）、発信周期：1.0秒、定価：3万9000円

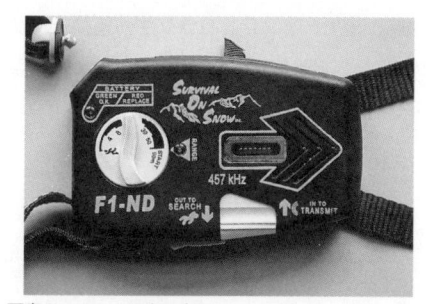

写真6−3b　サバイバル・オン・スノー　F1−ND

■サバイバル・オン・スノーSB
（SOS SB）
　F1−NDの姉妹機種　2系統の周波数を受信できるビーコン
　90年代初頭、オルトボックスF1プラスという2系統の周波数を受信できるビーコンが日本国内では発売されていた。スキーマウスという小さな発信機をスキーに付けておき、雪に埋まったスキーを捜すためのものだった。北米ではスノーモービルでの雪山走行が非常に盛んだ。そんなモービル事情などを背景に2系統の周波数を受信できるF1−NDの姉妹機種が登場した。

周波数：457kHz／2.275kHz、受信範囲：80m（457kHz）／50m（2.275kHz）
　SBチャンネルは2分後に自動的に457kHzに切り替わる。ほかの性能はF1−NDに同じ
《SBのオプション》
スレッドバグ（SLED BUG）
スノーモービル用発信機
定価：1万2800円
スノーバグ（SNOW BUG）
スキー、スノーボード用発信機
定価：1万2800円

■ピープス457オプティ4
（PIEPS 457 OPTI 4）
　世界で最初に雪崩ビーコンを商品化したのがピープス。小型軽量で機能に優れ、ヨーロッパで評価が高いのになぜか日本では販売されていなかった。2000／01冬、衝撃の低価格で日本に登場した。LEDランプは4個、電波誘導法の捜索に対応している。ほかの機種では電池交

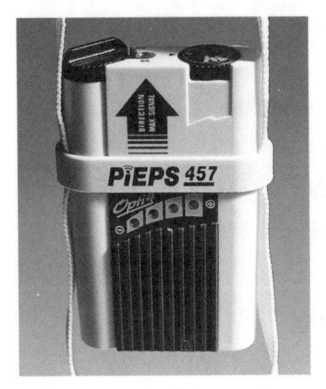

写真6-3c　ピープス457オプティ4

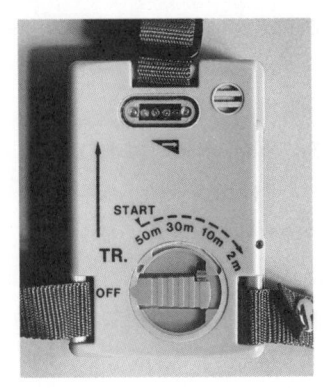

写真6-3d　アルペンビーコン1500

換にはドライバーやコインが必要だが、ピープスはワンタッチで交換できる。受信感度は10段階と細かく切り替えられる。ほかのビーコンと同等の性能でこの価格、魅力である。
原産国：オーストリア、周波数：457kHz、受信範囲：60～70m、作動温度：－20℃～＋50℃、寸法：21×80×122mm、重量：220ｇ、使用電池：単3アルカリマンガン電池2本、電池寿命：《発信》300時間／《受信》50時間、受信感度：10段階、音情報：音が大きくなる、視覚情報：4個のLED・受信強度、バッテリーチェック：発信LEDランプの色でチェック、二次雪崩対策：手動切り替え（プッシュ式）、発信周期：0.9秒、定価：2万1800円

■アルペンビーコン1500（AB1500）

　LEDランプを3個付け、電波誘導法を推奨した世界初のビーコン。アルペンビーコン1500の登場で世界のビーコン事情は直角法から電波誘導法へと変わった。生存救出もさることながら、遺体捜索を目的に発信時間を長時間維持するためにリチウム電池を使用している。

日本ならではの発想といえるが発売から7年がたち、そろそろ改良を加えた新機種の登場を望みたい。日本の技術を生かせば、まだまだ高性能、小型化したビーコンが開発できるはずだ。発信から受信への切り替えが手袋をしたままでは操作しづらい。
原産国：日本、周波数：457kHz、受信範囲：50m、作動温度：－20℃～＋50℃、寸法：30×75×110mm、重量：280ｇ、使用電池：リチウム電池CR-P2　1個、電池寿命：《発信》1500時間／《受信》120時間、受信感度：4段階、音情報：音が大きくなる、視覚情報：3個のLED・受信強度、バッテリーチェック：発信LEDランプの色でチェック、二次雪崩対策：5分後に自動復帰、発信周期：0.9秒、定　価：3万9000円

## ②デジタルタイプ

### ■トラッカーDTS

　世界初のデジタルビーコンがトラッカーDTSである。2本のアンテナが内蔵され、受信した電波強度を内蔵プロセッサーで解析して発信ビーコンまでの距離を測定し、方向を5個のLEDで表示する。発信電波を捉えれば矢印のLEDランプが点灯する方向にビーコンを向け、表示される距離を頼りに進んでいけばとても簡単に埋没位置を特定できる。練習もいたって簡単だ。複数の発信ビーコンの捜索には、受信範囲を狭めるオプション機能を使う。発信受信の切り替えにはメインボタンを押し、さまざまな機能切り替えにはオプションボタンを押す。現在のモデルはこれらボタンの操作性が改善されたが、さらに改良が望まれる。実効受信範囲が20～30mとアナログビーコンに比べて狭いが、講習会の捜索練習ではトラッカーDTSの速さが際立っている。

原産国：アメリカ、周波数：457kHz、受信範囲：50m、作動温度：《発信》－10℃～＋40℃／《受信》－20℃～＋40℃、寸法：21×80×122mm、重量：298g、使用電池：単4アルカリ電池3本、電池寿命：《発信》250時間／《受信》50時間、受信感度：無段階、音情報：パルスが早くなる、視覚情報：5個のLED・液晶画面・距離と方向、バッテリーチェック：液晶画面に電池残量を表示、二次雪崩対策：5分後に自動復帰と手動復帰を選択できる、発信周期：0.8秒、定価：3万9000円

### ■オルトボックスm2（ORTVOX m2）

　1本のアンテナ内蔵タイプだが液晶画面に距離を表示する。m2の距離表示はかなり正確だ。液晶画面には、受信レンジの切り替えの指示が表示され、LEDランプに替わって受信強度がバーコードで表示される。アナログタイプのF1フォーカスより電波誘導法での捜索が初心者にとってやりやすい。電源のON、OFF、受信切り替えもいたって操作しやすく、手袋をしたままでもスムーズだ。2次雪崩対策もボタンを押すだけで瞬時に発信へ切り替わる。デジタルビーコンとアナログビーコンの中間的なタイプなので複数の発信ビーコンがあっても音によって識別できる。液晶画面はm1からm2に

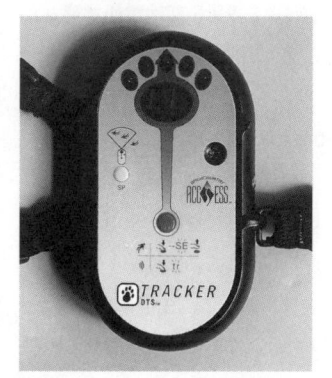

写真6－3e　トラッカーDTS

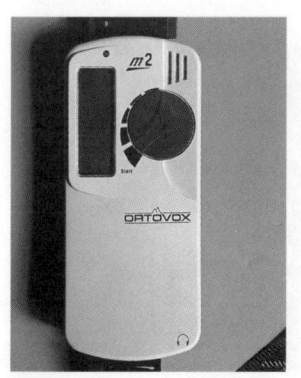

写真6－3f　オルトボックスm2

なって低温特性が向上、−30℃でもちゃんと表示され、もっとも低温に強いビーコンだ。パルス間隔も最も速い。

原産国：ドイツ、周波数：457kHz、受信範囲：80m、作動温度：−30℃〜+50℃、寸法：25×62×145mm、重量：230g、使用電池：単3アルカリマンガン電池2本、電池寿命：《発信》300時間／《受信》40時間、受信感度：5段階、音情報：音が大きくなる、視覚情報：液晶画面・距離と受信強度、バッテリーチェック：液晶画面に電池残量を表示、二次雪崩対策：手動復帰（プッシュ式）、発信周期：0.7秒、定価：4万2000円

■バリフォックスOPTO3000
（バリフォックス　マムート、バリフォックスレッド457）
（Barryvox OPTO3000）
（Barryvox MAMMUT, Barryvox RED 457）

　雪崩先進国スイス生まれのデジタルビーコンはもっとも小型軽量で、内部が透けて見えるスケルトン・デザインもしゃれている。デジタルとアナログに切り替えることができ、捜索に必要な情報はすべて液晶画面に表示される。複数の発信ビーコンがあった場合は記号で表示され、デジタルビーコンの欠点を補う工夫が施されている。

　発信ビーコンまで35m以内に接近すると距離が表示され、25m以内まで接近すると矢印で進むべき方向も表示されるが、音は消える。アナログに切り替えた場合は音だけによって捜索することになり、受信感度は8段階だ。

　操作はモードキーとアップキーを押すことによって行なう。キーが小さくクリック感が乏しいので手袋をしての操作性が余りよくない。電波を捉えて解析、表示するまでの時間にほんのわずかなタイムラグがあり、「ビーコンが計算しているな」と感じる。

原産国：スイス、周波数：457kHz、受信範囲：60m、作動温度：−20℃〜+40℃、寸法：25×68×108mm、重量：170g、使用電池：単4アルカリ電池3本、電池寿命：《発信》300時間／《受信》40時間、受信感度：8段階、音情報：音が大きくなる、視覚情報：液晶画面・距離と方向、バッテリーチェック：液晶画面に電池残量を表示、二次雪崩対策：8分で自動復帰、発信周期：1.0秒、定価：4万2000円

■アルバ9000（ARVA9000）

　アンテナが1本のタイプのデジタルビーコンだ。デジタルビーコンは操作キーやボタンをあれこれ複雑に押して操作する機種が多いが、アルバは実にシンプルである。受信に切り替え、発信電波を捉えれば液晶画面に表示される距離と受信を示すLEDランプと方向を示すLED

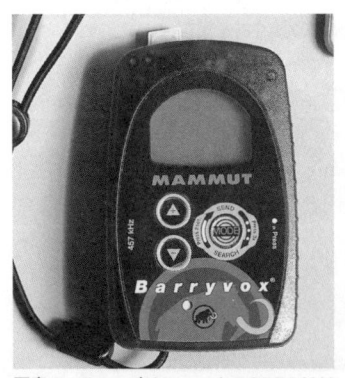

写真6−3g　バリフォックスOPTO3000

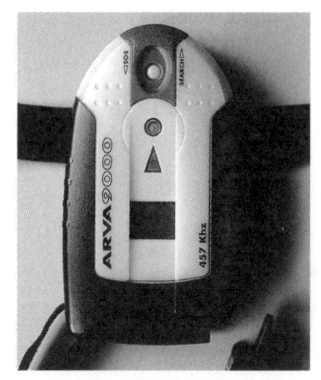

写真6−3h　アルバ9000

ランプの点滅強度に注目して発信ビーコンに接近していける。電池の出し入れがスムーズになれば申し分ない。

原産国：フランス、周波数：457kHz、受信範囲：60m、作動温度：―、寸法：25×68×108mm、重量：220g、使用電池：単4アルカリ電池4本、電池寿命：《発信》250時間／《受信》―時間、受信感度：8段階、音情報：パルスが早くなる、視覚情報：LEDランプ・液晶画面・距離と方向、バッテリーチェック：液晶画面に電池残量を表示、二次雪崩対策：手動復帰（プッシュ式）、発信周期：1.0秒、定価：3万9000円

### ③発信専用タイプ

発信はするけれど受信機能は備えていないという発信専用のビーコンが登場した。ガイドが客を雪山に連れてゆく、ビーコンの捜索練習に、などといった場合に使えるのだろう。

■パウダービープ
（PIEPES POWDER PEEP）

原産国：オーストリア、周波数：457kHz、

写真6−3i　パウダービープ

受信範囲：25〜45m（受信ビーコンにより異なる）、作動温度：−20℃〜+50℃、寸法：23×65×84mm、重量：100g、使用電池：単4アルカリ電池2本、電池寿命：《発信》300時間、発信周期：1.0秒、定価：5800円

■ライフビップ3（LIFE BIP 3）

原産国：フランス、周波数：457kHz、受信範囲：25〜60m、作動温度：−20℃〜+50℃、寸法：25×55×100mm、重量：120g、使用電池：単4アルカリ電池2本、電池寿命：《発信》100時間、発信周期：1.15秒、定価：9800円

写真6−3j　ライフビップ3

## (9) 雪崩ビーコンの選択基準

2000、01冬シーズンに日本で購入可能な雪崩ビーコンは、8機種である。選択基準について考えてみよう。

まず悩むのがアナログかデジタルかの問題だ。もういちどデジタルビーコンの特徴を整理しておく。

### デジタルビーコンの特徴

・発信ビーコンへの距離、方向情報が表示され電波誘導法での捜索がしやすい。

・短時間で捜索できる

・複数の発信ビーコンを識別できない(オルトボックスm2、バリフォックスOPTO3000は除く)

・受信範囲が狭い(オルトボックスm2は除く)

デジタルビーコンの長所はなんといっても電波誘導法での捜索が簡単でアナログビーコンより早く捜索できることだ。北海道雪崩事故防止研究会の講師スタッフでテストしてみると50m四方の範囲にビーコンを埋め、デジタルビーコンで捜索するとアナログビーコンより20〜30秒速く発見できた。

道具であるから使いこなせることがもっとも重要で、練習しなければたとえデジタルビーコンといえどもうまく捜索できない。アナログビーコンでも十分に練習すればデジタルビーコンに劣らぬ速さで捜索できる。

数十秒の時間差と練習に費やす労力をどう受け止めるか。デジタルビーコンの長所と欠点を検討して決めて欲しい。そのほかのビーコンの選択基準をあげておく。

・体にフィットしやすい形状と軽さ、大きさ
・手袋をしての操作性のよさ
・電波到達範囲の広さ
・受信のわかりやすさ
・送信と受信の切り替えの操作性

## (10) 雪崩ビーコンの性能比較

雪崩ビーコンの性能のうち低温時における作動性能をテストしてみた(表6-1)。発信機能は生きている人間の体に携行されている限りそれほど低温にはならないと考えられるので、捜索の時、受信機能についてだけテストした。

テストは-20℃の低温室に雪崩ビーコンを受信状態で60分放置したのち、150分間の性

| 経過時間(分) | ORTVOX F1 | PIEPES 457 | SOS F1-ND | AB 1500 | TRACKER DTS | ORTVOX m2 | Barryvox OPTO3000 | ARVA 9000 |
|---|---|---|---|---|---|---|---|---|
| 30分 | ★★★ | ★★★ | ★★★ | ★★★ | ★★★ | ★★★ | ★★★ | ★★★ |
| 60分 | ★★★ | ★★ | ★★★ | ★★ | ★★★ | ★★★ | ★★★ | ★★ |
| 90分 | ★★★ | ★★ | ★★★ | ★★ | ★★★ | ★★★ | ★★★ | ★★ |
| 120分 | ★★★ | ★★ | ★★★ | ★★ | ★★★ | ★★★ | ★★ | ★★ |
| 150分 | ★★★ | ★★ | ★★★ | ★★ | ★★★ | ★★★ | ★★ | ★★ |

表6-1 雪崩ビーコンの低温特性テスト(★★★:受信性能は正常、★★:受信性能が少し劣る)

能変化を調べた。調べたのは受信機能、LEDランプの点灯、信号音の変化、液晶画面の表示性能。受信感度が変えられるビーコンは、最小受信感度に設定してテストを行なった。テストには新しい電池を使用し、単3電池を使用するビーコンについてはアルカリ電池とリチウム電池による比較も行なった。発信ビーコンはオルトボックスF1フォーカスを使い、カイロで保温して性能を維持した。

低温室は2.5m四方の広さしかないため発信ビーコンと受信ビーコンを離し、受信能力をテストすることはできていない。

したがってこのテストは、音がするか、LEDランプは光るか、液晶画面は正常に機能するかという観点だけに絞ったテストだと理解して欲しい。さらにはテストしたビーコンはそれぞれの機種2～3台だけで3回のテストを行った。

なおテストしたARVA9000の3台のうち1台は40分後に受信不能になり、Barryvox OPTO3000も3台のうち1台が120分後に受信不能となった。

－30℃までの作動保障をするオルトボックスm2についてはさらに低温状態にするテストを行なった。－20℃の低温室で受信状態にしていたm2を－32℃の冷凍庫に60分間放置したのち、再び低温室にもどし受信状態を調べた。低温による電池性能の低下のため液晶画面から距離表示が消え、受信音もかすかなものとなったが受信感度レベルを上げると距離表示は復活、液晶画面は正常であった。オルトボックスm2は－30℃の低温でも正常に機能したといえる。

# 2 シャベル

## （1） 1人に1本のシャベル

雪崩ビーコンを用いて雪崩埋没者を迅速に発見しても、雪中から掘り出す手段を持たなければ生存救出することはできない。

1994年1月30日、北海道の芦別岳夏道を下山していたピオレ山の会の4人パーティは表層雪崩に巻き込まれ400mを流された。雪崩の末端の幅は250mという規模の大きな雪崩だったが2人が埋没しただけだった。雪崩ビーコンを用いて捜索を始めようとした時に、1人の埋没者の手首を発見した。2人はシャベルを持っていなかったので、スキーの板や手を使ってデブリを掘った。埋没者は意識を失い、すでに青白く死人のような顔色をしていた。もう1人も意識を失い、幸運なことにすぐそばに埋没していた。青白い2人の顔を必死に叩き続けると息を吹き返した。スキーの板と手で2人を掘り出すのに30分を要したのだった。

浅い深さのデブリに埋没していたために生存救出できた。もし1mを超えるほどの深い位置に2人が埋没していたら……、おそらく生命の危機に瀕していたことだろう。

\*

頑丈で大きなシャベルは雪崩埋没者の迅速な掘出しに必要である。深さ1.3mの固いデブリを$1m^3$掘るのに必要な時間は、スキーと手では40分。これをシャベルを使って掘れば8分で終わる。

登山者なら積雪期の山行では1パーティに1本のシャベルを共同装備として携行し、雪洞作りやテントサイトの整地に使用していることだろう。シャベルは雪崩埋没者の掘出しや積雪断面観察、弱層テストにも使い道は広がる。1パーティーに1本のシャベル携行では不十分だ。ひとりに1本のシャベル携行が必要だ。でなければ、パーティーの仲間が雪崩に埋没した時、死にいたらしめる危険を背負うことになる。

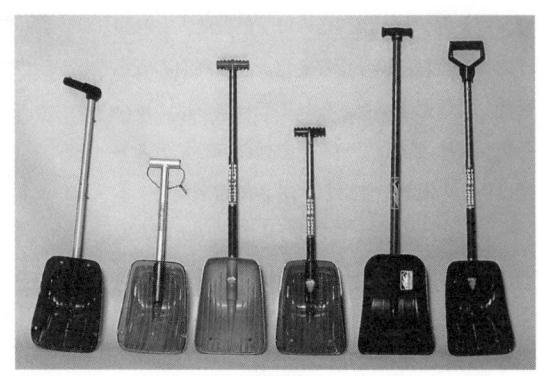

写真6－4a　さまざまな合成樹脂ブレードのシャベル

前著『最新雪崩学入門』(1996年)では「1人に1本のシャベル携行が好ましい」と書いたが「1人に1本のシャベルを必ず持つべきだ」と強く言いたい。

雪崩埋没者の掘り出しのためでなく、弱層テストをするためにシャベルは必要だ。手だけで行なうハンドテストより、シャベルで70cm以上の高さの雪柱を作る手稲式ハンドテストの方がより正確な斜面の安定度を知る弱層テストだし、新雪層内の弱層を見つけやすいコンプレッションテストはシャベルがなければ行えない。雪崩から身を守るためには、シャベルは必要不可欠な装備となったのである。

写真6－4b　さまざまな金属ブレードのシャベル

## (2) シャベルの選択基準

シャベルのブレード部分には合成樹脂製と金属製があり、合成樹脂製の方が金属製より強度がある。金属製のブレードは加えられる力が強度限度を超えると根元に近い湾曲部分が変形する。金属強度が弱いと固い雪を掘る、雪洞を掘るといった時に曲げ応力をかけすぎるといとも簡単にシャフトとの連結部分が曲がってしまう。そこで各メーカーはブレードの厚みを増したり、小型化することで強度を高め工夫している。てこの力を利用して雪洞を掘るような使い方に耐えてくれるシャベルは少ない。金属ブレードは合成樹脂製に比べて薄いので雪への入りがよく、固い雪を素早く掘るには適している。

一方、ブレードが合成樹脂製のシャベルは、強度があるが金属のような硬さがないためデブリのような固い雪を掘ると跳ね返されるし、金

属ブレードのような"切れのよさ"がない。固い雪に合成樹脂ブレードでは歯が立たないことになる。

コンプレッションテストやシャベルずりテストといった弱層テストをする時は、平らなブレードであればあるほどテストをしやすい。合成樹脂ブレードは金属ブレードより湾曲が強く平らではない。シャベルを使った弱層テストをするなら金属ブレードのシャベルが使いやすい。

雪を掘るスピードはブレードの大きさ、シャフトの長さ、シャフトのグリップ形状に左右される。もちろん体力とシャベル操作の技術も影響するが、ブレードが大きければ大きいほど雪を掘るスピードは速くなる。金属ブレードにはいろいろなサイズがそろっており大きなサイズもあるが、合成樹脂ブレードは金属より小さい。

ザックに付けて持ち運ぶには短いシャフトが好都合だが、シャフトの長さは腰くらいの高さまであれば使いやすい。短いシャフトだと深い穴を掘るのが難しい。シャフトには伸縮式と固定式がある。ピッケルをシャフトに代用できるシャベルもある。雪を掘るという観点だけならシャフトの長さが腰くらいの高さの伸縮式シャフトのシャベルをおすすめする。

グリップはD型が一番使いやすい。次はT型、グリップが小さいと力が入りづらいし、作業時間が長くなってくると疲れてしまう。

シャベル選択のポイントを整理すると次のようになる。
・金属ブレードと合成樹脂製のブレード
・固い雪の掘りやすさ
・弱層テストの方法
・丈夫さ
・重量
・シャフトの長さ
・グリップの形状

これらは矛盾した選択基準になってしまうので困ったことになる。シャベル使用の目的、雪山に行く目的に応じて選択するしかないだろう。雪山には1人で行かず必ず数名のパーティーで行くはずだ。1人1人が異なるシャベルを持つことをすすめたい。そうすればさまざまな場面に対応できる。

## （3）シャベルの機種
### ①ブレードが合成樹脂製タイプ
■オルトボックス　ラビーネンシャベル

シャフトは伸縮式、グリップはT型、右利き、左利きの人のために左右方向を変えられる。サイズ：ブレード＝23×30cm・シャフト＝40／80cm、重量：608g、定価：9800円

■オルトボックス　ライトシャベル

シャフト長は固定、T型グリップ、軽量化したシャベル。

写真6－5a　オルトボックス　ラビーネンシャベル

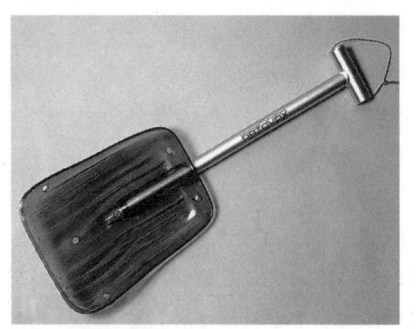

写真6－5b　オルトボックス　ライトシャベル

サイズ：ブレード＝23×30cm・シャフト＝33cm（使用長）、重量：450ｇ、定価：6600円

■ライフリンク　ⅢDXｄショベル

グリップはD型、シャフトは伸縮式。ブレードには2個の穴があけられ、担ぐ、ソリ先端にするなどの使い方ができる。

サイズ：ブレード＝23×30cm・シャフト＝分解時58cm／組立時76cm／伸張時100cm、重量：740ｇ、定価：6500円

■ライフリンク　ⅢSDXショベル

ⅢDXｄショベルのショートサイズシャベル。グリップはT型、シャフトは伸縮式。

写真6－5d　ライフリンク　ⅢSDXショベル

サイズ：ブレード＝23×30cm・シャフト＝分解時38cm／組立時56cm／伸張時73cm、重量：660ｇ、定価：6200円

■ライフリンク　ⅢDXシャベル

グリップはT型、シャフトは伸縮式。

サイズ：ブレード＝23×30cm・シャフト＝分解時48cm／組立時66cm／伸張時93cm、重量：680ｇ、定価：6000円

■ブラックダイヤモンド　スイッチブレードショベル

シャフトは固定長と伸縮式の2タイプが選べ、伸縮式のグリップはT型とD型の2種類。別売りのスイッチブレードスノーソーをシャフト内に収納できる。

サイズ：ブレード＝25×32cm・シャフト＝フィックスト66cm／伸縮式66～101cm、重量：フィックスト730ｇ／T型グリップ880ｇ／D型グリップ930ｇ、定価：フィックスト5100円／T型グリップ6200円／D型グリップ6500円

写真6－5c　ライフリンク　ⅢDXｄショベル

## ②ブレードが金属製のタイプ

■ブラックダイヤモンド　D9

　ブレードの大きさは一番、掘るスピードは圧倒的に速い。シャフトは3段伸縮式、D型グリップ。ベースキャンプとか雪にかかわるプロが使うのに適している。別売りのリッパーソウを内蔵できる。

サイズ：ブレード＝30×42cm・シャフト＝60／70／80cm、重量：1240ｇ、定価：7600円

■ブラックダイヤモンド　テレスコーピングボブキャット

　雪を掘る作業効率と携帯性の両立を目指したショベル。シャフトは3段伸縮式、D型グリップ。

サイズ：ブレード＝25×40cm／シャフト＝60／70／80cm、重量：1000ｇ、定価：6500円

■ブラックダイヤモンド　テレスコーピングリンクスショベル

　リンクスと同じブレードに2段伸縮式シャフト、D型グリップを組み合わせ、携帯性を向上させている。

サイズ：ブレード＝25×40cm・シャフト＝41／58cm、重量：750ｇ、定価：7000円

＊以上のブラックダイヤモンドのショベル、シャフトには別売りのリッパーソウが内蔵できる。

■ブラックダイヤモンド　リンクス　ショベル

　ブレードを小型、軽量化して携帯性を高めたショベル。シャフトは固定長、T型グリップ。

サイズ：ブレード＝22×35cm・シャフト＝41cm、重量：640ｇ、定価：6400円

■ブラックダイヤモンド　スキーショベル

　カラビナと同じアルミ合金をブレードに使用した超軽量ショベル。ピッケルをシャフトに代用できる。

写真6-6b　ブラックダイヤモンド　リンクス　ショベル

写真6-6a　ブラックダイヤモンド　D9

写真6-6c　ブラックダイヤモンド　スキーショベル

サイズ：ブレード＝21×34cm・シャフト47.5cm、重量：636ｇ、定価：1万1000円

■ライフリンク　ヒマラヤンショベル

　ブレードは堅牢でサイズが大きく作業効率がよい。シャフトは固定長、グリップはD型。
重量：1030ｇ、定価：1万5000円

■ライフリンク　HMXショベル

　ヒマラヤンショベルよりブレードを小さく、厚みを薄くして携帯性を向上させた。シャフトは2段伸縮式、T型グリップ。
重量：850ｇ、定価：7500円

■ライフリンク　HMX―Dショベル

　HMXのD型グリップタイプ
重量：940ｇ、定価：8000円

■SOS　ショベル

　SOSのショベルは使用目的に応じて3種類のブレードと5種類のハンドル（シャフト）から組み合わせを選ぶことができる。

・ベーシックブレード

　3種類のブレードの中でもっとも丈夫。重量：475ｇ、定価：4000円

・ウルトラシルバー

　一般的な冬山向き。重量：384ｇ、定価：5000円

・ウルトラゴールド

　軽量化を重視したブレード。重量：309ｇ、定価：5000円

・ベーシックハンドル

　ハンドルサイズは固定長。サイズ：45cm、重量：230ｇ、定価：3500円

・レギュラーハンドル

　ハンドルは2段伸縮式。サイズ：48～71cm、重量：350ｇ、定価：4000円

・デラックスハンドル

　ハンドルは2段伸縮式で30cmウッドソーを内臓。サイズ：51～71cm、重量：405ｇ、定価：7000円

・プロハンドル

　ハンドルは2段伸縮式、40cmのスノーソーを内臓。サイズ：58～83cm、重量：415ｇ、定価：7500円

・プローブハンドル

　ハンドルは固定長、プローブ（ゾンデ）を内臓。サイズ：64cm、重量：500ｇ、定価：1万4500円

■ボレー　シャベル

　シャフトが固定長と2段伸縮、ブリップがT型とD型を選択できる。T型グリップタイプはテレパックシャベル

プロシャベル　固定長、定価：8000円

テレプロシャベル　2段伸縮式、定価：8800円

■ボレー　エクストリームショベル

　ブレードを熱処理して強度を高めたタイプ。シャフトは固定長と2段伸縮、グリップはD型のみ。定価：1万1000円

■ボレー　ミニショベル

　ブレードを小型化、シャフトも短く固定長として携帯性重視のモデル。T型グリップ。定価：8400円

## 3
# ゾンデ

## （1）ゾンデ（プローブ）について

　電波距離が今より短かった以前の雪崩ビーコンではピンポイント捜索がやりやすかった。電波距離を伸ばして捜索範囲を広げ、人が埋まっているおおよその位置に早く到達することを重視した結果、"グレーゾーン"（人が埋まっている可能性のある範囲。153頁参照）が広がってピンポイントが特定しづらい。また、1m以上深いデブリに埋まった人を捜す時は最小受信感度より1段階上の感度で捜索することになるだろう。そうすると大きな音、強い光を感じる"グレーゾーン"が広くなる。そんな時は雪崩ビーコンで埋没位置の特定にいつまでもこだわらないで、さっさと掘ってしまおう。ゾンデで人を探り当てれば無駄な場所を掘ることもなく、早く救出できるはずだ。

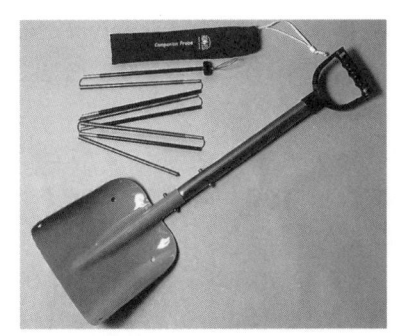

写真6－6d　アクセス　シャベル

■アクセス　シャベル
　ハンドルは2段伸縮式、D型グリップ。シャフトは円形ではなく楕円形で握りやすい。ブレードの厚みもあり堅牢。ハンドルに別売りのプルーブを内蔵できる。
定価：7000円、別売りプルーブ　7400円

写真6－7　ゾンデを併用することでビーコン捜索の埋没位置特定は時間短縮できる

現在、雪崩ビーコン捜索はゾンデを併用した電波誘導法の時代となった。「持てるならゾンデを持ちましょう」から「ぜひ、ゾンデを持ちましょう」へと変わったのだ。

『最新雪崩学入門』を刊行した6シーズン前には2種類のゾンデ、オルトボックスラビーネンゾンデとコングボナッティゾンデしか日本には輸入されていなかった。その後、続々と使いやすいゾンデが登場し、選択の幅が広がっている。

## （2）ゾンデの選択基準

ゾンデ選択のポイントは組み立てる時の連結の簡単さと引きやすさ（しっかり握れるか）が重要だ。雪崩発生直後のデブリは軟らかくゾンデも刺しやすいが時間の経過とともにデブリは固く締まり、刺しづらく、かなり力を必要とする重労働となり、デブリに刺したゾンデが抜けないこともある。グリップ部分の形状により握りやすさ、力の入り方は違う。グリップがT型、大きな輪になっているゾンデが引きやすい。ゾンデを刺していると連結が緩んでくる。ナイロン紐で連結してねじ止めするタイプは、緩みやすい。連結のワイヤー、紐を固定する部分はもっとも大きな力がかかるので緩まず丈夫でなければならない。壊れる可能性の高い部分だ。

軽量化をはかるために材質がカーボン製のゾンデや長さ2mあまりのゾンデが登場している。ゾンデの長さは2～3.2mだ。軽量化を重視し、3mもの深さに埋没したら生存の可能性は乏しいと考えるなら2mあまりのゾンデでよい。ところが3m前後に埋没して生存救出される例もある。深く埋まれば埋まるほどビーコンだけの捜索では発見が難しくなり、ゾンデが重要な役割を果たすようになる。救出を最優先に考えれば3m前後のゾンデが必要となる。

このほかの選択基準としては、ゾンデで捉えた感覚の深さを知ることは捜索の重要なポイントになるため、深さを知るための色分け、目印がついているゾンデを選ぶことも必要だ。自分で目印をつけたりゾンデ用の目盛りテープを張る方法もある。

あれもこれも装備を増やしたくないというのなら、リングとグリップをはずしシャフトを連結すればゾンデとなるストックがライフリンクとブラックダイヤモンドから発売されている。

## （3）ゾンデの機種

■ライフリンク　プローブ300

T型ハンドルを引くだけで簡単に組み立てられる。分解する時はボタンを押すだけ。6フィート位置は色が違い深さがわかる。

素材：アルミ合金、サイズ：304cm／収納時43cm、重量：360ｇ、定価：1万1000円

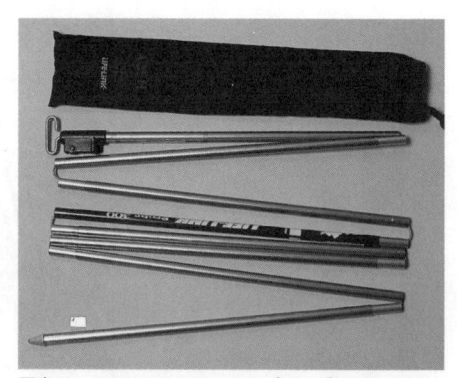

写真6－8ａ　ライフリンク　プローブ300

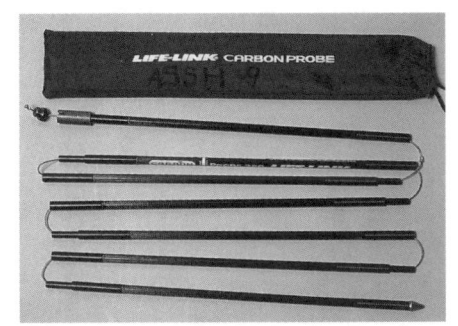

写真6−8b　ライフリンク　カーボンプローブ

■ライフリンク　プローブ265
　プローブ300の短いサイズ。
素材：アルミ合金、サイズ：266cm／収納時43cm、重量：340g、定価：1万円
■ライフリンク　カーボンプローブ
素材：カーボン、サイズ：280cm／収納時46cm、重量：200g、定価：1万3000円
■G3　アバランチプローブ
　G3のプローブはワイヤーを止めるストッパーが金属製で堅牢、ワンタッチで止められる。深さを知るためにゴールドとシルバーが交互に配色され、目盛りが刻まれているので積雪断面観察にも応用できる。
320cm＝9500円／240cm＝1万3000円／

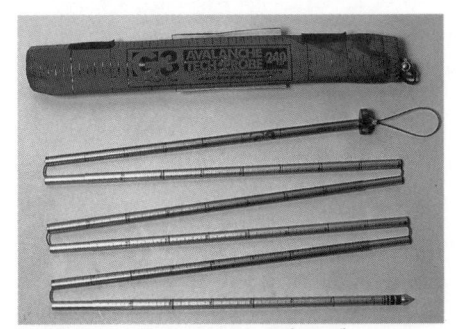

写真6−8c　G3　アバランチプローブ

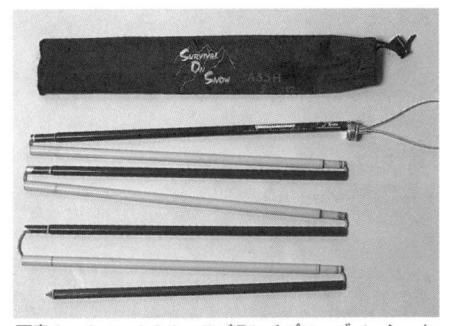

写真6−8d　SOS　アバランチプローブベーシック

230cm＝8500円
■SOS　アバランチプローブベーシック
　SOSのプローブはワイヤーを止めるストッパーが金属製で堅牢、ワンタッチで止められる。金属パイプは外径12mmと太くて頑丈。深さを知るためにイエローとパープルが交互に配色されている。グリップはワイヤーのリングで力が入りやすい。
素材：アルミ合金、サイズ：280cm／収納時40cm、重量：370g、定価：1万2800円
■SOS　アバランチウルトラプローブ
　イーストン7075のアルミ合金パイプを使用して軽量化をはかった。シャンパンカラーとブラックの交互配色。
素材：アルミ合金、サイズ：280cm／収納時45cm、重量：310g、定価：1万3800円
■SOS　アバランチミニプローブ
　携帯性を重視した外径10mm、短いサイズのプローブ。
素材：アルミ合金、サイズ：240cm／収納時32cm、重量：160g、定価：9000円
■オルトボックス　ラビーネンゾンデ
　ストッパーはプラスチックのねじ締め式。青、

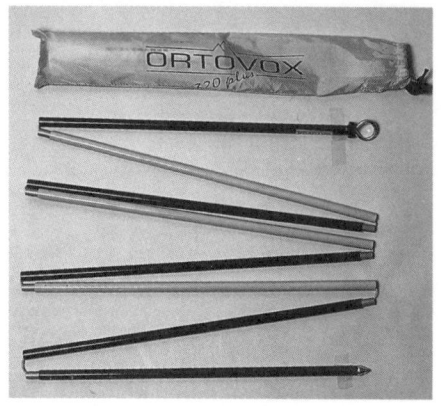

写真6－8e　オルトボックス　ラビーネンゾンデ

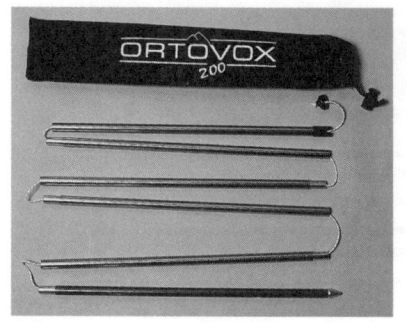

写真6－8a　オルトボックス　ライトゾンデ200

黄、赤の3配色で深さがわかる。
素材：アルミ合金、サイズ：320cm／収納時40cm、重量：416g、定価：1万4000円
■オルトボックス　ライトゾンデ
　携帯性を重視した軽量ゾンデ、連結にはスペクトラロープを使用。
素材：アルミ合金、サイズ：240cm／収納時40cm、重量：200g、定価：7700円
■オルトボックス　ライトゾンデ200
　さらに携帯性を重視した超軽量ゾンデ、連結にはスペクトラロープを使用。
素材：アルミ合金、サイズ：200cm／収納時33cm、重量：175g、定価：6200円
■アセンション　3mプローブ
　7本組みの4段目、6段目の配色を変えて深さを知る。ループを引くだけで連結でき、ストッパーボタンを押すだけで折り畳みが可能。
素材：アルミ合金、サイズ：300cm／収納時43cm、重量：298g、定価：9000円
■アセンション　プローブライト
　軽量化をはかったゾンデ。

素材：アルミ合金、サイズ：267cm／収納時43cm、重量：244g、定価：8100円

## 4 そのほかの装備

### (1) レッコ

1974年にスウェーデンでヘリコプター搭載を目的に開発された探索システム。空から電波を照射する探知システムのために、広範囲を迅速正確に捜索できる。ヨーロッパや北欧、アメリカに普及し、スイスのエアレスキュー（航空救助隊）のヘリコプターには必ずレッコの探知機が搭載されている。

ファイルアンテナとダイオードで構成された2cm×5cmほどの薄いリフレクターに探知機から915MHzの電波を照査すると、リフレクターが反応して1830MHzの電波に逓倍して探知機のアンテナへ反射する。この電波の反射は受信機に信号音として感知される。1000mの距離で10cm精度の位置特定ができる。積雪深10m、氷河深18mまで探知が可能。

リフレクターは2枚一組1600円ほどでスキー靴の外側かかと部分に張り付けたり、衣類に縫込んだりする。

探知機は電池、受信機、レーダー波送信アンテナと受信アンテナが機能的にザックに納められ、重量は6kg。捜索は地上からも可能。

ヘリコプター搭載を捜索の基本とするため、悪天状況でヘリコプターが飛行できないと捜索できない。さらには、雪崩の発生現場からの救助要請の通信手段がなければ、すみやかな捜索が開始できない。そのためかレッコシステムを高く評価しない救助関係者もスイスには多い。

写真6－9a　レッコ探知機は重量6kg。ヘリコプター搭載が基本となる（ツェルマットで）

写真6－9b　スキー靴に張り付けたレッコのリフレクター

## (2) 雪崩紐

1974年1月、スイス国立雪・雪崩研究所への留学を終えて帰国した新田隆三氏の北大山スキー部部員への雪崩講習会が行われた。北大における「近代的な」雪崩講習会の始まりである。当時、雪崩に対する有効な装備としては雪崩紐しかなかったのである。

20～30mの長さの赤い毛糸やナイロンの紐を丸めて、ジャンパーやオーバーズボンのポケットに入れておき、雪崩危険地帯を通過する時に取り出して使用した。雪崩紐を付けていれば"線"として雪崩に埋没することになり、捜索時に発見される確率が高くなる。雪崩紐が人とどちらの方向で結ばれているのかを示すマークが必要だ。

雪崩ビーコンがない時の代用装備になるだろうが、効果のほどの保証はない。

## (3) ナイフ

テントでの幕営中に雪崩に襲われ埋没した時には絶対に必要な装備である。ナイフがなければテントを切裂いて脱出できず、窒息するだけである。肌身離さず小型のナイフを持つべきだ。

## (4) ノコギリ

冬山登山ではノコギリ（スノーソー）は必需品、弱層テストでもノコギリが必要となる。コンプレッションテスト、シャベルずりテストでは雪柱の背面を切るためノコギリがいる。登山用のスノーソーが売られているが、弱層テストのためだけなら枝打ち用の折りたたみ式片歯ノコギリが安くて軽くて使いやすい。

シャベルのシャフトに内蔵するタイプのスノーソーもある。

■ライフリンク・スノーソー
刃渡り：47cm、重量：140ｇ、定価：8000円

■アセンション・スノーソー
刃渡り：41cm、重量：221ｇ、定価：4400円

■モチヅキ・スノーソー
刃渡り：38cm、重量：250ｇ、定価：4600円

■枝打ち用の片歯ノコギリ
刃渡り：30cm、重量：180ｇ、定価：3000円

写真6－10　雪崩紐は埋没時に発見の可能性を高める（講習会で）

6－4　そのほかの装備

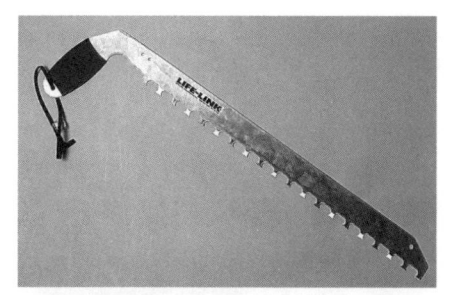

写真6－11a　ライフリンク・スノーソー

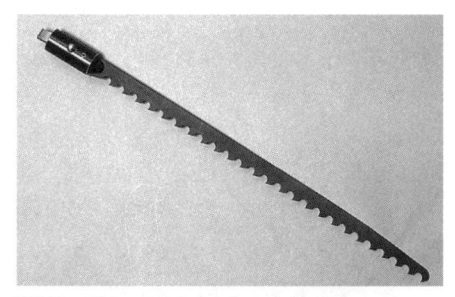

写真6－11b　アセンション・スノーソー

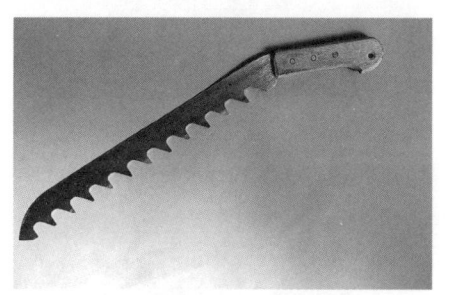

写真6－11c　モチヅキ・スノーソー

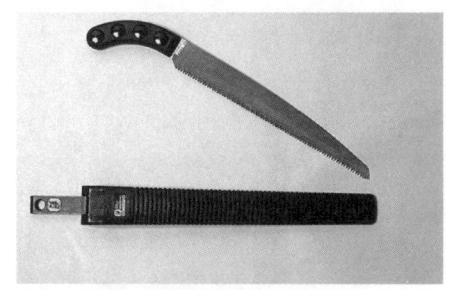

写真6－11d　園芸用ノコギリ

## （5）エアバッグ
　　（ABS Avalanche Airbag）

　雪崩の危険にさらされて仕事をする人、雪崩に対してとても慎重な人、過激な冒険愛好家のための雪崩用エアバッグ。1個75ℓの容量のエアバッグをザックの両サイドに入れておき、雪崩に巻き込まれたらコードを引く。すると総容量150ℓのエアバッグが瞬時に膨らみスキーヤーは雪崩から浮上できる。

　詳しいことは下記ウェブサイトで見ることができる。

http://www.abssystem.com

## （6）アバラング（Avalung）

　これも雪崩の危険にさらされて仕事をする人、雪崩に対してとても慎重な人、過激な冒険愛好家のための装備、ブラックダイヤモンドから発売されている。

　雪崩の死亡原因は窒息が多い。ところが雪はすきまが多く空気をたくさん含んでいる。アバラングの胸の部分には雪の圧力でつぶれない硬いフィルターが内蔵されていて、フィルターから伸びているチューブのマウスピースから雪の中の空気を吸入する。吐いた息はアバラングの背面側に放出される。

　われわれの研究会でメンバーがアバラングをつけて雪に埋まってみた。20分間はまったく息苦しくなることもなく楽々、埋まっているこ

145

写真6−12　ブラックダイアモンドのアバラング

写真6−13　シグナル・ミラー

写真6−14　ナイフ、コンパス、ホイッスル、シグナル・ミラーなどは首に下げて常時携行する

とができた。それ以上の埋没は予想がつかず掘り出したが、ブラックダイアモンドのホームページには1時間埋没したテスト結果の興味深いレポートが載っている。

　エキストリーム・スキーヤーとスノーボーダー、スキーパトロール、救助隊員のための道具か。雪崩に巻き込まれたときにマウスピースをちゃんとくわえることができるかがアバラングのポイントだ。名前はアバランチ（雪崩）とラング（肺）の造語。2001／02冬にはよりコンパクトなアバラング2も発売された。

## （7）そのほかの道具
### ①標識
　遭難点、消失点、デブリ範囲などをマーキングするための標識は、デポ旗（太い針金、竹などに目立つ色の布、テープを付けたもの）が使われる。デポ旗がないときはスキー、ストック、木の枝を使う。蛍光色のビニールテープ、赤布などがあれば役立つ。

### ②筆記具
　記録やスケッチを描くための筆記具とノートも持ち歩きたい。寒い時、雪が降っている時は鉛筆、シャープペンシルでなければ字が書けな

い。ノートは防水紙を使ったものがもっともよい。防水測量野帳が安くて入手しやすい。

### ③ヘリコプターのために

ヘリコプターへ合図するための道具としては発煙筒がある。発煙筒は消防設備を取り扱う店で買える。海の救難信号用の信号紅炎や火せんもある

ヘリコプターへ地上から合図するためのシグナルミラー。たんなる手鏡でもよいし、照準を合わせると光をヘリコプターに送れる救難信号用のシグナルミラーも数種類販売されている。

### ④アベラング

雪崩講習会における埋没体験用の道具。雪に埋まった恐怖を味わえる埋没体験は講習会では一番人気だ。短時間に大量の人を安全に埋没させるために北海道雪崩事故防止研究会で考案された。洗濯機の排水用延長パイプ内に塩ビ管を挿入、埋没者はこの端を口にあて埋まる。呼吸と通信が確保され、安全に埋没体験を行うことができる。

写真6−15　アベラング

# 7章
# セルフレスキュー

阿部幹雄

1. 生存救出は時間との競争
2. 雪崩に遭遇した時の行動
3. 雪崩ビーコンの捜索方法
4. 雪崩ビーコンがない場合の
   セルフレスキュー
5. 救助隊の要請

## 1 生存救出は時間との競争

日本の雪国では「雪崩にやられたら助からない」と考えるのが一般的だった。そのため「雪崩＝死」という発想で雪崩遭難を捉え、迅速な捜索救助活動を軽視する風潮があると聞く。はたして「雪崩＝死」なのだろうか。

### (1) 雪崩埋没者の生存率

成瀬廉二が行った「北海道の山岳地帯における雪崩遭遇アンケート」では147件の山岳雪崩遭遇者の調査を行った。調査した147件の雪崩埋没者は59名、雪崩埋没時間に対する発見時の生存と死亡の人数については、図7－1「北海道の雪崩遭難者の埋没時間に対する発見時の生存者数と死亡者」の結果が得られている。

15分以内に発見救出された埋没者は全員生存し、時間の経過とともに生存者の割合は低下、1時間が経過すると42％の人しか生存しない。6時間を経過すると生存者は5％と著しく低下する。

雪崩に埋没しても即死するわけではなく、埋没からの経過時間が短いほど生存して救出されることがわかる。

雪崩埋没者の死因は窒息、凍死、外傷などが考えられるが、生存救出を大きく左右する死因は窒息である。意識を失い、気道に雪が詰まり呼吸困難に陥る。あるいは空隙率の低いデブリに埋没し呼吸空間を失い、窒息状態になる。こんな窒息状態に陥った埋没者が長時間生存するのは難しい。もし生存できるとすれば、呼吸空間（エアポケット）を顔の周りに確保できているか、デブリの雪があまり圧縮されないままの空隙率が高い場合である。

南チロル（イタリア）の山岳救助隊医師BruggerとFalkらが雪崩により少なくとも頭部と上半身が完全に埋まった埋没者332人（スイス、1981～1989、死亡率54％）の埋没時間と生存率を調査した結果がある（図7－2）。

氷河があり山岳スケールの大きなアルプス地域では雪崩により即死者も出ているが、やはり時間の経過とともに生存率は低下する。埋没から15分経過して救出された場合の生存率は93％と高いが、45分経過後では26％に低下している。

これら2つの調査結果から言えることは「雪崩に埋没して15分以内に発見救出すれば、生存する可能性が非常に高い」ことである。また、埋没が数時間を超えても少なからず生存者がい

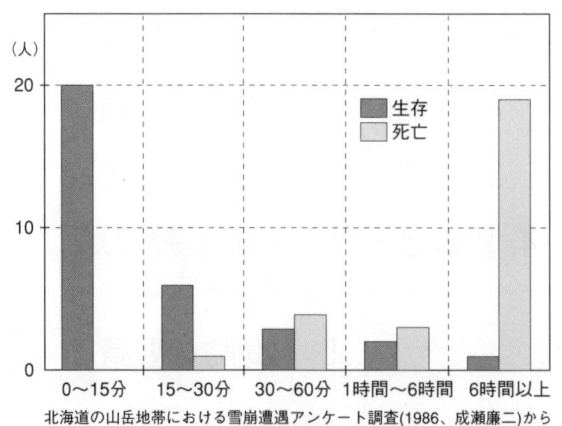

北海道の山岳地帯における雪崩遭遇アンケート調査(1986、成瀬廉二)から
**図7－1　埋没時間に対する発見時の生存者数と死亡者数**

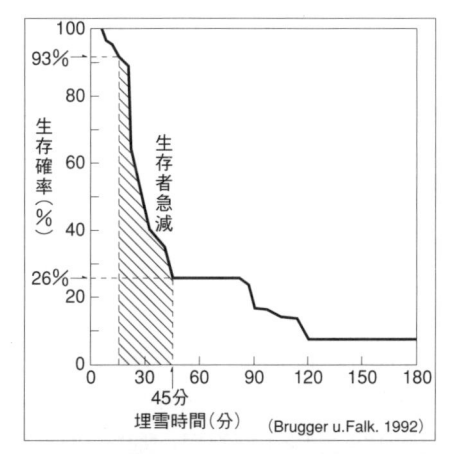

**図7−2　雪崩に埋没した経過時間と生存確率**

ることも重要な事実だ。何らかの幸運な理由で呼吸空間（エアーポケット）を確保して埋没した場合、遭難者の体温が低下すると代謝機能が極端に抑制され生命維持機能が作用するため「低体温状態」での長時間生存を可能にする（200頁「低体温症」、226頁「ニセコアンヌプリ"春の滝"の雪崩」を参照）。

したがって、生存救出は時間との競争、救出のゴールデンタイムは15分、雪崩埋没から15分以内に発見救出しなければならないのだけれど、たとえ15分以内の救出ができなくても生存を諦めてはいけないのである。

## （2）セルフレスキューの実践

登山や山スキー、山ボード、スノーシュー・ハイキングをしていて雪崩に遭遇、埋没者が生じた場合、救助を要請し救助隊が15分以内に埋没者を捜索発見することは日本の現状では難しい。遭難現場から救助を要請する場所までの所要時間、捜索に必要な装備を揃えた救助隊を組織する時間、救助隊が遭難現場へ到着する所要時間。いずれを考えても全てを15分以内に実行することが困難な現状だ。

15分以内の生存救出を可能にできるのは『セルフレスキュー』（Companion Rescue＝同行者の救助）を実践した場合だけである。

### 【セルフレスキューの定義】

セルフレスキューとは、雪崩に遭遇し行方不明者を生じたパーティが、救助隊の支援を受けず自らの能力だけで捜索し、行方不明者を発見救出することである。

雪崩の遭難現場に遭遇した者が第一にすべきことは、救助の要請ではない。セルフレスキューを実行すべきである。救助隊の要請は最後の手段であって、遺体捜索を意味するといっても過言ではない。

ただし、現場に多人数がいて救助要請の人員を確保できる場合や短時間に救助隊が現場に到着できる状況にある場合は救助を要請すべきである。それはこんな場合が考えられる。安全管理がしっかりと行なわれているスキー場周辺で発生し、スキー場パトロールらの救助隊がただ

ちに駆けつけることができる場合、レスキュー装備と知識を身に付けた登山者集団が雪崩現場周辺に居合わせた場合などだ。

## （3）セルフレスキュー実践のための装備

　雪崩遭難者を15分以内に発見し、生存救出するために必要な装備が雪崩ビーコン、シャベル、ゾンデ（プローブ）である。これを"セルフレスキュー3種の神器"と呼ぶ（写真7－1）。

　雪崩ビーコンで遭難者の埋没位置を絞り込んで特定、ゾンデ（プローブ）で埋没者を確認すればシャベルで速やかに掘り出す。そうすれば15分以内に雪崩埋没者を生存救出できるだろう。1mの深さに埋まった人間を完全に雪の中から掘り出すには、シャベルを用いても10〜15分はかかる。2〜3mの深さに埋まった場合は、多人数で掘ったとしても40分以上の時間が必要だ（226頁「ニセコアンヌプリ"春の滝"雪崩」、255頁「カナダのヘリスキーでの大規模な雪崩事故」を参照）。スキーやスノーボード、ピッケル、手を用いたのでは時間がかかり過ぎ、せっかく雪崩ビーコンで埋没位置を特定できても15分以内の生存救出ができないことになる。生存救出には、シャベルが不可欠だ。

　セルフレスキューの実践だけでなく「弱層テスト」で雪崩の危険を判断、雪崩を回避するにもシャベルが必要となる。

　さらには埋没の深さ（1m以上の場合）、あるいは雪崩ビーコンの埋没方向によっては埋没位置のピンポイントがぼやけ、埋没者の位置特定が難しい場合がある。このような状況では、ゾンデ（プローブ）による捜索が有効である。『最新雪崩学入門』を刊行した96年ころ、日本国内で購入できるゾンデは2種類しかなかった。その後、続々と使いやすいゾンデが登場してきている。一方、雪崩ビーコンは電波距離を伸ばして捜索範囲を広げることを重視する傾向にあり、最小受信感度における最強受信音の範囲が広がって受信感度のメリハリが薄れた。そのため"グレーゾーン"（人が埋まっている可能性のある範囲）が広がってピンポイントが特定しづらくなった（図7－3）。また、1m以上の深いデブリに埋まった人を捜す時は最小受信感度より1段階上の感度で捜索することになるだろう。そうすると大きな音、強い光りを感じる"グレーゾーン"が、さらに広くなる。そんな時、いつまでも雪崩ビーコンで埋没位置、ピンポイント特定にこだわっていると

写真7－1　セルフレスキューにはビーコン、ゾンデ、シャベルが不可欠

[浅く埋まっている時]

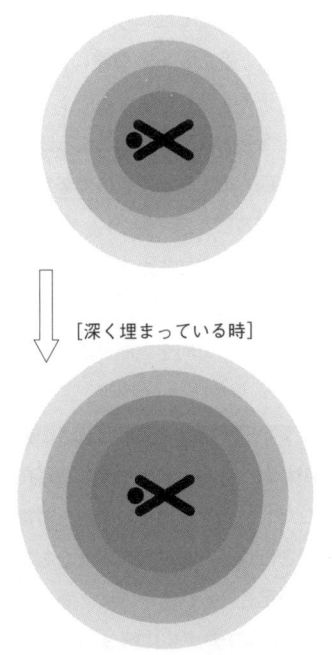

[深く埋まっている時]

**図7－3　ピンポイント捜索の注意**
人が深い位置に埋まっていると、最強受信の範囲（グレーゾーン）が広がる

時間ばかりが経過する。ゾンデで人を探り当て、さっさと掘ってしまうべきだ。雪崩ビーコンの性能の変化によりゾンデを併用した捜索方法が最適になっている。旧版では、「持てるならゾンデを持ちましょう」と述べたが現在は「必ずゾンデを持ちましょう」と言いたい。

　1人に1台の雪崩ビーコン、1本のシャベルと1本のゾンデ（プローブ）はセルフレスキュー実践のために不可欠な装備、三種の神器なのである。

# 2 雪崩に遭遇した時の行動

## （1）雪崩に巻き込まれた者の行動

　雪崩の発生を予感して、雪崩の危険に身構えていることもあるだろうし、不意に雪崩に巻き込まれることもある。いかなる場合でも雪崩から脱出して、生存しようとする強い意志が重要である。けれども雪崩の運動エネルギー、破壊力は大きく、これに逆らうことは至難の業だ。幸運にも雪崩から脱出し、埋没を逃れられる者も多い。幸運な脱出者の行動から雪崩への対処方法を参考にできるだろう。

### ①行動中に雪崩が発生した場合

・雪の中で必死に泳ぎ、もがき、浮上する努力をする（雪の中で比重の重い人間は沈んでゆく。抵抗しなければ、どんどんデブリの深い位置へと埋まる。意識を失った者は深く埋まる）。

・転倒して雪崩に巻き込まれない（スキー、スノーボードの場合）。

・雪崩から逃げる（流れる速度の遅い側縁部へ逃げる）。

・岩や樹木などがあればしがみつく。

・ザック、ピッケル、スキー、ストック、スノーボードなどを体から離す。

・大声を出し、ほかのメンバーの注意を喚起する。

・口の中に雪が入らないようにする。

・泳ぎもがいてもだめなら両手で顔を覆い、口

図7-4　呼吸空間（エアポケット）の確保

や鼻に雪が詰まらないようにして呼吸空間（エアポケット）を確保する（図7-4）。

### ②テントや雪洞内で雪崩に襲われた場合

　テント内で雪崩に襲われた場合は非常に苛酷な状況となる。コンロを使用中だと酸欠、一酸化炭素中毒の恐れがあり、就寝中だと寝袋、テントが体を封じ込めてしまう。雪洞だと空間が確保される可能性があるので少しは状況がよいだろう。
・ナイフでテントを切り裂き、脱出する。
・雪を掘ることのできる物を確保する（シャベル、スプーン、ナイフ、食器など）。
・テント内、雪洞内では常にナイフとライトを身に付け、登山靴、手袋、帽子などは手元に置く。

### ③デブリに埋められた場合

・落ち着き、冷静になる。狂気のようにもがいても無駄に酸素と体力を消費する。冷静さが生存への道を開く。
・デブリが固く締まる前に呼吸空間を確保する（雪崩は運動を停止すると急速に固く締まり、コンクリートのように固くなる。下半身が埋まっただけでも自力脱出は困難になるほど固い）。
・デブリが固く締まる前に脱出の努力をする。
・デブリを掘ることが可能なら、必ず表面に向かって掘り進む（埋まった人間が、暗闇のデブリの中で上下の方向を知ることは非常に難しく、とんでもない方向を雪面と勘違いすることがある）。
・埋まっているデブリの上を捜索者が動いていることがわかったら、大声を出して存在を知らせる。ただし、大声を出すと酸素を消費するので、遭難者は数回、叫ぶのが限度である（雪上を歩く人の足音、声は雪中でよく聞こえる。深さ2mくらいのデブリに埋まった人の声は、雪面に耳を近づけて注意深く聞くと、かすかに聞こえる）。

＊

　以上のような行動をすれば、雪崩から脱出できる可能性があり、もし埋まっても助かるかもしれない。このような対処法を実行しても死んだ人はいるだろうから、絶対確実な方法とは言えないかもしれない。また、巨大な力を持つ雪崩に対しては無駄な努力かもしれない。しかし、生きることを諦めず、死をあっさりと受け入れないことが生存の可能性を高めるのだ。

## （2）捜索者の行動

・冷静に落ち着く。埋没者の生存救出は、同行していた捜索者の判断と行動に左右される。
・雪崩に流されている人を注視し、流され始めた地点（遭難点）、流されている状況、姿が見えなくなった地点（消失点）、デブリ範囲を確認する（図7－5）。
・遭難点と消失点、デブリ範囲（特にデブリ末端）にスキーやストック、デポ旗、木の枝などで目印を設置（マーキング）する（一般的には遭難者は遭難点と消失点の延長線周辺のデブリに末端に埋まる）。
・雪崩の規模、種類や地形、遭難者の数、捜索者の数などから捜索の方針を決定する。
・デブリが広範囲に及ぶ場合は埋没の可能性が高い場所を検討し、可能性の高い地域から優先して捜索する。
・救助隊の要請より、残された同行者による捜索を優先する（捜索者の数が多く、短時間で救助隊が現場に到着できる場合などは救援要請を求めてもよい）。
・複数の捜索者がいる場合はリーダーを決める
・二次雪崩の危険を考慮する。二次雪崩の可能性が高い場合、見張り役を置いて捜索活動を行い、退避路を決めておく。
・遭難点と消失点、デブリ範囲、地形について、捜索活動の経過などは記録し、スケッチを描き写真などを撮影する。ＧＰＳがあれば、各地点の標高、経度、緯度を正確に把握する。

目印などのマーキングとスケッチ、写真などの記録は捜索が長引くと大変重要になる。風が

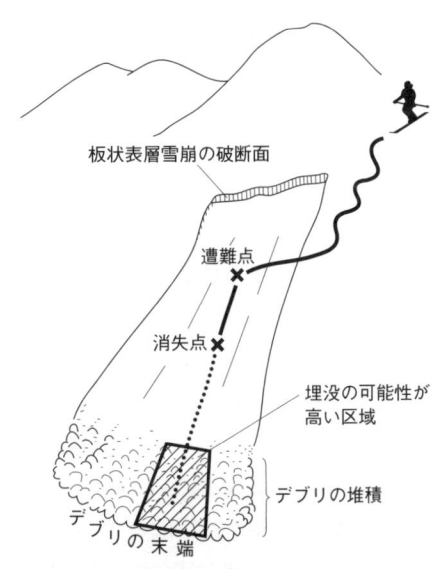

**図7－5　遭難点と消失点**

強く、降雪などが続く悪天の状況ではデブリも雪に覆われ、やがて判然としなくなる。雪崩の規模によっては地形の概観が変化することもある（233頁「ニセイカウシュッペ山"アンギラス"の雪崩」参照）。

人間の記憶はすぐに薄れるものだ。記録を必ず書き残すことが、捜索救助活動には必要である。

・デブリ表面に遭難者の体の一部が現れていないか観察するとともに、着衣やスキー、ストックやザック、ピッケルなどの遺留品を捜す。軽い物はデブリの表面に浮き上がり、重い物は沈み、下方へと運ばれる。遺留品の延長線上周辺に、人は埋没している場合が多い。ただし、人より重いピッケルなどは、埋没者より下方で発見される。

・生存者がたった1人しか残らなかった場合で

も、決して捜索を諦めてはならない。救助を求めるために捜索をしないで現場を離れては絶対にいけない。たった1人であっても捜索を実行すること。遭難者を短時間に発見しない限り仲間を無事に救出できない。

## （3）遭難者の埋没位置の推定

　雪崩の流れた長さや幅が短く、規模の小さなデブリに遭難者が埋没した場合、雪崩ビーコンを用いて捜索すれば短時間に遭難者を発見することができるだろう。しかし、雪崩の幅が広く、流れた距離が数百m、数kmという規模の大きな雪崩に埋まった遭難者を雪崩ビーコンで捜索するとなると捜索範囲が広がり、短時間では発見できない。デブリ範囲のどこが埋没可能性の高い地域なのか検討し、捜索の優先順位を決めて捜索することになる。

　雪崩による雪の流れ方は流体として考えられるが、地形の影響、遭難者の脱出行動、雪の擾乱などが複雑に作用して、遭難者の最終的な埋没位置が決まる。過去の遭難事例からその傾向は、次のようになる。

①デブリが堆積した末端部分

②遭難者が雪崩に遭遇した「遭難点」と雪崩に巻き込まれて姿が見えなくなった「消失点」を結んだ延長線周辺のデブリ末端（図7－5）。

　これらの地域が遭難者の埋没する可能性が最も高い場所である。この他の可能性の高い地域をあげる（図7－6・7－7）。

③雪崩れた斜面の傾斜が変化する場合は、緩やかになってデブリが多くたまる部分。

④雪崩の流路が屈曲している場合は、デブリが厚くたまった屈曲部分。

⑤蛇行する沢型地形を雪崩が流れた場合は、曲がり角の外側部分。曲がり角がたくさんある時はデブリの多い曲がり角の外側。

⑥雪崩の障害となる樹木、岩の周辺の下流側

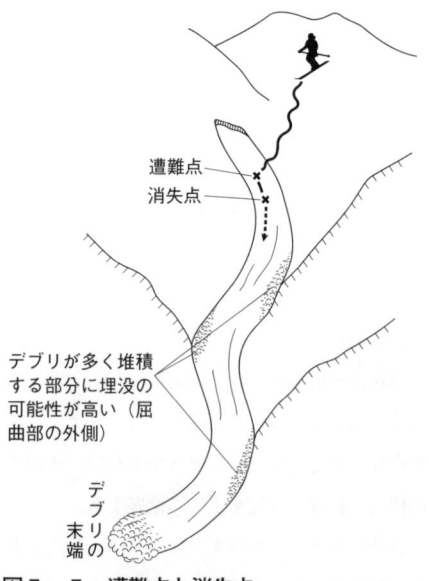

**図7－6　遭難点と消失点**

**図7－7　遭難点と消失点**

⑦雪崩の範囲内に小さな沢型や窪地などがある場合は地形横断面の低い部分。

⑧爆風を伴う煙型の大規模な雪崩の場合は、遭難者が爆風に飛ばされてデブリから離れた場所に運ばれることもある。このような雪崩の場合はデブリ範囲外周辺。

⑨テントや雪洞が雪崩に襲われた場合は、流されず元の位置で埋没することが多い。

\*

このほか、流体としての雪の性質から比重の重い物ほど遠くまで流され、深く埋まる。雪崩の流れる速度の早い中央部付近に遭難者がいた場合は、深く埋没する傾向にある。遭難者が泳ぎ、もがくという脱出行動をとっていると埋没は浅くなる。逆に意識を失って脱出行動がとれない場合は深く埋没する。このような性質も考慮して、捜索地域の優先順位を決定すればよい。

## 3 雪崩ビーコンの捜索方法

### (1) 直角法（クロス法）と電波誘導法

雪崩ビーコンの捜索法には直角法と電波誘導法の2種類がある。直角法は雪崩ビーコンが開発された当初から、30年間にわたって捜索法として用いられてきた。それは、直角法がとても覚えやすく、雪崩ビーコンを初めて手にした人でも簡単に捜索できるからである。電波誘導法は1985年にオルトボック社（ドイツ）の雪崩ビーコンを開発したジェラルド・カンペル（Gerald Kampel）が考案し、紹介した。発信ビーコンの電波（磁界）と接線方向に受信ビーコンが位置した時、受信感度が最大になる性質を利用して捜索する。この方法は、直角法より短時間に遭難者を発見できると言われている。英語ではInduction line method、Curved line method、Tangent methodなどと呼ばれている。まるで発信電波に導かれるように遭難者に近づいていくので、私は電波誘導法と訳した。電波誘導法は、受信機能が発光ダイオードランプ1個と受信音、あるいは受信音だけのビーコンでは習熟を要し、初心者の人には難しかった。しかし、世界で初めて受信に3個の発光ダイオードランプ（LED）を用いた日本製のアルペンビーコン1500、そのあと登場したオルトボックスF1フォーカスにより電波誘導法がだれにとっても簡単な捜索方法になった。その後、電波誘導法を採用する雪崩ビーコンが

続々と登場して、いまや捜索方法は電波誘導法が主流となっている。

　私たちの北海道雪崩事故防止研究会では、直角法を雪崩ビーコンの捜索方法として1991年から講習してきた。新しい雪崩ビーコンの登場により直角法と電波誘導法、どちらを雪崩ビーコンの捜索法に用いるべきなのか検討を迫られた。雪崩ビーコンを初めて手にした人に直角法と電波誘導法で捜索してもらう実験では、大きな時間的な違いが出なかった。直角法は初心者にとってやさしく、職人芸的な深みのある捜索方法かもしれない。だから、直角法を好む人もいる。結局、電波誘導法が難しいというのは先入観によるもので、直角法に慣れ親しんだ人に馴染みづらいだけ、初めての人にも簡単だということになった。

　初心者に捜索方法を教えるという点では、電波誘導法が直角法より簡単だ。このような状況から北海道雪崩事故防止研究会が主催する講習会では、1997年から電波誘導法を雪崩ビーコンの捜索方法として教えるようになり、99年からは雪崩ビーコンとゾンデを併用した捜索方法に切り替え、講習している。

　初心者に電波誘導法の捜索方法を教える上では、デジタルビーコンがさらに簡単だ。デジタルビーコンは発信ビーコンまでの距離、方向を液晶画面で表示したり発光ダイオードランプ（LED）で示すため。電波誘導法での捜索をもっとも簡単にできる雪崩ビーコンといえるだろう。

## （2）電波誘導法による捜索

### ①捜索を開始する前に

・捜索者が複数いる時は、リーダーを決める。

・捜索者全員の雪崩ビーコンを発信から受信へ切り替える。この時、遭難者の雪崩ビーコンが発信する電波を捉えたら、次の捜索段階《絞り込み捜索》に移る。

・捜索優先地域のデブリ表面に遺留品や遭難者の体の一部が現れていないか観察する。もし何か発見した場合は、受信状態にしたビーコンを持って近づく。信号を捉えたら次の捜索段階《絞り込み捜索》に移る。その時遺留品が発見されたその周辺、もしくは下方を埋没可能性が高い地域と考える。

・捜索者の数（1名か複数か）、デブリの範囲の広さ（幅が40m以下か以上か）、捜索者のいる位置（デブリ末端より上部か下部か）などを考慮して捜索方針を決める。

・捜索者がデブリ末端より下方にいた場合は、埋没可能性の高いデブリ末端部分から捜索する。

・救助に必要な装備は携行して捜索する。

### ②初期捜索─電波を捉える

1）送信から受信ビーコンへの切り替え

　捜索者全員の雪崩ビーコンのスイッチを切り替えて、送信から受信状態にする。受信感度は最大に設定

2）雪崩ビーコンをゆっくりと左右に振りながら捜索範囲を移動する

3）最初の電波を捉える

7-3 雪崩ビーコンの捜索方法

a. 1人で幅40m未満の雪崩を捜索する

　捜索優先地域のほぼ中央を、雪崩ビーコンを振りながら捜索する。オルトボックスＦ１フォーカスの電波が届く最小距離は20mなので40mの幅を1台の雪崩ビーコンで捜索できる（図７－８ａ）。

b. 1人で幅40m以上の雪崩を捜索する

　優先捜索地域を雪崩ビーコンをゆっくり左右に振りながら電光型に移動し捜索する。折り返し点と折り返し点の間隔と雪崩の境界との距離は20m未満にする（図７－８ｂ）。

c. 複数の捜索者が幅40m以上の雪崩を捜索する

　捜索者はお互いに20mの間隔を取り、捜索優先地域で雪崩ビーコンを振りながら捜索する（図７－８ｃ）。

＊この捜索説明は発信、受信ビーコンがともにオルトボックスＦ１フォーカスを使用するものとする。雪崩ビーコンの機種により捜索の距離間隔が異なる。

【注意１　雪崩ビーコンのパルス間隔】

　　受信状態の雪崩ビーコンを水平、垂直あらゆる方向にゆっくりと振る。とりわけ"ゆっくり振る"ことが大切だ。雪崩ビーコンは周期的なパルス信号を送信しているので、早く振りすぎるとパルス信号を逃すことになる。たいていの雪崩ビーコンのパルス信号は１秒間隔程度に送信される。デジタルビーコンの登場により各メーカーは雪崩ビーコンのパルス間隔を早める傾向にある。これはパルス間隔の異なる雪崩ビーコンが送信している時、デジタルビーコンは間隔の早いパルス信号を先に捉え、間隔の遅いパルス信号を無視するからだ。つまりパルス間隔

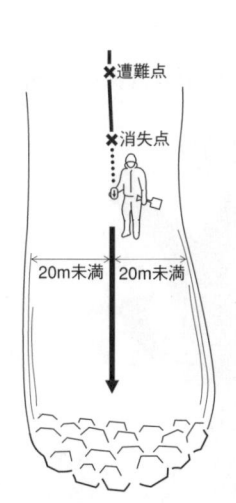

図７－８ａ　幅40m未満の雪崩を１人で捜索する

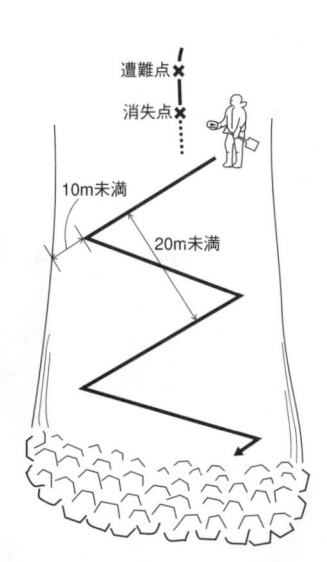

図７－８ｂ　幅40m以上の雪崩を１人で捜索する

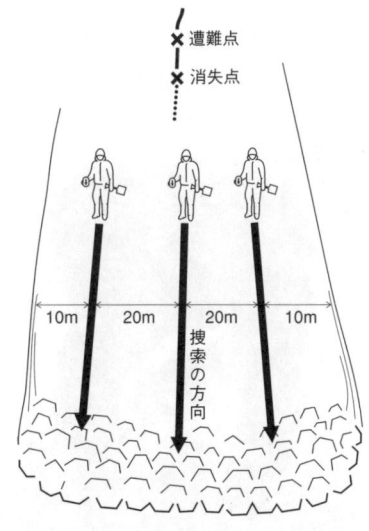

図７－８ｃ　幅40m以上の雪崩を複数の捜索者か捜索する

の遅い電波を捉えない。デジタルビーコンでの捜索を有利にするためパルス間隔を早くするようになっている。

【注意2　複数の発信ビーコン】
　雪崩に埋没して行方不明になった人が2名以上の複数いる場合、複数の発信ビーコンの信号はそれぞれが微妙にずれて複数の信号音として受信できる。最初に捉えた信号から捜索し、一人目の埋没者を救出すれば、次の埋没者の捜索に取りかかる

### ③絞り込み捜索─捉えた電波を追って遭難者に接近する

1）雪崩ビーコンをゆっくり左右に振って、受信信号が大きな方向を捜す。
2）受信信号が大きい方向へ3～5m進む。受信信号が小さくなったら、再び雪崩ビーコンをゆっくり左右に振って受信信号の強い方向を捜し、進む方向を修正する（図7-10）。
3）設定している受信感度（受信レンジ）で最大、最強の受信状態となったら受信感度を下げる。
4）1）、2）、3）、を繰り返し受信感度を下げながら埋没位置を絞り込む。

### ④ピンポイント捜索─遭難者の位置特定

　ピンポイント捜索は直角法で行なわれる
1）最小受信感度になった雪崩ビーコンを雪面に近づける（発信ビーコンと受信ビーコンの距離が小さいほど正確に最強信号地点を特定できる。写真7-2）。
2）雪面上を移動させ最強信号地点を確認し雪崩ビーコンの移動方向を90度変える。再び雪面を移動させ最強信号音地点を確認し、移動方向を90度変える。これを繰り返し、最終的な最強信号地点を特定する（十字線上を動かすような雪崩ビーコンの軌跡となる。図7-9）。
3）雪崩ビーコンで埋没位置がほぼ特定できたらゾンデで埋没者を捜索する。
4）特定できた遭難者の埋没地点を掘り、救出

写真7-2　最小受信感度になった雪崩ビーコンを雪面に近付ける

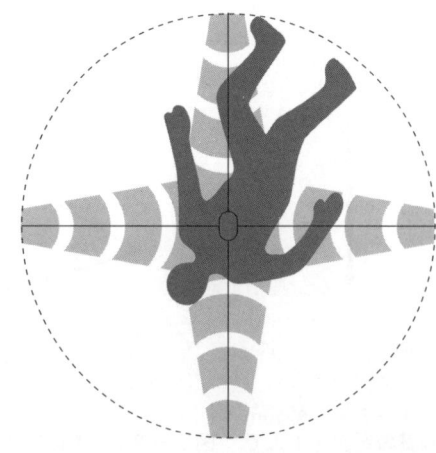

図7-9　ピンポイント捜索（十字線の軌跡）

する。
【ピンポイント捜索の注意】
・ピンポイント捜索での位置特定は1人の人間が埋まっている程度の広さ、直径1〜2mの範囲が特定できれば十分である
・遭難者が最小受信感度の範囲を超える深さ（1m以上）に埋まっている場合や発信ビーコンの電池が消耗し電圧が低下している場合などは最小受信感度でのピンポイント捜索が不可能になる。1段階高い受信感度でピンポイント捜索を行なうと最強受信地点を狭めることができず、同じ程度の強さの信号を捉える範囲（グレーゾーン）が広くなる。このような状況に陥ったら、雪崩ビーコンでの捜索にいつまでもこだわらないこと。ゾンデによる捜索、掘り出しにかかるべきだ。
・発信ビーコンと受信ビーコンが平行な位置関係になると受信感度が高まる。受信ビーコンをあらゆる方向に傾けて受信感度のよい方向を求めると捜索がやりやすい。この方法により埋

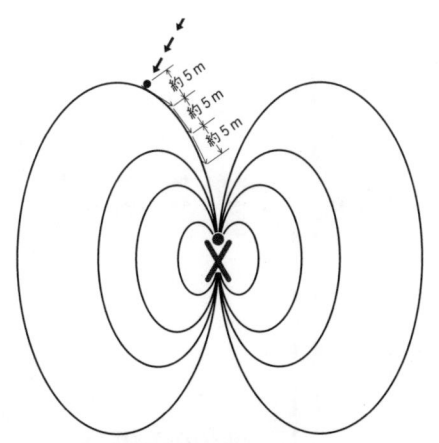

図7−10　電波誘導法の捜索

没者の埋まっている方向を知ることもできる。
・電波誘導法の捜索を実行して、強い信号の方向がはっきりしないために捜索に戸惑った時は、直角法の捜索に切り替える。
・2方向に同じ強さの信号を捉えた時は、その中間の方向に発信ビーコンがある。

## （3）直角法による捜索
### ①捜索を開始する前に
電波誘導法と同じ。

### ②初期捜索—発信電波を捉える
電波誘導法と同じ。
・遭難者の発信する電波を捉えたら、雪崩ビーコンを振って最良の受信位置を見つける。最良の受信位置を見つけたら雪崩ビーコンの保持する方向を固定する。この点が電波誘導法と直角法の大きな違いだ。

### ③絞り込み捜索—捉えた電波を追って、遭難者に接近する（図7−11）
・遭難者の位置を特定するまで、初期捜索で決めた雪崩ビーコンの保持する方向を変えてはいけない。ただし、反転した時に180度、雪崩ビーコンの方向を変えることは捜索に影響しない
・絞り込み捜索からは、雪崩ビーコンの捜索に最も習熟した1人の捜索者だけが捜索する。
1）最初に捉えた信号が大きくなる方向へ真直ぐに進む。
2）その受信感度で捉えた信号が最大となったら受信感度を1段階下げる。
3）再び、真直ぐ進み信号が最大となったら受

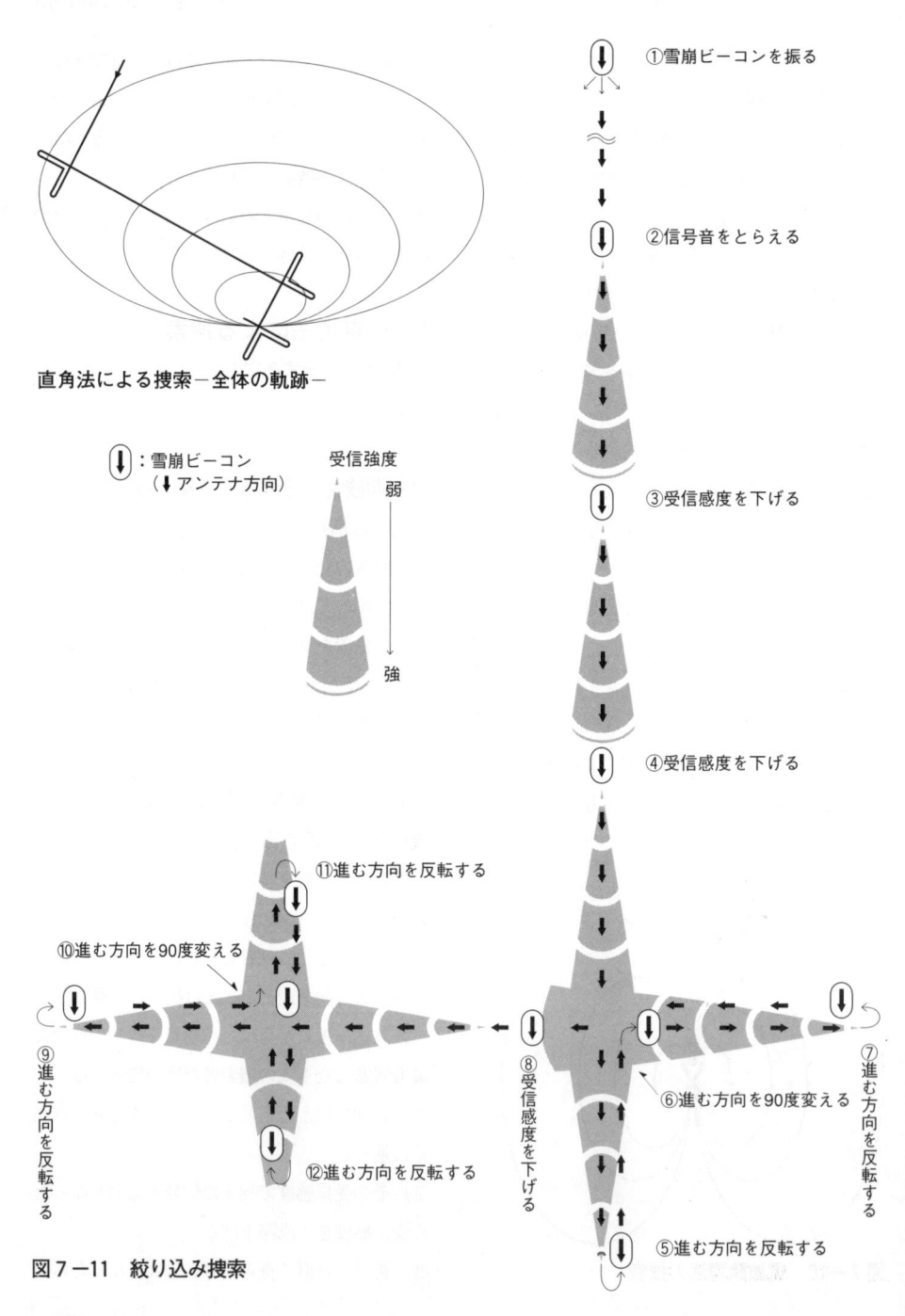

直角法による捜索－全体の軌跡－

(↓)：雪崩ビーコン
　　（↓アンテナ方向）

受信強度
弱
↓
強

①雪崩ビーコンを振る
②信号音をとらえる
③受信感度を下げる
④受信感度を下げる
⑤進む方向を反転する
⑥進む方向を90度変える
⑦進む方向を反転する
⑧受信感度を下げる
⑨進む方向を反転する
⑩進む方向を90度変える
⑪進む方向を反転する
⑫進む方向を反転する

図7－11　絞り込み捜索

信感度を1段階下げる

　受信感度を切り替えることを繰り返し遭難者に接近してゆく。
・送信状態の雪崩ビーコンと受信ビーコンが直角に交わる時、左右対称な2方向に強い信号音を捉える。これは電波（磁界）と受信ビーコンが接線方向に交わる時に最大受感度になるためである。左右対称な2方向に強い信号を捉えた時は、その中間方向に発信ビーコンがある。
4）信号が弱くなったら進む方向を180度変えて戻り（反転）、信号が大きな地点を確認する（最強信号地点の確認）。
5）最強信号地点の確認が難しい場合は、真直ぐそのまま進んで信号が弱くなる地点を確認する。この地点とさきほど反転した地点との中間を最強信号音地点とする。
6）最強信号地点で進む方向を90度変える。
7）信号が弱くなったら進む方向を180度変え（反転）て、再び信号が大きくなる地点まで戻る。さらに、そのまま進んで信号が弱くなる地点を確認すれば、進む方向を180度変え（反転）て最強信号地点の確認する。
・最強信号の地点で進む方向を90度変えることを繰り返し、最小受信感度（0〜2m）で信号を捉える。

　この絞り込み捜索で遭難者の埋没している場所へほぼ到達できたことになる。あとは、遭難者の正確な埋没地点の確認である。

④ピンポイント捜索─遭難者の位置特定
　電波誘導法に同じ。

## （4）雪崩ビーコンの機能チェック

　雪崩ビーコンは故障する。北大山スキー部員たちは1人1台の雪崩ビーコンを1シーズンに50〜60日の山行で使用する。すると1〜2割のビーコンは外部スピーカー、イヤホン機能が壊れたり、発信不能になったりする。電子機器なので過酷な使用をすれば当然壊れるのだろう。だから雪崩ビーコンが正常に発信、受信できるか機能テストを省略してはならない。故障以外にも操作を誤ったり、電池が消耗していたりすることもある。雪崩ビーコンを使用する前に必ず発信、受信機能が正常かどうかをチェックしなければならない。

### 1）自己テスト
①発信機能チェック
　スイッチを発信にするとコントロールランプが点滅し、電波の発信を確認できる（雪崩ビーコンの機種によって異なる）。
②受信機能チェック
　スイッチを受信に切り替えるとスピーカーが「ザー」という雑音を発して、受信可能な状態にあることをチェックできる。機種によっては、受信に切り替えると信号音を発する。

　自己機能チェックは電波の到達範囲、受信範囲をチェックすることはできない。雪山に入る時、グループによる発信、受信機能チェックを行う必ず行わなければならない。

　機能チェックを怠ったためメンバーが雪崩ビーコンを忘れたことに気が付かず、捜索が混乱した事例がある（233頁「ニセイカウシュッペ

山"アンギラス"の雪崩」参照)。

## 2)グループチェック

2台以上の雪崩ビーコンを用いて行うグループチェックによって確実な機能テストが行える。

### ①受信機能チェック

a.1人の雪崩ビーコンだけを発信状態にする。他の人の雪崩ビーコンは最大受信感度に設定する。

b.発信状態にした雪崩ビーコンを携帯した人が、他の人の雪崩ビーコンが受信できなくなるまで離れてゆく。

c.受信状態の雪崩ビーコンはどれくらいの距離まで電波を捉えているかをチェックできる。

### ②発信機能チェック

a.発信機能チェックで離れていった人の雪崩ビーコンを、今度は受信状態に切り替える。受信感度は最大にする。他の人たちは受信から発信状態に切り替える。

c.発信状態の雪崩ビーコンを携帯した人が1人ずつ、受信者へ向かって近づいてゆく。信号音を捉えたら受信者は合図を送る。

発信と受信機能チェックでは最低限20m以上の範囲で作動しなければならない。上記のチェックを行えば全員の雪崩ビーコンの機能が確かめられたことになり、発信機能チェックを終えてそのまま行動を開始すればよい。

機能チェックが終われば、必ず全員の雪崩ビーコンが発信状態になっているか確かめること。

このような機能チェックは、
・冬山シーズンが始まる時、
・その日の行動を開始する時、
・数日間に及ぶ山行の時は毎朝、
行なうべきだ。

＊

雪崩ビーコンは故障し、電池は消耗する。雪崩ビーコンを忘れる人さえもいる。機能チェッ

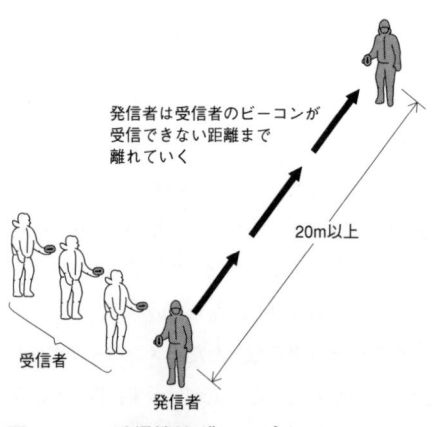

**図7−12 受信機能グループチェック**

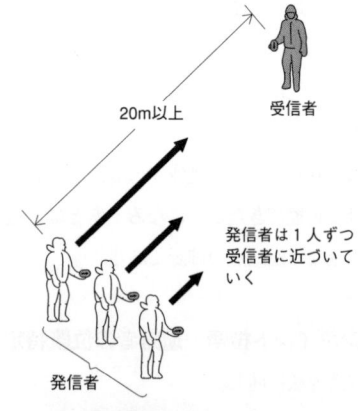

**図7−13 発信機能グループチェック**

クでパーティ全員の雪崩ビーコンの正常な作動を確認しなければならない。

## （5）雪崩ビーコン使用の注意

・雪崩ビーコンは必ず、体に装着する。ザックやジャンパー、ヤッケのポケットに入れると雪崩に巻き込まれた時に体から離れる可能性がある。雪崩によって着衣が脱げることは起こり得るし、行動中に暑くなり着衣を脱いでしまう恐れもある。捜索するときもストラップを体に懸けた状態にする。手に持つだけでは二次雪崩に襲われた時、雪崩ビーコンが捜索者から奪われてしまう。雪崩埋没者の掘り出しの時、雪崩ビーコンが邪魔になるからといって体から離す人が多い。油断は禁物。必ず体に装着すること。
・磁石は雪崩ビーコンに影響される。磁石を使用する時は雪崩ビーコンから数十センチ離す。
・高圧電線、雷、スキーリフト、発電所などは雪崩ビーコンに影響を与える。特にデジタルビーコンは受信状態の時、周囲の電波、高周波、携帯電話の影響を受けることがある。デジタルビーコンを使用するときは、携帯電話の電源を切ること。
・雪崩ビーコンの電波が飛ぶ距離は縦方向に長く、横方向が短い。使用する機種の電波最大到達距離と最小到達距離を知っておくこと。発信ビーコンと受信ビーコンの機種が違う時は、受信距離がカタログデータと異なることがある
・水は電波を減衰させる。水分を多く含んだ湿雪に埋まった場合は、電波が届きづらくなる。
・沢状の地形などの電波を反射するような地形ではゴーストが発生し、埋没位置とは無関係な

写真7－3　捜索時も雪崩ビーコンは必ず体に装着する

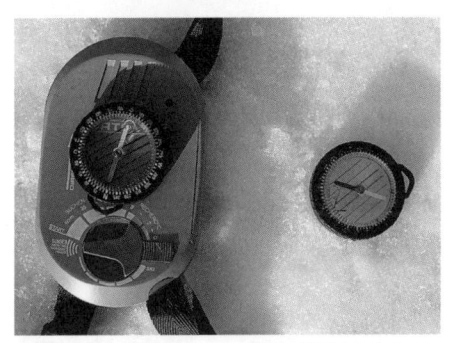

写真7－4　雪崩ビーコンは磁石に影響を与えるので注意が必要

場所に強い信号を捉えることがある。このような現象が生じた場合は、他の地域の捜索に素早く転じる。
・銀やアルミ製品（レスキューシート、銀を蒸着したテントマット、金属を使用した断熱材が内装された衣類など）に接触した状態が持続すると雪崩ビーコンの電池は放電する。
・ラジオの中波放送電波を雪崩ビーコンが受信する。逆に、雪崩ビーコンの発信電波が中波ラジオで受信される。

・腕時計の水晶発振器に反応して雪崩ビーコンが受信信号を出すことがある。
・同じタイプの新しい電池を使用する。交換する時は、すべて取り替える。
・リチウム電池、充電式電池を使用しない。

リチウム電池は急激に電圧が低下するため雪崩ビーコンが突然、機能を停止する。行動中にこういった事態になっても気がつかない可能性があるため使用を避けるべきだ。充電式の電池の電圧は1.5V以下なので使用すべきではない。
・長期間雪崩ビーコンを使用しない時は電池を取り出しておく。端子が汚れた時は消しゴムなどで清掃する。
・精密な電子機器なので乱暴に扱わない。衝撃を与えない、強く圧迫しない。
・外部スピーカーを濡らさない。雪崩ビーコンは防滴機構になっているが外部スピーカーの防水性能は低い。この対策としては、外部スピーカー、イヤーホンジャックにガムテープなどをはり外部からの水分浸入を防ぐ。受信状態にした時はガムテープなどを取り外す。

## (6) 雪崩ビーコンの捜索練習

雪崩ビーコンでの捜索はやさしい。小学1年生の子供でも、50m四方の広さに埋められた雪崩ビーコンを5分程度の時間で発見できる。ただし、遭難者の埋まり方や埋まる深さ、地形、雪質などによっては、埋没位置の特定が難しい状況になることもある。埋没時間と生存率を考えれば、当然、遭難者の発見は早ければ早いほど望ましい。

雪崩に遭遇、行方不明者が発生するという緊急事態において、冷静沈着かつ迅速な捜索の実行のためには、常日頃から雪崩ビーコンの捜索を練習し、習熟することが必要だ。
・デブリの範囲として、50m四方の広さを想定する。
・雪が数十cm以上積もっていることが望ましい。
・雪のない地域なら、学校のグラウンド、公園、河川敷、山中などなど広い練習場所が確保できれば十分だ。やさしい捜索練習くらいはできるだろう。
・目標は5分以内の発見。

練習は簡単な捜索から始める。最初は1台の発信ビーコンの位置が判っている状態で練習する。そうすれば雪崩ビーコンの電波特性や捜索の手順が理解しやすい。捜索の手順に慣れてから発信ビーコンを隠した状態にして捜索するが、発信ビーコンを捜しやすい方向に埋める。発信ビーコンと受信ビーコンの位置関係が、平行、直角、不規則の順番で練習すればよいだろう。不規則に埋めた1台の発信ビーコンを5分以内に発見できるようになれば、雪崩ビーコンの捜索を習熟したといえる。仕上げとして2台以上の複数の発信ビーコンを不規則に埋めて捜索する。実際、数名が一度に雪崩に埋没して行方不明になる事態は起こり得る。このような事態になっても落ち着いて捜索するためには、必要な練習である。

ともかく1台の発信ビーコンを5分以内で発見できるようになれば、あなたの雪崩ビーコンの捜索は完璧だ。さらに、深さ2m以上に埋めた発信ビーコンの捜索を経験しておけば申し

分ない。

　捜索練習では、ピンポイント捜索での発信ビーコンの位置特定をなるべく狭い範囲まで行う。実際の捜索では位置特定は、直径1～2m以内の範囲、1人の人間が埋まっている広さ程度まで特定するだけでよい。

　北海道雪崩事故防止研究会の講習会で行っている、「雪崩ビーコン5段階練習法」を紹介する（図7-14）。

・1台の発信ビーコンを捜索する
＊捜索範囲は50m四方。埋める深さは1m以内。
①発信ビーコンを受信ビーコンと平行の向きにして隠さないで雪面に置く。
②受信ビーコンと平行の向きに発信ビーコンを埋める。
③受信ビーコンと直角の向きに発信ビーコンを埋める。
④受信ビーコンと不規則な向きに埋める。

・2台の発信ビーコンを捜索する
⑤2台以上の発信ビーコンを不規則に埋める。
＊発見が難しければ、平行の向きなどのやさしい位置関係から始める。

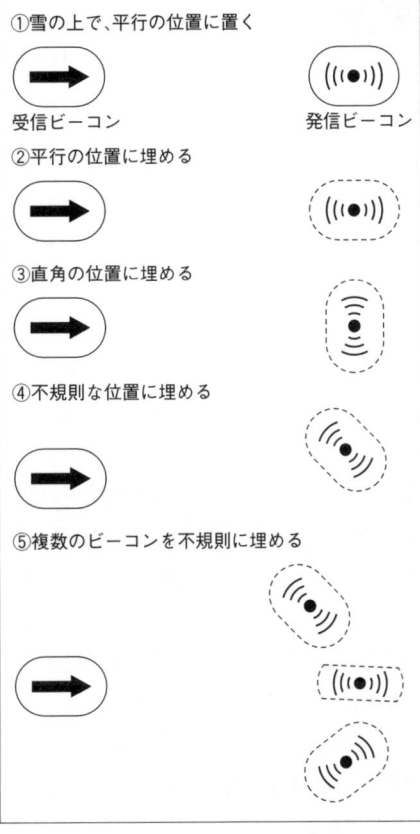

図7-14　雪崩ビーコンの捜索練習

## 4 雪崩ビーコンがない場合のセルフレスキュー

　不運なことに雪崩ビーコンを携帯せず、雪崩に埋没した遭難者を現場に残った同行者が捜索する方法が「緊急パトロール（スカッフとコール）」である。

　1972年11月に北大山スキー部のパーティは旭岳盤ノ沢で幕営中に雪崩に襲われ5名が死亡した。この遭難を契機に北大の山岳団体では雪崩研究への気運が盛り上がった。学生たちを指導したのが、スイス国立雪・雪崩研究所の留学から帰国したばかりの新田隆三だった。この時、遭難者の捜索方法として緊急パトロールを私たちは学んだ。雪崩ビーコンが導入されるまでは、山行中に頼れる唯一の現実的な捜索手段だったのである。

　「捜索者の行動」、「埋没可能性地域の推定」は、雪崩ビーコンを用いたセルフレスキューの場合と同じである。

### （1）緊急パトロール

　埋没可能性地域を推定し、捜索優先地域から緊急パトロールを開始する。緊急パトロールは両手、足などを使ってデブリ表面の軟雪をかき分け、蹴散らす「スカッフ」とデブリ表面に顔を近づけて叫ぶ「コール」によって行われる。

　スカッフは、デブリ表面や浅い所に埋まっている遭難者、遺留品を捜すことを目的とする。コールは遭難者に呼びかけ、応答を求めることを目的にする。デブリに埋まった遭難者には捜索者の声や足音が聞こえることから「オーイ」あるいは遭難者の名前を叫び、捜索していることを知らせ、遭難者からの反応を求めるものだ。2mくらいの深さに埋まった遭難者の声は、デブリ表面に耳を近づけると聞くことが可能である。「オーイ」というコールは低音ほど雪の中に聞こえるので、なるべく低い声で叫ぶ。遭難者の名前がわかっているのなら、名前や愛称を呼ぶ方がよいだろう。意識回復に役立ったり、励ましになるからである。

写真7－5　緊急パトロールによる捜索を行う札幌市消防航空隊の隊員

写真7-7　ゾンデを使った組織的な捜索

緊急パトロールを行う時には捜索漏れの地域が出ないように、マーキングをするか記録をつける。複数で緊急パトロールを行う時には、コールと反応を聞くことは全員揃ってやる。そのためには、リーダーが「スカッフ」、「コール」と号令をかけ緊急パトロールを行う。

## （2）ゾンデ捜索

ゾンデを用いた捜索は古典的で時間を必要とするが、確実性の高い捜索方法である。緊急パトロールを実施した後に、残された手段だ。携帯式のゾンデやストックを繋ぐゾンデを携行していなくても、スキー、ストック、ピッケルなどを使って捜索できる。

具体的なゾンデ捜索の方法については214頁「ゾンデーレン」を参照。

# 5 救助隊の要請

セルフレスキューを実行したが遭難者を発見できない状況が続けば、救助隊の要請を考えなければならない。たった一人だけが生存した場合は、その判断を生存者自らが行うことになる。複数の生存者がいた場合でも、非常に困難な判断を下すことになるだろう。救助隊を要請するときは2名を派遣し、単独行動を避けることが望ましい。

### ■伝達すべき情報

・いつ、どこで（地図上で指摘できれば望ましい）、だれが（パーティ）遭難した。
・雪崩の発生状況、規模、行方不明者の数、死亡、負傷者の数、負傷の程度など。発生した遭難の正確な情報。
・現場に残っている生存者の状況と行動予定。
・遭難パーティの所持している装備、食料。
・救助隊に求める救助の内容、装備や食料。
・遭難現場までのルートの状況と所要時間。
・遭難現場の地形、気象、積雪など。ヘリコプターの飛行、着陸に参考となる情報。

この他にも救助隊に伝える必要な情報があるだろう。臨機応変に対応して欲しい。冷静沈着に行動し、正確に情報を伝えることが重要である。

1982年3月に手稲山で起きたゲレンデスキーヤーによる雪崩事故（1名死亡）の時、生存者はスキーパトロールに救助を求めたが遭難現

場を誤って伝えた。生存者が地形に疎く、遭難現場の名称を誤認していたのが原因だった。そのため、捜索隊は3日間も全く関係のない場所を捜索した。

# 8章
# セルフレスキューだけでは生存救出できない

阿部幹雄

1. セルフレスキューの限界
2. チームレスキュー
3. これからはヘリコプターの時代
4. ヘリコプター救助に必要な知識
5. 雪崩犬を育てよう

# 1 セルフレスキューの限界

## （1） セルフレスキュー実践の概念

　雪山で登山をする、雪山でスキーやスノーボードで滑るということは「自分の責任において行動する」ことで、「雪崩にあったら誰か助けてくれ」というあなたまかせでは自分や一緒に行動する仲間の命を守ることはできない。「雪崩から身を守るため」ためには「雪崩の科学的知識」を身につけ「セルフレスキューの実践」が必要だとこの本では述べてきた。

　しかし、それを実践したからといって雪崩＝自然現象を相手にするわけだから私たちの命を100％守れるわけではない。やらないよりはまし、安全率を少し高くできるくらいと控えめに考えて欲しい。研究者が雪崩という自然現象をすべて解明できているわけでもないし、雪崩という途方もないエネルギーを持つ脅威に人間の智恵と力で抵抗することは難しい。それでも、私は自分の命を守るために、人の命を救うために安全率を高める努力をしたいと考えている。山から生きて還る強い意志を持ち、生きることを諦めないで欲しいのだ。

　私の考え、セルフレスキュー実践のための「雪崩心得」をまとめておこう。

## ①雪崩に遭わないために
・雪崩の危険を予知して回避する

　危険な時に危険な場所に入らなければ雪崩には遭わない。当たり前だが、これが難しい。いつも雪崩の危険があるわけではなく、安全な時もあれば危険な時もある。危険な時さえ回避できればよいのだ。北海道ニセコ町では日本で唯一「雪に関する情報」を発信し、スキー場利用者に雪崩の危険な日と安全な日を知らせている。1シーズンに発令される危険な日を告知する「雪に関する情報」回数は15～16回という。つまり毎日が危険ではないのだ。雪崩事故が起きた時によく聞く言葉、「まさか雪崩が起きるとは思わなかった」、それは雪崩の危険を察知できなかっただけのことなのだ。私たちが雪崩の危険を予知できる基本的な方法は次の2つだ。

・科学的知識の習得：雪崩の発生メカニズムを知る。
・雪崩危険度の判定：弱層テスト＝積雪の内部構造を知る。

　科学的な知識を習得して雪と雪崩の基礎知識を身に付け、雪崩の発生メカニズムを知る。雪崩の原因となる弱層がどのようにして生まれるのか。それがわかれば雪崩の危険予知にとても役立つことは間違いない。雪崩に無知なほど怖いものはないのである。科学的知識を身につけて雪を見る、雪を感じれば経験だけで見る眼より、きっと深く雪崩を洞察できる。晴れて冷え込んだ朝、雪の表面がキラキラ光る理由を知っているか知らないか、それだけでも雪の見方が変わるはずだ。

　積雪の表面を見ただけでは雪崩の危険を予知できない。弱層テストは雪の安定度を知るだけでなく、積雪の内部構造を知ることにも重要な意味がある。「五感で雪を感じる」（秋田谷英次）

ためにも弱層テストをやってみよう。あなたの「五感」の感受性を高め、雪を掘る、雪を触る、雪の硬さを感じる、雪の層を調べる、雪の結晶を見て雪を感じて欲しい。こうすれば積雪の内部構造から雪の経歴を読みとり、雪崩危険度のシグナルを感知できるだろう。世界で初めて人工雪を作った中谷宇吉郎博士は「雪は天からの手紙」と言ったが、「弱層テストは雪崩からの手紙」だ。弱層テストから雪崩の情報を読みとらなければならい。それは次の項目と密接に繋がる。

・過去の気象変化に注目
【注目すべき過去の気象】
① 弱層を形成する天候
② 弱層形成後の多量の降雪、吹きだまり
③ 冬の長期的な天候変化

　雪山に入る者は将来の天候ばかりを気にして天気図を書いたり、天気予報を聞いたりするが、雪崩の危険を知るためには過去の気象が重要だ。「弱層の形成」についての研究は進み、どのような天候、気象条件の時に弱層ができるかがほぼわかってきているから、入山前に山の天候変化を把握すれば雪崩の原因となる「弱層」がいつごろ形成されたか想像できるし、「弱層」の上に多量の降雪があったかなかったかを知れば雪崩の危険の存在、危険のレベルを予想できる。初冬期の雪の降り方、少しずつ降り積もったのか、どかっと急に降ったのかの違いによって、厳冬期の全層雪崩発生の可能性が予想できる。少雪で寒冷な冬なら霜ざらめ雪が発達しやすく、雪崩発生の危険性が高いとも予想できる。このように冬の長期的な気候変化から雪崩の

危険予知がある程度できるのだ。
したがって入山前の「過去の気象変化」を知る必要がある。

・危険予知本能を高める
　雪崩の危険を予知する3つ目の方法は、経験によって得られる"本能"的なものだ。
① 危険を認識できる経験の蓄積
② 危険を察知する"本能"
③ 状況判断するための観察力
④ 柔軟な想像力

　上にあげた①〜④は買ったり教わったりして身につくものではないが、とても重要なことだ。雪崩の科学的なことを学び、知識を持っているだけで、雪崩という自然の脅威に立ち向かうことができると思うのはとんでもない錯覚だ。知識だけでは雪崩の危険からは身を守れない。人間など自然を相手にすればはかない存在にすぎず、自然の中で生きている"動物"なのだから動物としての能力を最大限発揮しなければならない。雪山での経験の蓄積で身に付く"本能"、"観察眼"、"想像力"といった動物的な能力を重視しよう。予期せぬこと、それが雪崩事故であり最悪の結果は死である。雪山に入るには常に最悪の事態＝死を想定した心構えと準備が必要なのだ。
「科学的知識の習得」とは矛盾する"本能"、経験重視の考えだと受け止めないで欲しい。「科学的知識」の裏づけがあってこそ本能を駆使して雪崩の危険を察知できるのだ。

②雪崩から生還するために
　雪崩の危険回避を100％行うことはできな

い。もし万が一、雪崩に遭遇したとしても、死なないで生きて還るにはどうすればよいのか。

第7章で述べたセルフレスキューを実践することである。再確認のためにセルフレスキューの定義を述べてみよう。

「セルフレスキュー」とは「雪崩に遭遇し行方不明者を生じたパーティーが救助隊の支援を受けず、自らの能力だけで捜索し、行方不明者を発見救出すること」である。

写真8－1　セルフレスキューで埋没者を発見・救出しても医療期間への搬送が重要な問題として残る（山ボード研究会の講習会で）

写真8－2　セルフレスキューの実践は不可欠だ。その上でさらに救助隊の支援を求める

## (2) セルフレスキューの限界

「雪崩の危険を予知して回避する」、「危険予知本能を高める」、「セルフレスキューを実践する」といった「雪崩心得」を身につけたから、セルフレスキューによって埋没者を発見救出したからといって、はたして生存救出できるのだろうか、と私は懐疑的に考えている。

雪崩埋没者が負傷せず低体温症に陥ってなければ問題はない。雪崩埋没者は自力下山できるからだ。自力下山が不可能な状態だったらどうなるだろう。低体温症に陥った者を乱暴に扱うと死に至らしめる。保温や加温もしなければならない。状況が最悪なのに雪崩事故現場にいる少人数だけで医療機関にスムーズに搬送できるだろうか。大規模な雪崩に仲間が巻き込まれ埋没した場合はどうだろうか。現場に残った少人数だけで捜索するには限界がある。

不可能ではないか。セルフレスキューだけでは生存救出ができないのだ。

セルフレスキュー実践に加えて救助隊の支援を受けなければ、雪崩埋没者を生存救出することなど不可能なのである。

## 2 チームレスキュー（救助隊）

セルフレスキューは実践しなければならない。加えて生存救出を可能にする救助隊（Rescue Team）の支援を受ける必要がある。救助隊とは次のような組織が考えられる。

### (1) 救助隊（Rescue Team）
・警察（110）：航空隊、地域課、山岳救助隊、災害救助犬（雪崩捜索が可能な災害救助犬は北海道警察だけが所有）
・消防（119）：救助隊、消防防災ヘリコプター（航空隊）、救急車
・自衛隊（災害派遣出動）：ヘリコプター、救助隊
・地域の救助組織：遭難対策協議会：スキー場パトロール／事故現場周辺に居合わせた人・友人・山岳団体／民間の災害救助犬組織

雪崩事故が発生した場合、警察（110）あるいは消防（119）に通報されるのが一般的だ。その地域ではどのような警察、消防の救助隊が存在し、どのような能力を持っているのかを知ることが大切だ。たとえば警察の場合だと富山、長野、岐阜、群馬、北海道の山岳救助隊の存在と活動がよく知られている。北海道警察山岳救助隊は雪崩ビーコンと携帯ゾンデ、シャベルを1992年から装備し、雪崩捜索訓練も実施している。山岳救助隊のない他県の場合では地域課の警察官、機動隊が救助に当たることになるだろう。雪崩埋没者捜索可能な災害救助犬を配備しているのは北海道警察だけだ。警察の航空隊では、富山県警と北海道警察の積極的な優れた活動が知られている。

消防の場合、雪崩現場にまで入って捜索救助活動を期待できるのは長野県白馬地域の大北消防組合と札幌市消防局の2組織である。これ以外の地域では、一般的な消防の救急救助の支援が受けられる。消防防災ヘリコプターの全国配備が完了しているので全ての都道府県に「消防防災航空隊」が存在し、山岳遭難救助に対応できる体制にある。札幌市消防航空隊は山岳遭難救助やスキー場での事故救助の出動実績が豊富で、航空隊隊員として救急救命士1名が搭乗している。しかし全国的に見れば、使用している

写真8-3　札幌市と小樽市の消防局は雪崩救助の体勢を整えるために訓練を実施している

写真8-4　通報後すぐに大人数の救助隊が出動できるのは消防だけだ

ヘリコプターの機種、訓練内容によって消防防災航空隊の山岳救助能力にはばらつきがある。各地域の「消防防災航空隊」の能力、装備を確認して欲しい。

警察と消防のほかには自衛隊の支援があるが、出動には自治体首長からの「災害派遣要請」が必要なので生存救出を目指した迅速な救助出動にはそぐわない。

行政の救助隊のほかには、スキー場パトロールによる救助が行なわれる。スキー場が加盟する日本鋼索交通協会では「雪崩講習会」で雪崩救助について講習しているのだが、雪崩のレスキュー装備を揃えパトロールが十分な雪崩知識をもったスキー場は残念ながら少数である。北海道ニセコ山系のそれぞれのスキー場、長野県の白馬国際コルチナスキー場、新潟県のARAI MOUNTAIN & SNOW PARK、福島県の磐梯アルツスキー場などのスキーパトロールの雪崩救助レベルは高い。

## （2）山岳型の雪崩災害とレジャー型の雪崩災害のレスキュー態勢

山岳型の雪崩災害とは、登山者、バックカントリースノーボーダー、スキーヤーなどが都市部から遠く離れた山岳地帯で遭遇する雪崩のことをいい、救助隊が短時間に現場にたどり着けない。レジャー型の雪崩災害とは、スキーヤー、スノーボーダーなどがスキー場周辺、都市近郊で遭遇する雪崩のことをいい、救助隊が短時間で現場にたどり着ける。

チームレスキューは、山岳型の雪崩災害かレジャー型の雪崩災害かで異なる対応となる。

### ①レジャー型雪崩災害の救助隊

まずはセルフレスキューを優先させなければならない。次に警察と消防へ通報し「救助隊」、「航空隊ヘリコプター」の出動を要請すべきだ。スキー場周辺で起きた雪崩事故ならばスキー場への救助要請も優先しなければならない。

しかし、スキー場パトロールの雪崩救助装備、知識の充実が図られていない状況ならば、救助を求めても生存救出が望めないことになる。

前節の「セルフレスキュー実践の概念」で雪山で登山をする、雪山でスキーやスノーボードで滑るということは「自分の責任において行動する」ことで、「雪崩にあったら誰か助けてく

写真8-5 雪崩レスキューへの対応を求められるスキー場パトロール（北海道・キロロスキー場）

写真8-6 山岳救助能力の高い北海道警察航空隊ヘリコプター。警察は地上山岳救助隊との連携も可能

れ」という"あなたまかせ"では自分や一緒に行動する仲間の命を守ることはできないと述べた。これは雪山で遊ぶ者の基本原則である。一方、スキー場にも求められる基本原則があると私は考えている。それはスキー場の「救助救命の責任」だ。スキーコース内は当然のことであるけれど、たとえスキーコース外であったとしてもスキー場には人の生命を救う責任が求められる。滑る者たちの「自己責任」だからといってスキー場はなにもしなくてもよいということにはならない。スキー場パトロールが雪崩埋没者を捜索救助しなければ、15分以内の発見救出が生存の分かれ目となる雪崩埋没者の早期捜索をいったいだれが行えるのだろうか。不特定多数のスキーヤー、スノーボーダーを雪崩の危険地帯に輸送している事業者として当然の責任があると思う。

さて、レジャー型の雪崩災害の埋没者は雪崩の知識が乏しく、雪崩対策装備も備えていないことが多いだろう。雪崩ビーコンを身に着けていない雪崩埋没者を捜索するには、短時間に大量の捜索人員を投入するか雪崩犬で捜索するしかない。スキー場パトロールたちが雪崩捜索を行うことができ、雪崩犬がいるなら生存救出も可能だが、現状は違う。警察と消防のヘリコプターが現場に到着できてもヘリコプターの搭載能力から、数名の航空隊員しか救助活動に加わることはできないだろう。

消防は、24時間体制で署員が待機しており通報があれば直ちに出動できる態勢にある。もし消防署員が雪崩捜索技術を身に付け、捜索用

写真8－7　山岳地帯への出動が多い札幌市消防航空隊。通報から短時間で現場に到着する

写真8－8　全国に配備が完了した消防防災ヘリコプター（北海道消防防災航空隊）

装備を備え、多少の雪山に入る服装を備えていればレジャー型雪崩災害に対応できるのではなかろうか。

レジャー型雪崩災害に対応するため消防の新しい試みが長野県白馬地域と北海道札幌市で始まっている。

札幌市の場合、札幌オリンピックのスキー競技会場となった手稲山で雪崩事故が発生すれば手稲消防署が出動し、余市岳、白井岳、朝里岳に隣接する市内南部の定山渓国際スキー場周辺で雪崩事故が発生すれば南消防署が出動できる態勢作りを目指している。南消防署には全国に

先駆けて「山岳救助隊」が2001年4月に発足している。

雪崩事故発生直後に組織的捜索を行なうことができる消防救助隊が出動すれば、生存救出の可能性が高くなるだろう。山岳遭難救助は警察というのが今までの考え方だったが、警察は消防のように短時間に大量の救助隊員を現場に投入することは難しいように思う。レジャー型雪崩災害の発生が予測される地域の消防が雪崩捜索救助を実施できる体制作りを望みたい。

### ②山岳型雪崩災害の場合のチームレスキュー

レジャー型雪崩災害にもましてセルフレスキューが重要である。埋没者の発見救出はセルフレスキューで、埋没者の搬送は救助隊によってという役割分担が理想的だ。

都市部からの遠隔地という地理的要因を考えれば警察と消防のヘリコプター、航空隊による救助がもっとも必要になる。セルフレスキューによって埋没者の発見救出を自分たちで行うことができたなら、警察、消防防災ヘリコプターは埋没者の搬送だけを実施すればよい。発見救出が行えない場合は、航空隊員の捜索支援を求めることになり、航空隊員が雪崩ビーコン捜索やゾンデ捜索の装備と知識を備えていなければならない。雪崩現場に投入できる航空隊員は数名と少ないため捜索救助人員輸送もヘリコプターに期待しなければならないだろう。北海道警察の災害救助犬は、ヘリコプターからの降下訓練も行なっているので雪崩現場に短時間で投入できる。

天候によりヘリコプターの飛行は大きく左右され、確実性に乏しいことを忘れてはいけない。

警察と消防のヘリコプター、航空隊のほかに短時間に雪崩災害現場で活動できる救助隊は、たまたま現場周辺に居合わせた人々である。

この本の読者であるあなたが、救助する側、「救助隊」の一員にならなければならない。こういった状況では優れたリーダーに統率され、冷静沈着に状況を判断して行動できる「救助隊」を即座に作り上げることが大切である。

これ以外の山岳型雪崩災害の救助隊となれば、救助隊の編成、派遣までにかなりの時間が必要で「生存救出」というよりは「遺体捜索」の意味合いが強くなる。ただし忘れてはいけないのは埋没から長時間が経過しても生存している埋没者がいることである。「死を確認するまでは生存を前提にした捜索救助活動」を考える必要がある。

# 3 これからはヘリコプターの時代

## （1）ヘリコプター配備の充実

すでに山岳遭難はヘリコプターを活用した"エアレスキューの時代"になっている。阪神大震災の影響もあって消防防災ヘリコプターは全ての都道府県に配備を完了し、警察航空隊のヘリコプターもますます充実してきた。札幌市消防局の消防ヘリコプターは1991年から、北海道の消防防災ヘリコプターが96年から運用が始まった。あらゆる災害に対応できる装備を揃え、高規格救急車と同じ救急医療の装備を備えた、この「空飛ぶ救急車」にはベテラン救急隊員たちが搭乗する。札幌市消防航空隊には、救急救命士の資格を持つ隊員が1名いる。札幌にはヘリポートを備えた拠点病院が2つあり、北海道内でも次々とヘリポート付き病院が建設されている。実際、消防防災ヘリコプターはどんどん山岳地域の遭難救助、急患搬送に出動している。北海道警察航空隊の場合、5機のヘリコプターを保有し110番通報を航空隊独自に判断して出動する迅速な態勢が作られている。山岳救助隊出身の航空隊員は優れた登山技術を身に付け、どんな山岳遭難にも対応可能だ。その結果、全国の警察航空隊の中でも山岳遭難出動件数が日本一になった。

私たちの研究会では北海道消防防災航空隊、札幌市消防航空隊を見学したり、北海道警察航空隊隊員から講義を受けてエアレスキューの知識を学び、消防防災ヘリコプターと警察ヘリコプターを活用した雪崩遭難救助訓練を積み重ねた。

## （2）消防防災ヘリコプターと警察ヘリコプターの特徴

### 1）地上での山岳救助能力
消防：不十分
警察：訓練の練度が高い、山岳救助隊と連携可能

### 2）救急治療の知識経験、装備
消防：万全
警察：不十分

### 3）雪崩遭難発生、どこに通報するか
①消防「119」へ通報する場合
・遭難者の捜索、収容は自分たちで行える
・遭難者に高度の救急治療を行う緊急性がある
②警察「110」へ通報する場合

写真8－9　着陸して負傷者を収容する札幌市消防航空隊のヘリコプター

・遭難者の捜索、収容に援助が必要
・遭難者の負傷程度に緊急性がない

　消防防災ヘリコプターが充実してきたとはいえ、まだまだ山岳遭難救助の経験と技術は万全ではなく、警察の経験の方が豊富で頼りになる面は否めない。

　ヘリコプターには車の車検に相当する「耐空検査」が一年に一度義務付けられ、約１カ月間は飛行不能となる。また小規模な点検が頻繁に行われ、通報を受けても即座に出動できないこともある。もちろん他の事案や訓練のために出動して不在の場合もある。

　ヘリコプターの保有が１機の消防防災航空隊や警察航空隊の方が全国的には多い。したがって「消防に通報」と「警察に通報」の場合分けが基本ではあるが、「消防と警察の両方に通報する」のが日本の現状では最善の方法だ。

　また、通報しない限り、救助のヘリコプターが飛び立てないことを忘れてはならない。

# 4 ヘリコプター救助に必要な知識

## （１）隊員の降下方法

### ① 着陸して降下

　ヘリコプターが着陸もしくは接地して隊員が降り立つ

### ② ホバリング降下

ａ．ホイスト降下

　ホイスト（機外巻き上げ昇降機）と呼ばれる装置のワイヤーケーブルに隊員が吊り下げられて降下する。

写真８−10ａ　ホイスト降下。ホイスト装置のケーブルを使って降下する（北海道警察航空隊）

写真８−10ｂ　リペリング降下。隊員が懸垂下降で降下する（札幌市消防航空隊）

8-4 ヘリコプター救助に必要な知識

写真8-11a　ホイスト装置でキャリーバッグをヘリコプターに収容する

写真8-11b　キャリーバッグを安定して収容するために地上隊員がリードロープで固定する

写真8-11c　北海道警察航空隊が使用しているキャリーバッグ

写真8-12a　北海道警察航空隊が使用しているフルボディのバミューダ・ハーネス

写真8-12b　バミューダ・ハーネスを吊り上げる人に装着する

b．リペリング降下

　ヘリコプターからロープを投下して懸垂下降により隊員が降下する。

## （2）収容方法
### ①着陸して収容
　担架に乗せるか自力歩行により収容。
### ②ホバリングで収容
　負傷程度が軽ければ「バミューダ」と呼ばれるフルボディーハーネスを収容者に付けてホイストで吊り上げる。重傷者は担架やキャリーバック（布製の収納袋）に収容してホイストで吊

写真8-12c　隊員と一緒に負傷者もホイストで吊り上げ収容される

181

り上げる。ホイストで吊り上げるとき、必ず航空隊隊員が付き添う場合と収容者のみ単独で吊り上げる場合がある。

## （3）着陸、ホバリングの注意事項

・半径10m以上の障害物のない平坦地が必要。
・ヘリコプターが安全に着陸できる最大傾斜角度は8度である。この角度以下の傾斜地、平地を着陸する場所とすること。
・着陸ポイント、ホバリングポイントの半径10mをしっかりと圧雪して雪が舞い上がらないようにする。
・圧雪してもヘリコプターのダウンウォッシュ（吹き降ろし風）による雪の舞い上げは激しく、風圧は凄まじく台風並だ。ゴーグルがなければ地上の人間は目を開けて見ることができない。
・テント、ツェルト、帽子、オーバー手袋、ザックなど風で飛散しやすいものは、飛ばないように片付ける。数キロ程度の重量物ならヘリコプターのダウンウオッシュで飛んでしまう。飛散物がヘリコプターのローターにからむと非常に危険。
・ヘリコプターは必ず風下から風上へ向かって進入し、風上へ離脱する。

・風向を判断できる吹流しを設置する。設置する場所は着陸、ホバリングポイントの風上側、50m程度離れたヘリコプターの風圧の影響を受けない場所。
・地上にいる人間は風上側に位置し、風圧で飛ばされないように低い姿勢で屈む。
・ヘリコプターの進入離脱方向に高い障害物がないこと。
・崖、狭い稜線上など転落、滑落の危険性がある場所では自己確保を取る。
・パイロット、航空隊隊員の指示があるまでヘリコプターには絶対近づかない。
・ホバリングしているヘリコプターの下に接近しない（下に人がいるとリペリング降下、ホイスト降下ができない）。
・航空隊隊員がホイスト降下やリペリング降下してきた時、指示があるまで接近しない。
・回転しているローターと後部ローターは人の目には見えない。接触すると大変危険で人間の体などは簡単に吹っ飛んでしまう。ヘリコプターには前方から接近する。同じ理由から斜面上方からヘリコプターに接近しない。
・目印のために発煙筒を焚く場合、据え置き型の発煙筒は使用しない（据え置き型を使用した場合は、着陸、ホバリング時までに除去すること）。
・ヘリコプターの周囲が真っ白い雪面の場合、パイロットは目標が定められず機体のバランスを維持するの苦労する。風上側に誘導員を配置する。

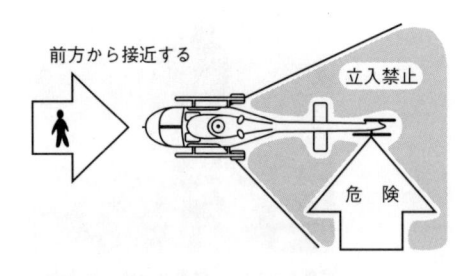

図8−1　ヘリコプター接近の注意

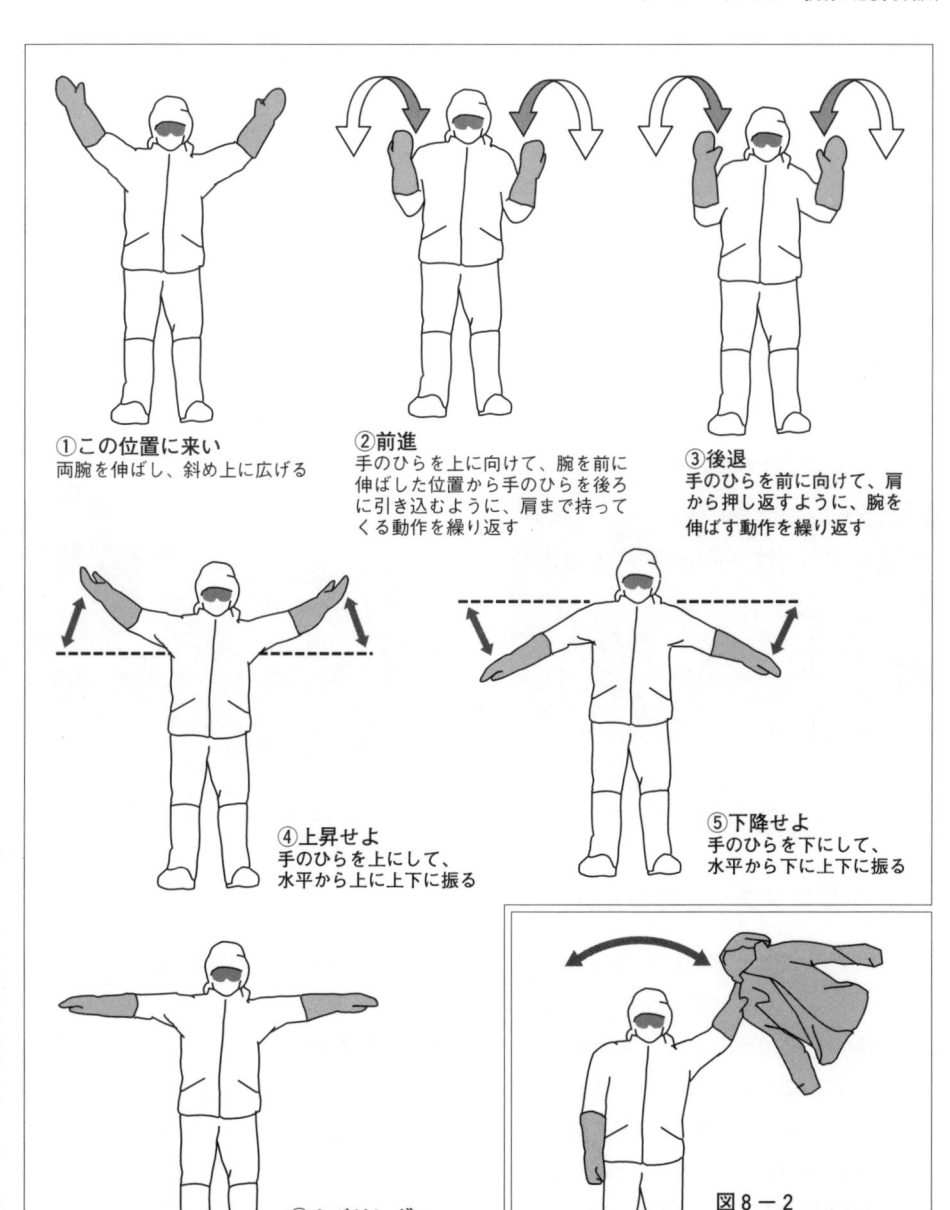

① この位置に来い
両腕を伸ばし、斜め上に広げる

② 前進
手のひらを上に向けて、腕を前に伸ばした位置から手のひらを後ろに引き込むように、肩まで持ってくる動作を繰り返す

③ 後退
手のひらを前に向けて、肩から押し返すように、腕を伸ばす動作を繰り返す

④ 上昇せよ
手のひらを上にして、水平から上に上下に振る

⑤ 下降せよ
手のひらを下にして、水平から下に上下に振る

⑥ ホバリング
両腕を水平に伸ばして動かさない

図8-2　誘導員の信号

図8-2
三県遭難対策協議会
統一の救助要請動作
衣類などを頭上に上げて、左右に振る

写真8−13　誘導員が降下を指示するシグナルを送る

写真8−14　担架に負傷者を載せてホイスト装置で吊り上げて収容する。必ず隊員が付き添う（北海道消防防災航空隊）

写真8−16　ヘリコプターは高規格救急車同等の医療装備を揃えているが、必要な物だけ搭載して出動する。通報時はなるべく詳細な状況を伝えるとよい（北海道消防防災航空隊）

写真8−15　ヘリコプターに収容された遭難者はヘリポートのある病院へ搬送される（札幌医大付属病院）

## （4）ヘリコプター誘導の方法

　ヘリコプターを地上で誘導する場合、誘導員（シグナルマン）は風を背にして着陸ポイントあるいはホバリングポイントに立ち両腕を斜め上方へ伸ばし「この位置に来い」と合図を送る。ヘリコプターが接近してきたら後方へ下がって立ち、腕を前に伸ばした位置から手のひらを後ろに向けて引き込むように肩まで持ってくる動作を繰り返す。ヘリコプターが着陸ポイントに下降する場合は手のひらを下にした両腕を肩の高さに水平にし、この位置から下に上下させる。ホバリングの場合は、肩の位置で水平を維持する。

　誘導員はパイロットの顔が見えるようにして的確ではっきりとしたシグナルを送る。

・救助要請の合図

　ヘリコプターに対して一般の登山者などが紛らわしい動作をするため富山、長野、岐阜の三県の北アルプスでは救助意思を明確にする合図を統一し、普及を図っている。救助要請を意思表示するときは衣類などを頭上にあげて大きく左右に振るという簡単な動作である。

## （5）ヘリコプター救助に必要な情報

### ①遭難現場の位置

地上から上空のヘリコプターを視認することはたやすいけれどヘリコプターから地上の人間を見つけることはとても難しい。通報時に、次のように遭難現場の正確な位置を伝えることが重要だ。

・GPSで得た経度、緯度
・○○山○○ルートの○号目、標高○m、分岐から○km、など具体的な位置情報を伝える
・○○沢、○○尾根、○○尾根などの正確な位置、名称と標高

### ②気象情報

・天候：晴れ、雪、吹雪、雨、ガス、雷など
・雪や雨の程度：多い、少ない、強い、弱い
・視界○m、○山、○沢、○谷、○町が見える。星、月が見える。標高○mの○○山がかすんで見えるなど
・雲の高さ：地上から○mくらい／○合目まで雲がかかっている
・雲の動き：上から下がってきている／下から上がってきている／下から湧いてきている
・雲の量：晴れ間の割合
・風：風向、風速、強い、弱い、突風が吹く

### ③雪崩事故の状況

・埋没者（行方不明者）の数
・負傷の部位、程度
・意識の有無
・氏名、性別、年齢
・雪崩の状況
・必要な捜索救助の装備、人員

## （6）ヘリコプターに発見されやすい方法

・樹林のある場所を避け稜線上や沢筋などの開けた場所で待機する。
・ストック、ピッケル、木の枝などに衣類、テープ（赤、ピンクなど目立つ色）の目印をつけて振る。
・焚き火、発煙筒などで煙の合図を送る
・光を反射する鏡、レスキューミラーをヘリコプターに向ける。
・服装やザックなどは目立つ色、原色（赤、黄）、蛍光色を使用する。
・手を振ったり、動き回ったりする（静止しているよりものより動くものが目立つ）。

## （7）ヘリコプターが飛行できない時

・ヘリコプターは有視界飛行をするため夜明け前、日没後は飛行できない。
・一般的には風速が17〜20m以上ある時。風向によっても飛行条件が左右される。
・目視距離600m程度以下、雲の高さ300m以下の場合。
・雷はヘリコプターに致命的なダメージを与えるため雷の激しい時、雷雲のある時など。雪雲の中でもヘリコプターは帯電する。
・山岳地帯が晴れていても雲海が広がり低空から高空へ抜けられない時。
・天候がよくても上空に強風（ジェット気流）が吹いている時。

・晴れていても山岳地帯の複雑な地形によって乱気流、突風、上昇風、下降風が強い時。

### (8) 費用

「救助に行ったら遭難者が見つからなかった。ヘリコプターを見て高い費用を請求されると思った遭難者が隠れていた」というのは、北海道であった本当の話である。

このようにヘリコプター救助を要請すれば大変高額な費用を負担しなければならないと誤解する人が多い。警察、消防、自衛隊の行政機関のヘリコプターは、法律によって費用を徴収できず無料である。国民の生命と財産を守るために税金で運営されている行政機関のヘリコプター救助が無料であることは当然だ。しかし、無料だからといって安易に救助要請することは厳しく戒めなければならない。雪山で遊び、事故を起こしヘリコプターに救助されるわけだから、税金の無駄遣いだとの批判を受けるようなことがあってはいけない。

「ヘリコプターが来たので救助されたら高い費用を請求されると思い、自力で下山した」、これも北海道であった本当の話である。自力で下山できるくらいならヘリコプター救助の要請をすべきではないのである。

さて、民間のヘリコプターに救助を要請した場合はもちろん有料である。小型ヘリコプターで1時間35万円程度、中型ヘリで60万〜80万円のチャーター料金が必要で、飛行している時間だけではなく待機時間のチャーター料金も負担しなければならない。大変高額な費用が必要になる。

## 5 雪崩犬を育てよう

### (1) 雪崩犬の優秀な能力

スイスのツェルマットにあるエアレスキュー（ヘリコプター救助）基地には雪崩犬が6頭も待機していた。ダボスのスキー場ではパトロールが雪崩犬を訓練しており、スキー場に自分の雪崩犬とともに出勤する。そしてレスキューセンターには雪崩犬が常に待機していた。スイスの人たちは「雪崩捜索でもっとも信頼できるのは雪崩犬だ」と口を揃えていた。そして、阪神大震災ではスイスから災害救助犬が駆けつけ活躍した。

北海道警察は全国の警察に先駆けて災害救助犬の育成を始め、冬の雪崩災害から都市型地震災害まで対応する救助犬2頭、マイナ号（雌7歳）とイルモ号（雄3歳）を現在保有している。

私がマイナ号（当時3歳）とブライトーフ号（雄2歳）の訓練を初めて見学したのは1996年2月、札幌近郊の吹雪の山中だった。訓練を担当するのは鑑識課犬係の橋本穂積ら4名。橋本たち犬係は定評ある富山県の災害救助犬育成団体の指導法を取り入れ、すでに1年以上2頭を訓練していた。2頭は立っている健常者には見向きもせず、うずくまっている、倒れている、姿が見えない人間だけを捜すように訓練されていた。

橋本の「どこだ!」の声を合図に、マイナ号が雪崩を想定して雪中に埋められた人間の捜索を開始する。マイナ号は一直線に現場に走って

行った。少しににおいを嗅ぐようにうろうろすると前足で雪を掘りだす。そして人間らしき姿を確認するとワンワンと吠えた。

あまりの早さに私は仰天した。災害救助犬は、雪崩ビーコンより早く雪崩埋没者を捜索できるのではないか。私は、そう確信した。

犯罪捜査犬は「特定の人間のにおい」を頼りに捜索するが、不特定の被災者を捜す災害救助犬はどう養成されるのか。訓練は、まず犬が好きな遊びを見極めることから始まる。2頭ともテニスボールで遊ぶのが好きだった。そこで、訓練係はテニスボールを持って隠れ、犬が見つけたら遊んでやる。特定の人間のにおいを覚えるとまずいので、隠れ役は次々交代する。

「犬が何を手がかりに捜しているのか、はっきりしない。においなのか、体温なのか、人間の吐く二酸化炭素なのか、心音そのほかの音なのか」と犬係の橋本。隠れる場所は徐々に徐々に難しくしていき、いろんなビルの取り壊し現場や雪中で訓練を繰り返し、ヘリコプターから災害現場に降下する訓練までこなした。そしてマイナ号は凄く優秀な災害救助犬に成長した。

2000年3月、大雪山・旭岳で道北地区雪崩事故防止セミナーを開催して総合的な雪崩捜索救助訓練をすることになり、北海道警察航空隊のヘリコプター、地元の消防救急隊も参加することが決まった。私は鑑識課の工藤信市に災害

写真8－17　北海道警察の災害救助犬マイナ号（右）とイルモ号

写真8－18　北海道警察の災害救助犬マイナ号（右）、イルモ号と鑑識課犬係の警察官

救助犬の参加を依頼した。

「訓練の一番最後に災害救助犬の捜索をさせて欲しい」と工藤は言った。捜索現場にたくさんの人が入り乱れ、臭いが入り混じった状態でマイナ号とイルモ号に捜索させたいという。かなりの自信と、私は睨んだ。

訓練前日に埋めたダミー人形2体を雪崩ビーコン、ゾンデ捜索で発見救出、ヘリコプターのホバリングポイントへ搬送した。雪崩現場には30名を超える人間が入り、工藤の望む"荒れた状態"になった。ヘリコプターへの吊り上げ

写真8-19 ハンドラーの「どこだ」の声で埋没者を捜索する

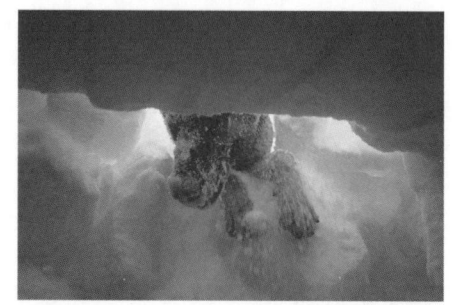

写真8-22 救助犬は雪を掘り、埋没者を確認する

写真8-20 埋没者を察知して雪を掘り始める

写真8-23 ビーコン捜索よりも早く埋没者を発見した。シャベル班が掘り出しにかかる

写真8-21 ハンドラーの警察官が埋没者を確認して合図を送る

　収容を参加者が見学している間に2人を深さ120cmほどに埋めた。1人はにおいが外に出ないように断熱マットでぐるぐる巻いた。

　イルモ号が「どこだ！」の掛け声で斜面を下り雪崩埋没者を捜した。発見に要した時間は1分17秒。雪崩ビーコンよりも早かった。

　マイナ号が残る1人の捜索を始める。断熱マットで巻かれた体からにおいが出づらいためか、近くによってしきりに雪面を嗅ぎ回る。やがて人が埋まっている確信をもったマイナ号は、雪を掘りだし力強くワンワンと吠えた。

　その日の午後、雪上車に乗って標高1700mの姿見の池まで上がり訓練を行った。気温-15℃、風速約10m。マイナ号もイルモ号も凍

える寒さにへこたれることはなく、いつもどおりに人を捜した。

　私は7歳になるハスキー犬マルを飼っており、いつも山に連れてゆく。でも、マルは雪崩犬としての訓練を受けていない。橋本に「次に犬を飼う時、雪崩犬として育てたい」と言うと、「1年も訓練すればちゃんとした雪崩犬になりますよ。あなただって訓練できる」と励ましてくれる。

　北海道では民間の災害救助犬協会とボランティアドッグの会が災害救助犬の訓練を行っている。近い将来、国は災害救助犬の認定制度を導入する計画だという。

　災害救助犬を訓練する人が犬とともに雪崩の捜索活動に参加する。災害救助犬として訓練された犬を必要な人が所有して雪崩事故に備える。スキー場のパトロールや雪山を楽しむ人が自分で雪崩犬を育てる。

　やがて日本にも、スイスのように雪崩の危険のある所には必ず雪崩犬が待機しているという時代がやってきて欲しいものだ。

## （2）犯罪捜査犬と雪崩犬（災害救助犬）
### ①犯罪捜査犬
　犯人の足跡や遺留品などの「原臭」を覚臭して捜索する。原臭がない現場では捜索に使えない。
### ②雪崩犬（災害救助犬）
　足跡や特定対象物の「原臭」をもとに捜索するのではない。捜索対象者が生存している場合は呼吸によって排出される二酸化炭素、呼吸音により捜索する。死亡している場合は、腐敗した「浮遊臭」を覚臭して捜索する。

## （3）雪崩犬の選定条件
### ①犬種
　犬種、性別は問わない。健康で体力があり、寒さに強い犬であること。
### ②資質
　丈夫で体格がよく、好奇心旺盛で、何にでも好奇心を示す。闘争心および獲物などに強い執着心があること。食欲、物品欲を明確に行動表現できること（子犬が元気よく動き回り、呼んだら手元に来る。靴やひも、ズボンの裾などに興味を示し噛んだり引っ張ったりする）。

## (3) 雪崩犬の育て方

| 訓練内容 | 期 間 | 用 具 | 訓練方法 |
|---|---|---|---|
| しつけ<br>　食事<br>　排便<br>　善悪の区別 | 幼犬から | | 　餌を与える時、犬の傍から離れず、常に器に手を添えて、飼い主から餌をもらえることを自覚させる。<br>　幼犬の1日の行動を観察し排便の動作、時間をつかみ、タイミングよく決まった場所に連れ出し「オシッコ」などと声をかけ、させる。巧くできたら幼犬を十分にほめる。できるまで根気よく続けることが大切。<br>　幼犬は何にでも興味を示し、家の中の咬んではいけない物までくわえたり、咬んだりするので「ダメ」と厳しく叱る。その時幼犬の物品欲を満たすためタオルや小さめのボールを与え、善悪の区別を理解させる。 |
| 環境に慣らす<br>（環境馴致） | 幼犬から<br>（ワクチン接種後） | 首輪<br>リード | 　幼犬のワクチン予防接種後にあらゆる環境に慣らすため積極的に外へ連れ出す。車にも乗せ、山、スキー場などに連れてゆきさまざまな環境を体験させる。<br>　犬が怯えたりすれば無理をせず、体を撫でてやり「よしよし」と声をかけ、少しずつ慣らしてゆく。<br>　家族以外の人にも犬を触ってもらい、人に対する信頼感、安心感を幼犬に与える。 |
| 物品欲付け<br>（犬の集中力、持久力を高める）<br>（写真8-24） | 幼犬から | ひも付きボール<br>タオルなど | 　犬が最も興味を示す物（ボールやタオルなど）を使い、それをすぐに与えず、物に動きをつけて犬の顔に近づけながら与えたりする。<br>　ボールを使う時は犬がくわえやすい小さな柔らかいもから始める。ひも付きのボールが最適だ。<br>　タオルやひも付きボールを犬がくわえたら力の加減をしながらタオルやひもの端を持って引っ張り合いをして繰り返し、遊ぶ。<br>　注意することは興味を示す物を人の手から放し、犬に与えたままにしないこと。この遊びは長い時間行なわず、犬の欲求が最も高まった時に止めることが重要である。 |

| | | | |
|---|---|---|---|
| 服従訓練<br>停座<br>伏臥<br>立止 | 生後6カ月頃から1歳頃まで | 首輪<br>リード<br>ボール<br>えさ | ・停座（犬が人の左側に座って待つ）<br>　犬を左側につけ右手でリードを短く持ち、「すわれ」と声をかけながら、右手を犬の顔から上に向かって引き上げ、左手で犬のお尻部分を軽く押さえ座らせる。座ったら「よし」と声をかけながらほめてやり、ほうび（えさ）を与える。<br>・伏臥（犬が人の左側に伏せて待つ）<br>　犬を左側につけ右手でリードを短く持ち、「ふせ」と声をかけながら、右手を犬の顔から地面に向かって引き下げ、左手で犬の背中を軽く押さえ伏せさせる。伏せたなら「よし」と声をかけながらほめてやり、ほうび（えさ）を与える。<br>・立止（犬が人の左側に立って待つ）<br>　犬を左側につけ右手でリードを短く持ち、「たて」と声をかけながら、右手を犬の顔の前にあて左手で犬のお腹部分を持ち上げ、立たせる。立ったなら「よし」と声をかけながらほめてやり、ほうび（えさ）を与える。<br>　停座、伏臥、立止は1つずつ犬に教え、けっして無理をして強制するものではない。根気よく時間をかけて教えることが重要で、犬が1つの動作をできた時は直ちにほめ、十分なほうびを与えることが必要だ。 |
| 服従訓練<br>招呼<br>（写真8−25） | 生後6カ月頃から1歳位まで | 首輪<br>リード<br>ボール | ・招呼（犬を座った状態で待たせ、手元に呼ぶ）<br>　犬を左側につけ座った状態で待たせ、「まて」と声をかけながら犬の正面に立ち、リードの端を持った |

写真8−24　物品欲付け。ひも付きボールで犬と遊ぶ

写真8−25　服従訓練・招呼。「まて」と犬を待たせて「こい」と手元まで呼ぶ

| | | | |
|---|---|---|---|
| 脚側行進<br>(写真8-26) | | えさ | まま犬から目を離すことなくリード1本分の距離を離れる。犬が待っていることができたら犬の所に戻り、ほめる。さらにその場で犬を待たせ、リードの端を持ったまま犬から離れ、「こい」と声をかけながらリードを引き寄せ手元に犬を呼び込む。犬が手元に来たなら十分にほめ、ほうびを与える。<br>・側脚行進（犬を人の左側につけ行進する）<br>　犬を左側につけリードを確実に持ち、「あとへ」と声をかけながら1歩ずつ前に進む。この時リードをしっかりと持ち、犬が自由に歩き回らないようにするとともに、犬が先に進んだり、離れていかないようにする。犬が人から離れず、少しでも左側について歩けたなら、ほめ、ほうびを与える。<br>　犬をほめる時は、心からほめあげることが大切である。ほうびは犬が興味を示す物か、えさ（犬のおやつ）を与える。 |
| 捜索訓練<br>第1段階<br>(写真8-27) | 生後8カ月頃から | 首輪<br>リード<br>ボール<br>助手1名 | 犬を助手に持たせ、犬が興味を示す物（ボールなど）を犬の顔付近で見せ注目させてから少し離れる。この時犬が興味を示す物を欲しがるために吠えたなら「よし」とほめ、ほうび（ボール）を与える。<br>　犬が確実に吠えることができるまでつづけ、吠えるとほうびがもらえることを犬に自覚させる。さらに助手に犬を持たせ、飼い主は犬から見える位置へ数メートル離れてしゃがみこむ。助手が犬を放して手元に来たならば、吠えさせ、十分ほめながらほうび（ボール）を与える。 |

写真8-26　服従訓練・脚側行進

写真8-27　捜索第一段階。ボールを持って犬から数m離れてしゃがみ、犬がほえたらボールを与える

| | | | |
|---|---|---|---|
| 捜索訓練<br>第2段階<br>（写真8－28） | 生後10カ月頃<br>から | 首輪<br>リード<br>ボール<br>助手2名 | 助手に犬を持たせ、飼い主は犬から見えない数メートル離れた雪山などの陰にしゃがみこんで隠れる。<br>助手が犬を放したら犬に発見されやすくするために声や物音を軽く立てる。犬が発見したなら吠えさせ、十分ほめながらほうび（ボール）を与える。<br>助手に犬を持たせ、飼い主はもうひとりの助手とふたりで、犬から見えない数メートル離れた雪山などの陰にしゃがみこんで隠れる。犬が発見したなら吠えさせ、隠れていた助手が十分ほめながらほうび（ボールなど）を与える。<br>この動作が確実にできたなら飼い主が犬を持ち、最初は犬から見える位置に、次に犬から見えない数メートル離れた雪山などの陰に助手が隠れる。<br>飼い主は「どこだ」、「さがせ」などと声をかけながら犬を放す。この時助手は必ず犬のほうび（ボール）を手の中に隠し持ち、しゃがみ込んだり横たわった状態で隠れる。犬が助手を発見したなら、助手は隠し持っていたほうびを与え、十分にほめる。<br>この訓練で注意すべき点は、犬が隠れている助手を発見した時、吠えさせてからほうびを与えることが望ましい。吠えないからほうびを与えないのではなく、より大切なことは犬が人を発見したなら十分にほめることである。|

写真8－28a　捜索第2段階。助手に犬を持たせ、飼い主は雪山の陰に隠れる

写真8－28b　飼い主が犬を持ち、助手はボールを持って雪山の陰に隠れる

写真8－28c　飼い主は「どこだ」と声をかけ、助手を捜させる。犬がほえたらボールを与える

| | | | |
|---|---|---|---|
| 捜索訓練<br>第3段階<br>埋没訓練<br>(写真8-29) | 1歳頃から | 首輪<br>リード<br>ボール<br>シャベル<br>助手1名 | 犬を繋いでおき、犬から見える位置に浅い穴を掘り、助手はその穴の中にほうびを持って隠れる。飼い主が穴に雪をかぶせ助手を見えなくする。飼い主の「どこだ」の号令とともに犬を放し、雪穴に犬が反応したならほめながら飼い主も犬と一緒になって手で雪穴を掘る。助手の姿が確認できたら、吠えさせ、十分ほめながら助手が犬にほうびを与える。<br>　この時注意することは、助手は犬に発見された時犬と目を合わせずうつむいた状態で静止していること。犬が吠えたり、発見の行動を確実にするまで動き、ほうびを与えてはいけない。 |
| 捜索訓練<br>第4段階<br>埋没訓練 | 1歳頃から | 首輪<br>リード<br>ボール<br>シャベル<br>助手2名 | 犬から見えない位置に浅い穴を掘り、助手はその穴の中にほうびを持って隠れる。飼い主の「どこだ」の号令とともに犬を放し、助手が埋まっている場所に犬が反応したなら、十分にほめながら飼い主も犬と一緒になって手で雪穴を掘る。助手の姿が確認できたら、吠えさせ、ほめながら助手が犬にほうびを与える。<br>　隠れる助手を異なる老若男女と交代させ、同じ捜索訓練を行なう。<br>　捜索範囲は狭いものから広範囲に、埋没の深さは浅い状態から深い状態に変え、捜索の難易度を無理することなく高めてゆく。 |
| 捜索訓練<br>応用訓練 | 1歳頃から | | 環境に慣れさせる訓練を兼ね、スキー場、雪山などで訓練を行なう。特に雪崩発生の可能性のあるよ |

写真8-29a　捜索第3段階。犬から見える位置に穴を掘り、助手が隠れる

写真8-29b　犬が反応したら、飼い主は犬とともに雪を掘る

(写真8－30) うな場所（安全な時に限る）で訓練することにより、犬および飼い主の自信を深めてゆく。

実際の雪崩災害を想定し、多数の捜索人員の中で捜索することやゴンドラ、リフト、雪上車などの乗降訓練も行なう。雪のない時期には山林などを利用して行なう捜索訓練も必要である。

飼い主の雪崩知識、体力、気象条件（特に風向き）の知識向上をはかる。

写真8－30a　応用訓練・雪上車に慣れさせる

写真8－30b　雪上車への乗降訓練

写真8－30c　スキー場のゴンドラに慣れさせる

写真8－30d　ゴンドラに乗せて慣れさせる

写真8－30e　ヘリコプターからの降下訓練

写真8－30f　多数の人員の中での捜索に慣れさせる

# 9章
# 遭難者発見後の対応

樋口和生

1. 遭難者発見後の医療的処置について
2. 遭難者の搬送
3. 遺体の安置

## 1 遭難者発見後の医療的処置について

雪崩遭難者を発見し、発見者が遭難者を救出する際、そのダメージの程度によって医療的処置が必要になることがある。

埋没直後に発見され、自力下山できる場合でも、雪崩に流されている間に打撲傷を負っていることも考えられるため、慎重に対応しなければならない。

雪崩遭難時のダメージとしては、寒冷による凍傷や低体温症、埋没後の酸素不足による酸素欠乏症、滑落時または雪崩に流されている間に負う切傷や骨折、脱臼などさまざまな症状が考えられ、症状にあった適切な処置を施す必要がある。

以下に、雪崩に巻き込まれた際によく見られるダメージごとにその対処法をあげてみた。

ただし、それぞれのダメージは、個々に独立して見られる場合は少なく、いくつかが重なって見られるのが普通であるため、くれぐれも慎重に対処したい。また、医療従事者でない者が現場でできることは限られているし、充実した医療設備のない遭難現場では、あくまでも「応急処置」を行なうことしかできず、適切な処置を施したあと、できるだけ速やかに負傷者を病院へ運ぶ必要があることを忘れてはならない。

### (1) 埋没時間と死亡率

遭難者のダメージを見る前に、雪崩に埋没してからの経過時間と死亡率及び死因を見てみよう。

151頁図7-2では、横軸に時間、縦軸に生存率をとって、埋没時間と生存率の関係を見ていたが、図9-1は、生存率の裏返しである死亡率を縦軸にとって、時間変化を表し、死亡率の変化に応じて「生存期」「窒息期」「潜伏期」「救出期」と4期に分けている。

第7章のセルフレスキューで見たゴールデンタイムの15分が、ここでは生存期に当たる。雪崩埋没者を15分以内に救出できれば、ほとんどの人が生きて助かる。

埋没後15分から45分の間に見られる死亡率の高まりは、窒息が原因とされる。雪崩で流された雪は、運ばれて来る間に雪粒が細かくなり、流れの停止とともに急速に固まる。その時、口、

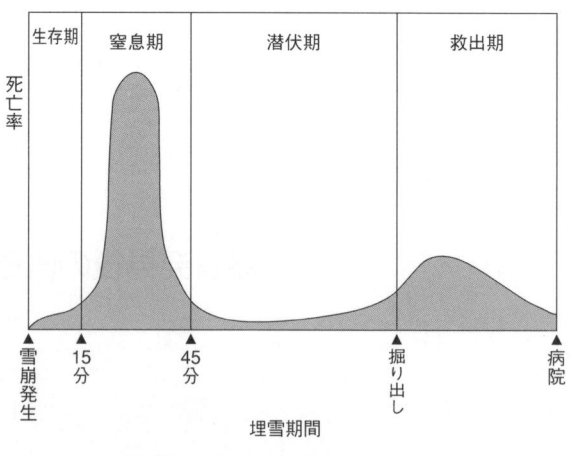

図9-1 雪崩埋没者の埋没時間と死亡率
(Brugger u. Falk. 1992)

鼻、耳といった穴に一気に雪が入り込み、人は呼吸できなくなるのだ。

45分を過ぎた潜伏期には、死亡率が低くなる。窒息期を過ぎてなお生きている人は、口の周りに空隙（エアポケット）があって、呼吸空間を確保できている人だ。しかし、時間の経過とともに周囲の雪に体温が奪われ、低体温症が進行する。ただし、体温の低下に伴って、埋没者の基礎代謝に必要となるエネルギーも少なくなり、低レベルではあるが安定した状態となって生命が維持されることになる。

しかし、この低レベルで安定している埋没者を探し当てた救助者が乱暴に扱ったり、さらなるダメージを与えてしまうと、生命を奪ってしまう結果となりかねない。それが、救出期に見られる死亡率の高まりで、このような死は救助死（レスキューデス）と呼ばれる。

以上のように、雪崩に埋まった人が死に至る原因として、代表的なものは低体温症と窒息と言われているが、雪崩に流されている間に立木や岩などにぶつかって、複雑骨折を起こしたり、頭蓋骨や脊椎を損傷して死に至るケースも考えられる。

### （2）救助の現場でできること

埋没者を探し当てたときに、救助する側の者にできることは限られている。

次項からその症状と対処法を述べるが、救助の現場でダメージの原因を特定することは難しいし、知識を優先するあまりに誤った対処法をしてしまうこともある。

まずは、救助に当たっての優先順位を考えてみよう。

埋没者を探し当てた時にまず初めにすることは、呼吸の確保だ。

身体の一部でも探し当てたなら、最初に顔を出して呼吸を確保することを優先する（写真9-1）。その際に、埋まった状態で、口の周りに呼吸空間があったかどうかを確認しておく。呼吸空間の有無によって、救出後の処置方法が変わってくる。

また、作業につい熱中してしまいがちだが、埋没者に対して声をかけることを忘れてはいけない。「大丈夫ですか」「もうすぐ掘り出すからね」などと元気づける言葉をかけ、埋没者を勇気づけることは大切だ（写真9-2）。朦朧とした意識の中から、仲間の力強い言葉で再生す

写真9-1　遭難者の頭部から掘り呼吸を確保する

写真9-2　遭難者に声を掛け反応を調べる

写真9-3 気道確保しての人工呼吸と心臓マッサージ。遭難者はスキーなど固いものの上に寝かせる

る事は十分にあり得る。

　そして、先入観を持たずに対処することも大切だ。低体温症や窒息ばかりに意識が行って、他の重大なダメージを見落としてしまわないとも限らない。

　救急救命の第一歩は、呼吸と脈拍の確認で、呼吸を確認できなければ人工呼吸、心臓が動いていなければ心臓マッサージを施すといった、基本をまず行う（写真9-3）。

　さらに、衣服の上からでも、全身をチェックする。出血はないか、手足にダメージはないかなど、雪崩だからといって特別ではなく、救急救命のイロハを忠実に行なうことが必要だ。

　シェルターの準備ができるまで、低体温症の悪化を心配して、雪の中の方が外気よりも比較的温度が高いからといって掘り出さないのは間違いだ。シェルターが不完全でもまずは全身を掘り出し、ダメージをチェックすることを優先させたい。もちろん、ダメージのチェックを優先するとはいっても、あらゆることを疑ってかかるのは当然で、低体温症や窒息のことも頭から離さず、慎重に作業を進めなければいけない。

## （3）低体温症

　前著『最新雪崩学入門』が出版された頃は、一般的にはあまり馴染みのない言葉だったが、雪崩やウォーターレスキューに関する知識が普及するにつれ、今や多くの人が知るところとなった。

　冬山や雪崩遭難の際のみならず、夏山で風雨にたたられた際の疲労凍死であるとか、寒い時期に冷たい水の中に誤って落ちた際の凍死なども低体温症の悪化によるものである。

　低体温症の知識を持った救助者が埋没者を適切に救出できれば、雪崩埋没者を掘り出した時に見られるレスキューデスも少なくなるのではないだろうか。

### ①体温の喪失

　人体は、代謝によって熱を生産し、放散・対流・伝導・蒸発といった4つの経路で熱を喪失する。

　人体の容積の50%は、コアと呼ばれる重要臓器（心臓・肺・肝臓・腎臓・脳等）が占め、残りをシェルと呼ばれる体表から2～2.5cmの組織が占める。

　低体温症は、深部温度（コアの温度）が35℃以下に低下して、筋肉の機能や中枢部の機能に障害が起こる状態のことをいう。

a．放散による熱の喪失

　人間の代謝によるエネルギー生産は、1時間当りに約1000カロリーになるが、そのうち50～60%は放散によって失われる。

　放散によって失われる熱量のうち、90～

95％は体表（皮膚）からの喪失で、残りの5％を肺から、つまり呼吸によって失う。

防寒着を着用することで、放散による熱の喪失を防ぐことができる。

b．対流による熱の喪失

体表の温度が気温よりも高い場合、体表で暖められた空気が、対流によって冷たい空気と入れ替わって体温を奪う。

これに風が加われば、風速の2乗に比例して熱が奪われる。（風冷効果）つまり、風速が2倍になると熱の喪失は4倍にもなる。

防風着の着用で、対流による熱の喪失を防ぐことができる。

また、冷水中でも同じ理由から熱の喪失が起こる。

c．伝導による熱の喪失

冷たいもの（雪、地面、冷水など）に体が触れていると、熱がそれを伝わって失なわれる。

濡れている時は、乾いている時の約25倍の熱が失われる。

濡れた衣類を乾いたものに着替えたり、断熱マットを体の下に引くことで、伝導による熱の喪失を防ぐことができる。

d．蒸発による熱の喪失

体表からの汗の蒸発や呼吸によってもかなりの熱が喪失する。これらの熱の喪失量は、運動が激しくなるほど増加する。

水分を補給することによって、脱水症状を防ぐことができる。

②低体温症の症状

人体は、筋肉の運動、ふるえ、皮膚血管の収縮によって熱を生産し、発汗と皮膚血管の拡張によって熱を喪失する。

放散・対流・伝導・蒸発によって体内の熱を喪失して体温が低下した時、人体は体温を維持するためにいくつかの防御反応を示す。

まず、皮膚と手足の血管が収縮し、血液を循環させないことによって、コアの温度が外へ逃げるのを防ぐ。また、震えによって筋肉の代謝が活発化し、体内の熱の生産量が増加する。

寒冷な条件のもとでは、温暖な条件のもとで同じ運動をするよりも多くのエネルギーが消費され、エネルギー消費量の増加に伴って熱生産量も増えるために体温の維持に役立つ。

これらの防御反応を示したにも関わらず、体温が低下し続ければ低体温症の症状が現れる。雪崩に埋没し、体の周りの雪に体温を奪われてゆく場合も同じである。

低体温症の症状は、コアの温度によって変わる。コアの温度が36.6℃を下回ったあたりから症状が現れ始める。

最初は、寒気を感じ、手足がかじかみ、体が震え始める（36.6～35℃）。やがて、歩行が遅くよろめきがちになり、軽度の錯乱状態と無関心の状態が見られる（35℃～34℃）。さらに温度が下がると、転倒しやすくなり、手足が使えなくなると同時に思考や会話が遅くなり、逆行性健忘が見られる（34℃～32℃）。次に、身体が強直して歩行・起立が不可能となり、思考の論理性・統一性が失われて錯乱状態に陥る（32～30℃）。

30℃以下では半昏睡状態になって、瞳孔が散大し、心拍・脈拍が微弱になる。さらに、下

表9－1 低体温症の重症度と状態

| 重症度 | 状態 | コア温度 |
|---|---|---|
| HT1（軽症） | 意識正常で、ふるえがある | 35～32℃ |
| HT2（中等症） | 意識障害が　あるが、ふるえがない | 32～28℃ |
| HT3（重症） | 意識がない（痛みに反応しない） | 28～24℃ |
| HT4（最重症） | 脈や呼吸がなく、死んでいるように見える | 24℃以下 |

がると昏睡状態に陥って、心臓が停止する（『登山の医学』より）。

　苫小牧東病院の船木上総医師は、低体温症の症状を表9－1のように整理して紹介している。

　体温による低体温症の症状は上の通りだが、コアの温度は外見ではわからない。より正確に重症度を判断するには、コアの温度を直接測る必要があるが、市販の体温計は低い温度を測るようにはできていない。低体温症患者のコア温度を測る時は、寒暖計を口腔内や直腸に入れて測るのが有効だ。

### ③埋没者発見後の低体温症に対する処置

　低体温症の悪化によって凍死した場合は、体の下側に鮮紅色の死斑が見られる。仮死状態でも死斑が見られることがある。

　長時間雪の中に埋没していた場合は、重症の低体温症に陥っている場合が多いので、体を動かさず、慎重かつていねいに取り扱う。また、急速な加温は避けなければならない。

　低体温症に陥った者を手当する時は、冷えきった体をそれ以上冷えさせないようにすることが必要である。テントやツェルトを使って風雪を防ぎ、断熱マットなどで地面（雪面）から断熱する。

　濡れた衣類を乾いた物に着替えさせ、寝袋に入れる。できれば寝袋も何重にかにしたり、あまっているセーターやレスキューシートなどで包み込んだり、できるだけ体温を逃がさずに暖めるように身体をくるむようにする（低体温ラップ）。濡れた衣類を着替えさせることができない場合は、ビニールシートなどの水や空気を通さないもので体を包んでやり、水分の蒸発によって熱が奪われるのをできるだけ少なくしてやる必要があるが、伝導による熱の喪失を考えると、極力乾いたものに着替えさせることが先決だ。

　患者を上の状態に保つことができたら、体を暖める作業に移る。その際に、急速な加温は絶対避け、まず胴体部（重要臓器のある部分）だけを非常にゆっくりと暖める。

　お湯を入れた水筒、ポリタンク、ポリ袋、熱した石などを布にくるみ、湯たんぽ代わりとして、両脇の下、鼠頸部（足のつけ根）、首、肩を火傷に注意しながら温める（図9－2）。

　また、正常の体温をもった者が一緒に寝袋の中に入り、互いに衣類をつけない状態で温めるという方法も非常に有効である。しかし、これは軽度（HT1～2）の者には有効だが、重度の者には危険を伴うのでしてはいけない。

　絶対にしてはいけないことは、体を温めようとして手足をマッサージすることだ。マッサージをすると、四肢の冷えきった血液や血流が途絶えた間に毛細血管に溜まっていた老廃物などが心臓に流れ込み、心室細動（重症の不整脈）

## （4）窒息

　雪崩埋没後、早い段階（15〜45分）で死に至る原因として最も多いのが窒息によるものである。呼吸できる空間が顔のまわりになかったり、鼻や口から雪が入ってきて気道がふさがれるためである。

　窒息によって死に至った場合、酸素欠乏のために血液が赤みを失って顔面や唇が青黒くなり（チアノーゼ）、眼球の中心に針の穴程度の出血（溢血点）が見られる。

　埋没者を掘り出し、窒息であると判断した場合は、直ちに心肺蘇生術（人工呼吸と心臓マッサージ）を行う必要がある。

## （5）低体温症か窒息かの判断と対処法

　（3）と（4）で低体温症と窒息の症状と対処法を見たが、埋没者を掘り起こした現場で、その人が窒息であるのか低体温症であるのかを見きわめるのはほとんど不可能といってよい。

　しかし、いずれの場合にも共通していえることは、ただちに救命活動を始めなければならないということだ。

　埋没者を掘り出した際にすべきことを以下に記す。
①身体を乱暴に動かさない。
②呼吸が停止している時や呼吸が非常に微弱な場合は人工呼吸を行う。
③心臓が停止している場合は心臓マッサージを行う。ただし、停止していない場合は、絶対にマッサージをしてはいけない。

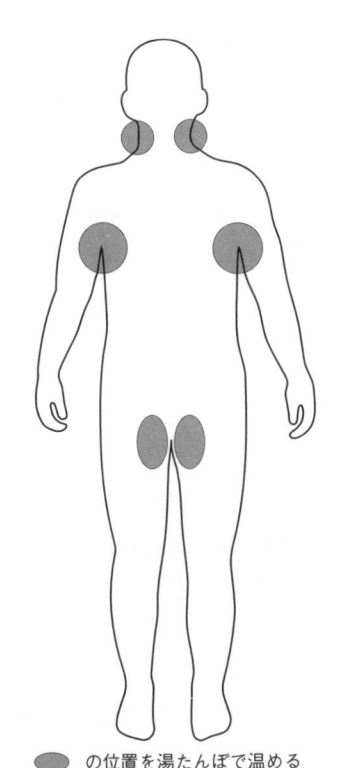

●の位置を湯たんぽで温める
図9−2　低体温症の患者を温める

を引き起こし、心臓停止につながる恐れがある。
　また、低体温症に陥っている者には、アルコール、コーヒーや紅茶、タバコは与えてはいけない。アルコールは血管を拡張して熱を逃がすし、コーヒーや紅茶に含まれるカフェインには利尿作用があって脱水症状になりやすく、タバコに含まれるニコチンは血管を収縮させて凍傷が起きやすくなるためだ。

　重症の低体温症患者は、ほとんど死んでいるように見えることがある。一見死んでいるようであっても、生きているものだと考えて蘇生の努力を惜しまないことが必要だ。

④身体を温める。衣服をつけない状態で沿い寝をしたり、腋下と鼠頸部の動脈を湯たんぽで温める。湯たんぽは、ポリ袋やポリタンクで代用できる。
⑤身体を温めるために手足などをさすってはいけない。(冷えきった血液や老廃物が心臓に入り、心機能が停止する恐れがある)

## ■低体温症からの生還

モン・ブランのボソン氷河のクレバスに転落したスキーヤーが救出された時、体は凍り、まさに死体だった。体温28度、重度の低体温症から生還した事例。

学生のA(25歳)とB(24歳)は春休みにヨーロッパ・アルプス最高峰モン・ブラン(4807m)をスキー滑降するためにボソン氷河から山頂を目指した。1981年3月26日、グラン・ミュレ小屋を出発し標高4000mまで登ったが吹雪となり引き返すことにした。ボソン氷河はガスが濃くホワイトアウトだった。それでも危険なセラック帯を滑り降り、一般的にはクレバスがないと言われる標高2500m付近をBが先頭で滑降していた。Bは雪に隠れていたヒドゥンクレバスにスキーの片足を取られ、あとから滑ってきたAに「クレバスをよけろ」と叫んだ。が、Aは避けきれずヒドゥンクレバスに転落した。割れ目の幅は150cm、Aは27m転落、頭を上にした宙吊り状態で停止した。ビルの9階に相当する高さを墜落したAは意識を失った。

Bは、雪が降ればヒドゥンクレバスが隠れAの転落の場所が分らなくなることを恐れた。目印に自分のザックを置いて救助を求めに下った。シャモニの山岳救助隊に連絡するとヘリコプターが直ちに出動した。この日、視界が悪く夕暮れとなって転落場所を発見できなかった。

3月26日、モンブランは晴れ、早朝からヘリコプターがAの転落したヒドゥンクレバスを捜した。この時、救助隊の目的は遺体収容だったという。ところがヘリコプターはBが報告した転落場所から上方ばかりを捜索していた。Aが転落した場所付近にはクレヴァスがないと信じられていたからだ。フランス語が堪能だったBが、「俺は転落場所を知っている。目印にザックを置いてきた」と山岳救助隊に頼み、ヘリコプターに同乗した。昨日からの降雪でクレバスは完全に埋まっていたが目印のザックを見つけ救助隊員が氷河に下りた。

クレバスを下降した救助隊隊長は、雪に覆われ、ザックの吊り紐1本で全体重を支えた宙吊りのAを発見した。顔の雪を払い生死の確認をするとAは微弱な呼吸をしていた。隊長が最初にしたのはコンタクトレンズをはずすことだった。Aの失明を避けるためだ。

クレヴァス転落から15時間30分後、Aは救出された。そのとき体温はたった28度しかなかった。隊長が「彼は生きている」とBに叫んだ。Aを見たBは「凍っている」と驚きの声を上げた。顔に血の気はまったくなく、顔も体も全身がコチコチに凍っていたのだ。

シャモニの病院に収容されたAは室温40度の病室に寝かされ点滴を受けた。最初に行なわれた治療はそれだけだ。体温が上がり、3日目には呼びかけに反応する程度に意識は回復し

た。ところが重度の低体温症が回復してくると腎不全を引き起こす。再びAは意識を失い危篤となった。

　Aはシャモニの病院から腎不全の透析ができるグルノーブル大学病院に移された。この時の治療上の問題点は、腎不全、脳外傷、右腕のクラッシュ症候群、吐血であった。

＊

　危篤のAの意識が戻ったのは4月1日だ。3週間、グルノーブル大学病院での治療を受けたAは日本に帰国、1年間に及ぶ闘病生活をすごして勉学に復帰した。神経麻痺をおこすと言われた右腕はリハビリで回復し、Aは循環器内科の医師になった。

　「シャモニの救助隊だったから私は助かった。低体温症治療の症例が豊富だったシャモニ、グルノーブルの病院で治療を受けたから私は助かった」とAは言う。

　Aは自らの体験をもとにして雪崩講習会で低体温症の啓蒙を行なっている。

## (6) 凍傷

　雪崩に巻き込まれた場合だけでなく、寒冷下で行動する場合は、常に凍傷の危険がつきまとう。

　凍傷によって直接生命が危険にさらされる場合は少ないが、処置法を間違うと手足の指を切断するはめになる場合もある。

　低体温症の項で見たように、寒冷下ではコアの温度を守ろうとして、体表部や四肢等の末端部から血管の収縮が起こるため、それらの箇所が凍傷にかかりやすくなる。

「凍傷とは、冷却により生体の組織が凍結して、傷害されることをいう。」(『登山の医学』より)

　凍傷にかかりやすいのは、四肢と顔、耳など、末端部と露出しやすい部分である。

　最初は、患部が冷たく、痛く感じる。ついで皮膚が蒼白色となり、それが広がる。さらに凍傷が組織の深い所まで達すると、患部が非常に硬くなる。

　予防するには、とにかく保温に努めるしかないが、行動中に冷たさを感じたら指先を動かしたり、手でこすってマッサージするなどの対処をするしかない。

　凍傷にかかってしまったら、テントやツェルトを利用して全身が保温できる場所を作り、38〜42度の湯を作って、その中で患部を急速に温める。患部を湯に入れると温度が下がるので、適宜お湯を足して温度を調節する。ただし、凍った皮膚は感覚がなくなっているので火傷に注意し、湯を足す場合は、患部をいったん湯から出し、適温になってから処置を繰り返すといった細やかな配慮が必要である。まちがっても患部を直火にかざしたり、火にかけた鍋に患部をつけるようなことはしてはいけない。

　また、手足が凍傷にかかった場合、治療後その場所から患部を使って歩かなければならないような時は、その場で治療を行うよりも、数時間歩いてでも患部を使わずに下山できる場所まで移動した方がよい。いったん融解した組織は非常にもろく、融解したあとに外力が加わると傷をますます悪化させてしまうからである。そのようにして悪化させるよりも、凍結したまま安全圏まで行って治療を施す方がダメージは少

なくてすむ。

凍結していた組織の融解が進むと、まず痛みが襲ってくる。痛いからといって止めるのではなく、我慢してでも加温を続ける。

治る途中で水泡が現れることがあるが、その際には細菌感染に充分注意する必要がある。

重症の場合や適切な加温を行わなかった場合は、皮膚がにぶい灰色を示し、やがて黒色になり、乾燥したような感じになってしぼんでくる。

ひどい凍傷では、皮膚を削りと取ったり、指先を切断しなければならないこともあるため、最初の治療を適切に行わなければならない。

## （7）骨折・脱臼

雪崩に巻き込まれている間に、立木や岩にぶつかって骨を折ったり、手足や肩などの関節が不自然にねじられて脱臼したりすることがあるので、これらに対する処置法も知っておかなければならない。

### ①骨折

骨折には皮膚に損傷が見られない閉鎖性骨折と折れた骨が皮膚を破って外に出る開放性骨折がある。

手足の骨折の場合は、折れた箇所の両側の関節を含めて三角巾や副木で固定してしまうことが原則だ（図9－3）。

鎖骨を骨折した場合は、両肩が後ろに引っ張られるように8の字帯固定法で固定する（図9－4）。

開放性骨折の場合は、細菌による感染の危険がある。骨髄に細菌が感染すると大変なことになる。

骨折して皮膚が破れている場合は、傷口をきれいに洗って消毒をし、滅菌ガーゼで患部を覆ってから副木を当てるなどの処置を行う。

登山靴やスキー靴を履いた状態で下腿部を骨折したような時は、

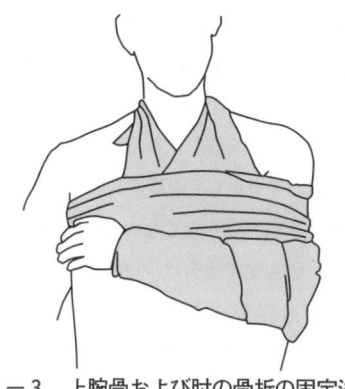

図9－3　上腕骨および肘の骨折の固定法

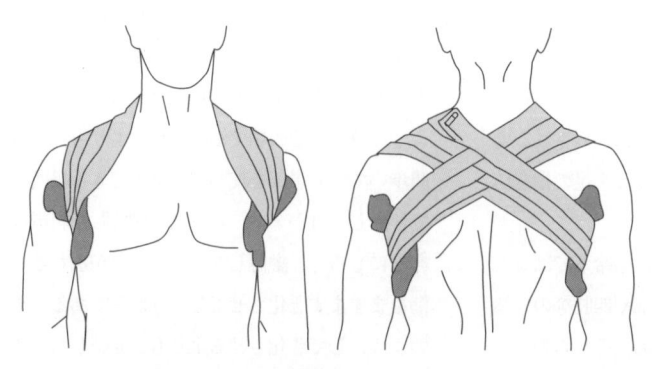

図9－4　鎖骨骨折の8の字帯固定法

靴自体を副木代わりにして、靴を履いた状態で副木を当てるのも有効だ。

②脱臼

関節がはずれたり、ずれたりすることを脱臼という。脱臼を治すには、整復が必要だが、へたに整復しようとすれば、神経や血管を傷つけたり骨折したりすることがあるので、現場で無理に整復しようとせずに医師に任せるべきだろう。

応急処置の方法としては、骨折と同じで、はずれた関節の両側の関節を含めて副木などで固定したり、テーピングを施す。

### (8) その他

雪崩に巻き込まれた時のダメージは、上記のもの以外にもある。例えば、頭蓋骨骨折であるとか、頸部・脊椎損傷、腹部の裂傷など多数考えられる。

しかし、紙面の都合上、そのひとつひとつについて医療的処置を詳述することはできない。それぞれの症例に応じた処置法の知識を得るためには、専門書を読んだり医師の指導を仰ぐなど、読者諸氏の日頃の努力に期待するものである。

## 2 遭難者の搬送

雪崩に巻き込まれ、ダメージを受けた者を現場から下界まで運ぶ際にどの様なことに注意すればよいのだろうか。

本来であれば、重症の患者はできるだけ動かさず、ヘリコプターや雪上車の救援を待つべきであるが、ヘリコプターが着陸できない場所や、雪上車が入り込めない場所で事故があった場合は、少なくともそれらが来られる場所までの運搬が必要となる。また、樹林限界を超えた所で悪天時に事故があった場合も、樹林帯まで患者を運び下ろす必要が出てくるだろう。

大の大人を少人数で何時間もかけて運ぶことはまず不可能なことと考えてよい。事故に遭ったパーティ内で患者を運ぶのは、安全圏へ移動させるためだけだろう。

重傷を負った者を不用意に動かすと、症状の悪化を招くということをまず肝に命じておく必要がある。特に、低体温症の疑いの場合がある場合は、可能な限り慎重に、負傷者に刺激を与えないようにする必要がある。

ダメージが少なく自力で下山できたり、周囲の者がサポートして歩ける場合は、できるだけ本人に歩くようにしてもらい、周りの者に負担がかからないようにすることも必要だ。

身動きがとれない者をいかに安全に運ぶかを見てみよう。

## （1）担ぎ降ろす

通常の状態でも、大の大人をおぶって長距離を歩くのは大変である。まして、深い雪の中を下ろすのは至難の技といえる。

使えるものは何でも使い、できるだけ担ぎやすい状態にして運ぶ必要がある。

### ①ザックの利用

**a．1つのザックを利用する（図9－5a）**

人を担ぐ場合の方法として、ザックを利用する方法がある。50ℓ以上の大きめのザックが適しているが、小さめのザックでも工夫しだいでは使える。

まず、使うザックを空にして上下逆さまにする。通常下側に来る背負い紐の立ち上がりの付近にタオルなど巻き付けクッションとし、その部分を肩に当てるようにして背負う。

背中とザックの間に負傷者を座らせて背負うと、手で支えるよりははるかに背負いやすく、背負われる側も比較的快適だ。

背負い紐の立ち上がり部分は、強度的に弱いので、細引などのロープで補強するとよい。

また、背負っている紐の部分が外側に広がるので、細引などを利用して、胸の前で左右の背負い紐を寄せるようにチェストベルトを作るとよい。

**b．2つのザックを利用する（図9－5b）**

背負う側は、普通にザックを背負い、背負われる側は、aと同様に逆さにしたザックの背負い紐の所に足を通す。

あらかじめ、細引などでザックを組み合わせ

ザックを空にして、上下逆にし、背中とザックの間に負傷者を座らせる

2つのザックを互い違いにして細引やカラビナなどで固定し、ザックとザックの間に負傷者を入れて担ぐ

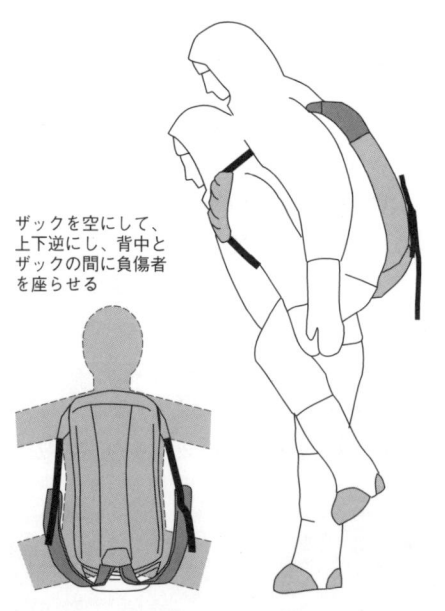

図9－5a　1つのザックで担ぐ

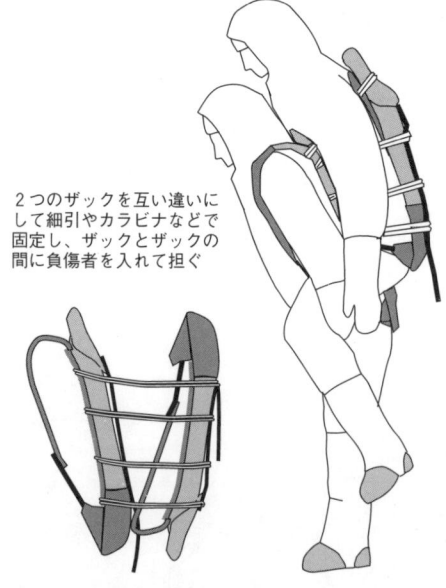

図9－5b　2つのザックで担ぐ

てから、後側のザックの背負い紐に負傷者の足を通し、担ぐ。

この方法だと、aの方法より背負う側の負担が少なく、かなり快適になる。

ザックを利用する方法は便利ではあるが、空にしたザックに入っていた荷物を周囲の者が背負わなければならず、全員が大きめのザックを持参している必要がある。

### ②ロープの利用（図9－6）

ザイルなどの長めのロープを持っていると、負傷者の身体にロープを巻き、そのロープで背負う事もできる。

負傷者の足が入る部分に太ももの周囲より少し大きめの輪を2つ作り、それぞれの輪に左右の足を入れる。背中の部分にも背当てのために

ロープを張り、あまったロープで担ぐ側の背負い紐を作るようにする。

### ③アウターウェアの利用（図9－7）

ジャンパー、オーバーズボン、雨具などのアウターウェアを利用して担ぐ方法もある。

ズボンに上着の裾を入れ、細引などで絞るように縛る。その後、左右同じ側の上着の袖とズボンの裾を本結びで縛る。

ザックを利用した場合と同じ要領で、できた2つの輪に背負われる側の足を通し、上着の袖の部分で背負う。細引でチェストベルト（胸の部分のベルト）を作ると背負いやすくなる。

ただし、衣類を利用するので、予備のものがあればよいが、そうでなければ天候の悪い時には使えない。

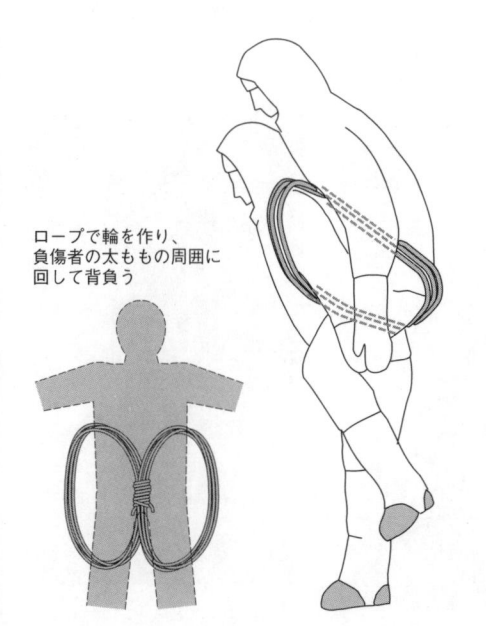

**写真9－6　ロープを使って担ぐ**

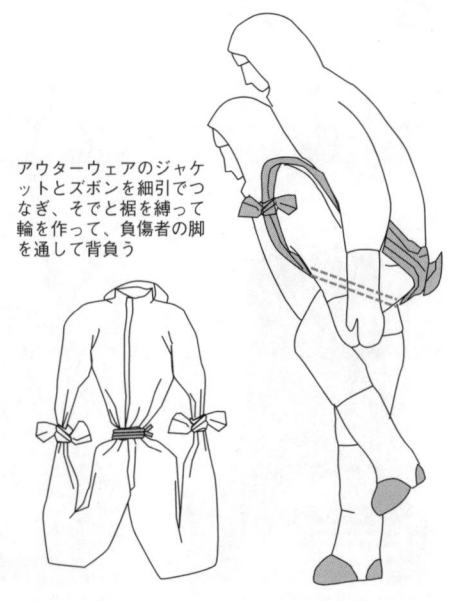

**写真9－7　アウターウェアを使って担ぐ**

## (2) ソリによる搬送

　山中で負傷者が出た場合、スキーがあると簡易ソリを作ることができ、担ぐより労力を少なくして搬送することができる（写真9-4、5）。

a．スキーの板を2～4枚並べる。

b．それぞれのスキーが横にずれないように、ストック、木の枝、などの横木を先端部、中間部、テール部分に渡し、細引などのロープで固定する。この時、横木がはみ出さないようにする。

c．ソリの先端部、両サイド、後部に引き綱をつける。引き綱はループ状にしておき、引き手が肩にかけて引けるようにすると楽で安全だ。

d．ザックや荷物でクッションと枕を作り、その上に負傷者を寝かせる。

e．負傷者は、防寒具を着せてシュラフに入れるなどして保温に努め、ロープでソリに固定する。

f．ソリを引く時は、先頭で引く者以外に、左右に必ず人がついて横すべりを起こさないようにしたり、滑り過ぎないように後部の者が調整する。

g．搬送中も負傷者の顔色には注意して、体調に気を配る。

　登山用に売っているシャベルには、ブレードの反り返りをスキーの先端部のそれに合わせたものがあり、これを利用するとよりスムーズに

写真9-4　スキーを使ったソリによる搬送

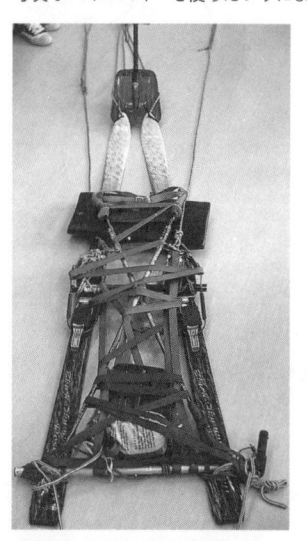

写真9-5a　スキーを使ったソリ

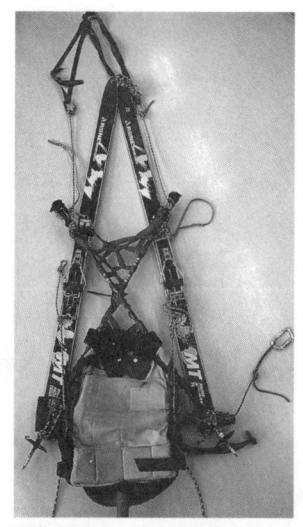

写真9-5b　スキーを使ったソリ

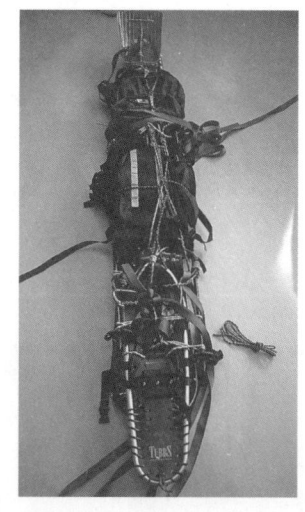

写真9-5c　スノーシュー、スノーボードを使ったソリ

スキーでソリを作ることができる。

　ソリの組み立てや搬送方法は、事前に練習しておくとよい。深雪の中での搬送は、予想以上に大変で、長距離を移動するとロープの結び目が緩むなどしてソリが壊れたりする。

　手持ちの装備で確実にソリを組みたてられるように、日頃からの練習をおすすめする。

写真9-6a　簡易ソリ"スケッド・ストレッチャー"

写真9-6b　軽量・コンパクトなスケッド・ストレッチャー

# 3 遺体の安置

　遭難現場では、負傷者がどういう状態で発見されようとも「生きている」ことを前提として事を進めなければならないことは肝に銘じておく必要がある。周囲にいる者の心がけと努力ひとつで九死に一生を得る場合も多いはずであるし、逆に助かるものも助からないという状況にもなりうる。

　それでも、不幸にして絶望と判断せざるを得ない時に、どうすればよいかを見てみよう。ただし、医師以外のものが「死の判定」を下すことはできないことは、知っておいていただきたい。

## (1) ダメージのチェック

　桑園中央病院副院長の松井傑医師によると、非常に条件の悪い山中で、専門的な医療知識を持たないものが、負傷者のダメージの度合を見るためには、以下の4項目をチェックすることだという。

### ①脈拍

　脈拍の有無を確認する場合は、首の内側の脈（内頸動脈）をチェックする。内頸動脈は、血圧が50以下でも脈拍を確認できる。（図9-7）

### ②呼吸

　口元に耳を近づけて呼吸を確認する。風の音などがじゃまして聞き取れない場合は、口や鼻に眼鏡のレンズを近づけて曇り具合を見て確認することもできる。

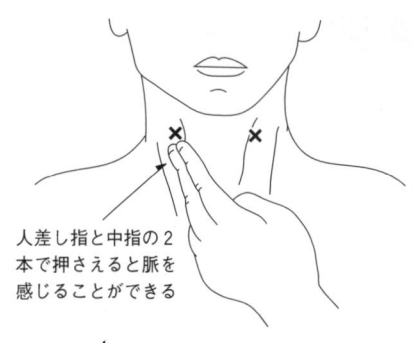

人差し指と中指の2本で押さえると脈を感じることができる

内頸動脈は血圧がかなり下がった状態でも脈拍を確認することができる

図9-8　脈拍の確認

③瞳孔

　瞳孔の拡大は、死の判定基準の1つではあるが、瞳孔が拡大しているからといって必ずしも死亡しているとは限らない。

④睫毛反応

　軽く目をつぶった状態で、他の人がまつげに軽く触れると、まぶたがピクピクする。これを睫毛反応というが、これは神経の反射によるもので、この反応があるということは生きているということになる。ただし、顔面の筋肉が凍っている場合は、睫毛反応が見られないこともある。

　繰り返しになるが、以上の4項目はあくまでも判断材料のひとつであって、①から④のすべての項目が悲観的だからといって、救命行為を放棄してはいけない。

## （2）遺体の安置

　不幸にして死者を出してしまった場合、いったん遺体を安置し、救援隊による搬出を待たなければならない。

　遺体の安置には、雪崩に流されない場所を選ぶ必要がある。

　また、安置場所には赤旗などで目印をつけ、自分が持っている地図にも印をつけておく必要がある。どか雪が降ったりすると、あたりの雰囲気が遭難時とは変わってしまうこともあるため、木の枝の先などの高めのところに何カ所かマーキングし、周囲の地形とあわせてスケッチしておくとよい。

　安置する際には、遺体を寝袋などに入れて露出部分をなくし、テントに入れる。テントがなければ、一時的に雪に埋める必要がある。これは、鳥獣などによる被害をなくすために必ずしなければならない。

# 10章
# 救助隊による本格的捜索

樋口和生

1. ゾンデーレン
2. トレンチ掘り
3. 導水融雪法
4. パトロール
5. その他の捜索方法

雪崩に巻き込まれた場合、現場にいる仲間が埋まった者を助ける「セルフレスキュー」の重要性をいままで解説してきた。しかし、セルフレスキューだけで常に埋没者を発見できるとは限らない。

大規模な雪崩に巻き込まれ、埋没場所を特定できない場合や、ビーコンを持ち合わせていない場合など、前述の方法では捜索が難しい場合もあるだろう。特に近年増えているレジャー型の雪崩事故では、ビーコンを持たないスキーヤーやスノーボーダーが、スキー場のすぐ横のオフピステで雪崩に巻き込まれ、スキー場のパトロール隊員や地元の消防隊員、山岳遭難対策協議会などによる組織だった捜索が行われることが多い。

ここでは、セルフレスキューでは対処しきれずに救助隊を要請し、その救助隊が捜索を行う際のさまざまな方法を紹介する。

救助隊を編成しての捜索とセルフレスキューとの違いは、人数と装備の違いであろう。少人数で行うセルフレスキューと比べて、ある程度の人数をあてにできる救助隊による本格的捜索は、捜索する範囲が広がって埋没者を発見できる可能性が高まるし、捜索時間も短縮できる。

しかし、これはあくまでも救助隊が組織だって活動できる場合のことで、ふだんからの訓練が必要となるし、経験豊富なリーダーが統率する必要がある。

ただし、捜索隊による救助は多くの場合遺体捜索を意味し、事故当時に現場にいる者が埋没者を救出するための最大限の努力をする必要があることは肝に銘じておかなければならない。

# 1
# ゾンデーレン

金属製のゾンデ棒を雪の中に刺し、その手ごたえで埋没者を捜し出すことをゾンデーレンという。

ゾンデは、直径10mm前後、長さ3m前後の棒で、アルミ合金、カーボンなどの素材でできた折り畳み式のものやつなぎ合わせるとゾンデ棒になるスキーストックなどが市販されている（140頁参照）。

以前は、建築用の鉄筋に使う鉄棒を使うことが多かったが、最近では軽量で携帯に便利な上述の物を使うことが多い。ただし、捜索が長期化してデブリが固くなってくると、市販のゾンデでは刺さらなくなり、従来の鉄棒が威力を発揮する。

## （1）ゾンデ隊の組織

ゾンデ隊は、リーダー、ゾンデ隊員、ライン係、シャベル係、記録係、安全係からなり、各々の役割をきちんと認識して、リーダーの指示のもとに整然と捜索活動を行なう必要がある（図10-1）。

①リーダー（1名）

リーダーはゾンデ隊を統率し、隊全体をスムーズに動かして効率的に捜索活動を行なえるようにする。

ゾンデ隊員に号令をかけるだけでなく、隊全体の安全確保や士気を高めたり、必要に応じて隊員の役割を交代させるなど、隊をマネージメントする能力も要求されるため、経験と同時に

人望の厚い人が適している。

## ②ゾンデ隊員（10〜15名）

ゾンデ隊員は、横1列になって、リーダーの号令のもと、ゾンデ棒を雪に突き刺して埋没者を探し当てる役割を担う。

ゾンデを刺した時に何かの手応えを感じたら、静かに手を上げ、後方に控えるシャベル係に知らせる。刺したゾンデはそのままにして、シャベル係の持っているゾンデを受け取り、すみやかに隊列に戻り、掘り出す作業はシャベル係に任せて、ゾンデ捜索を続行する。

ゾンデ隊員の人数に決まりはないが、1人のリーダーが全体を見ながら動かすことのできる人数は、最大15人くらいが適当だろう。

もちろん、状況に応じて人数を増やしても構わないが、人数的にかなり余裕がある場合は、ゾンデ隊を2つ以上に分けて、別々の指揮系統で動かした方が効率がよい。

## ③ライン係（2名）

ゾンデ隊の列の両端でロープを張り、隊員の列を乱さないようにする係。リーダーの号令に従って動いているゾンデ隊が前進する幅だけ先行して、進んでくるゾンデ隊に備える。

人員が不足している場合は配置しなくても構わないが、ライン係を置いた方が捜索活動はスムーズに進む。

## ④シャベル係（3〜5名）

ゾンデ隊の後方にシャベルとゾンデを持って位置する。ゾンデ隊員の手が上がったら、手持ちのゾンデをゾンデ隊員に渡し、残されているゾンデ周辺の感覚を確認し、人と思われる時はシャベルで掘る。

遭難現場のデブリは、樹木や岩、氷塊などが埋没しており、ゾンデ隊員は埋没者以外の手応えでも疑わしい場合は知らせてくるため、シャベル係は重労働になる。

## ⑤記録係（1名）

捜索活動全般の記録をとる係。時間記録だけでなく、捜索現場の見取り図、見取り図への掘削場所の落とし込み、捜索終了範囲のチェックなど、捜索活動全般に関する記録をとり、その

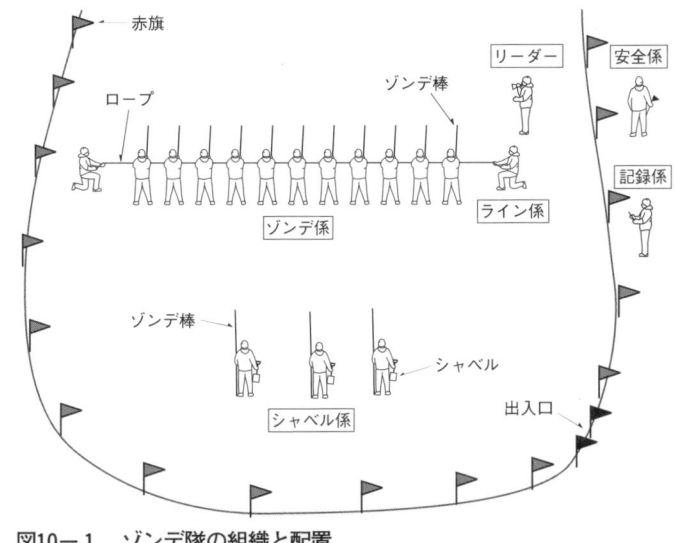

図10－1　ゾンデ隊の組織と配置

後の捜索活動や活動報告に行かせるようにする。

### ⑥安全係（1名）

雪崩事故の捜索現場では、二次雪崩の危険にさらされながらの捜索活動となる。救助隊自体の安全性を確保するため、見張り役としての安全係を配置する。

安全係は、捜索現場から離れた安全な場所にいて、捜索隊に危険が迫った場合に、全員に危険を知らせて退避させる役割を担う。

捜索活動に入る前に、退避場所と経路を全員で確認し、安全係から指示があった場合にスムーズに退避できる態勢を整えておくことも重要だ。

## （2）ゾンデ捜索の実際

ゾンデ捜索は、リーダーの指示のもとに整然と行なわれる必要がある。各自が各々の役割を十分に理解して、その役割を全うすることによって、効率的な組織だった捜索活動が可能になる。

たとえば、シャベル係が掘り出し作業を始めた時に、全員がその作業を見守るよりも、掘り出しはシャベル係に任せて、ゾンデ捜索を続行させた方が、時間のロスが少なく作業がはかどる。

リーダーは、全体の流れがスムーズに行くように常に気を配る必要がある。

それでは、ゾンデ捜索の実際の手順をみてみよう。

### ①デブリ範囲のマーキング

デブリの縁に赤旗などを立てて、デブリの範囲が一目でわかるようにしておく。

降雪によってデブリが雪に埋まったり、捜索活動の進展に伴う踏み荒しによってデブリの範囲がわからなくなることを防ぐために必要だ。

また、記録係が現場の見取り図を書く時にも有効になる。

### ②退避場所と経路の確認

緊急時の退避場所とそこへの経路を決め、全員で確認しておく。

これは、捜索隊自体の安全確保として、必ず行なっておく必要がある。捜索活動中に二次雪崩などの危険が迫った場合、安全係の指示でスムーズに避難できるようにしておく。

### ③入退場場所の決定

捜索隊が捜索現場のデブリに出入りする場所を1カ所に決め、旗などでマーキングをしておく。

捜索活動が進むにつれて、デブリの上は踏み荒らされてゆくが、捜索を行っていない場所を踏み荒らさないように、デブリへの出入口は1カ所にして、緊急時以外はそこから出入りする。

通常は、デブリの末端の左右いずれかの端に出入口を作る。デブリ範囲のマーキングを行なった旗とは違った色の旗を使うとわかりやすい。

### ④人員の配置

デブリの出入口を通って、リーダー、ライン係、ゾンデ隊員、シャベル係の順に捜索現場に入る。

捜索は、埋没可能性の高い場所から始める（155頁参照）。

ゾンデーレンは、デブリの下流から上流へ向

かって行う。これは、埋没者はデブリの末端に埋まっている可能性が高いことと、二次雪崩が起こった際にいち早く対応することができるためである。

リーダーの指示に従って、探し始める場所でライン係がロープを張る。

ゾンデ隊員は、ライン係の張ったロープにゾンデが軽く触れる程度の位置に、横一列になって立つ。

ゾンデ隊員同士の間隔は、両手を横に広げる、片手を横に広げる、手を腰に当てて両肘を横に広げる、手を腰に当てて片肘を横に広げるなど、捜索の細かさ（粗さ）によって変わってくる。

後に述べる2点ゾンデ法の精度を考えると、手を腰に当てて片肘を横に広げた幅（片肘の幅・50～60cm）を推奨したい。

写真10-1　デブリの範囲、遭難点、消失点、デブリの末端などにマーキングする

### ⑤ゾンデーレンの方法

ゾンデーレンには、スピードゾンデ（粗いゾンデ）、3点ゾンデ（細かいゾンデ）、2点ゾンデの3種類がある。

スピードゾンデは開いた両足の中間の1カ所にゾンデを差し込む。3点ゾンデは両足のつま先とその中間の3カ所にゾンデを刺し込む。前者は精度が落ちるがスピーディーに捜索を進めることができるため、短時間に広範囲を捜索するのに適している。後者は、精度は増すが時間がかかり、遺体捜索など時間をかけてじっくりと捜索するのに適している。

ここでは、両者の利点を取り入れた、2点ゾンデ法を紹介する。

a．ゾンデ隊は、片肘の幅で横一列になり、両足を肩幅に広げて立つ。

写真10-2　ゾンデ捜索隊が捜索エリアに入る

写真10-3　デブリ末端から上方へ向かってゾンデ捜索する

b．リーダーは、「右刺せ」、「左刺せ」、「進め」の号令を出す。ゾンデ隊は号令に従って、「右足つま先の前」と「左足つま先の前」にゾンデを差し込んだ後に、一歩前進し、ライン係の張ったロープにゾンデを軽く触れた状態で待機する。

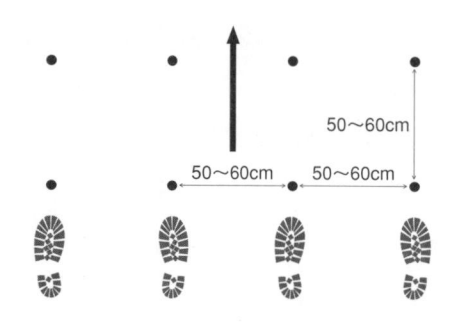

図10−2　ゾンデーレンの間隔

写真10−4 a　片肘の幅のゾンデ間隔

写真10−4 b　片腕の幅のゾンデ間隔

写真10−4 c　両腕の幅のゾンデ間隔

c．ライン係は、ゾンデ隊が刺す動作を始めたタイミングで、一歩分（50〜60ｃｍ）前方にラインを動かし、ゾンデ隊の前進に備える（図10−2）。

d．ゾンデ隊員が異物を感じたら、静かに手を上げ、シャベル係に知らせる。異物の疑いが少しでもあれば、遠慮なく手を上げる。

e．シャベル係は、手の上がったゾンデ隊員の所に行き、持っているゾンデをゾンデ隊員に渡し、ゾンデ隊員の残したゾンデで、その周囲を細かく刺して、異物が埋まっているかどうかを確認する。ゾンデ隊員からシャベル係に、埋まっていると思われる大体の深さを知らせておくとよい。

f．異物を感じたゾンデ隊員は、シャベル係からゾンデを受け取った後、すみやかに隊列に戻り、ゾンデーレンを続ける。

g．シャベル係は、遺留品などを発見した場合は、遺留品を回収するとともに、発見場所に旗などでマーキングをする。

h．一度のゾンデーレンで埋没者を見つけることができなかった場合は、左右に半歩ずつずらして二度目の捜索を行ったり、新しい範囲を捜索する。

i．埋没者が見つかるまで、この作業を繰り返す。

＊

捜索むらをなくすために、ゾンデは鉛直方向に刺すことが大切だ。捜索中にゾンデを一人だけ斜めに刺したりすると、その人の足元だけ捜索の空白域ができてしまうからだ。両手を上下に離してゾンデをつかむようにすると、比較的

**図10－3　ゾンデーレンの間隔**
隊列を組んでの捜索時に1人だけ斜めに刺すと、その人の足元だけ捜索の空白域ができる

鉛直方向に刺しやすくなる（図10－3）。

　埋没者を発見した際には、体を傷つけないように手で雪を掘り、まず顔を出して呼吸空間を確保し、その後全身を掘り出す。

　埋没者が深い位置にいればいるほど、掘り出す穴の大きさは大きくなり、作業が大変になる。

　ゾンデーレンは、単調な作業の繰り返しだ。捜索が長時間に及ぶ時は、適宜休憩をとったり、担当を交代するなど、緊張感を持続させながら作業にあたる工夫をすることも重要だ。

写真10－5　ライン係の張ったロープに従ってゾンデ捜索する

写真10－6　ゾンデ隊員は感覚があれば手を上げてシャベル係に連絡する

写真10－7　シャベルとゾンデを持ったシャベル係は感覚点をゾンデで確認してから掘る

## 2 トレンチ掘り

遭難者が埋没している可能性の高いデブリ末端等にトレンチ（深い溝）を掘り、そこから縦横にゾンデーレンをする（次頁図10－4）。

ただし、この方法は、トレンチを掘るのに必要な時間のことを考えると、生存救出のための方法ではなく、遺体捜索の方法ととらえ、まずは通常のゾンデーレンを行なった後の二次的な捜索方法であることを理解されたい。

トレンチのサイズは特に決まっていないが、内部で横方向にゾンデーレンをすることを考えると幅は広い方がよい（次頁図10－5）。

ふつうの積雪と違い、デブリは固くしまっているため、トレンチ掘りはかなりの重労働となる。しかし、遺体捜索の作業効率を上げるためには有効な手段であるので、できるかぎり多くのトレンチを掘ることが望ましい。

## 3 導水融雪法

沢の水をホースやチューブを用いてデブリの所まで引き、水で雪を溶かしてトレンチを作る方法。手作業で固い雪を掘ってトレンチを作るよりも、はるかに効率がよく有効な手段といえる。

1991年の暮れに利尻山の東稜で遭難した明治大学山岳部隊が捜索時に使用し、効率よくトレンチを作成している（図10－6）。

明治大学隊の遭難報告書によると、支沢の水を利用して、取水部に一斗缶を置いて水を貯め、一斗缶の底に穴を開けての軟質ビニール管（直径50mm）を差し込み、さらに硬質塩化ビニール管（直径40～50mm）につないで水を流し、放水部にはサニーホース（直径50mm）を利用している。また、取水部には石止め用の金網を張って、石の混入による詰まりを予防している。

沢水を利用する場合、ある程度の水量と水の勢いが必要となる。従って、水量の少ない冬期間にこの方法を用いるのは難しい。春になって雪解けが始まり、沢の水量が増えてから有効となる。

また、水の勢いを得るためには、取水部から放水部までの間にある程度の落差が必要となる。従って、比較的傾斜の緩い本流から水を取るよりも、傾斜の急な側面の支沢から水を取った方が導水距離が短くてすみ効率的であるし、本流が広くデブリで覆われていることが多いことを考えると本流の水を利用するのは実際的で

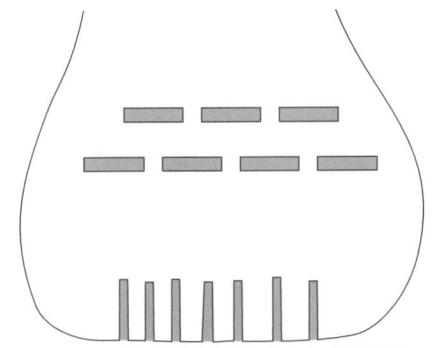

図10-4　デブリにできたトレンチの模様

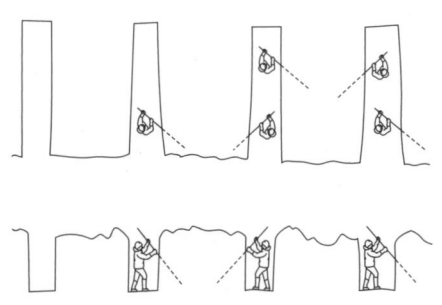

図10-5　トレンチ内のゾンデ

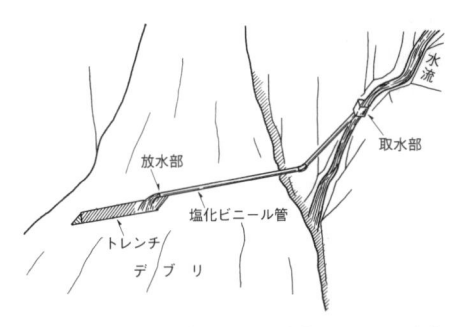

図10-6　導水融雪法は効率的にトレンチを掘ることができる

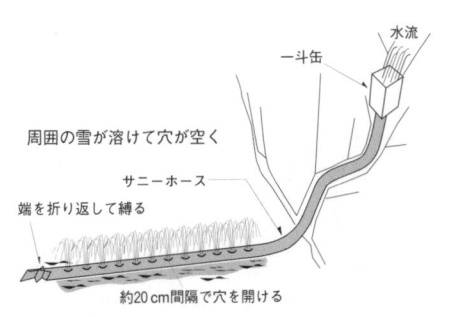

図10-7　サニーホースを使ったスプリンクラー

はないだろう。

　2000年2月に起こった、北海道のニセイカウシュッペ山の雪崩遭難事故（札幌中央勤労者山岳会）の捜索活動は長期化したが、この時もこの方法を取り入れ、6月下旬から支沢の水を利用してデブリに穴を開けている。開けた穴は主にシャベルで掘り返した雪を捨てることに使っているが、これによって、雪面の掘り下げ作業が大幅に加速した。

　また、報告書によると、直径50mmのサニーホースで水を引くと、直系50cm深さ5mの穴を開けるのに約5時間かかるため、実際の作業には数セット必要と報告されている。

　さらに、ホースの先端を折って針金で留め、ホース自体に20cm間隔くらいで穴を開けてスプリンクラー状にすると、1週間後にかなりの融雪が期待できるとも報告されている（図10-7）。

## 4 パトロール

初期の捜索も空しく埋没者を発見できない場合、捜索が長期化することはやむを得ない。

特に大規模な雪崩に巻き込まれ、デブリ末端の積雪深が数mにも及ぶような場合は、雪解けを待って遺体を捜索することになる。

捜索活動が長期化すると、組織的にローテーションを組んで現場付近をパトロールする必要がある。これは、雪解けが進んでデブリの規模が小さくなるにつれて、少しずつ遺留品が現れ、やがて遺体が発見されるからである。

パトロールを行う前に現場付近の見取図を作成し、遺留品を見つけた際に日付と時間を書き込めるようにしておく。このためにも、事故発生当時の現場付近の見取図は必要である。また、遺体発見時には気が動転することもあるため、発見時にすべき処置等をあらかじめ覚え書きとして携行し、項目をひとつずつチェックしながら行動するとよい。

パトロール時には、雪面だけでなく、初期捜索時に掘ったトレンチの中や、地面の熱で解けやすい雪渓の端にできた空隙なども丹念に見て回り、少しでも不審なものがあれば近づいて確認するなどの慎重さが要求される。また、パトロール日誌をつけ記録として残すとともに、後からパトロールに入る人への引き継ぎ事項も整理しておく必要がある。

また、捜索が長期にわたる場合は、デブリの下流側に網場を設けて、雪解けとともに遺留品が流失しないようにし、パトロール時にはここも巡回路に入れておくことが必要となる。

| | | |
|---|---|---|
| 1 | 発見日時 | 年　月　日　時　分発見 |
| 2 | 天候 | |
| 3 | 場所 | 見取図・地形図にマークする 現場にも赤旗などでマーキング |
| 4 | 発見者 | 氏名 |
| 5 | 写真の撮影 | 周囲の地形も含めた全体像 遺体の細部を写したもの |
| 6 | 遺体の損壊程度 | |
| 7 | 衣服の確認 | |
| 8 | 身につけているもの | |
| 9 | 応援隊必要の有無 ①必要な場合の人員数 ②持参すべき装備 | |
| 10 | 連絡先メモ | 所轄警察署の電話番号 遭難対策本部等の連絡先電話番号 |
| 11 | 遺体処置時の注意事項 | |

表10−7　覚え書きの内容例

# 6 その他の捜索方法

これまで、ゾンデーレン、トレンチ掘り、パトロールといった捜索方法を紹介してきたが、それではそれ以外に捜索する手だてはないのだろうか。

考えられるのは、金属探知機やレーダーの利用であるが、結論から言ってしまえば、現在のところ他の方法にとって変わるほど決定的に有効な手段ではない。

簡単にそれぞれの特徴を述べることにする。

## (1) 金属探知機

雪中に深く埋まった状態で、金属を身につけていない状態では人体の判別は難しいが、数十cm程度の深さであれば有効である。

本体は小さいが、アンテナがかさばるため運搬が面倒であるのと、画像を読み取るには訓練が必要となるので、だれでもすぐに使えるというものではない。

ただし、訓練を受けた人がいて、比較的浅いところに埋没者がいる場合は有効な手段となりうるだろう。

## (2) インパルスレーダー

積雪内の層構造の解析に用いられ、岩屑の層を検出したりしているが、人体がほとんど水分であることを考えると雪との判別がつきにくい。

全機材の重量が100kgを超えることを考えると、山中での捜索には不向きであるし、データをコンピュータで解析しなければならないので実際的ではない。

## (3) 地中探査レーダー

地面から地下に向けてレーダ電波を発信し、地下構造の境界で反射・屈折・回折を経て、地表に返ってくる電波の強度と経過時間を測定して、地中の構造物、埋設物、亀裂等を遠隔測定する装置。調査目的や深度に応じて、一般には10MHzから2.5GHzの周波数の電磁波を用いる。測定可能深度は、数十cmから150m（最大）程度である。

地中探査レーダには様々な機種が市販されているが、その内の1つ、スウェーデン、マロジオサイエンス社製RAMAC地中探査レーダは、本体・バッテリー・送受信アンテナ（800MHz）・ノート型パソコンの一式で計12kgであり、1人でも身につけて携行できる。

このようなレーダにより、雪崩に埋没した人、テント、大型ザック等の検知が原理的には可能である。しかし、一般に雪崩のデブリは大小さまざまな雪ブロックや空洞、異物が混在し、それらからの反射波が非常に多く観測され、雪崩遭難者に関わる物かどうかの判定が難しい状況にある。今後、複数の周波数を組み合わせたり、解析方法の進歩により、雪崩捜索に利用できるようになる可能性はある。

## (4) 電磁波探知装置「シリウス」

阪神大震災のあと、都市型災害用の電磁波探知装置「シリウス」が全国の消防に導入されている。電磁波を照射してガレキや土砂に埋まっ

た生存者を発見する装置で、障害物があっても生存者がいれば探知できる。車両内や船舶内に隠れている密航者の捜索にも使用される。装置は、電磁波を照射する箱型部分と反応を解析するノートパソコンの2つに分かれ、全体ではひとりで担げる程度の大きさと重量だ。生きている人の心臓に電磁波が照射されると特有の波形がパソコン上に表示され、生存者の存在と埋没位置が特定できる。

　理論的には雪に埋まった生きている人の存在を探知できるが、札幌市消防局の実験では短時間に広範囲な捜索を電磁波探知装置で行なうことは困難で、実用的ではなかった。

# 11章
# 雪崩事故の実例

阿部幹雄

1. ニセコアンヌプリ"春の滝"の雪崩
2. ニセイカウシュッペ山"アンギラス"の雪崩
3. 樺戸山塊の全層雪崩
4. 十勝岳ＯＰ尾根のハードスラブ雪崩
5. 八ガ岳日ノ岳ルンゼの雪崩
6. 志賀高原前山スキー場コース外の雪崩
7. カナダのヘリスキーでの大規模な雪崩
8. 谷川岳一ノ倉沢滝沢の雪崩
9. 蒲田川左俣・日本最大の表層雪崩

# 1
## ニセコアンヌプリ "春の滝"の雪崩

立ち入り禁止の"春の滝"を見にいったスノーシュー・ツアーの4人が埋没し女性客1名が死亡。ガイド2名は業務上過失致死傷で禁固8カ月の有罪判決を受けた

雪崩事故の2日後、警察の現場検証が終わるのを待っていた私は、ニセコひらふスキー場センターフォーリフト西側尾根の樹林内から地元の人たちが"春の滝"と呼ぶ岩場下部の沢に向かった。雪崩の心配などまったく感じられない樹林から出たとたん、樹木がほとんどない沢状地形となった。樹木がない春の滝下部の沢は雪崩の常襲地帯であることを物語っている。現場検証に立ち会っていたガイドのCとDが、休憩していた場所を指し示した。たしかにそこからは春の滝の眺望が素晴らしく、振り返れば蝦夷富士と呼ばれる羊蹄山の眺めもよかった。春の滝周辺はひらふスキー場のコース外で、過去に幾度も雪崩事故が起きているため立ち入り禁止となっているが、ガイドと彼らの仲間は強制力のない規制を無視して頻繁に滑っている。スノーボードが好きで冬の間だけ関西からニセコへ移り住む"住みつき型滑走人"となっている女性AとBに「春の滝を見せたかった」という。しかし、客の安全が優先されるスノーシュー・ツアーで立ち入り禁止となっている場所に来なくてもよかったし、こんな危険な場所で休むこともなかったのに……と私は思った。A（24歳）とB（24歳）、ガイドのC（40歳）の3人が埋没していた場所には直径7、8m、深さ3mの大きな穴が掘られていた。

穴の横には2人のガイドが捧げた花束が置かれている。「まさか雪崩がここまで来るとは思わなかった……」と悔やむ2人は自分たちのミスのためにAが死んだというショックが強かった。Dは「人の命のはかなさを感じます」と言葉も少ない。死んだA、残された家族、案内したガイド、防げたかもしれない雪崩事故のためにまた不幸な人々が生まれた。私は、「死ななくてもすんだのに……」と雪崩の破断面がくっきりと残る春の滝を見上げた。

## 「絶対に安全な日」と確信して

1998年1月28日、CとDが働くガイド会社XにAとBはスノーシュー・ツアーに参加するためやってきた。2人は、もっぱらスキー場のコース内ばかりを滑走しスノーボードのボーダークロス大会で優勝することが夢だ。X社の無料体験ツアーに参加したAが「面白いよ」とBをスノーシュー・ツアーに誘った。このところ風はおだやかながらかなりの雪が降る天気が続いている。昨夜も30cmほどの降雪があり、まだ天候は回復せずニセコアンヌプリ（1308m）の800m付近から上空は雲の中だ。スノーシュー・ツアーはチセヌプリ（1135m）を予定していたが視界が悪いのでコースを変えることになった。ガイドが2人に「どこに行きたい？」と聞く。ツアーのコースはチセヌプリと羊蹄山山麓にある半月湖の2つしか用意されていなかった。Aは無料体験ツアーで半月湖に行ったこ

11－1　ニセコアンヌプリ"春の滝"の雪崩

とがあったので、ガイドのCとDは、数シーズン、ニセコに暮らしている2人の知らない場所に連れていってやろう、スノーボーダーなら滑りたくなる"春の滝"を解説してあげようと相談して目的地を決めた。X社はスノーボードを中心とするガイドを行い新しい分野としてスノーシュー・ツアーを始めていた。社内で「春の滝をコースにしようか」という案が出されたいたものの結論は出ていなかった。X社にとっては有料のスノーシュー・ツアーは、その日が初めてだった。

X社のスノーボード・ツアーでは必ず客に雪崩ビーコンを着けさせ、使い方を講習する。春の滝を見るためにどこまで行くかCとDは決めていなかったが、"春の滝尾根うら"の樹林内を散策するつもりだったので、雪崩危険地帯には行かない、雪崩ビーコンは必要ないと判断した。ツアー前日の27日、ガイドのCは春の滝の"向こう尾根"（春の滝よりさらに西側の尾根）をスノーボードで滑降し、「プレッシャーテスト」をしていた。ニセコ町では雪崩事故を防止するため、雪崩発生の危険性が高い日に「雪に関する情報」を出しスキー場と利用者たちに警戒を呼びかけ、事故防止に著しい効果を上げている。日本海に近いニセコでは北西風で雪が吹きだまる南東斜面での雪崩事故がほとんどで、過去の雪崩事故は北西の季節風が強い吹雪の最中に発生することが多かった。上載積雪量の多さと弱層の存在が雪崩の発生要因であるけれど「雪に関する情報」は、特に季節風による吹きだまり雪"風成雪"の存在に着目していた。

X社のガイドたちは、「雪に関する情報」の発案者に共鳴し、彼ら自身も積雪断面観察やプレッシャーテストを行ない発案者に情報を提供していた。1月19日低気圧が通過したあと、ニセコでは強い北西の季節風が吹かないが、しんしんと雪が降り続け9日間で1mほど積雪が増えていた。

ガイドのCは、ここ数日の降雪量の多さを気にして入念にプレッシャーテストをした。風の影響がなく、滑るのに適した雪だった。そして、雪崩の原因として"風成雪"だけを気にかけていたCは「安全だ」と判断した。

28日朝、ガイドのDは早朝からひらふスキー場で滑り、コース脇など数カ所でプレッシャーテストをしていた。Dもまた強い北西の季節風がなくしんしんと降り続く雪と"風成雪"が形成されない状況に「絶対に安全な日だ」と思い込んだ。

1月28日、ニセコには大雪雪崩注意報が発令されていた。Dは電話で気象台に問い合わせ注意報の発令を聞いたが、弱層の存在を無視して24時間の降雪量だけを基準に出される気象庁の雪崩注意報があまり役立たないことはよく知られているため、気にしなかった。ニセコではほとんど毎日、雪崩注意報が出ている状況になるからだ。でもこの日、かなりの大雪が降っているのは事実であった。

彼らはその朝、「絶対に安全な日」と確信してAとBを連れてスノーシュー・ツアーに出発したという。

## まさか、こんな所まで

午前10時30分、リフト乗り場付近からスノ

ーシューをはいて歩き出す。尾根の末端をトラバースして回りこみ、登ってゆくと東山スキー場を見渡せる場所に出て休憩するころには、上空の雲も切れ、時々薄日が差し始めていた。Aは雪の中に大の字にひっくり返って大はしゃぎして記念写真を撮影した。春の滝に向かっていると"尾根うら"を滑り降りてきたCとDの知り合いのスノーボーダー4人とすれ違った。雪の状態を知るために「問題はない？」と尋ねると「危険な兆候はない」とボーダーたちが答えた。

彼らは沢の中が雪崩の通り道で危険であることはわかっていたが、前日や当日の朝行なったプレッシャーテスト、"尾根うら"を滑ってきたスノーボーダーたちの話、ニセコ町の雪崩の危険を警告する「雪に関する情報」が出ていないこと、多量の降雪があるものの強い北西風がなく"風成雪"ができていないことから「雪崩は起きない」と考えていた。実はガイドたちは出発の時、どこまで行って"春の滝"を客に見せるか決めていなかった。彼らは"尾根うら"の樹林からさらに進み、沢中の"春の滝"がもっとも見える場所までAとBを案内することをこの時決めた。

午前11時40分、「もうこれ以上行くのは止めよう」とCとDは沢中の小高い場所（標高410m）で休憩、「ここまでデブリが到達する大きな雪崩は起きない」と思いながら腰を下ろして春の滝を眺めていた。

この日、"春の滝の尾根うら"と"春の滝尾根向こう"を滑っているいくつかのグループがいた。雪崩が発生すれば通り道となる場所で春の滝を眺めるガイドの2人には、雪崩への警戒心があったと思われる。というのも1月10日、Cを含むX社のグループは"尾根うら"で雪崩を誘発していたのだ。場所は1月28日に発生する雪崩の破断面のわずか下、Cがプレッシャーテストをしてスノーボードで斜面に加重をかけると幅20〜30m、長さ50〜80mの雪崩が発生した。Cは流されたが、幸いなことに埋没しなかった。雪崩は"尾根うらの"の急斜面が緩やかになる付近で止まった。"春の滝"で雪崩が起きてもデブリはその辺で止まる、彼らはそう受け止めたと言う。沢中で休憩した背景の1つである。

ガイドのCが最初に亀裂が走るのを見つけた。標高820m付近、斜度34度、春の滝の岩場西側上方、ちょうど緩斜面から急斜面に変化する境目あたりに西から東へと「タカタカタカ……」とまるでドミノを倒すように亀裂が走ってゆく。斜面の雪が次々に流れ始めた。Dが「雪崩だ！」と叫んだ。Bは「その瞬間、雪崩が起きたとわかりましたけど重大な切羽詰まった事態が起きたとの感覚はありませんでした」と言う。

ガイドたちは亀裂が走り始めた時、「自分たちの所まで雪崩は来ない」と思っていた。1月10日の雪崩のように緩斜面に変わる付近に止まると思っていたからだ。ところが幅200mほど走った亀裂の全斜面が落ち始めた時、瞬間的に「ここまで来る」と悟った。Cがイメージしている雪崩の大きさ、スピードをはるかに超越していたのだ。

「やばい、やばい、逃げて！」とCが大声で叫

11-1 ニセコアンヌプリ"春の滝"の雪崩

ぶ。Aたちは、「えっ、逃げるの？」と飲みかけのコーヒーカップを手に立ち上がった。「あっザック、ザック」と手を伸ばそうとした彼女たちに「ザックなんかいいから逃げろ！」とガイドが怒鳴った。DがAとBに「こっちだ、こっちだ」と下流の方向へ逃げるよう誘導した。

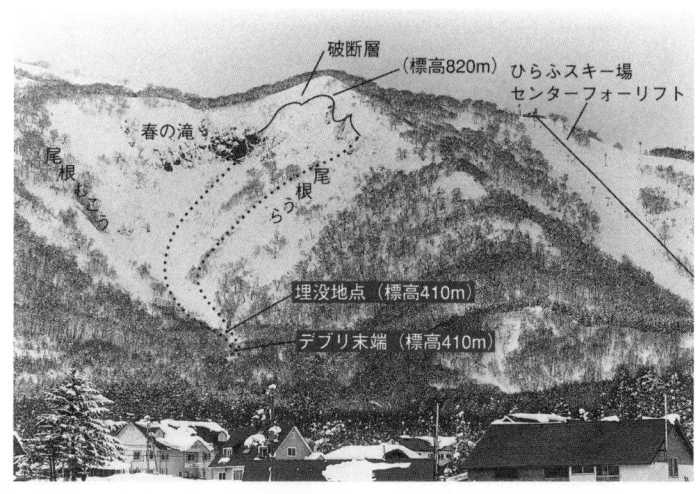

写真11-1　山麓から見たニセコ春の滝の雪崩

春の滝を流れてきた雪崩のスピードは時速100kmと推定されている。くの字型に曲がった沢に雪崩が衝突して雪煙が高く盛り上がった。走り出したDが振り返って後ろを見ると雪煙は20mもの高さで沢筋全体に広がっていた。走って5歩目、沢の一番低い所に飛び込んだ瞬間、頭を畳で一撃されたようにガァーンと衝撃を受け、左手を上げ、立ったままの状態で埋没した。埋没の瞬間、Dは反射的に右手を口元へあて呼吸空間を確保した。亀裂が走ってから4～5秒で4人は雪崩に襲われたのだ。

標高820mで発生した雪崩は、雪崩末端まで標高差400m、水平距離900mを流れた。雪崩発生は午前11時50分ごろのことだった。3人はほぼ同じ場所に埋没した。埋没場所からの破断面への仰角は29度、デブリ末端からの仰角は26度だった。

Bが後ろを振り返る。

「ドゴォーという感じの高い雪の波にドゴォッ

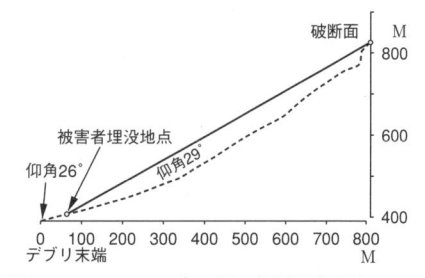

図11-1　ニセコ春の滝の雪崩断面図

ッッッと飲み込まれ、足元からドンドンドンと雪が積もって全身が埋まりました。そのあともドンドンドン、ギューッと全身が押されてゆくんです。海の大波にさらわれたみたい。でも顔を出すことも体を動かすこともできず、雪が止まるのを待ちました」。

## 雪崩にのまれた3人

雪崩の動きが止まると暗闇の世界になった。「これは本当にまずいことになった」とBの血の気は失せ、焦り、怖くなり、パニックになり

229

そうだった。うつ伏せに倒れて埋まったBは雪の重み、圧力がとても苦しかった。

Aの「苦しい、苦しい……」という声がBの真上から聞こえてきた。2人は折り重なるように埋没していたのだ。雪崩に埋没した暗闇の中でAがそばにいるとわかるとBの気持ちは少しだけ落ち着いた。Aもうつ伏せに埋没していたのだが、えびぞりのような格好だったのでとても苦しがっている。「大丈夫やから」と励ますと「いや、大丈夫やない。息ができへん」とAが泣きそうな声で答えた。Bの左手は偶然、顔の近くにあった。口元の雪をかいてわずかだが空間を作って喋っていた。

暗闇の中からAの大きな息づかいが聞こえてくる。「これ以上喋っていたら気を失ってしまう」とBが思った瞬間、苦しくなり、次になんとなく気持ちがよくなるような感じになり、また苦しくなり、とうとう意識を失った。

Cは2、3歩走って雪崩に吹き飛ばされ、巻き込まれ、流された。泳ぐことも何もできなかった。80〜100m流されて雪崩が止まった時、光を感じた。Cは浅い所に埋没したおかげで自力脱出することができた。

"尾根向こう"を滑っていたスノーボーダーたちが雪崩を目撃して沢中に下りてきた。Cは彼らの携帯電話を借りてX社へ雪崩が発生して3人が埋まったことを知らせ、救助を求めた。

スノーボーダーたち全員がビーコンを身に付けシャベルを持っていたのだが、ゾンデはだれも持っていなかった。Cが休憩していた場所と自力脱出した場所から3人の埋没可能性地域を推測した。3人はビーコンを着けず、スノボーダーたちにゾンデがなかったため、最初の捜索「緊急パトロール」が開始された。

通報から20分後にはX社の仲間たちがゾンデ、シャベルを持って現場に到着、ゾンデ捜索が始まった。雪崩事故発生の連絡は、スキー場パトロール、地域の救助隊、仲間たちに次々に伝えられた。ニセコのスキー場ではパトロール室に特製のゾンデが常備されている。パトロールたちがゾンデ、救急医療装備、保温装備を携え、続々と現場に集結してくる。無線の中継局も"春の滝尾根うら"に置かれた。ある意味では雪崩に慣れているニセコの人々の救助への対応は素早く、捜索装備も揃い、組織的なゾンデ捜索が的確に実施される。この日、通報から40分後には50〜60名が3人の捜索に従事していた。

12時40分、ゾンデに手ごたえがあった。掘ると深さ2mでスノーシューを発見、さらに掘り進むとうつ伏せに埋まっていたAが現れた。12時50分、Aを救出した。意識はなく呼吸もしていない。すぐに人工呼吸が行なわれる。埋没からほぼ60分が経過していた。Aを掘り出した穴からもう1つスノーシューが発見され、今度はBが救助された。意識がなかったが呼吸はしていた。意識が戻ったBが「寒い、寒い」と叫んだ。Bの意識は朦朧とした状態でヘリコプターに収容され搬送されたことも覚えていない。意識が戻るのは札幌医大病院で低体温症の治療、加温を受けてからだった。

残るガイドのCは約3mの深さに埋まっていたため、長さ3mのゾンデではなかなか捜し出せなかった。12時50分、ようやくCの反応をゾ

ンデが捉えた。掘ると約2.5mの深さにCの左手が見つかった。

　道警航空隊のヘリコプターが現場に到着し、隊員3名が降下してAとBを収容する準備を始めた。隊員がAの体温を耳菅体温計で測定すると27度しかなかった。これは重度の低体温症である。ヘリコプターの猛烈なダウンウォッシュ（吹き降ろし風）を受けながらもAへの人工呼吸は続けられた。道警ヘリコプターが2人を収容、札幌医大病院へと向かった。

　Cを掘り初めて30分が経過してようやく頭部を雪の中から出すことができた。Cは呼吸も意識もあった。雪崩発生から1時間50分後の13時40分、やっとCが救出された。名前を問うと「C」と答えたが、「ここがどこかわかるか」と聞くと「長野」と答え、低体温症のために錯乱していることがわかった。「胸が痛い、足が痛い」と寒さに震えながら話すC、しかし低体温症に陥った体はまったく動かすことはできなかった。埋没していた深さ、救出に要した時間を考えれば奇跡的な生還であった。

　2機目の救助ヘリコプターとなる北海道消防防災ヘリコプターが現場に到着するころには現場上空の視界が悪くなり、ヘリコプターが接近できなくなった。そのためCは道警航空隊のキャリーバッグに収容され、ひらふスキー場まで2時間をかけて搬送された。午後4時、救急車に収容。

　ガイドのCに起きた奇跡はAには起きなかった。収容された札幌医大病院で午後8時過ぎ、急性心不全のために死亡したのである。

## 判決

　ガイドのCとDは業務上過失致死傷で起訴され札幌地裁小樽支部で審理が行われた。弁護側は、雪崩は自然現象で科学的な発生メカニズムが解明されておらず「春の滝雪崩」の発生を予見することは不可能、たとえ予見できたとしても過去起きたことがないほど雪崩規が大きく、休憩場所まで到達することを予見することは不可能だった、自然災害による事故であると無罪を主張した。2000年3月21日に言い渡された判決では、被害者にまったく落ち度がなく、地形、積雪状況から面発生表層雪崩の発生を予見することは可能、休憩場所に雪崩が到達しないとの判断はガイドらの限られた情報と経験だけに頼った軽率なものであり、ツアー参加者の生命身体の安全を預かるガイドとしての最も基本的な注意義務を怠ったと禁固8カ月、執行猶予3年の有罪を言い渡した。

　被告、弁護側が控訴しなかったのでこの判決は確定した。一方、事故後のX社とガイドたちの被害者、遺族への不適切な対応があったためAの家族はガイドらに損害賠償を請求する民事裁判を提訴した。有罪判決が確定、ガイドらが全面的に責任を認めたため和解が成立している。

## ■「春の滝雪崩調査」報告

　北海道大学低温科学研究所の山田高嗣らのグループは春の滝雪崩破断面から約1km離れた東山観測地点（標高930m）で継続した気象観測と積雪断面観測を行っている。事故翌日の1

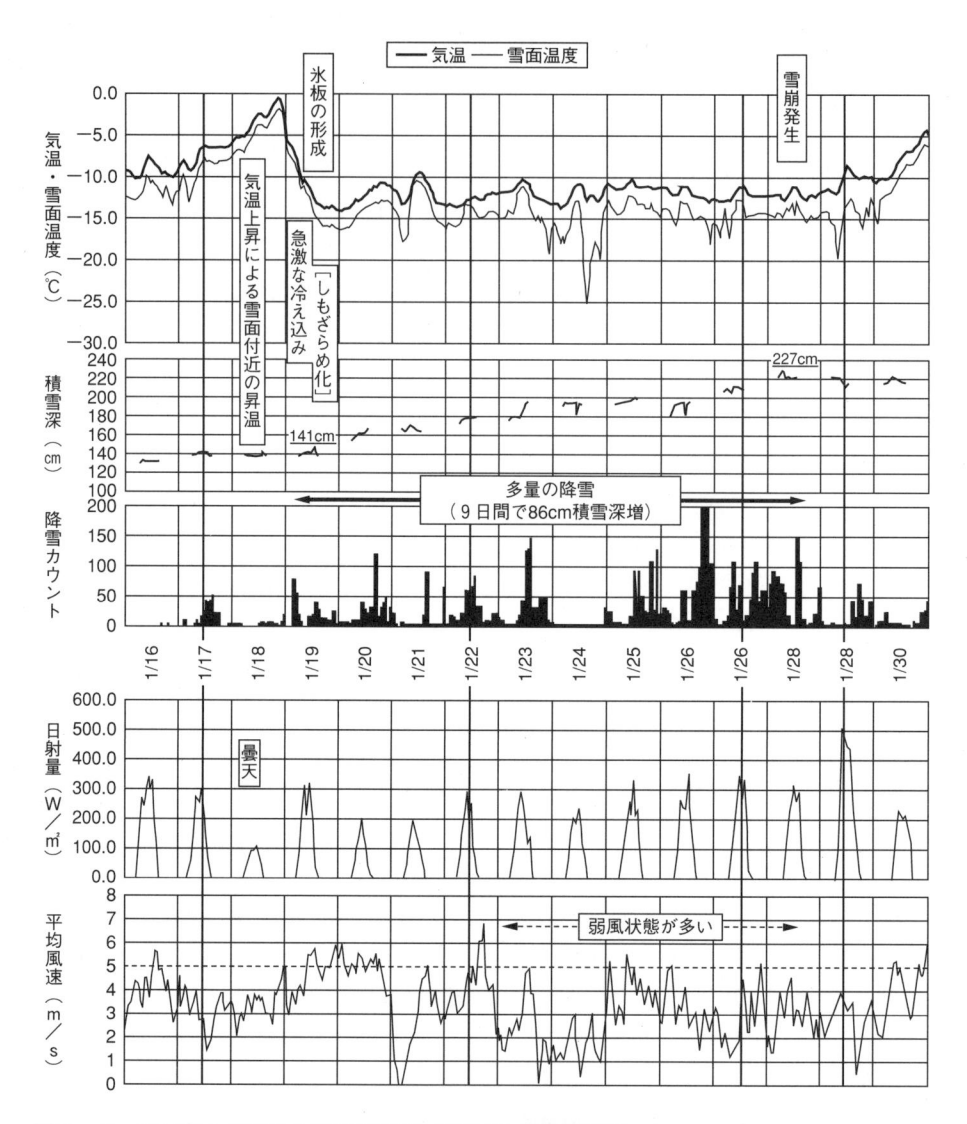

図11−2　1998年1月16日から30日の東山観測点の気象観測データ
「ニセコ春の滝で発生した雪崩調査報告」（山田高嗣ら）『北海道の雪氷　No.17』（1998）より

月28日、山田高嗣、新谷暁生らは春の滝雪崩の破断面付近と堆積域で積雪調査を行なった。これらの調査から春の滝雪崩の発生メカニズムが解明され報告されている。弱層の寿命という観点から非常に興味深い報告となっている。

### ① 弱層

雪面より84cmの深さまで顕著な積雪の境界面がなく新雪が積もっていた。滑り面は深さ100cm、こ霜ざらめ雪の弱層が観測された。

### ② 弱層形成の時期

東山観測地点のこ霜ざらめ雪の形成、気象データから1月18日に気温・雪温が0℃付近まで上昇したあと、北海道北部を通過した低気圧により1月19日には急激に低下している。気温上昇と急激な気温低下により積雪表面付近に大きな温度勾配をもたらし、こ霜ざらめ雪の弱層を形成したと推定できる。弱層形成から9日後に雪崩が発生している。

### ③ 上載積雪量の増加

弱層が形成された1月19日以降、雪崩発生の27日までの9日間、比較的弱風の気象条件のもとに積雪深が86cm増加した。

### ④ 積雪の安定度

破断面付近で行なったシアーフレーム試験により求められたせん断強度指数をもとに積雪の安定度（SI）を求めると3.8であった。雪崩発生の危険がある安定度は4以下とされる。

# 2 ニセイカウシュッペ山 "アンギラス"の雪崩

ビーコンを忘れたA。ビーコンの機能チェックを怠ったパーティ。雪崩に埋没したAのビーコン不携帯がはっきりわからず初期捜索が混乱、遺体は141日後に収容された。

会員数が150名を超えるその社会人団体の山行は、ハイキング程度の山行から困難な岩壁登攀、ヒマラヤの高所登山と活動の幅が広いにもかかわらず、セルフレスキューを実行するためのビーコン、ゾンデ、シャベルを個人装備としている会員はごくわずかしかおらず「ビーコンとゾンデは遺体を捜すための道具、シャベルはテント場を整地するためにパーティに1本あれば十分」と考える会員がほとんどだった。ベテラン登山者にありがちな思考、「自らの経験で得た知識が正しく、異なる概念や科学的な知識を取り入れようとしない保守的な傾向」が山岳会の雰囲気だったのかもしれない。

2000年2月12日午前10時20分過ぎ、北大雪山系ニセイカウシュッペ山（1879m）頂上から比麻良山（1810m）へと南東に延びる吊り尾根の通称"アンギラス"南側斜面で発生した表層雪崩によって女性メンバーAが荒井川源頭を700m流され埋没、死亡した。パーティはリーダーB、サブリーダーC、メンバーとしてAとDの4人、ビーコンはAを除く3人が携行、ゾンデはなくシャベルは1本だった。パーティは全員ビーコンを携行するはずだったが、Aは

自宅に忘れた。行動開始前にビーコンの発信受信の機能チェックを怠ったためAがビーコンを忘れていることをだれも把握できていなかった。Aがビーコンを携行、たとえ適切なセルフレスキューを行ったとしても雪崩の規模から生存救出は困難だったかもしれない。

　初期捜索が混乱したためにAを早期に発見することに失敗し、捜索は長期化してしまい、延べ918人を遺体捜索のために投入することになり、雪崩発生から141日目にAは発見収容された。

　この雪崩事故はパーティや個人の能力、経験の問題、山岳会の体質、長期化した遺体捜索などじつに様々な問題を考えさせる。当事者である山岳会や個人が真摯なまでに事故原因を究明し反省する姿勢を見せ、報告書にまとめている。学ぶべき事項の多いこの雪崩事故を検証してみたい。

## 急に決まったメンバーとルート誤認

　パーティのリーダー、メンバー、コースは入山3日前のミーティングでようやく決まった。予定していたリーダーとメンバー1人が山行直前に不参加を決め、入会4年目のBは山行の実現を危ぶみ、参加を迷っていた。Bと入会2年目のC、入会1年目のDの3人はロープを使うような冬山の経験がなく、層雲峡から入山して平山、アンギラスを経由してニセイカウシュッペ山に登頂、層雲峡清川へと下山する2泊3日のコースは技術的に難しすぎた。ところがミーティングに初めて姿を見せたAがこの山行に参加すると言った。Aは大学時代にワンダーフォーゲル部に所属、この山岳会に入会して12年目、1996年にはネパールヒマラヤのチョー・オユー峰（8201m）に登頂している。

　B、C、Dの3人だけなら山行は実現しなかったろうが経験豊富なAがパーティに加わることになったのでBも参加を決めた。入山ルートを北部の湧別川源流の有明山からに変更することで山行全体の難易度を下げることになった。リーダーは経験、技術、体力から考えてもAが適任なのだが、なぜかAは固辞した。そのためリーダーをB、サブリーダーをCがつとめ、AとDがメンバーとなった。ルートの核心部は岩稜帯であるアンギラスの通過だと全員が認識していたはずなのに会の過去の山行記録を参考に「トラバースしているな」という漠然とした認識を持つ程度だった。だれもアンギラス通過の記録を詳しく調べず、稜線上を行くという正しいルートをつかんでいなかった。

　2月10日夜、4人は札幌を車で出発、途中はほとんど視界が利かない吹雪だったが真夜中に北見峠に到着、幕営した。翌11日、湧別川沿い林道から入山するが、パーティとしてビーコン装着の確認、機能チェックもしなかった。D1人だけがビーコンを装着して20〜30cmの軽い雪のラッセルをして有明山へとスキーで順調に進んだ。視界は悪く強風が吹きすさんでいたが樹林帯に入ると風は弱まり、ふわふわの軽い雪が滑る時にはすねの深さまであった。新雪の層が50〜60cmはあったのでサブリーダーのCが、「縦走するには雪がありすぎるなあ。このまま有明山を滑り降りるなら最高」と言った。

C1予定地に早く着いたものの予定どおり幕営する。上空には強風が吹いている。両側が急峻で切れ落ちた岩稜帯のアンギラス通過は、強風が吹き視界の悪い時には難しい。リーダーのBは、明日の天気を見て行動の決定をすることをパーティ全員に伝えた。

2月12日、それほど悪い天気にならず視界もよかった。リーダーのBが出発前にテント内で「アンギラスを越えるからビーコンをつけよう」と声をかけるとAが「ああ、私ビーコン忘れちゃった」とつぶやいた。ただしリーダーBの耳にはAのつぶやきが聞こえていない。このつぶやきを聞いた2人、CとDにしてもおぼろげに聞いたような気がする程度だった。この山岳会ではメンバーがビーコンを忘れることは珍しくなかったし、雪崩の危険地域は回避するはずだ、自分たちは雪崩危険地域には入らないとの安易な思い込みがあってCもDもAのつぶやきをさして重要だとも受け止めず聞き流した。

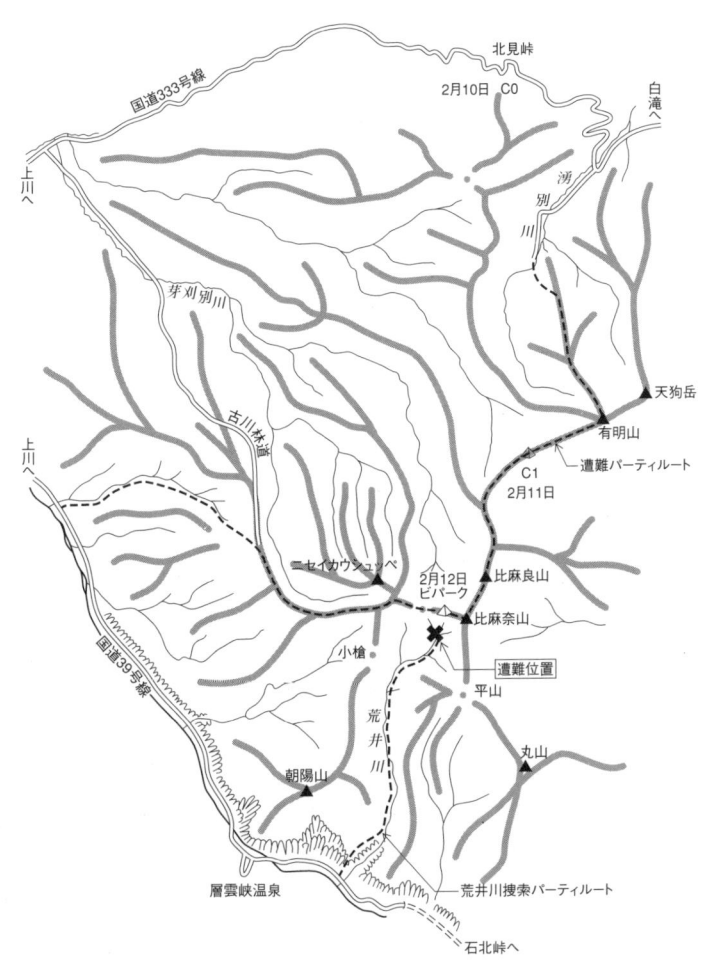

図11－3　ニセイカウシュッペ山周辺概念図

午前6時15分にパーティは出発した。北から望むアンギラスは非常に急峻な岩稜帯で北面はとてもルートにできそうもないように見えた。比麻良山（1796m）を乗越し予定よりずいぶん早く比麻奈山に着く。そのためパーティ内に「天気のよいうちにニセイカウシュッペの頂上に立ち、早くコースの主要部分を終わらせ、

今日の泊まり場をなるべく下にしよう」という先を急ぐ気持ちが芽生えていた。

目の前に迫ってきたアンギラスの急峻な岩稜帯が威圧感をもって迫ってくる。

スキーのうまいサブリーダーのCが鞍部へとさっと滑り降りAがあとに続いた。ところがCのシールが剥がれかかったためAがトップに出ることになった。先頭に出たAが小さな頂の斜度40度ほどの北面をトラバースし、つぎの小さな頂へは真直ぐ登って北側へと回り込んだ。こうしてAを先頭にしてD、サブリーダーのC、リーダーのBの順番でアンギラス手前のコルへと到着した。

アンギラスの正しいルートは稜線上を忠実にたどるものだ。両側がすっぱりと切れ落ちた稜線であるけれど、その通過は技術的にさほど難しいものではない。冬山でロープを使う岩稜帯の登攀経験が乏しく、しかもルートを知らない彼らには、「稜線上は困難な岩場が現れて下降が不可能になるのではないか」という不安感が強かった上に、ルートの偵察をしようとの発想もなかった。

パーティの力量のなさ、ルート情報の乏しさがより安全なルート選択のチャンスをなくし、もっとも危険な道へとパーティを追いやることになってゆく。

## 死のトラバースへ

Aが先頭でアンギラス手前の岩塔の肩へスキーで登ってゆく。ここに着いた時Aは、アイゼンに履き替えて稜線上を行くか、南斜面をスキーでトラバースするか迷っているようだった。先を急ぎたくて、スキーからアイゼンに履き替える時間を惜しむ気持ちもあったのだろう。

トラバースする南斜面は斜度40度を超え、長さは150mあった。ここでパーティはルートをどうすべきか、いっさいの相談をしていない。どのルートをどのように通過するのか、パーティとして相談することはついになかったのだ。リーダーのBは「行けそうじゃないか？」とサブリーダーのCに声をかけ、Cはたいして考えもせず「そうですね」と答えている。結局の所ただ漫然と「スキーで行ける所まで行ってみよう。そのほうが早い」と判断してAがやや下方に見えるブッシュ帯目指してトラバースしていった。ただし雪崩を恐れたため、それぞれが間隔をあけてトラバースをすることになった。雪崩を恐れたといっても弱層テストをした結果、雪崩の危険を認識したわけでもなくストックの手皮もスキーの流れ止めもはずさなかった。Aたちは弱層テストの方法を知っていたけれど、このパーティでは試みようとの考えはなかった。ちょうど同じ日、層雲峡を挟んで南側にある大雪山の黒岳を下っているパーティが弱層テストをしたところ大変危険な弱層があったため、安全な下山ルートへ変更をしている。

アンギラスの南面トラバースルートは斜度40度を超える樹木のない急斜面、入山前の多量の降雪、雪崩発生の条件は揃っていた。

Aがブッシュ帯に着いたのを見て、Dがトラバースを始めた。Dがブッシュ帯に着くとサブリーダーのCがトラバースを始め、Cが着くとリーダーのBがスタートした。間隔をあけて行動しているわけだから、彼らには雪崩を警戒す

る意識はあったはずだ。もしトラバースを始める前に弱層テストをしたならば、なんらかの雪崩の兆候をつかめたのではないだろうか。

Aの後ろにいたDは、岩稜直下の40度を超える急斜面をスキーでトラバースしてゆくAを見て「恐ろしい」と感じていた。Aは雪崩の危険よりクラストした斜面での滑落を恐れていたようだ。そこで滑落すれば荒井川源頭の真っ白な急斜面をはるか下流まで滑落してゆく。ブッシュ帯からトラバースへとスキーを踏み出す時、「ああ、大丈夫」とAは声を出している。それは雪面が固く締まっていないためスキーが足首まで沈んだことへのAの反応だったのだ。滑落の恐れがあるということは、雪崩が発生すれば同じように荒井川源頭をはるか下まで流されることを意味している。Aは雪崩への警戒感が乏しかったに違いない。

パーティはアンギラス通過のために備えて30mのロープを持っていた。たとえルート判断を間違え南斜面のトラバースを選択しても、ロープを使ってAを確保していたならば、雪崩が発生した時、流されることはなかっただろう。パーティは次から次へと危険な状況へと陥ってゆく。

ともかく、パーティのだれも雪崩の危険を予知し、だれも雪崩の危険を回避できなかったことになる。

十数m先をトラバースするAをCとDがブッ

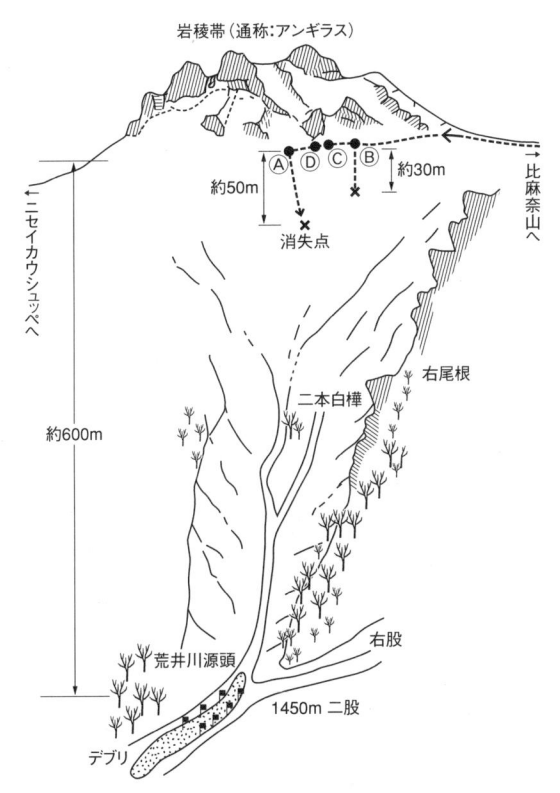

**図11-4 ニセイカウシュッペ山雪崩遭難現場概念図**

シュ帯で見守っているとトレースの上方約5mの位置に幅約50～60mの亀裂が走り雪面が板状にずれ流れ始めた。雪崩の発生だ。Aは「あっ」と声を出し、足払いを受けたように腹ばいになって倒れ、スキーを下にして、あっというまに雪といっしょに滑り落ちていった。Aの進んでいた先の斜面（西側斜面）でも雪崩が誘発され最初に発生した雪崩に加わって雪煙が湧き起こり、Aの姿はかき消されてしまった。

サブリーダーのCは、「これはまずい」とAが姿を消したあたりに向かって下ろうとした瞬間、「危ない」というリーダーBの声を聞いた。

振り向くとブッシュ帯まであとわずかな地点まで来ていたBが新たに発生した雪崩に巻き込まれていた。足元の雪面が崩れ始め、体勢を立て直そうとしたがBは倒れてしまった。もがいて雪の上に出ようとするが体の自由は利かず、口の周りに呼吸空間を作ろうと手を動かすこともできないままに流されていった。

立て続けに発生した3つの雪崩でパーティ先頭のAと最後尾のBが流されてゆく。Cは驚き、慌てた。振り向いて流されてゆくBを見たCは、再びAの行方を見ようと今度は下方に視線を向けた。その時、すでに雪崩ははるか彼方、見ることができない荒井川下流の谷間へと流れた後だった。Cは雪崩が1450m二股より下流へと流れたことを知ることができなかった。

Aを巻き込んだ雪崩の行方を目を離すことなくずっと見続けたのはD1人だった。雪崩はスピードを加速しながら猛烈な速度で荒井川源頭を落ちてゆく。標高差約300mを十数秒で走った雪崩は、沢状地形が狭くなる1450m二股で対岸の斜面に衝突して「ドーン」という大きな音を立てて雪煙を舞い上げ、南西へと屈曲する荒井川へ流れて視界から消えた。

## 反応しないビーコン

Bは幸運にも20〜30m流されて止まった。全身が埋没していたけれど右腕を伸ばすと雪面に出たのでなんとか身動きして自力で脱出した。腕時計を見ると午前10時26分だった。

ブッシュ帯にいたCとDだけが雪崩に巻き込まれなかった。

Bは、「ああ、私ビーコン忘れちゃった」といういうAのつぶやきを聞いていないし、聞いた2人でさえ「もしかしたら聞き間違えだったかもしれない」と思っていた。3人はビーコンを受信に切り替え、それぞれが捜索しながらAの消失点付近へと下っていった。ところが3人はAが流された状況や捜索方針について話し合うこともなく、"それぞれが勝手に捜索する"ことになってしまう。もっとも重要な事実、雪崩が1450m二股より下流まで到達したことがDからBとCには伝わらなかったのだ。

斜面上部には雪崩の破断面が見えていた。さらなる雪崩が発生するのではないかという不安を抱きながら3人は捜索する。雪崩跡の斜面はツボ足でかかとが簡単に入るくらいの固さの雪面だった。当然のことながらビーコンの反応は、ない。彼らにはシャベル1本があるだけでゾンデはなかった。ビーコンの反応がなければBとCは消失点付近でなすべきことがなくなり途方にくれるばかりとなり、デブリ末端まで捜索に下ろうとの考えは思い浮かばなかったし、今後の捜索の重要な情報となる消失点やデブリ範囲にマーキングすることも考えなかった。リーダーのBは雪崩に流され全身が埋没した直後である。精神的なショックはかなり大きく、判断や行動に影響を与え、リーダーとしての機能を発揮できない状態であることは想像に難くない。Dだけが1人、下方へとAの捜索にスキーで下った。1450m二股まで下ると辺りの斜面に雪崩が衝突した痕跡があり、デブリが散乱していた。やはりビーコンの反応はなかった。DはやっとAのつぶやきを思いだした。ビーコンをAが体に着けていなければ捜索のしようがな

いし、たった1人、雪崩の末端がある二股から下流へ下るのは怖かった。消失点付近にいる2人とは500m以上も離れているので声も届かず相談することもできなかった。途方にくれたDは、CとBと合流するために登り返すことにした。

午後零時ころ再び3人が消失点付近に集まり、同じ山域に入山していた会のパーティに無線でAが雪崩で行方不明になったことを連絡した。ちょうどその時同じルートでニセイカウシュッペ山を目指していた後続の旭川と札幌の2パーティ・6人が雪崩現場に現れた。彼らは雪崩埋没者捜索のセルフレスキューを熟知し、1人1本のシャベルとゾンデを持っていたので後続パーティのFをリーダーにして救助パーティを組織した。

雪崩の状況を聞いたFはただちに1450m二股のデブリ堆積区域まで下降することを決めた。Dが下った沢筋は二次雪崩に襲われた場合、危険と判断して左岸側の尾根を使って二股へと下降した。沢筋の上部から二股下流をのぞくとかなりの急斜面に見え、危険を冒してまで沢筋をさらに下降することは止めた。デブリ末端が二股よりもっと下流であることはわかっていたが、捜索のために救助パーティが危険を冒すことはできなかった。Fたちは二股付近のデブリと思われる範囲にデポ旗でマーキングを施し、一列になってゾンデ捜索を開始した。2時間近くゾンデ捜索を行ったがAも遺留品もなにも発見できなかった。

もしこの時、救助パーティが二股から下流のデブリ末端まで下降しゾンデ捜索を行っていたならば、Aを早期に発見できたかもしれない。ただし、雪崩直後という状況を考えると救助パーティの安全を優先したことは止むを得ない判断であろう。

遭難パーティの3人と救助パーティの6人は、その日はアンギラス東側のコルに泊まった。だが、翌13日は強風で視界が悪くとても捜索できるような天気ではなかった。結局、彼ら全員はアンギラスの稜線を忠実にたどってニセイカウシュッペ山稜線に出て、その日の夕刻に層雲峡へと下山することができた。

## 捜索の混乱

雪崩が発生した12日正午に事故の第一報を無線で伝えて以降、遭難パーティとは交信が途絶えてしまう。連絡を受けた山岳会は、救助本部を設置し会員や他の山岳団体の協力を得て救助隊を編成、現地へと派遣していった。第一報でAが埋没したのは荒井川源頭であることがわかっていたが、遭難現場に入るルートの選択が困難なことが問題となった。最短ルートとなる荒井川下流からのアプローチは沢の遡行が非常に難しいと考えられ、他のルートからでは2日後でなければ現場に到着できない。しかも交信が途絶えたために遭難パーティ生存者の安否の確認ができなかった。

救助本部は、生存者の安否の確認と救出を優先課題として救助活動を行う方針とした。

事故翌日の13日、荒井川ルートを含め3ルートから救助隊が入山した。正午すぎ、遭難パーティと無線交信がとれ全員無事に下山中であることがわかり、2ルートの救助隊は下山する

ことになる。ところが行方不明となっているＡの捜索を実施して早期に発見、搬出を主張する荒井川ルートの救助隊と、危険を冒してまで生存が絶望的なＡの捜索を実施する必要がないと判断する救助本部が対立した。翌14日にＡの埋没地点へ到達して捜索実施を望んだ荒井川救助パーティに対して即時行動中止の指示を出した救助本部、結局のところ両者の折り合いがつかず荒井川救助パーティは安全と思われる沢中にテントを設営して宿泊した。

　14日午前5時、救助本部は宿泊地からの前進をとどめる指示を出したが荒井川救助パーティは納得せず捜索に出発、午前7時に1450m二股付近に設置されたデブリ範囲を示す標識まで到達した。荒井川救助パーティは、「雪崩停止地点のデブリ範囲に赤布デポ旗を打った」と聞いていたため、標識の範囲をデブリ末端と思い込んでいた。雪崩発生から2日が経過して二股付近のデブリは明瞭ではなく、末端を確認することはできなかったので標識位置の誤差を考慮してデポ旗から5m下方よりゾンデ捜索を開始した。

　引き返しを指示していた救助本部は、「二股まで危険箇所はほとんどない」との荒井川救助パーティの報告から終了時刻を決めて手短に捜索をすませて撤退するようにとの指示に改めた。

　荒井川救助パーティは、大きな誤りを犯していた。二股に設置されたマーキング標識はデブリ末端を示してはいないのである。雪崩発生直後、斜面上方から二股に下降した救助パーティは、急斜面のために下降は危険と判断してデブリ末端を確認していない。とりあえず下降できた最下限の二股付近のデブリ下方にマーキングを設置しただけだった。この事実は、救助本部に報告されていたが荒井川救助パーティには、なぜか伝わっていなかった。さらにはＡがビーコンを携帯していないことも伝わっていなかったし、彼らの捜索装備も不十分だった。救助隊には携帯ゾンデが不足していたので植木用のプラスチック製添え木を代用品として持参したのだが、途中で破損していた。たとえ現場まで持参できたとしても植木用のプラスチック製添え木では、ゾンデの代用品として何の役にも立たなかっただろう。雪崩のデブリは固く、携帯ゾンデやしばしば代用品に使われる建築用鉄筋でさえ歪めてしまうのだから。

　二次雪崩を警戒した荒井川救助パーティは見張要員を尾根上に配置して捜索を開始した。Ａはビーコンを着けている、標識はデブリ末端を示していると信じていた彼らは、「これならすぐ見つけられる」と予想した。というのもデブリを示す標識範囲が大変狭かったのである。

　ビーコンの反応はなく、ゾンデ捜索も午前中に終了した。Ａ捜索のなすすべがないといった無力感が漂ったこの段階で荒井川救助パーティの行動は統率が取れなくなる。

　メンバーの1人がデブリは標識より下流に到達しているとの考えを主張したが無視される。この時、荒井川救助パーティが「積雪断面観察」をしていれば正確なデブリ末端が特定できたはずだ。積雪は層構造になっているので断面を見ればデブリと普通の雪の層は区別できる。インクなどで断面を着色して観察すれば一目瞭然で

ある。「積雪断面観察」は、雪崩講習会で必ず学ぶことなのだ。

「赤布標識はデブリ末端」という誤った認識は141日後のA発見まで再検討されることがなかったし、修正されることもなかった。雪崩事故の場合、消失点やデブリ範囲の正確な把握がいかに埋没者発見に重要かを示す話である。

標識より上部ばかりを着目した荒井川救助パーティはAを発見できないままに捜索を終わった。

一方、救助本部は方針を変更して荒井川救助パーティに捜索を継続させ、新たに捜索パーティを投入することを提案した。しかし、荒井川救助パーティはA発見に明るい展望を見出すことができず応援の捜索パーティの前進がかんばしくなかったことから、捜索中止を回答したのである。この時、別の救助パーティが現場を見て検討すればAの埋没範囲について違った見方が出たかもしれないし、多人数で捜索を継続していたならば発見できたかもしれない。

荒井川救助パーティは、積雪量の増加を予測して沢沿いの樹木にロープを張って捜索活動を終了することになった。このロープはほんの一部分だけが雪面上に残るだけだったが、のちのち長期化した捜索にとって重要な目印となる。

大量の積雪がある沢状地形でのマーキング標識の設置方法は難しい。デポ旗などはすぐに埋没する。樹木があったとしてもかなり高い位置に標識を付けなければならない。樹木がない場所なら周辺の目標物を三角測量のような方法で基準点にして位置を特定するしかないだろう。現場のスケッチを描く、写真を撮影するにして

も降雪により地形状況は変化するだろう。もっとも正確な方法は、GPSを使って緯度と経度を測定することだ。

荒井川救助パーティは、14日午後1時30分、捜索活動を終えて現場を離れた。Aの早期発見のチャンスは、この日、なくなった。

救助本部の主張する「二次遭難の危険性」と荒井川救助パーティの主張する「行方不明者の捜索優先」とは常に対立し、最善の方法を決定することは困難だ。行方不明者の死亡を確認するまでは生存を前提に捜索することが基本であるが、救助者の生命を失うことがあってはならない。救助の責任を負う人間に迫られる最も苦しく困難な課題、宿命なのである。

## 141日目の遺体発見

A発見まで毎週のように17回におよぶ捜索パーティが投入され、3回の集中捜索が行われた。事故現場へ至るルート整備にはじまり、デブリ範囲確認のための測量や標識設置、積雪量の測定、融雪作業、トレンチ掘り、ゾンデ捜索、遺体流出を防ぐ築場の設置、災害救助犬による捜索など多岐にわたる捜索活動が延べ918名によって行われた。

Aが発見されたのは雪崩に消えてから141日目の7月2日午前11時45分、事故当日に設置したデブリ範囲を示す標識より約100m下流、標高1410m付近の沢中に頭部を上流側、足を下流側にして仰向けの状態で雪に埋まりスキー、ストックはつけたままだった。わずかに雪面に出ていたスキーとストックの一部を捜索隊員が発見したのだ。リーダーだったBらが雪の

下から掘り出すと体の周囲は厚さ5〜6cmの氷に覆われていた。雪崩に埋没直後、体温で雪が溶け、Aの死後、氷結したのだろう。体の周囲にはたくさんのゾンデの穴が残っていたがいずれも氷の層で止まっていた。氷の下から現れたAの顔はきれいで、ちょっと困ったような表情だったという。

## 3 樺戸山塊の全層雪崩

全層雪崩は春の融雪期に発生することが多い。だが、氷点下の気温となる真冬に全層雪崩が発生することもある（58頁「乾雪全層雪崩参照）。

1997年3月4日、札幌からJR学園都市線で北へ約2時間、札的駅で下車した大学山岳団体の6人は標高1000mあまりの峰々が続く樺戸山塊のスキー縦走に出発した。最終人家では「このあたりは雪崩が多い所だから気を付けなさいよ」と声をかけられたが、たいして気にもとめず、その日は鳥越山を越えクマネシリ手前のコルに幕営した。

### 稜線にできた全層雪崩のクラック

3月5日、視界もよく無風。雪庇の発達した尾根上をスキーで進み樺戸山を乗越す。クマネシリを越えると2、3km先のマツネシリ手前の稜線上を真一文字に横切る大きな雪の破断面が見えてきた。リーダーのAは「破断面は表層雪崩によるもの」と思いこみ「弱層さえなければ横を巻いて通過できる」と考えていた。遠くから見える破断面。表層雪崩とすればとてつもなく大きな雪崩が発生したことになり、デブリが確認されて当然と思わなければならいが、彼らにはそこまで考える想像力が働かなかったようである。しかも6人は全層雪崩の知識を持ち合わせており「全層雪崩は暖かくなる春に起こるもの。気温が氷点下の真冬には起きない」と

思いこんでいた。
　表層雪崩だけを警戒する彼らは破断面の直前で弱層テストを行って雪が安定していることを確認、1人1人安全のために離れて斜面を登っていった。先頭を行くサブリーダーのBは破断面の真ん前に来てようやく斜面に笹を見つけ、それが高さ1.5m、長さ10m、幅2mの全層雪崩のクラック（割れ目）だと気づいた。その瞬間、頭から血の気が引いて恐怖を感じ、右側へ回り込もうとして雪に隠れたクラックを踏み抜いてしまう。踏み抜いた穴をのぞき込むと下から風が吹き上げかなり深い亀裂だった。あとから登ってきたリーダーのAは「気温も高くないし、尾根上の雪が落ちるわけがない」と彼らが陥っている危険な状況をまだ認識していなかった。
　Aが「左から行けるかな」とクラックが狭まるあたりまで偵察のためにツボ足で進んでいると、「ビシッ」と音をたて亀裂が一瞬にして走り「ドオン」と空振をともなう大音響とともに雪面が幅1mほど開いた。Aは開いたクラックの中へ落下した。その時、他のメンバーは厚さ2.5m、幅2mくらいの雪のブロックが雪煙を巻き上げながら雪崩れてゆくのを目撃している。全層雪崩の発生である。
　雪崩の恐怖に直面した6人があたりの山々を見渡すと全層雪崩の前兆現象であるクラックが至る所にあることに気がつき山行を中断、樺戸山塊から下山したのであった。

## ■冬に全層雪崩が起こる条件

　北海道大学低温科学研究所の八久保晶弘（現北見工大工学部）は滝川市の気象観測記録などから雪崩発生地点の雪温が氷点下であると推定、この雪崩を積雪の融解期に起きる湿雪全層雪崩ではなく、冬に発生した乾雪全層雪崩であるとし、雪崩が発生した場所が笹斜面であったことに注目している。

　なぜ融雪期ではない3月初旬に笹斜面で全層雪崩が発生したのだろうか。

　秋田谷英次は北大低温研雪崩観測所（問寒別、北海道）での観測結果から次のように説明している。

　「初冬期に雪が少しずつ降る時は、笹の葉が風でゆれると葉に積もった雪は落下する。笹は立ったまま積雪が形成されてゆくので、笹がスパイクのような効果で積雪が滑るのを押さえる。ところが初冬期に多量の湿雪が一度に積もって笹が倒れてしまうと、滑りやすい笹が積雪の下敷きになってしまう。そのために斜面に積もった積雪が地面との境界で滑りやすくなる」。

　クラックや雪しわなどの前兆現象が現れるので全層雪崩は予見しやすいと言われているし、春の融雪期に発生するものと一般には考えられている。しかし、この事例のように初冬期の降雪状況によっては厳冬期に笹地斜面に全層クラックが入り全層雪崩が発生する。八久保晶弘は「初冬期の降雪状況に着目し、冬にも全層雪崩は発生することを認識する必要がある」と登山者へ全層雪崩の警戒を喚起している。

# 4
# 十勝岳OP尾根のハードスラブ雪崩

尾根の上、しかもアイゼンが2、3cm沈む程度の固い雪で雪崩が発生、1名が死亡した。

十勝岳（2077m）を主峰とする十勝連峰は入山が容易で、スキー適地から雪稜、岩壁帯までと変化に富んだ地形があり、初冬期から積雪も多く北海道の岳人には人気のある冬山訓練山域だ。学生山岳団体の4人（A、B、C、D）パーティは正月山行に南部日高山脈縦走を計画し、予備山行として十勝連峰OP尾根から富良野岳北尾根へ縦走することにした。

1994年12月2日、白銀荘から入山。積雪は例年に比べ少ないためブッシュが多く沢の渡渉にも苦労させられ、その日はナマコ尾根の標高1300mの樹林限界内に幕営した。

夜になると低気圧の影響でみぞれが降り、冬型による天候悪化を天気予報は伝えていた。

富良野岳への縦走をあきらめOP尾根から主稜線往復に計画を変更した4人は、夜が明け切らぬ12月3日午前6時半にテントを出発。少ない雪のためハイマツが隠れておらずスキーでの歩行は厳しいが、それでもフリコ沢を渡渉しOP尾根に取り付き快調にスキーで登っていった。

OP尾根は両側が切れ落ちた幅の狭い尾根で南側に安政火口、北側に62火口があり標高1750m付近まではハイマツ帯、尾根は火山性の岩礫で構成され、積雪期のザイル、アイゼン練習のためよく登られる。

第1ギャップにスキーをデポ、アイゼンに替えた。ここは膝くらいのラッセルでブッシュ混じりの大沢側の急斜面を巻いて通過。その後の逆Z、第2ギャップも慎重に通過するが、雪はグラニュー糖のように脆くてグズグズした状態で、ステップ崩壊による滑落を警戒する。幅30cmくらいのナイフ状の第3リッジを通過して主稜線に到着。そこまで4人とも雪崩の不安は全く感じていなかった。

## アイゼンが利く堅雪の稜線で

さすが標高2000mに近い主稜線に出ると風も強く降雪が激しかった。すぐに4人は下山にかかる。主稜線にある大砲岩付近は尾根も広がり傾斜20度ほどの斜面。雪はアイゼンが2、3cm沈む固さ、4人は4、5mの間隔を開けて尾根上を下ってゆく。標高1830m、OP尾根へと斜面が狭まるあたりへ下った時、2番目を下っていたAの足下から尾根に沿ってすぱっと亀裂が走った。雪板状の雪崩が発生したのである。雪板はバラバラに砕けタイル状に分裂しながら尾根を挟んでフリコ沢と大沢側へと雪崩れていった。先頭を下っていたBは「雪崩だ！　でかいぞ」と叫ぶとフリコ沢側へ尻もちをつくような格好で滑り落ち、うまくアイゼンの爪が雪に引っかかり止まった。ところがAは割れた雪板の間に足を引きずり込まれ、急斜面が続く反対側の大沢側へと落ちていったのである。

足下の動いていた雪が停止するのを待って残されたBら3人は集まった。雪崩ビーコンを受

信に切り替え、BとCの2人はAが落ちていった急斜面を捜索しながら下った。急斜面には雪崩のデブリもなくビーコンの反応も全くない。斜度はきつくなるばかりで下降も不可能になる。BとCはいったん尾根上に戻り大沢下流から捜索することにした。

スキーデポ地まで戻ると、Dが遭難を通報するために白銀荘へ下山、B、Cが大沢に下降、沢を遡行してAを捜索する。標高1620m付近で雪の中から出ている赤いオーバーミトンを発見、駆け寄るとAの左膝も少し雪の上に出ていたがすでに手は硬直していた。パーティのスコップは1本、それはAが持っていたので2人は金属食器とスキーの板で掘り出しにかかるが、全然はかどらなかった。

Aは頭を下流側に向け横たわるようにして埋まっており全身は硬直、顔は土色、瞳孔は散大、外傷はなく、口の中が切れ少し血がにじんでいた。Aは標高差210m、33～53度の急斜面を直線距離にして約540mを流されていたのである。Aの呼吸はすでになく、心停止状態だった。全身を掘り出すと人工呼吸と心臓マッサージを30分間試みたがAには何の変化も起こらず、2人は蘇生を諦めざるをえなかった。

遺体を安全な場所まで移動しザイルで固定、夕闇迫る頃、2人は現場を離れた。悪天候にはばまれ、Aの遺体が捜索隊によって収容されにのは雪崩発生から6日後のことであり、検視の結果、死因は窒息と推定された。

## 11-4　十勝岳OP尾根のハードスラブ雪崩

### ■ハードスラブ雪崩

Aを死亡させた雪崩は、「面発生乾雪表層雪崩」と分類されるが、固い雪層（ハードスラブ）が登山者の刺激により割れ、雪崩を誘発したことから「軟らかい新雪表層雪崩」とは区別して「ハードスラブ雪崩」と呼ばれる（60頁「ハードスラブ雪崩」参照）。北海道大学低温科学研究所の成瀬廉二は十勝連峰周辺の気象観測データをもとに、この「ハードスラブ雪崩」発生要因を次のように分析、推定している。

・**弱層の形成**

表層雪崩の破断面の厚さは20～30cm、等間隔に2本の黒い筋が認められたと報告されている。

11月19日、25日、12月2日にかなりの多量の降雪があり、降雪が中断した11月24日、30日は比較的日照時間が長かった。2本の黒っぽい層はこの両日の表面で、雪崩れたハードスラブは11月19日以降に堆積した雪の層である。11月25日、12月2日は強風が吹いているので固い風成雪が形成されたと推測できる。

さらには、雪崩れたハードスラブと岩盤の間には大粒で結合力の非常に弱いザラメ状の雪層が5～10cmの厚さで存在していたとも報告されている。この層が雪崩の原因となった「霜ざらめ雪」と呼ばれる弱層と考えられる。ハードスラブが著しく不安定な条件下にある時、登山者の歩行の刺激によりハードスラブが破壊され雪崩が発生したのだ。

11月3日から15日にかけて多量の雪またはみぞれが降ったこと、気温の寒暖の差が著しい

ことが気象記録からわかる。特に札幌上空800hPAの気温は11日に0℃だったものが14日には−18℃以下にも低下している。11月中旬までの激しい寒暖の繰り返しが大粒の脆い「霜ざらめ雪」を発達させ、19日以降の降雪が積もれば「霜ざらめ雪」は雪崩の滑り面となりうる。

なお、この雪崩事故の場合、雪崩発生1時間前に同パーティが同じルートを登っておりその時は何の異常も感じていない。1時間の間にハードスラブの強度が低下したのか、登りと下りでは加わる力が異なるためなのかは不明だという。

## 5
## 八ガ岳
## 日ノ岳ルンゼの雪崩

登山者3人パーティのうち1名が埋没、2人のセルフレスキューによって生存救出。知識と装備だけでは雪崩から命を守れないことを知る。

八ガ岳は標高が3000mに達しないこと、入山が容易であることから冬山登山訓練の山として人気がある。特に八ガ岳南部は険しい岩稜帯が続き、冬の氷瀑、岩登りのゲレンデとして登山者が多い。

1997年は12月中旬まで八ガ岳に目立った降雪はなく、年末になって50cmを超える大雪が降った。年が明けて冬型気圧配置による好天が続き氷点下20度ほどの厳しい冷え込みとなって、弱層である霜ざらめ雪が形成される絶好の気象条件になった。98年1月8〜9日、太平洋側を発達した低気圧が通過して八ガ岳はこの冬2回目の大雪となる。この時、関東南部の丹沢山塊でさえも50cmの大雪が降っている。

社会人山岳会に入会して2、3年目という若い3人、A（28歳）、B（27歳）、C（27歳）は1月10〜11日の週末、赤岳鉱泉をベースキャンプにして横岳西壁の2本の岩稜ルートを登攀する計画をたてた。入山直前に大雪が降り、会のリーダーからは「雪が多くて雪崩の危険が高いから気をつけるように」と言われたが、彼らは雪崩への警戒感をあまり持たなかった。越後の山の藪尾根歩きで慣れている大雪と、八ガ岳のルンゼ登攀の大雪、地形による雪崩の危険度

の違いを想像することができなかったのだ。「天気が悪くてもどうにかなるさ。大雪といってもワカンを持っていけばなんとかなる」、そんな軽い気持ちが3人にはあった。会の雪崩学習会で太平洋側に発達した低気圧通過後の八ガ岳の雪崩事故例も学んでいたが、自分たちが同じ気象状況の八ガ岳を登ることには思い至らなかった。

## ルンゼ内で雪崩発生

　入山初日の10日、ルートの取付付近は腰まで埋まるラッセルがあったが、3人は小同心クラックを登攀した。この日、Aは体調がすこぶる悪くアプローチまで2人にずいぶん遅れ、しかも取付にアックスを忘れる失態を演じた。そのため小同心クラック登攀後に懸垂下降で取り付きに戻らねばならず、日没直前やっとテントに帰り着いた。

　11日、晴れ、6時過ぎ月明かりを浴びて日ノ岳稜を目指しテントを出た。Aは昨日2人に迷惑をかけた申し訳なさから、トップに立ってしゃにむに膝から腰くらいの深さのラッセルをしていた。途中、ドーンという雪崩が発生する音を2、3度聞いたけれど、気味が悪いと思うだけで、だれも弱層テストをしようとは言い出さなかった。そんなことをするより早く日ノ岳稜に取り付きたかったのである。

　鉾岳ルンゼと日ノ岳ルンゼに挟まれた日ノ岳稜末端は岩が露出していたため、日ノ岳ルンゼを少し登ってから取り付くことにした。見上げると鉾岳ルンゼ上部は斜度がきつく、しかも広い。ドーンという雪崩の音を聞いていたこともあってここからの雪崩は怖いと思った。3人は、出合で休むことなくあわてて日ノ岳ルンゼへと入ったが、鉾岳ルンゼの雪崩の危険を警戒したはずなのに日ノ岳ルンゼの雪崩への警戒感はなぜか抱かなかった。出合から日ノ岳ルンゼ上部の地形は、取付の段差のある岩場に阻まれて見ることができない。日ノ岳ルンゼ上部も鉾岳ルンゼと同じような地形的条件だということに気がつかないのは、"見えない"ために想像力を働かせられなかったからかもしれない。3人は、なんのためらいもなく雪崩の危険地帯へと踏み込んでいったのだ。

　頑張るAが先頭になりB、Cが少し遅れて日

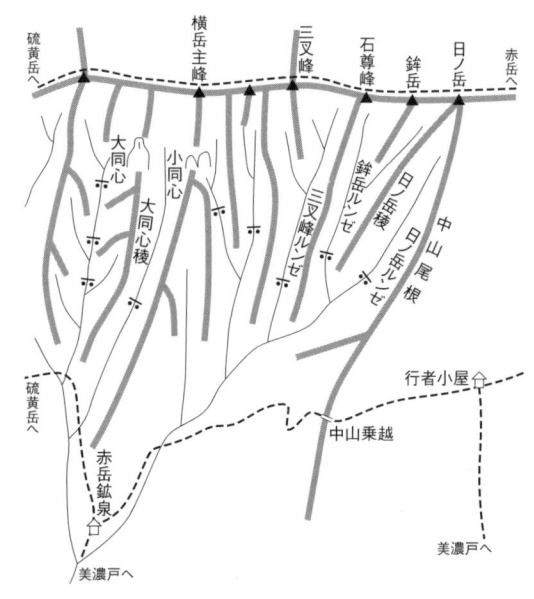

**図11－5　八ガ岳横岳西壁概念図**

ノ岳ルンゼに入った。Aがダブルアックスで腰まで埋まるラッセルに苦闘しながら登っているというのに、あとから続くB、Cはうっすらと雪が付いているだけの岩場を登っていた。

突然、ピシッという音がしてAの足元から少し下の雪面に幅2～3mの亀裂が入り、表層雪崩が発生した。2番目を登っていたBは目の前からだらだらと流れてきた雪崩に5mほど流され腿まで埋まって止まった。Cも5mほど流されたが雪崩の中心からはずれていたため埋まらなかった。2人が「これくらいですんでよかった」とほっとした瞬間、Aの叫び声がした。

Aは自分の足元から発生した雪崩に2人が流されたことに気がついていない。突然上方から怒涛のような雪崩が押し寄せてくるのが見えた。腰まで雪に埋まっていたため逃げることもできず迫りくる猛烈な白い波をみつめるしかなかった。「ヤッケのフードはかぶっていない。両手のアックスのリストループをはずしていない」、瞬間的に考えたが、すべては遅すぎた。下にいる2人に知らせるためにただ一言、「雪崩だ！」と叫んだ。下を振り返ると2人の姿が見え、みんな雪崩に巻き込まれると覚悟して「3人ともいったな……。ダメだ」と思ったとたん、雪崩の強い衝撃を浴びてAは倒された。流されている時、雪の重みを体中に感ずる凄い圧迫感があった。数秒後に雪崩は停止した。Aは深さ1mほどのデブリに頭を下流側にして仰向けの体勢で埋まった。体を動かそうとするがびくともせず、呼吸しようと口をアップアップさせてみると雪が口の中に入って逆に苦しかった。「だめだ、死ぬ」、意外と素直に状況を受け入れ、自分の人生を回顧するうちに意識を失った。

## 雪崩ビーコンで捜索

Bは最初の雪崩に襲われた時、日ノ岳ルンゼ中心から脇にそれて2回目の雪崩の直撃を受けた。雪崩の中心から左岸の方に押し出され、わずか10m流されただけで止まり両膝下まで雪に埋まった。膝下といえどもデブリから脱出するのは難しい。やっと両足が自由になったBは、雪崩ビーコンを受信へ切り替えた。

CはAの「雪崩だ！」という叫び声に上を見上げた瞬間雪崩の直撃を受けて右岸の岩に叩きつけられ、もみくちゃになって流れていった。「体がばらばらになる」ような激しさだったが、ピッケルが手から離れると足を下流に向けて両手をバタバタと泳ぐような動作をして雪崩の中で浮く努力をし、安定した体勢で90m流されデブリ末端付近で止まった。顔と右腕が雪面に出て、足を下流に向けた仰向けの体勢で埋まっていた。流された時間は10秒にも満たなかっただろう。右手で顔の雪を払い、左手、次に上半身を掘り出す。デブリに埋まったザックをなんとかはずし、両手で下半身を掘り出すとようやく立ち上がった。

雪崩の規模は幅5～7m、長さ100mほどの小規模なものだった。Aの姿がなくBとCのコールにも返事がない。2人はAが雪崩に埋まったことを悟った。

Cは比較的安全と思われる右岸へ移動、雪崩ビーコンを受信に切り替えシャベルを出しゾンデを組み立てようとした。ところが買ったばか

りのゾンデのワイヤーの止め方がわからない。雪崩ビーコンが受信音を捉えるので、ゾンデは組み立てられないまま捜索しながら上流へと登ってゆくと反応はどんどん強まった。一方、Bのビーコンは最大受信レンジの50mでは反応がなかった。デブリ中央へ移動すると下流側に反応があり、受信レベルを落としながら下っていった。Cが30m登った所でBに合流する。2人のビーコンは最小受信レンジより一段大きい10mレンジ、発光ダイオードランプLEDは2個が点灯している。Aはこの辺りに埋まっているとわかっているのにどこを捜してもLEDが3個点灯しない。「生存救出の時間は15分」だというのにビーコンを最小受信レンジに落とせず、埋没地点を絞り込めないのだ。雪崩発生から10分が経とうとしている。2人は焦った。

　埋没地点の特定の秘訣はいつまでもビーコンによるピンポイント捜索こだわらないことだ。ほぼ人が埋まっている範囲を絞り込めればゾンデで人の感覚を探すほうが早いし、さっさと掘り出しにとりかかった方がよい。

　Bはビーコンを携行する山行をしたことがあるにもかかわらず捜索練習は一度もしたことがなく、Cは昨シーズンに一度だけ捜索練習をしただけだ。「ピンポイント捜索ではビーコンを雪面に近づける」、はっとそのことに気がついた2人がストラップを体からはずし雪面に近づけて捜索を始めた。ようやくLEDが3個点灯

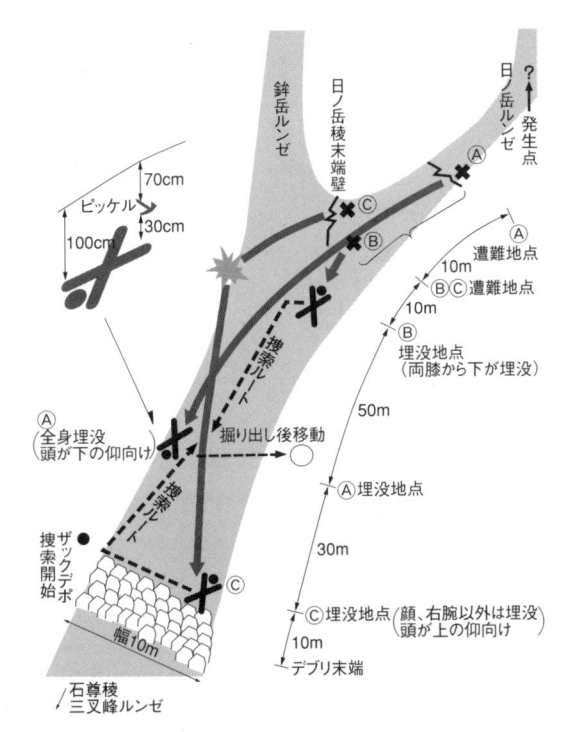

**図11－6　八ガ岳・日ノ岳ルンゼ雪崩現場状況図**

するAの埋没地点をほぼ特定できた。ゾンデの固定方法がわからないのでワイヤーを手に巻きAの感触を探る。最初の捜索でプラスチックブーツを当てていたのだが、ゾンデ捜索が初めてのBは確信をもてない。らちがあかないのでCがシャベルで必死に掘り始めるとピッケルが出てきた。さらに掘るとAの右足が見えたので、まず呼吸を確保するために頭の位置を推定して掘り進んだ。1mほど掘るとAの土色をした顔が出た。意識はなく口と鼻に雪がつまり、耳と鼻に血がついていた。出血はないが、呼吸していない。Bが口の中の雪をかき出し気道を確保して人工呼吸を2回した。するとA

の口元がかすかに動き始め、生きていることがわかった。

　2人はAを掘り出すためにシャベルを使ってどんどん掘り、18分かけて全身を雪の中から出すことができた。Aを雪から引きずり出してザックの上に寝かせると苦しそうな呼吸を始めた。「Aは生きている」、埋没を免れた2人はセルフレスキューによってAを生存救出できたが意識がない。このままではAを助けることができるかは定かでなく、医療機関へ搬送しなければならなかった。2人だけではAを下ろせない。救助隊が必要だった。

　Aを助けることに夢中のあまりBもCも雪崩ビーコンのストラップを体から完全にはずしてピンポイント捜索をしたし、雪面に置いたままAを掘った。ビーコンを体から離してはいけないという鉄則は忘れ、二次雪崩のことも思い浮かばなかった。しかも、事故を知らせる非常通信を無線機で試みたが応答がないためCが赤岳鉱泉に連絡に行く時、ビーコンを置き忘れている。本を読む、雪崩学習会で知識を得る。知識を得たところで冷静沈着なレスキューが行えるわけではないのである。

　意識のないAの両手はひどく曲がった感じて硬くて動かない。苦しそうな呼吸をしているAを「生きていてくれ」と祈りながらBは抱いて温めていた。Cが赤岳鉱泉小屋へ救助を求めに行く途中出会った登山パーティの1人が羽毛服とツェルトを持って2人の所へ来てくれた。Aに羽毛服を着せツェルトでくるみ、二次雪崩に対して安全な左岸へと運んだ。Aの体が震え始め、顔に血の気が少し戻り始めた。加温するものが何もないのでBはひたすら抱きかかえ自分の体温で温めようとしていた。全身を掘り出してから38分後、Aの目が突然に開いたのだった。

　人生を回顧していたAがふと目を開くと、Bの顔があって「ビーコン捜索でみんな助かったんだ」とわかった。意識の戻ったAは眠気に襲われその後の記憶はほとんどないが、奇妙なことを喋ったり制止しても立ち上がろうとしたりと低体温症特有の症状"錯乱"が見られた。Cが救助隊とともに現場に戻ってくるとふらふらと立ち上がっているAの姿が見えて驚き、「Aは助かった」と安堵したのだった。

＊

　雪崩のあと、若い3人はそれぞれが想いをめぐらせている。

Aの記憶には怒涛のように押し寄せる白い雪崩が幾度となく甦る。助かった現実と雪崩の恐怖が結びつかない。「事故そのものは人災だ。助かったのはレスキューをちゃんとしてくれた仲間のおかげだ」と感謝するばかりだった。Cは、白い斜面を見ると眠っていた雪崩の恐怖が甦り、恐怖心が少しずつ警戒心（慎重さ）に変容していることに気がつく。Bは雪崩ビーコンが生存救出をもたらしたが、なによりも最優先されることは「雪崩の危険を回避すること」だと痛感したのだった。そして雪崩知識を学べば雪崩から命を守れるわけでもなく、雪崩ビーコンを持ってさえいれば命を守れるわけでもない。この簡単なことに若い3人は気づいたようである。

　危険を回避するための心得として、私は次の4項目をあげておこう。

① 危険を察知する"本能"
② 状況判断するための観察力
③ 危険を認識できる知識と経験
④ 柔軟な想像力

　これらは知識を学んだり、講習会に参加して得られるものではない。人が生まれながらに持っている資質かもしれないし、経験を積むことによって習得できるかもしれない。こういった本能に基づく感性を磨くことが雪崩の危険を回避するためにはとりわけ重要だと思うのだ。

## 6 志賀高原前山スキー場コース外の雪崩

　コース外滑走が黙認されていたスキー場で雪崩事故が起き、スキーヤー1名が死亡。スキー場の安全管理と利用者の自己責任が裁判で争われた。

　志賀高原熊ノ湯にある小規模な前山スキー場は溶岩流が止まった先端に位置し、おわんを伏せたような地形だ。リフトは長さ約330m、標高差わずか116mの短いものが1本あるだけ、コースはリフトに沿った上級者用コースX（圧雪するコースと圧雪しないモーグルコースが平行になっている）と2つの初心者コースY、Zしかない。コースXとYに囲まれた斜面の一部X'（X沿い）は、かつてスキーコースでありスキー競技会にも使われた。地元や熊の湯をよく知るスキーヤーにとっては、新雪が滑れる手ごろな面白い斜面だった。熊の湯のホテル街から前山スキー場コース外のX'斜面はよく見える。腕に覚えのある地元スキーヤーがシュプールを見せびらかす斜面でもあり、早朝、足慣らしのために新雪斜面を滑ることが多かったという。

　X'の入り口には「立ち入り禁止」の標識が1本だけ立っていた。これは初心者コースYの下部、ちょうどX'斜面の真下にタイムレースコースが新設されたため、スキーヤーの衝突を避ける目的で1993年末に立てられた。

　スキーのうまい人、つまり新雪斜面を滑ることができてスキーヤーを避ける技量の持ち主な

らば"立ち入り禁止"を気にかける必要がなかったらしい。実際、「X'斜面へ入るには、立ち入り禁止の標識を目印にしていた」と語る地元スキーヤーもいる。さらにはスノーボーダーたちがX'斜面の新雪滑降を求めて現れるようになったから「立ち入り禁止」を立てたという背景もあったそうだ。最近まで志賀高原のスキー場はどこも「スノーボード滑降禁止」だったのだ。そのため前山スキー場はX'斜面を滑るスキーヤーがいても「立ち入り禁止」の強制的な規制をせず黙認していた。

## 「立ち入り禁止」斜面なのに

1996年1月27日午前9時前、Kスキースクールを名乗る10人のグループが前山スキー場リフトに乗った。前日の吹雪が嘘のように晴れ渡り、気温も低く、素晴らしいパウダースノーが降り積もっていた。彼らはいわゆる中高年、元スキー選手とか北米のヘリスキー、ヨーロッパ・アルプスの山スキーツアーを豊富に経験するなどスキー上級者で新雪滑降を好み、全員が幅の広い深雪用スキーを履いていた。

10人は思い思いに上級者用コースXの圧雪されているコース、圧雪されていないモーグルコースを2、3回ずつ滑った。膝上まであるパウダースノーは羽毛のように軽く、滑るたびに彼らを包んだ。足慣らしを終えた彼らは新雪斜面を求めてX'斜面へと入っていった。リフト降り場からは立ち入り禁止標識が立つX'斜面入り口を通過するスキーヤーがよく見えるし、スキー場の下にある管理事務所からはX'斜面が一望できる。スキー場係員は、X'斜面を滑るスキーヤーに当然気がついていただろう。前日までの3日間の降雪は、軽くて深い素晴らしいパウダースノーを10人に堪能させてくれた。

ほとんどの者が過去、X'斜面がスキー競技会に使われたコースであることや立ち入り禁止の立てられた経緯、スキーヤーが頻繁に滑ることを知っていた。X'斜面を滑るスキーヤーは他にもいたが、だれ1人スキー場係員から立ち入りを制止されることがなかった。

ロープもなく制止されることもない。10人はX'斜面を2回、滑降した。10人はさらにシュプールの付けられていないパウダースノーを求めてX'斜面の東側へと移動した。

## 仲間の目の前で雪煙に消える

Kら3人は、X'斜面を10人が2回滑ってつけたシュプールのすぐ東側を滑降して、初心者コースYに出た所で7人を待っていた。7人はKら3人よりもっと東側の斜面を滑ろうとしていた。斜面を見渡せる上部で7人がいったん立ち止まり、滑るコースを見定めた。Bが先頭で続いてCが、X''斜面を滑り降り、Yコースに出る直前で立ち止まって後続の仲間を待っていた。「お先に！」と言って勢いよく滑り出したA（59歳）を追ってD、Eが続く。みんな巧みなスキー操作で雪煙を巻き上げ、深雪に転倒する者はいない。Dが数ターンすると後方から斜面が崩れ、流れ出した。上で滑り出しを待っていたEが「雪崩だ！」と叫んだ。Dは「このままでは雪に埋もれて転倒してしまう。転倒したらお終いだ」と思い、「落ち着け、落ち着け」と言いながら埋まらないようにスキーを交互に

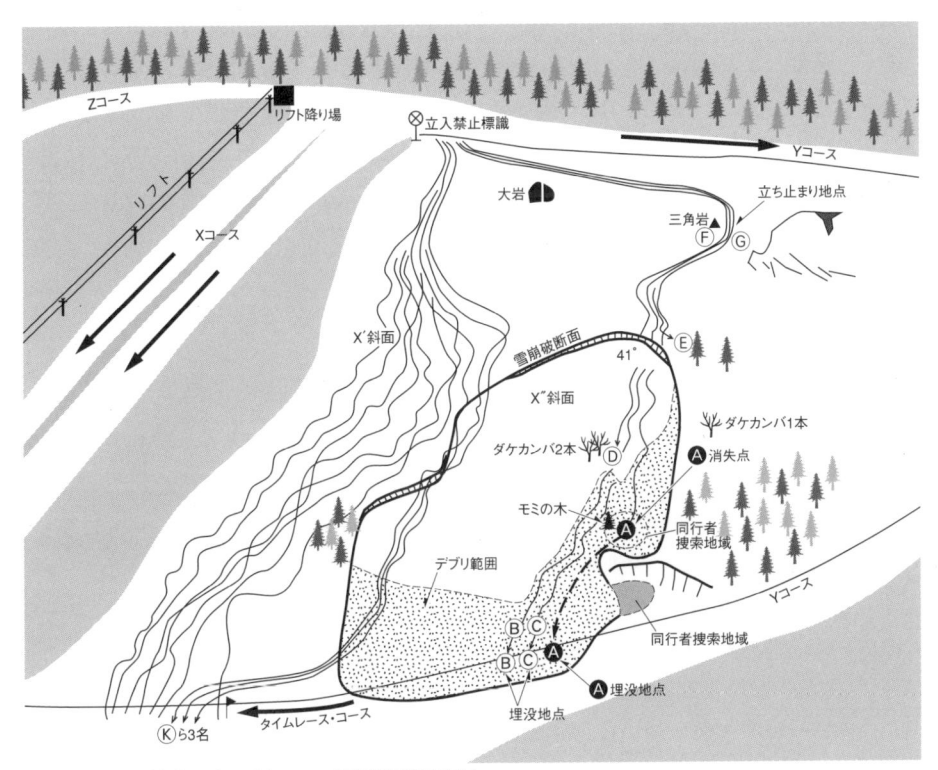

**図11−7　前山スキー場コース外雪崩現場略図**

持ち上げて雪崩に流され埋没しないで止まった。

　下にいたBは突然音もなく斜面上部から舞ってきた風雪に雪崩の発生を察知した。身構えたBはCとともに雪崩に流されYコースにまで押し出され、2人とも立った状態で体の一部分がデブリに埋まった。

　斜面上部にいたFは雪崩に流されてゆくA、D、Eをずっと注視していた。雪崩が止まるまでDとEの姿は見えていたが、Aだけが雪煙の中に一瞬見えたのを最後に姿を消した。最後に目撃されたのはモミの木の東側だった。雪崩発生は、午前9時47分だった。

　A 1人だけ雪崩に埋没、行方不明になったのである。

## 遅れる捜索・救助

　9人はAの捜索に取り掛かった。といっても捜索の道具はタイムレースのコースに立てられていたポールだけであった。雪崩の捜索知識の乏しい彼らは、かなりあわてたようだ。1つのグループはAが姿を消した消失点周辺にこだわって捜索した。別のグループは、モミの木の真下にある窪地のデブリを捜した。

9人はYコースを滑ってきた人たちに捜索の手伝いを頼み、「1人が雪の下敷きになっていることを伝えて欲しい」とスキー場への救助連絡を頼んだ。

　頼まれたスキーヤーはスキー場の管理事務所がどこにあるのかわからず、近くのホテル従業員に救助の伝言を伝え、ホテル従業員は前山スキー場管理事務所に伝えた。

　管理事務所の人間は「深雪の中に人が埋まっている」と聞き、雪崩に人が埋まったと理解しなかった。単にスキーヤーが深雪に埋まって起き上がれない程度にしか受け止めなかったのだろう。彼は歩いて雪崩事故現場へ行った。

　すると幅71m、長さ110m、破断面の高さ約1mの雪崩がX"斜面に発生、Aが行方不明となりデブリがYコースにまで流れていることをようやく知ったのだ。前山スキー場に常駐する専門のスキーパトロールはいないし、係員たちは無線機を持っていない。

　彼は急いで切符売り場に行き、消防と警察に通報をした。午前10時13分、雪崩発生から26分が経過していた。

　雪崩現場には通報を聞いたスキーパトロールたちが駆けつけ捜索を開始するが、ゾンデは一本もなくデブリを掘れるような丈夫なシャベルもなかった。しかも雪崩埋没者捜索の知識も乏しければ訓練も受けていなかった。理由は、「志賀高原のスキー場には過去一度も雪崩事故が起きたことがない」からであり、「志賀高原には雪崩が起きない」と信じているからであった。

　消防への通報から26分後、救急車が到着した。ちょうどその時、デブリ末端でAを捜索していたスキーポールに手ごたえがあった。

　Aが埋没していたのは同行者たちが捜索していた場所とはかけ離れ、BとCが埋没して脱出したすぐ近くだった。救急隊員らが掘ると上向きに埋まるAが現れたがすでに呼吸はなかった。その時すでに雪崩発生から58分が経過していた。Aは収容された病院で死亡した。

＊

　新潟大学積雪地域災害センターの和泉薫の調査によればこの雪崩事故を含め記録に残る志賀高原の雪崩は10件、12名が死亡している。「志賀高原スキー史」にはスキーツアー中に遭遇した雪崩の写真も掲載されている。前山スキー場を経営する会社の別の志賀高原にあるスキー場付近の道路が雪崩のために通行止めになることが時々ある。会社はこの事実を当然のことながら知っていると思われ、雪崩が志賀高原に起きることはわかっていただろう。地元スキーヤーは、熊ノ湯周辺の斜面で雪崩が起きることをよく知っていた。前山スキー場は昭和30年代から営業している。

　雪が降り、斜面があり、雪崩発生の条件が整えば雪崩は起きる。志賀高原に雪崩が起きないとの認識は誤ったものである。たとえ志賀高原のスキー場コース内に雪崩が起きたことがなかったとしても雪崩事故に備えた対策が不要とはならないのだ。現に過去、志賀高原に雪崩が発生している。

　前山スキー場雪崩事故は、Aの埋没後適切な救助活動がなされていたら生存救出の可能性が高かっただろう。

# 7 カナダのヘリスキーでの大規模な雪崩

雪崩予知、レスキュー体制は理想的だったはずなのに、スキーヤーとガイドの2名が死亡した。

アラスカ国境に近いカナダのブリティッシュ・コロンビア州の小さな町アトリンは、3000m級の険しい山々が続くスイッツアー山系に囲まれ、パウダースノーを求めるスキーヤーやボーダーにとってはパラダイスだ。この町に滞在して存分にパウダースノーを堪能するならヘリスキーがおすすめだろう。1回のヘリスキーツアーは8日間、1日に10本以上のラン（ヘリコプターで滑降ポイントの上部に着陸してガイドとともに滑る）を楽しめ、1本のランの滑走距離は2〜4km、標高差1000〜1500mを滑降するという日本では望めない夢のようなパウダースノーが楽しめるのだ。

1997年3月下旬、AはスキーヤーのBとアトリンに入り、カメラマンのC、プロスキーヤーのDと合流した。

3月31日、天候は快晴、風は微風、午前9時の標高2500mでの気温−5℃、標高1000mで−2℃、まさに絶好のヘリスキー日和だった。

午前中、AはB、Cと別行動を取り60歳を過ぎたドイツ人スキーヤーE、Fの2人とガイドGの4人で5本のランをこなして爽快なシュプールを刻んだ。

カメラマンのCは2日前の29日午後、雪崩

Aの遺族は、立ち入り禁止区域に入って滑降したAの過失を認めた上で、スキー場の安全管理の不備を民事裁判に訴えた。長野地方裁判所の一審判決は、X"斜面で雪崩が発生したことがなく、ここを滑るスキーヤーもほとんどいなかったと認定しスキー場側に過失はなく、雪崩発生を想定した救助体勢を整えていないのも止むを得ない。通報の遅延については、たとえ速やかな通報がなされても生存可能性のある15分以内に救急車は到着できないから過失はないと遺族の訴えを認めなかった。遺族は東京高等裁判所に控訴していたが、棄却され、一審判決が確定した。

前山スキー場に立てられた「立ち入り禁止」は、"スキーの下手な人は危ないから入らないで"程度の意味を持つ標識だった。中高年の10人のグループは、今のようなスキー場ができる前からスキーを楽しみ、海外での新雪滑降経験も豊富だ。"スキーの下手な人にとっては危険、自分たちはスキーがうまいから入ってもよい"と受け止めたのだろう。

自己責任、滑る側の責任が求められるのは当然のことだ。だからといって、スキー場は立ち入り禁止の標識を1本立てるだけで安全対策が十分で、何もしなくてもよいのだろうか。

なお、この雪崩事故の翌冬、X"斜面では雪崩が自然発生している。

に巻き込まれ、足首の骨折と全身打撲という大けがを負って入院していた。Cが大きなボウル状になった斜度30〜35度の斜面を滑り始めたとたんピッと亀裂が走り、またたくまに横幅300mにわたって雪面が切れた。猛烈なスピードでCは流され埋没したが、かろうじて片手が雪面から出ていたのでAたちによって短時間で救出することができたのだった。けっこう大きな雪崩だったので、Cがけがだけですんだのは、幸運だった。

ヘリスキー会社は北米全域のリアルタイムで得られる雪崩データを毎日入手し、独自のスノーチェック（積雪断面観察）、天候と風向の予想、ガイドの滑走テストを行った上でツアーを実施する。経営者でもあるガイドの総監督は、世界的に有名なヘリスキー会社のリードガイド（ガイドのリーダー）を25年やってきた超ベテランだ。彼が言う。「絶対危険がないとは言えないが、限りなく100％に近い確率で安全を心がけている」、「1万回もヘリスキーのランをやって1回も人身事故、雪崩事故は起きていない。そんなに何回も雪崩が起きるわけがない」と。Cが雪崩にやられた時、彼の説明にうなずいて「ガイドは信頼できるし慎重だ。危険な所には行かない。安全は確認できる。大丈夫だ」、そう思ってAたちは滑り続けることにしたのだ。

29、30、31日の3日間は快晴が続き、この季節としては暖かめで天気も気温も安定していた。早朝は、快晴だから放射冷却現象のために冷え込んでいたのかもしれない。ずっと雪は軽く、滑降には最高のコンディションだった。

## 巨大な雪崩の中で

31日の午後、AはB、Dと一緒になり、午前中から行動をともにしているドイツ人スキーヤーE、ガイドのGの5人でランを開始した。ヘリコプターは標高2550mの尾根の上部に着陸した。そこは尾根の左右2つのコースを滑降できる場所だ。尾根の左側も右側のコースにも他のグループのシュプールがすでにつけられていた。ガイドのGが「どっちの斜面を滑る？」とAに聞いた。上から見て尾根の右側のコースは左側より斜度があり、ラインの取り方しだいでは荒らされていない日陰の斜面でよい滑りができ、よい写真が撮れそうだった。Aが「右側を滑りたい」と答えるとガイドのGが、「オーケー、問題ない」と言って雪の状態を確かめるようにゆっくりと大きなターンで滑り、斜面中腹で止まった。Gが滑って行ったコースは大きな溝状になっている。斜度25度ほどの斜面で、止まっている付近から斜度が増し、がくんと落ち込んでいる。そこからの斜度は30度ほどだろうか。

Gの合図でAがスタートした。午後3時を過ぎても雪は軽く、快適なパウダースノーだ。一気に100mほど滑ってGの位置に着いた。

Aは撮影するために斜面の中央へと20mほどトラバースしてカメラを構えた。

ドイツ人のEがスタートした。

EはAのシュプールより少し大きく回り込むラインで滑ってくる。ターンを3、4回した時、「グフッ」という鈍くて嫌な感じの音が聞こえ、雪面が一瞬にして大きく動くのがAに見えた。

「アバランチ！（雪崩）」と横にいたGが無線機をとって絶叫した。午後3時6分だった。Aは無意識のうちにシャッターを押し続ける。モータードライブの軽快なシャッター音がカシャカシャカシャと響いた。

Eが滑っている幅300mの斜面がググッと地面から盛り上がるように膨らんだかと思うと、一瞬にして亀裂が四方八方に走った。亀裂の走った斜面の下方から雪面が粉々に砕けるようにしてAへと押し寄せてきた。「まずい！」、スキーを横向きにしてAが立っている斜面も動き出した。EもAもGも、3人は立ったまま流されてゆく。Aの足が恐怖にすくんだ。「転んじゃいけない。雪の中から顔を上に出して！」と自分を叱咤激励する。「上が見えてる。大丈夫、大丈夫……、まずい、まずい、まずい……」頭の中で言葉が錯綜する。流されながら、「転ぶな！　滑れ！」と必死に自分に言い聞かせた。地面がどんどんスピードを早めて流れてゆくのがわかった。雪面が巨大な波のように動き、流されるスピードがさらに増してゆく。雪の中をぐちゃぐちゃになりながら流されてゆくけれど、目の前は明るかった。雪崩の表面近くにいるのだろうか。雪崩の底に沈んでしまえば深い場所に埋没する。「まずい、まずい、まずい」、流されるスピードが突然停止したかと思うと頭の上から背中にかけて押しつぶされたような重量感を感じた。まわりから突然、光が消えた。Aはうつ伏せの体勢で大の字の形になって完全に埋まってしまった。雪崩発生から1分後の午後3時7分だ。

「体は動くか？」、暗闇の中で自問する。呼吸空間を確保するために手を顔の前に持ってこようとしたが右手も左手も雪に埋まり、ぴくりとも動かなかった。次にがんばって顔を上下に動かすとほんのわずかだけ空間ができた。

真っ暗闇の世界。上も下もわからない闇、それなのに不思議と怖さを感じなかった。恐怖よりも生きることへの欲望だけが頭の中を駆け巡る。

「生きなきゃ。何とか生きないと、死んじゃダメだ、生きないと……」。

Aは意識を失った。

## 素早い捜索だったが

雪崩の破断面の高さ約150cm、かなり深い位置の弱層が破壊されて雪崩が発生しており、雪崩れた斜面は部分的に岩肌が剥き出しになった。破断面の亀裂の幅は約400m、破断面から半円を描くように雪面が切れ、雪崩の長さは約600m、Aは約400mを流されていた。雪崩れた雪が堆積したデブリの長さだけでも約300m、幅は約500mもあった。雪崩規模としてはかなり大きなものだった。

雪崩発生と同時にガイドのGは無線機で「雪崩発生」をヘリスキーのベースキャンプにいるリードガイドに通報している。リードガイドは通報を受けると同時にヘリコプターに飛び乗り現場へ向かった。デブリ末端にヘリコプターが着陸、リードガイドが雪崩ビーコンで捜索を開始したのは発生から4分後の午後3時10分だった。リードガイドは3人が埋没して行方不明となった雪崩現場を見てアトリンの会社事務所へ状況を知らせ、捜索人員の応援を頼んだ。

会社は他のグループのガイドと捜索能力のありそうなツアー参加者あわせて15名を2機目のヘリコプターで現場に投入する一方、アトリンの緊急ヘリポートには救急車を待機させ受け入れる病院も体勢を整えた。

　捜索を開始したリードガイドの雪崩ビーコンに発信音がキャッチされ埋没地点が特定されたのは午後3時17分、リードガイド捜索開始から5分後だった。ただちリードガイドはシャベルでAの掘り出しにかかった。Aの体が雪の下、約1mから現れる。意識を失っているAの頬をリードガイドが何度も何度も叩いた。埋没から12分だ。

「大丈夫か？　お前は生きている。おれがわかるか」

　昏睡状態から目が覚めたばかりという感じで意識がはっきりしていないAが、「大丈夫、大丈夫……」と答え、リードガイドがAの雪崩ビーコンのスイッチを切った。「どこも痛くないか。大丈夫か」と聞かれ、朦朧としたAは静かに体を動かしてみた。体に痛みはなかった。

　リードガイドは残る2人の捜索に取りかかった。2人のビーコンの発信音を捉えていたのだ。

　2機目のヘリコプターが15名の捜索要員を現場に運んできた。斜面の上部にいて一部始終を見ていたBとDは尾根の左側を滑ってようやく下りてきた。全

写真11－2 a

写真11－2 b

写真11－2 c
写真11－2 a～e　カナダのヘリスキーで起きた雪崩の連続写真（右頁に続く）

写真11−2d

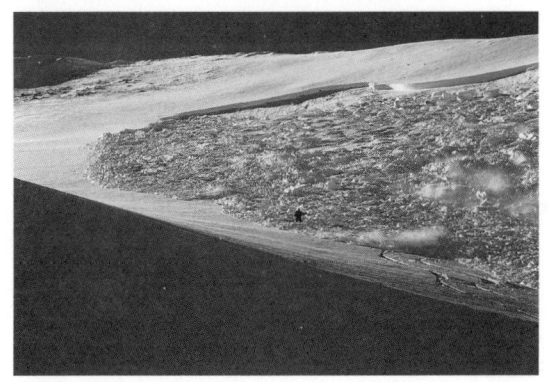

写真11−2e

員が残る２人の発見に全力をあげた。デブリの末端にはいつでも飛び立てるように２機のヘリコプターが待機している。酸素吸入器をはじめ緊急用の医療機器も現場には準備されていた。

Aの右斜め上方約30mの地点にドイツ人スキーヤーのEの埋没が特定されたのは、午後３時30分。深さ1.2mに埋まっていたEの掘り出しに27分を要した。ただちに人工呼吸、酸素吸入を施した。

Aの周りでは雪崩ビーコンの受信音が「ピーピー」と鳴り響いている。ふらふらと立ち上がったAにBが声をかけた。「Aさん、シャベル持ってますね、一緒に掘ってください」

ガイドのGがAの横５mほどの地点に埋没しているのが確認されたのだ。リードガイドがゾンデを刺して埋没したGを捜していた。雪崩ビーコンの発信音を捉えてもゾンデの"あたり"はなかった。かなり深い地点に埋没しているに違いない。７人が手を休めることなく掘り続ける。Aも汗を流しながら必死に掘った。穴の深さが２mになりリードガイドのゾンデがGの感触を捉えた。

「シャベル！　シャベル！」

埋没から23分が経過していた。生存の確率が高い埋没時間15分は、とうに過ぎていた。

全員がさらにスピードを上げ、雪を掘る。最も深い部分からは雪を一度に雪面にかき出せないために、深さ１mほどの所に中継地点を設けて掘り進む。穴の直径も深さもすでに３mを超えていた。

Gの手が見えた。深さ3.5mの地点だ。

押しつぶされた雪は重く、Gの手を引っ張ってもびくともしなかった。５分後、ようやく顔の部分まで雪を取り除くことができた。Gの顔は白く、血の気がまったくなかった。全員でGを雪面へと引き上げ人工呼吸を行い、酸素吸入を試みた。

白い顔色に赤味が差すことは、ついになかった。「だめだ……」、埋没から70分後のことだった。ガイドのGとドイツ人スキーヤーEが雪崩で死んだ。死因は、窒息もしくは圧死と推定された。

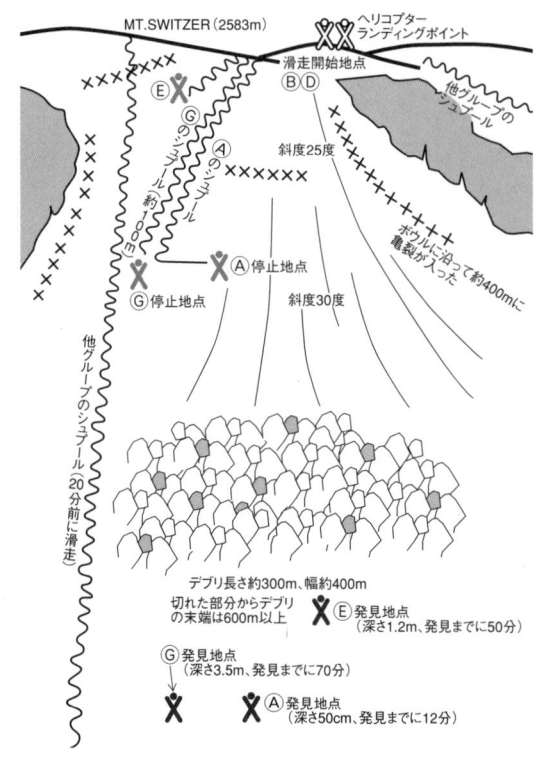

**図11－8　カナダのヘリスキーの雪崩現場略図**

（図中ラベル）
MT.SWITZER (2583m)／ヘリコプターランディングポイント／滑走開始地点／他グループのシュプール／斜度25度／ボウルに沿って約400mに亀裂が入った／A停止地点／G停止地点／斜度30度／他グループのシュプール（20分前に滑走）／デブリ長さ約300m、幅約400m／切れた部分からデブリの末端は600m以上／B発見地点（深さ1.2m、発見までに50分）／G発見地点（深さ3.5m、発見までに70分）／A発見地点（深さ50cm、発見までに12分）

　3人が雪崩に流され、Aだけが生還できた。最初にリードガイドの雪崩ビーコンによって発見され、掘り出されたのは偶然にすぎず、浅く埋まったのも偶然だ。死んだ2人と助かったAに大きな違いがあるわけではない。

　Aの体から緊張感が一気に抜けて脱力感と虚無感がこみ上げてきた。

　Aは雪崩知識を学ぶ講習会やセミナーにも参加してきたし、日本や海外のスキーパトロールたちから雪崩事故の実例を聞いたりして雪崩への対処の仕方と危険は理解していたつもりだ。生還できた理由は、発見の早さにつきる。滑降中に雪崩れたら横に逃げる、巻き込まれたら泳ぐ、埋まる前には呼吸空間を確保する、自分が捜索する側に立った場合は……。Aは雪崩の知識を持っていたと思う。けれども現実はあまりにも衝撃的で知識とは違った。雪崩を予測することは難しく、考えられる最良のセルフレスキューを実行しても2人は助からなかった。雪崩ビーコンでの捜索方法、救助隊の投入や装備、救急医療器具、ヘリコプターの対応、医療機関の対応、すべて最善のレスキューが行われている。しかし、2人は雪崩で死んだ。自然は本当に強く、人の力などたかが知れている。自然の脅威のまえで人の命は、はかない。

　Aの前には横たわるガイドGの白い顔があった。Aはこの事実、人の命のはかなさを突きつけられ虚脱感を感じたのだった。

# 8 谷川岳 一ノ倉沢滝沢の雪崩

"雪崩の巣"に入り込んだ氷壁登攀の登山者2名が重傷

　A（30歳）は登山ガイドが主宰する登山学校のエキスパートコースに入り、一年間にわたって実践的な登攀技術を高めようとしていた。そのコースは、客としてガイドに連れられて山に行くというより岩壁や氷壁でトップに立ってリードできるクライマーを育てることを目的としていた。

　関東と上越の分水嶺であり冬は豪雪地帯である谷川岳は凄まじいばかりの岩壁群が連なり、昭和初期からクライマーたちが四季を問わず難ルートの初登攀を競ってきた山で、たった1つの山なのに遭難者数は771名にもなっている。

　その谷川岳一ノ倉沢にそびえる滝沢スラブの氷壁を登攀する山行は、Aともう1人のスクール生B（35歳）、ガイドC（51歳）の3人パーティだった。3月19日の夜、Aの仕事は遅くまで終わらず、10時を過ぎてやっと職場を離れることができた。3人が土合の駐車場に着いたのは3月20日午前2時半、少し仮眠して午前4時40分に一ノ倉沢を目指して出発した。ガイドのCは、前週も前々週も一ノ倉沢滝沢スラブ登攀を狙ったが、悪天と雪崩の危険のために一ノ倉沢途中から引き返している。3回目となるこの日は、素晴らしい快晴で冷え込みも厳しく滝沢スラブ登攀にはこれ以上望みようのないほどの好条件と思われた。

　本谷の雪は固くしまりアイゼンの歯が気持ちよく刺さってラッセルは何もない。登るのに好都合の固い雪なのだが、それは岩壁群に頻発する雪崩のデブリが堆積した雪である。雷鳴のような凄い音がして見上げると、岩壁からテニスコートくらいの面積の氷雪が落ち雪崩が発生、白かった岩壁が黒々とした姿を見せる。特に日が当たる南面の衝立岩や烏帽子スラブからの雪崩が多く、滝沢スラブ取付までに5回もの雪崩発生とデブリ跡を見た。仕事のために出発が遅くなり、日が当たり始めてから登っている状況に雪崩の危険をひしひしとAは感じ、「もっと早く出発しておけばよかった」と後悔していた。でも、登攀する滝沢スラブは北面にあるから日が当たらず雪崩は大丈夫だろうと自分を納得させていた。

　スクールでは雪崩ビーコンの使い方の講習もあり、Aは捜索練習を10回ほどやっている。だが、今日は雪崩ビーコンもゾンデもシャベルも持っていない。ビーコンを持つより1本でも多くアイススクリュー・ハーケンを持ちたかったのだ。氷壁登攀では、荷物の軽量化が最優先されるべきだとAは考えていた。

## 絶好の氷壁にはやる気持ち

　滝沢スラブ取付に到着する。ガイドのCがアイスバイルを氷壁に打つと、ほどよい固さの氷に気分よく突き刺さり、氷が脆く割れることもない。こんな好条件の氷はめったに出会えるものでなく、「非常にいい」とCが言い、Aは「登らないわけにはいかない」と登攀意欲を刺

激された。残念なことに滝沢スラブには先行パーティがいた。時間は午前7時半だ。3月下旬の太陽の光は強く明るく春を思わせ、すでに高く昇っている。気温が上昇して雪崩に襲われはしないだろうかと時間の遅さだけが気がかりだったが、先行パーティのいる滝沢スラブをあきらめ滝沢本流を登攀することにした。

その日、一ノ倉沢を滑ろうとしていたスノーボーダーがいたが雪崩の危険を感じ、入山しないまま引き返している。スノーボーダーは雪崩の危険に滑降を思いとどまり、氷壁を目指した登山者は雪崩の危険を感じながらも登攀欲に身を委ねたのだ。

Cがトップに立ち4ピッチリードして高さ20mある大滝の下まで登った。雪は安定して雪崩は大丈夫そうだ。Aがトップに代わり本流をトラバースして大滝を越えることになる。Bが2、30m離れて後に続く。Cは左岸の岩壁に身を隠して2人の登攀を見守っていた。北面の滝沢にも日が当たり始め気温が上昇を始め、あんなに固く締まっていた雪がくさりアイゼンに団子のようにくっつく。

一ノ倉沢から滝沢を登るAたち3人を見ているDら3人パーティがいた。Dらは本谷をつめて稜線に上がり西黒尾根を下降する予定だったが、雪崩の危険を避けるため岩稜帯の陰で日が傾くのを待っていたのだ。Dは、滝沢を登攀するAたちを見て「あいつらまだあんな所にいる。遅いんじゃないのか」と気にかけていた。雪崩の危険を避けるなら、もっと早い時間に登るかもっと遅い時間に登るか、どちらかなのだ。

## 標高差200mを落下

突然、サッカーボールより大き目の雪のブロックが数個、大滝の上からAめがけて落ちてきた。斜度45～50度、くるぶしまでもぐるくらいの固さの雪面に立っているAは、「これくらいなら耐えられる」と思った。その時Cが「来たぞー！」と大声で叫び、2人に雪崩の発生を教えた。午前8時55分だった。

Aはいきなりダンプの荷台からどさっと砂を浴びせられたような衝撃を感じた。両手にアイスバイルを持ち仰向けになったAは滝沢を落下していった。「ちくしょう！」と心の中で叫んだ。体は小さな滝を跳びこすたびに空中を飛び、ドンと着地する。雪にまみれてビューッと猛烈な速度で落下しては、空中を跳ねてドン、1回、2回、3回……6回と冷静に数え、口の中に雪が入って窒息しないようにぎゅっと固く唇を閉ざしていた。標高差200m、距離にして400mほどの急斜面を流され雪面にうつ伏せ状態でまるでカエルが地面に叩きつけられるようにぶつかり、停止した。「助かった」とほっとした。

Aは雪崩に流されたものの埋まらなかったのだ。顔を上げると目の前には太陽の光が燦燦とふりそそぐ白い本谷があった。自分の体の状況を調べるとヘルメットにはひびが入り左手に擦過傷、足を動かそうとしても動かず骨折していることがわかった。「Bはどうしたのだろう」とあたりをうかがうと「ウーン、ウーン」というBの苦痛のうなり声が聞こえ、「あいつも生きている」と思った。うなり声が聞こえるものの目の前にデブリのブロックが散乱しているた

め、Bが雪崩に埋没しているのか埋没していないのかさえわからず、姿は見えなかった。「あいつはどこにいるのだろう」。Bを捜したいと思っても骨折したAは動くことができなかった。

雪崩を避けるために岩壁帯の下で休んでいたDは、いきなり猛烈な雪煙に包まれて何も見えなくなった。一ノ倉沢と滝沢の出合は漏斗のような地形なので、雪崩の雪は全部集まってくる。「雪崩にやられる」と、一瞬怯えたがやがて雪煙がおさまり、真っ白になったお互いを見合って、「命拾いをしたな」と安堵した。「さっきの3人は大丈夫か？」と本谷を覗き込むと岩壁の陰にいたCと雪面に座り込んだAが叫びあっていた。
「大丈夫か？」
「大丈夫です。足が動きません」
「Bはどこだ？」
「近くにいるようですが、わかりません」
「オーケー、すぐ行く！」
　Dが「大丈夫か！　救助は必要ないか！」と叫ぶと「お願いします」とAが叫び返した。

雪崩発生から25分後、ガイドのC、Dたち3人がAの所に駆けつけた。Bの姿が見えないのでガイドのCが、「Bはどこだ！」と叫ぶとAの30mほど下で頭を下にして倒れ、右足が埋まっ

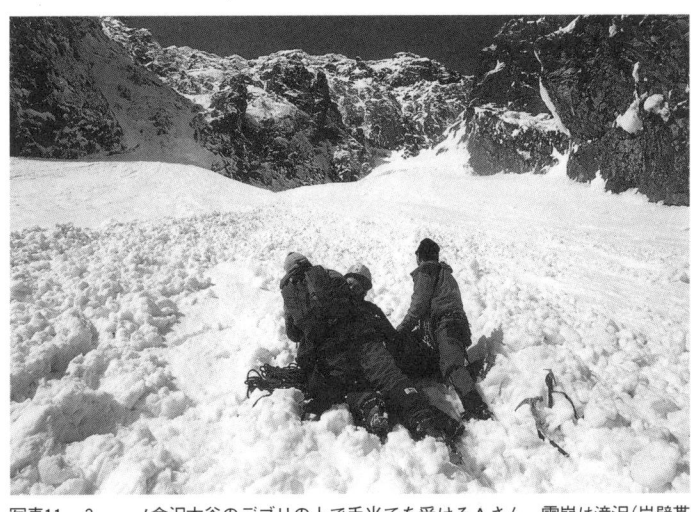

写真11－3　一ノ倉沢本谷のデブリの上で手当てを受けるAさん。雪崩は滝沢（岩壁帯左側の白い部分）から発生した（撮影＝長谷川勉／時事通信社提供）

た状態で「ここです」と雪壁の間から手を上げて答えた。

Bの足を掘り出し雪面に座らせ、右手と顎のアイスバイルによるひどい裂傷の応急手当をした。両足とも骨折しているようだった。

Dたちの携帯電話で群馬県警に事故の発生を通報してヘリコプターによる救助を要請し、2人をツェルトに包み、平坦な二ノ沢出合まで下ろしてヘリコプターの到着を待った。午前11時20分、群馬県消防防災ヘリコプターが飛来するが、ホバリング（空中停止）するヘリコプターのダウンウォッシュ（吹き降ろし風）が雪崩を誘発する恐れがあるため、二ノ沢出合ではホイストによる吊り上げをできないとスピーカーで言われ、さらに一ノ倉沢出合まで2人を搬送することにした。群馬県警山岳救助隊3名がレスキューシートを持って現場に駆けつけてくれたので、けがのひどいBを先に、続いてAを

写真11－4　雪崩のデブリに埋まった一ノ倉沢本谷
(撮影＝長谷川勉／時事通信社提供)

一ノ倉沢出合へとレスキューシートに載せて搬送した。登る時にはなかった烏帽子スラブからの雪崩が、本谷を埋め尽くしていた。冬から春へ、谷川岳は全層雪崩の季節に入ったかのようだった。A、Bは再度飛来した消防防災ヘリコプターに吊り上げられ病院へと搬送されていった。時間は午後1時、雪崩発生から4時間5分後のことだった。冬季の事故が発生していなかった一ノ倉沢での5年ぶりの負傷者が出る事故だった。

＊

Aの負傷は左足大腿骨骨折。
Bの負傷は、骨盤恥骨骨折、右足踵骨骨折、左足踵粉砕骨折、右手裂傷、顎裂傷。

3ヵ月後に退院したAは、猛烈なスピードで雪崩に巻き込まれ滝沢を落下していった恐怖心が克服できるか不安だった。こんな雪崩に遭ったにもかかわらず、氷壁や岩壁の登攀は続けたかった。試しにジェットコースターに乗ってみたが、恐怖心も起きず平気だったことに安心した。骨折部分を止めている金属ボルトがはずされるまでは、人工壁でのフリークライミングを楽しむつもりだ。氷壁は、冬が来ればまた狙う。今はそう考えて、冬を待っている。

## 【谷川岳の登山規制】

群馬県の「谷川岳遭難防止条例」により11月末から2月末の期間、危険地帯（一ノ倉沢、幽ノ沢、越後ノ沢など）に限り入山の自粛を求める規制がある。あくまでも自粛要請なので強制力はない。厳冬期の危険地帯に入るのは、エキスパートに限られている。春の融雪期になり全層雪崩が危険になると4月上旬から5月上旬まで入山規制が実施される。

2001年3月20日に起きたこの雪崩遭難により規制実施が早められた。谷川岳登山指導センター、群馬県山岳救助隊などの協議によって規制期間が決定されている。

## 9
## 蒲田川左俣
## 日本最大の表層雪崩

　作業小屋を吹き飛ばし、2名が死亡した日本最大の雪崩。雪崩研究者は現地調査と過去の気象記録から雪崩発生メカニズムを解明した。

　晴天だった2000年3月27日午前11時50分ごろ、笠ガ岳や双六岳の登山口となる岐阜県上宝村の新穂高温泉から東に入る蒲田川左俣谷穴毛谷の上流、標高2720mで大規模な表層雪崩が自然発生した。冬季であったが左俣谷では砂防工事が行われていた。雪崩の危険性を考慮して画像解析により雪崩発生を検知する監視システムが設置されていたのだが、雪崩の規模、速度は想像をはるかに超え、作業小屋ごと吹き飛ばしたため休憩していた作業員2名は避難することもできず死亡した。作業用車両や重機、重さ35トンのコンクリート塊は約300mも流され、建設されていた砂防施設がことごとく破壊された（33頁「雪崩の内部構造と衝撃力」参照）。

　それほど凄い破壊エネルギーを持った雪崩発生場所は、穴毛谷の源頭、ハイマツ帯や裸地の斜度30〜50度の急傾斜地である標高2720m付近だ。破断面付近の積雪深は3.4m、雪崩の発生量約166万m³、デブリ末端での堆積量約107万m³、デブリ末端から破断面への仰角21度、雪崩の推定速度は残された雪崩画像監視システムの2枚の映像などから時速180kmと推定された。デブリの末端は新穂高温泉街にほど近い標高1125mまで到達しており、雪崩は標高差1595m、距離にして4600mを流れている。この雪崩は、観測史上日本最大の雪崩である。

## 雪崩を生んだ気象状況

　この冬の上宝村の降雪と気象状況は次のようなものだった。

　1999年12月中旬に降雪があり、2000年1月と2月は比較的小雪で大陸からの寒気団流入が例年より多く、寒い冬となっていた。そして2月下旬と3月上旬にまとまった降雪がある。雪崩発生直前の3月24日からふたたびまとまった降雪があって、26日には雪は止んだ。ところが上空3000m付近では、3月25日から雪崩の発生した27日まで風速20m／秒の強い北西風が吹いていた。雪崩が発生した穴毛谷源頭は風下斜面にあたり、地吹雪による吹きだまりが発達して弱層の上の積雪量、上載積雪が著しく増加していたと想像できる。

　雪崩の滑り層となったのは、雪崩発生地点とほぼ同じ標高の新穂高ロープウェー西穂高口駅付近での積雪断面観測から「こ霜ざらめ雪」とわかった。こ霜ざらめ雪は、12月17日の降雪後、数日間にわたって急激に気温が低下したため積雪表面付近に大きな温度勾配が生じて形成された。

　冬の初期、12月中旬に生まれた弱層、雪崩発生まで2回の大雪と発生直前の大雪による上載積雪の増加によって斜面は不安定な状態になっていたのだ。そこに地吹雪によるさらなる上載積雪の増加があって表層雪崩が自然発生したと推定された。

　日本雪氷学会の調査により以上のような報告

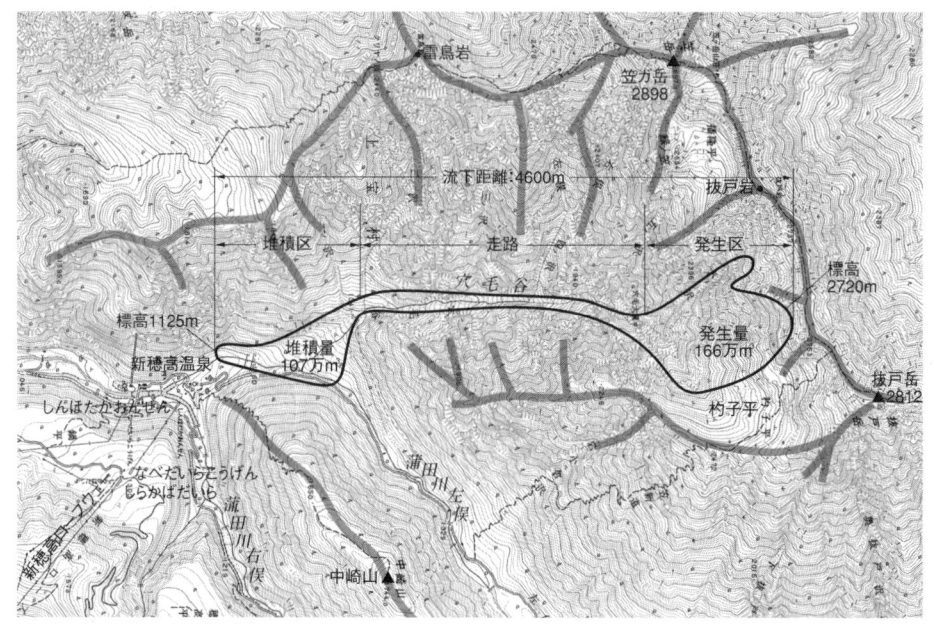

**図11−9　蒲田川左俣雪崩平面図**

が、『日本最大の雪崩はいかにして起こったか—3.27左俣谷雪崩災害調査報告書』にまとめられている。現地における調査、積雪断面観察に加えて上宝村内2カ所の気象観測データと石川県輪島市の高層観測点（700hPA、高度約3000m）の気象データが雪崩発生機構分析に用いられ、雪崩発生メカニズムが明らかになった。

このことからも雪山に入る前、過去の気象データから弱層の形成に気づいたり、雪崩発生の危険な積雪状況を察知できることがわかる。

雪山に入る者は現在と将来の天候ばかりを気にする傾向があり、天気図を書いたり天気予報を聞いたりする。インターネットや携帯電話で気圧配置図や高層気象図を簡単に入手できる時代である。こういった情報を入手した上で、これから入ろうとする雪山の過去の気象情報にも注目して欲しい。そうすれば、雪崩の危険予知に役立つはずだ。

# 12章
# 雪崩対策の現状

福沢卓也・樋口和生・阿部幹雄

1. 雪崩先進国スイスの現状
2. ドイツの雪崩教育
3. 日本のスキー場における雪崩対策

# 1
# 雪崩先進国スイスの現状

　1993年11月、筆者らは、山岳先進国の雪崩事情を取材するために、スイスを訪れた。これまで雪崩による多くの犠牲者を出してきた山岳国スイスは、その長い歴史ゆえに雪崩の分野で世界の指導的立場にあるからだ。

　この国の雪崩研究の進展は、スイス国立雪・雪崩研究所の存在抜きには語れない。スイス東部ダボス近郊のワイスフルヨッホ山頂、標高2800mに建てられたこの研究所は、四方を3000m級のアルプスの山に囲まれ、雪崩の研究のための最高の立地条件に恵まれている。ケーブルカーに乗って、研究所へと向かう車中から周辺を見ただけで、この研究所が雪崩研究の指導的立場に立った理由が理解できる気がした。スイスの雪崩予報は、永年の実績を誇るこの雪・雪崩研究所によって報じられている。

　研究所のすぐ下は、標高差1200mあまりの長大なスキーコースを滑り降りるスキー場の起点となっている。スキー場の山頂駅には、プロのスキーパトロールを何人も擁するレスキュー会社が構えられていて、爆薬を用いた雪崩コントロールやけが人の救助をはじめ、スキー場のさまざまな安全対策を専門に行っている。

　また、私たちは、ダボス以外にもマッターホルンの根拠地として有名なツェルマットの街を訪ね、雪崩関連の最新装備や救助システムについて情報を収集した。そして、山岳先進国スイスの岳人たちの意識、行動、装備が、私たちよりはるかにハイグレードで洗練されていることに、純粋な驚きを感じたのである。

## （1）充実した
## 　　スイスの雪崩予報システム

　ヨーロッパの内陸部に位置するスイスは、冬の間高気圧に覆われ、森林帯の上のアルプスの山岳地帯では晴天が長期間続くことが多い。このため、気温がとても低くて天気のよい、スキーヤーにとっては絶好のコンディションがもたらされることになる。さらに、雪面は放射によって非常に冷却されるため、霜の結晶（「霜ざらめ」や「表面霜」とよばれる）が積雪の表面付近で急速に形成されやすく、新雪が降ってもいないのにさらさらの雪質に恵まれることが多い。

　アルプスは、天気と雪質のふたつの意味で、スキーヤーたちに絶好のコンディションを提供してくれる。これほどまでに素晴らしい条件のアルプスに、多くのスキーヤーが訪れるのは至極当然といえる。

　だが、ふだんはさらさらで快適な霜まじりの雪も、時として訪れる大雪の際には、恐ろしい牙をむく。さらさらの雪は、お互いの結合力が弱く、降り積もった雪を支えるのに十分な強度がない。そんな不安定な状態の積雪斜面に、スキーヤーが刺激を与え、表層雪崩を誘発するケースが多いという。

　表層雪崩の危険を予報するためには、それぞれの地域に観測地点を置き、積雪が安定しているかどうかを定期的に観測することが必要不可欠だ。その観測地点が多ければ多いほど、きめの細かい予報が可能となる。

## 12-1 雪崩先進国スイスの現状

スイスでは、第2次世界大戦中に観測地点の配置が行われた。戦後もさらに補充・拡大がはかられ、スキーヤーや登山者のための雪崩予報に必要な基礎データを提供している。現在、75カ所の積雪観測ステーション（有人）、65カ所の気象ロボット、11カ所の山岳気象ステーション（無人・標高2500m付近）の3種類、計151カ所の観測網が張り巡らされている。スイスの全国土面積は九州の大きさとほぼ同じだから、かなり密度の濃い観測網といえる。これらのうち、雪崩の危険を予報するうえで最も重要な役割を担っているのが、有人の積雪観測ステーションだ。

夜明け前から、各地の積雪観測ステーションでは、気象と積雪の観測が始まる。観測者は、雪・雪崩研究所で毎年一度、3日程度の教育を受けている民間人だ。彼らの多くは、山岳ガイドやスキーパトロールといった、雪と関係の深い仕事に従事している。観測者は、温度、湿度、風速などの一般的な気象データだけでなく、雪穴を掘って積雪の層構造を観測し、斜面の安定度合をも調査している。これらのデータを電話局に知らせると、オペレーターによって入力され、電話回線を通じて雪・雪崩研究所へ、毎日の局地情報として寄せられるシステムが構築されている。

これだけの労働に対して彼らに支払われる賃金は、ひと月あたり数万円程度というから、この積雪観測は、ボランティア色の強い人々の活動に支えられているといえよう。それでも、40年以上もの間、この積雪観測は途絶えることなく維持されているのは、観測者の誇りと雪崩に対する意識の高さの表れということができるだろう。

近年、雪・雪崩研究所が精力を注いでいるのが、標高2500m付近に設置されている山岳気象ステーションだ。実際に登山者が活動する標高近くに設けられたこのステーションは、より登山者やスキーヤーの立場に近い気象データを提供してくれる。しかし、これらは無人のステーションであるため、風雪の厳しい高所で維持してゆくことが困難な問題となっている。現在は、テスト期間とのことであるが、メンテナン

写真12-1　ダボスのパルセンスキー場

写真12-2　標高2800mのワイスフルヨッホ頂上に建つスイス国立雪・雪崩研究所

写真12−3　冬のヨーロッパ・アルプスは広大なスキー・ゲレンデとなるが、スキーヤーにとって絶好の雪質は同時に表層雪崩の危険性をはらむ（スキーヤー＝吉岡義彦）

写真12−4　雪崩予報を支える積雪観測ステーション

測者が直接調べた積雪の情報が含まれているからだ。データに少しでも不明な点があれば、担当予報官は現地の観測者と電話やファクスで連絡をとり、より詳細な情報を求めることが少なくない。雪崩予報官のチーフ、マイスター氏は、「私たちは、現地の積雪観測者との信頼関係をなによりも大切に考えています。だから、少しでも不明な点があれば、積極的に彼らと連絡をとって相互理解を深めるよう心がけています」と語った。

　他の気象データはコンピューターに取り込まれ、過去10年間の気象データと比較される。その日の気象データの傾向が、かつて多くの雪崩が発生した日のそれと似ていないかどうかのチェックが行われるのである。もし、降雪量や気温、風速などの気象データが、過去に多くの雪崩があった日と酷似していれば、雪崩の危険性が高いとの予報が出されることになる。これらのデータの解析から得られた結果と、現地観測者たちとの会話から得られた情報、気象局の発表する天気予報に基づいて、雪崩予報官は、雪崩のリスクを総合的に判断することになる。

　1993年の冬から、雪崩予報は第1段階から第5段階の5つのレベル区分が使われることになった。ここでは簡単な説明にとどめるが、第

ス上の技術的な問題が解決されれば、将来の雪崩予報にとって貴重な情報源となるだろう。

　朝8時までに雪・雪崩研究所に集結した各種のデータは、雪崩予報官によって解析される。最も重きをおいて吟味されるデータは、75カ所の観測者から送られてきた積雪観測データだ。これらには、積雪の安定度や層構造など観

1段階は「積雪は安定しており雪崩の危険は非常に少ない」、第2段階は「おおむね安定しているが、急斜面に大勢が入り込むと危険あり」、第3段階は「多くの斜面で積雪の結合状態があまりよくなく、1人のスキーヤーが入り込むだけでも雪崩を起こす危険あり」、第4段階は「結合状態が非常に悪く、スキーヤーが斜面に近づいたちょっとした刺激でも雪崩の危険あり」、第5段階は「積雪は非常に不安定でたいへん危険」というように、かなり具体的な基準を明示している。

前のシーズンまで、スイスでは7つのレベルに分けられた雪崩予報システムを採用し、フランスやドイツ、オーストリア、イタリアなどの国々でも独自の危険レベルを設定していた。たとえば、フランスとイタリアでは8段階、ドイツとオーストリアでは12段階の危険レベルをもつ雪崩予報システムを採用していた。しかし、数年前からヨーロッパの雪崩危険レベル統一の気運が盛り上がり、5段階統一基準の運用が開始されたのだった。

雪崩予報は、地形や気候の違いによって区分された地域ごとに出される。その日の気象条件によって区分単位は変化するが、九州とほぼ同じ面積のスイス全土を5分割から最大50分割した地域ごとに予報が出されるというから、非常にきめの細かい地域区分といえよう。

予報は、10月から5月までの期間、原則として金曜日の午前10時に出され、テレビ、新聞、ラジオといった各種マスメディアを通じて一般に公開される。しかし、それ以外の曜日でも、雪崩の危険度が極端に高くなるような気象

写真12-5　観測データは雪・雪崩研究所の予報官のもとに集まり、分析される

写真12-6　ヨーロッパの雪崩危険レベルは5段階に統一されている

変化があれば、昼夜の別なく臨時予報が出される。そして、一度発表された予報は、次の予報が公開されるまで有効となる。マスメディアを利用した情報伝達のほかに、テープによるテレフォンサービスが用意されている。

また、公開された雪崩予報についてさらに質問のある場合は、直接雪崩予報官に質問ができるように電話回線が開かれている。クリスマス前後の週末には、50本から100本の電話が殺到するという。この質問への対応と緊急事態発生時のために、24時間態勢で、必ず1人は研究所に詰めている。多くの質問の中には、「週末、山に出かけたいのですが、雪崩の危険の少ない楽しい山スキーコースを紹介してくださ

い」などという妙な質問も時にはあるそうだ。

　雪崩予報の的中率は、その算出の仕方によって幅があるが、60〜70％である。雪崩予報の成否には、天気予報成否が大きく影響する。天気予報の的中率が約80％程度であることを考えると、スイスの雪崩予報は優秀なシステムであるということができよう。

　では、一般の人々は、出された雪崩予報の妥当性についてどう考えているのだろうか。この質問について山スキーヤーを対象にアンケート調査した結果では、60％の人から妥当であると受け取られていることがわかった。しかし、予報はおおげさであると思っている人と、過小評価していると考えている人が、それぞれ25％と15％いることも事実だ。

　この結果をどう解釈するかは別として、日本の山スキーヤーや登山者を対象に、気象庁の出す雪崩注意報について同じアンケート調査をしてみたら、果たしてどのような結果になるのだろうか。たいへん興味深い問題である。

## （2）ここまで進んでいる雪崩コントロール

　雪崩の危険から道路や集落を守るために、それらの近くの危険斜面には多くの雪崩防止柵が張り巡らされている。このことからも、スイスの人々の生活と雪崩とが、どれほど近い関係にあるのか容易に想像できる。

　スキー場の場合、雪崩の危険があるからといって雪崩防止柵を立ててしまっては、景観の悪化もさることながら、肝心のスキーができなくなってしまう。そこで、危険な時にはその危険をなるべく素早く取り除き、安全な状態にしてからコースをオープンする、というコンセプトで行われているのが雪崩コントロールだ。

　雪崩コントロールとは、雪崩の危険性のあるスロープの雪をあらかじめ人工的に落としてしまって、雪崩事故の危険を回避することをいう。スイスでは、おもに火薬を爆破して人工雪崩を引き起こし、雪崩コントロールを行っている。

　この方法は、かつて、冬季のゲリラ戦を想定した重要な軍事兵器として確立された技術で、いかに効率よく大きな雪崩を誘発させるか、さまざまな方面から研究が進められてきた。これらのコントロール・テクニックは、平和な現在、雪崩からスキーヤーを守るために役立てられている。

　雪がしんしんと降り続いた夜が明けると、「ドーン、ドーン」と腹の底に響く低い音がダボスの谷間にこだましていた。この重苦しい音は、スキー場の雪崩コントロールのための爆音だった。30分の間に6回もの爆音が鳴り響き、そのうちの数回は「ゴゴゴー」という雪崩の音が交錯する。そんな中、人々が平気でいつものように通勤する姿が私たちにはとても印象的だった。

　ダボス地区のスキー場のパトロールは、雪・雪崩研究所の隣にあるパルセン・レスキューサービス（以下、パルセン）という民間の安全保障会社が引き受けている。パルセンは、冬期間のレスキューと雪崩コントロールについて非常に高水準の訓練を受けたスタッフと雪崩救助犬を擁していて、地元の人々から絶対的な信頼を得ている。雪崩コントロールのための爆音は、

## 12-1 雪崩先進国スイスの現状

すべてこのパルセンのプロスタッフによるものだった。

代表者のカスパーさんは、33年間この街の小学校で教鞭をとっていたが、ある時思い立って転職したという。700人以上に及ぶ教え子たちのみならず、広くダボス地区の人々の命をアクシデントから守っているのだ。

雪崩だけでなく、契約しているスキー場内のあらゆる安全管理がパルセンに求められている。たとえば、骨折や心臓発作などの際も、スピーディなレスキューが要求される。そういったあらゆる緊急事態に備えて、パルセンでは非常に完成度の高い指令システムが配備されていた。スキー場内へのアナウンスはもちろん、すべてのパトロールスタッフの連絡は、この指令室を経由して行われ、事故が起こった場合には、チーフの指揮のもと、組織的なレスキューが迅速に行われる。緊急時の連絡が入ったら5分以内には現場に到着できるというから、その迅速さは素晴らしい。

ちなみに、1シーズン当りの事故者の数は約400人で、1日平均2人以上がパルセンのレスキューを受けていることになる。先シーズンは、一番多い日で1日23人ものけが人をレスキューしたそうだ。

大きな雪崩に埋没したり、行方不明者が出るなどのアクシデントがあって、パルセンのスタッフだけでは人員が不十分な場合には、ほかの機関へ応援を要請することになる。そのような事態に備えて、ヘリコプター・サービス、スイス山岳会、警察などへの非常用回線が引かれていて、この指令室からボタンひとつでこれらの機関と連絡をとれるシステムになっている。

パルセンの最も重要な任務は、朝、雪崩の危険性を判断して、危険があれば、一般のスキーヤーが入ってくる前に危険斜面を安全な状態にしておくことだ。早朝のうちに、危険斜面の雪崩コントロールを行ってはじめてスキー場をオープンできることになる。

雪崩コントロールを行うか行わないかの決定には、前夜の降雪量が最大の判断材料となる。新雪が20cm以上積もった時は、無条件に危険斜面の雪崩コントロールを行うことになっている。それ以外の時でも、たとえば、強風の後は風下側の吹きだまり斜面でコントロールを行ったり、急激な気象変化があったあとなども随時判断して、雪崩コントロールをすることがある。

写真12-7 パルセンスキー場での雪崩コントロール。ロープウェイから投下された爆薬が爆発した瞬間

そのために、パルセンでは、24時間態勢でスタッフが最低1人は常駐している。

では、具体的に雪崩コントロールはどのようにしてなされるのであろうか。ここでは、スイスで行われている雪崩コントロールのさまざまな方法について簡単に紹介することにしよう。

コントロールの最も一般的な方法は、3ポンド（1.4kg）の火薬を爆発させて、人工的に雪崩を誘発するものだ。爆発の衝撃は、積雪にクラックを生み出し、積雪中の弱い層を破壊して表層雪崩を引き起こす。ほとんどのコントロールは、この3ポンドの火薬を爆発させる方法で行われているそうだ。もっとたくさんの火薬を爆発させれば、それほど危険でない斜面でも雪崩を引き起こすことができるが、環境破壊につながるだけでなく、スタッフの危険性が増し、かつ非経済的だ。

火薬がいっぱいに詰まったシリコン性の袋に導火線を差し込み、雪崩コントロールの準備が始まる。300kg用の火薬倉庫の中には、さまざまな爆発物がぎっしりと詰まっていた。爆発物には縁のない筆者らの目の前で、スタッフが手慣れた手つきで火薬や導火線を扱う。緊迫した空気がわれわれを包み込む。

実際の爆破には、必ず2人以上で向かうことが義務づけられている。その際、雪崩ビーコン、スコップ、ゾンデ棒などのレスキュー装備の携行も忘れてはならない。

現場の危険斜面への爆薬の配置には、次の4つの方法がとられていた。

1つは、最も単純な方法で、ハンドチャージと呼ばれるものだ。安全地帯で導火線に着火した爆薬を問題の斜面へ放り投げるものである。この方法は、投下距離に制限はあるものの、設備がいらないため、コントロールする場所の制限を受けない。

2つめは、斜面の上方に張られたケーブルに爆薬をぶら下げて運ぶものだ。雪面で爆発を起こすより、雪面より上にぶら下げた状態で爆発させたほうが、効率よく雪崩を起こすことが経験的にも理論的にもわかっている。斜面が広い場合に、この方法がとられることが多い。

3つめは、グラッドスレッジャーと呼ばれるもので、尾根の上から延びた長いアームを用いて爆薬を運ぶ方法だ。これも、ケーブル式と同様に雪面より上で爆発させることができる。ア

写真12−8　パルセンスキー場のスキーパトロール指令室

写真12−9　完全装備のパルセンスキー場のパトロール・スタッフ

12-1 雪崩先進国スイスの現状

写真12-10 ロープウェイから危険斜面に爆薬を投下する

写真12-11 パルセンスキー場で発生した表層雪崩の跡

ームを回転させることにより、尾根の両側の斜面をコントロールすることができる。尾根の両側で雪崩が起こるような地形の場合に有効な方法だ。

4つめは、バズーカ砲を用いて爆薬を斜面に打ち込む方法だ。これは、軍事技術をそのまま応用した例であり、容易に近付けない斜面のコントロールに適している。しかし、視界のない時や風の強い時は、この方法は使えない。

パルセンでは、地形や気象条件に応じて、これらの方法をうまく使い分けて雪崩コントロールを行っている。

これまで紹介してきた火薬を使ったコントロールのほかに、ガスを使った方法がある。これは、ガゼックスと呼ばれる装置を使った方法で、フランスで開発された技術である。斜面の岩の上にがっしりと固定された装置にプロパンと酸素を送り、遠隔操作でこれに点火し、ガス爆発を起こす原理だ。ガゼックスは、爆薬を使った時に比べ影響範囲が広い点と、遠隔操作が可能

写真12-12 容易に近付けない斜面の雪崩コントロールにはバズーカ砲を使う

写真12-13 尾根上に設けられたグラッドスレッジャーを使った爆破

な点で優れている。設置型の装置であるため、雪崩がいつも起こる斜面に対して有効だ。火薬を使用しないので、法律的な規制が比較的緩く、すでに日本のスキー場にも数基導入されている（281頁参照）。

　　　　　　　　　＊

　山岳国スイスの雪崩予報と雪崩コントロールは、当初筆者らが考えていた以上に完成度の高いものだった。雪崩予報のために、非常に充実した観測網が張り巡らされているのは敬服に値する。軍事目的の技術を精錬して、人々を守るために役立てていることは、われわれにとっても新鮮な驚きだった。これらはいずれも、人々の生活と雪崩とが非常に近い関係にあるゆえんであろう。

「自分たちは、山と雪に囲まれたこの国でこんなにしっかりとやっている」という、誇りとひたむきさを感ぜずにはいられなかった。

「研究所の目の前のスロープで友人の息子が滑っていて、3回ターンをした時雪崩が発生しました。実は、彼が滑る前に、私に電話をよこして雪崩の危険度を尋ねてきたのです。その日の危険度は低かったので、あまり心配ないよ、と答えた30分後に彼は巻き込まれたのです。幸い命に別状はなかったものの、私は自分の仕事の重さを再認識しました」と、マイスター予報官は、自戒の表情で語ってくれた。

## （3）スイス山岳会の雪崩講習会

　1週間にわたるダボスでの取材を終えた週末に、われわれ3人はスイス山岳会（SAC）の雪崩講習会に参加することになった。

ＳＡＣの会員である、国立雪・雪崩研究所研究員のシュヴァイツァー氏が、若手会員に雪崩の講習会を開くので一緒に来ないか、と誘ってくれたのだ。

　願ってもないチャンスと、申し出をありがたく受け入れ、同行させていただくことにした。

　ＳＡＣの歴史は古く、全国に広がる支部ごとや会全体で各年代の会員に対する組織的な教育活動を行っている。

　会員の中でも、14歳から22歳の会員がひとつのグループを形成し、いわばリーダー候補生として、1年に何回かの講習が義務付けられている。今回の講習会もその一環であるが、こういった若年層の登山者に、第一線の研究者が直接雪崩の講習会を行うこと自体、スイスの登山者がいかに雪崩対策にまじめに取り組んでいるかということの表れであり、ＳＡＣの歴史の深さと層の厚さを目の当たりにする思いがした。

　今回の講習会の参加者は、チューリッヒの東約40ｋｍにあるフロインフェルトという町に住むＳＡＣの会員で、その町はシュヴァイツァー氏の生まれ故郷ということもあって、氏が講師を引き受けることになった。

　土曜の夕方、ダボスから西に一山越えたザブーン谷にある山小屋に集合する。

　16歳から18歳の若手会員が6名と20歳前後のリーダー3名、講師のシュヴァイツァー氏とわれわれ3名（福沢・樋口・阿部）の合計13名が今回の顔ぶれだ。

　夕食後、シュヴァイツァー氏から明日の講習内容の説明を受ける。皆緊張した面持ちで氏の話に耳を傾けており、参加者の意欲がひしひし

と感じられる。

翌朝、朝食後早速シュヴァイツァー氏のレクチャーが始まった。地形図を元にして、等高線の混み具合や地形から雪崩危険地帯を予測し、雪崩をいかに回避して山頂を目指すかというシミュレーションを行い、1人1人の判断を聞いてシュヴァイツァー氏がアドバイスをしていく。

また、雪崩危険度の5段階基準についての説明を行い、雪・雪崩研究所が発表する雪崩予報を登山活動にいかに取り入れていけばよいかということを氏の経験を織りまぜて具体的に説いてゆく。

ひと通りの説明を終えた後、いよいよ野外での講習に移る。

講習の現場は、山小屋から1時間半の行程にあり、周りを3000m級の山々に囲まれ、広大な雪の斜面が広がった場所で、積雪の状態によってはあちこちで雪崩が頻発しそうな、まさに講習会にはうってつけの場所だ。

出発に先立って、まず各自が身につけている雪崩ビーコンの送受信のテストを行う。このテストを行動開始時に行うことによって、各自が持つビーコンの送受信が正常に機能しているかどうかということを調べることができる。スイッチの入れ忘れや機械の故障を事前にチェックし、万が一の場合に確実にビーコンが作動するようにするためだ。

まず、パーティの中の1人が20mほど先行し、ビーコンを受信状態に切り換える。他のメンバーは発信状態にして先行した人の側を通り

写真12-14　SACの雪崩講習会で

過ぎ、電波が正常に発信されているかどうかを確認する。次に、同じ要領で、先行した1人が発信状態にし、残りのメンバーは受信状態にして、受信機能の作動を確認する。

このテストは、雪崩ビーコンを身に付けて行動する際には絶対必要で、せっかく身に付けているビーコンが無用の長物にならないためにもぜひとも奨励したい方法である。

目的地に着くまでに何度か集合し、それまでに通過してきた場所の積雪状態や雪崩の危険度、行動方針の確認など細かい説明が行われる。

たとえば、広い斜面を横切る場合、安全な場所から次の安全な場所までは1人ずつが行動するとか、一昨日から降った新雪の下にある古い雪の層の状態、大勢の人間が斜面を通過すれば小人数の時よりも雪崩の危険度が増す、といったようなことである。

実際の行動を通して、雪崩危険地帯でのルート選択の方法や行動の基準などが参加者に伝えられる。

目的地に着いてからは、主に3つの講習が行われた。

写真12−15 雪崩ビーコンの送受信テスト

写真12−16 積雪の状態を説明するシュヴァイツァー氏

写真12−17 ルッチブロックテスト

まず雪崩ビーコンを用いた捜索法の訓練、次に積雪の断面観測、そして雪崩の危険があるか否かを判断するテスト法の紹介である。

①雪崩ビーコンを用いた捜索法

雪崩ビーコンを用いた捜索法の訓練は、リーダー1人に若手2人の3人1グループに分かれて行われた。ビーコンは内蔵するアンテナの縦方向に約60m、横方向に約20mの範囲で電波を受信することができるという電波特性の解説のあと、実際の捜索法の訓練に移る。

発信状態にして雪に埋めたビーコンを、1人が探し当てるという訓練である。

ここでは、「クロス法」と呼ばれる方法を練習した。クロス法とは、捜索側のビーコンが受信する信号が最大の方向に直進し、音が最大になった所で90度進む方向を変え、再度音の大きい方に進む。その繰り返しでビーコンを捜し当てる方法である。

われわれが行っている講習会でもこの方法を取り入れているが、全く初めてビーコンを手にするという人でも5分前後、慣れている人であれば3分そこそこで探し出すことができる。今回の講習会でも同じような結果であった。

②積雪の断面観測

積雪の断面観測は、斜面をスコップで削り、積雪の層が見やすい状態にして行う。

ここに来る途中にシュヴァイツァー氏が何度か説明していたが、積雪の状態を参加者が実際に目にすることによって、雪崩の発生メカニズムを知ってもらおうというのだ。

40cm程の新雪の下は、いわゆる霜ざらめと呼ばれる粒の大きな雪の結晶が形成されており、この雪は雪崩を引き起こす弱層を形成しやすい。われわれのいる場所からも、周囲の急な斜面には新しい雪崩のデブリが観察され、目の前で行われている解説によって得た知識を一目瞭然で理解することができる。

③ルッチブロックテスト

　雪崩危険度を判断するテスト法は、雪・雪崩研究所で開発されたルッチ・ブロック・テストが紹介された。斜面の最大傾斜に対して直角に、下方向に向けて2.5m位の幅で積雪の断面を出し、奥行1.5m位の切込みを両端に入れる。その上にスキーをつけた人が乗って雪が崩れるかどうかを調べるのだ。雪崩の危険が大きい場合は、人が乗っただけで雪は滑り落ちるし、そうでない場合は上で少々飛び跳ねてもびくともしない。

　この方法は、日本ではまだあまりなじみがないが、雪崩の危険性を判断する1つの材料として知っておいてもよいだろう。

＊

　SACの雪崩講習会は以上の様な内容で行われたが、参加者の真剣な態度と講師の細やかな解説が非常に印象的であり、実際に山の中で行う実践に即した訓練の重要性を改めて認識した。

　参加者の1人、ギオルグ・クリストさん(19歳)は、「ふだん山に行く時は必ずビーコンを携帯するが、今回のように実践的な内容を系統立てて教えてもらうと非常にためになる。2、3年後にはリーダーになりたいと思っていますが、そのためには、このような講習会にどんどん参加して知識や技術を身につけてゆきたい」と語った。

## 2 ドイツの雪崩教育

　スイスでの日程を終え、われわれはドイツのミュンヘンにある、オルトボックス社を訪ねた。オルトボックス社は、雪崩ビーコンをはじめとした登山用具を製作している会社で、今回はビーコンの製作に直接携わっているH・ゼリンガー氏に話を聞くことができた。氏はもともと山岳ガイドをしており、3年前から使う者の立場からのアドバイザーをしている。氏から聞いたドイツでの雪崩教育について以下に報告する。

　ドイツでは、ドイツ山岳会（DAV）が中心になって、他の山岳会やガイド連盟などの団体ごとに講習会を行っている。

　講習会は、屋内で行うレクチャーと屋外で行う実習から成り立っている。屋内レクチャーでは、雪崩の基礎知識を講義するが、雪崩の発生メカニズム等の細かいところまでは言及しないとのことである。屋外の実習は、雪崩ビーコンの使い方を中心とした捜索方法を行っているが、ドイツではクロス法とは違い、「電波誘導法」を取り入れている。電波誘導法は、とにかく信号音の大きな方へ進んでいくやり方で、氏の話ではクロス法よりも早く現場へ到着できるとのことである。

　オルトボックス社の雪崩ビーコン販売台数は、年間平均約1万5000台で、開発されて以来20年間で25万台売れたという。ここ数年で販売台数は急増しており、その原因として、性能が認識されたことと、20年前からほとんど値上げをしていないため相対的に値段が下がっ

写真12−18　オルトボックス社のH・ゼリンガー氏

たことが原因だという。

　また、講習会などによる雪崩知識の啓蒙が進んだこともその一因であろう。オルトボックス社でも雪崩の危険性を訴えかけるビデオフィルムを販売しており、そのモデルにR・メスナーを登用したことが結果的に雪崩ビーコンの普及につながったという。

　地道な講習会とともに、有名登山家をモデルにしたビデオテープによる一般への啓蒙は、今後日本でも検討する価値のあるテーマではないだろうか。

# 3 日本のスキー場における雪崩対策

## （1）ARAI MOUNTAIN & SNOW PARKの雪崩対策

　新潟県新井市のARAI MOUNTAIN & SNOW PARK（アライマウンテンスノーパーク、以下"アライ"と表記）は妙高高原の火打山を中心とする頸城山系にある大毛無山（1429m）に拓かれている。一冬の降雪量は8〜10mに達する豪雪地帯であり、昔から春に山スキーが楽しめる場所として知られている。豪雪地帯ゆえに地元では"雪崩の巣"と恐れられていた。大毛無山は樹林帯が乏しく、ほとんどの斜面は低木が生えているだけだ。低木は豪雪に埋まり山は真っ白な大斜面となり、そこに"アライ"の線状のコースが延びている。斜面を横切る線状のコースは、上部斜面からの雪崩の危険にさらされる。コースのみならず管理用の作業車両のルートやゴンドラの支柱などの輸送施設も雪崩の危険にさらされる。

　こういった理由から"アライ"には「雪崩管理」が必要不可欠だった。アメリカの雪崩管理発祥の地であるユタ州アルタスキー場へパトロールたちを研修に送り、アメリカからも雪崩管理専門家らを招いて"アライ"に適した「雪崩管理」を模索してきた。雪崩防護柵の設置、ガゼックス、ダイナマイトによる雪崩コントロール、パトロールたちが行なう積雪断面観察（ピットデータ）、気象観測……と「雪崩先進国ス

12-3 日本のスキー場の雪崩対策

イスの現状」で述べたような欧米では"あたりまえ"のスキー場の雪崩管理システムが導入されたのである。

## ①ガゼックスとダイナマイトによる雪崩管理

「ガゼックス」はキャノンと呼ばれる大砲を斜面に据え付け、酸素とプロパンガスを混合させて爆発させ、衝撃を雪面に与え人工的に雪崩を発生させコントロールを行う。ガゼックスを1回爆発させる費用は100円と安いが、ガゼックス1基の価格は1000万円、設置費用とあわせると7000万円にもなり、固定式である。"アライ"では雪崩が発生しやすい場所、パトロールが入りづらい場所に8基のガゼックスが設置されている。そのうち常時稼動させているのは6基、1999年～2000年の冬シーズンで177回ガゼックスが使用されている。

"アライ"は雪崩コントロールを必要としている斜面をたくさん抱えており、朝、営業を開始する前に人工的に雪崩を起こし安全を確保しなければならない。固定式のガゼックスだけでは、すべての雪崩の危険が存在する斜面の「雪崩管理」を行なえない。そこでダイナマイトによる雪崩コントロールも導入されている。日本でダイナマイトを使用するには火薬取締法にもとづいた取り扱いが求められるため、パトロールたちが火薬取り扱いの資格を取得すること、ダイナマイトの保管や信管の設置方法、実際の運用とかなり厳しい法的制限がある。すべての法の規制をクリアした"アライ"では、降雪量

写真12-19　ガゼックス

写真12-20　7時30分から始まるパトロールのミーティング

が30cmを超えた朝、ダイナマイトを使った雪崩コントロールを行なっている。もちろんガゼックスも併用される。

"アライ"の雪崩管理を専門とする「アバランチチーム」は8人、1組3人のチーム編成で活動する。彼らの活動は午前7時30分から始まり、降雪量が基準を超えていればガゼックスとダイナマイトでの雪崩コントロールを行なう。もうひとつの重要な任務は積雪断面観察、雪の安定度を判断して解放するコース、閉鎖するコースを決めてゆく。"アライ"ではコースの解放、閉鎖を決定する権限は安全管理の部署に与えられているのである。

②コース外滑走

　欧米型の雪崩管理を行った結果、自然のままの圧雪されていない滑走エリア、「気象条件付きゾーン」(旧名称はコース外滑走可能エリア)が"アライ"に誕生した。96年冬のことだ。これが"アライ"にスノーボーダーとリピーターが多い理由である。"アライ"では「コース」、「気象条件付きゾーン」、「滑走禁止エリア」の3区分が存在しロープによって区切られている。

　「気象条件付きゾーン」は、毎年拡大され「大毛無大斜面」「船石沢」「ベンサク沢」などがあり、初年度に比べ10倍の面積に広がった。「気象条件付きゾーン」の入り口には「ゲート」が設置されている。雪崩チームによってゾーン内が安全と判断されればゲートが開き、利用者は新雪滑降を楽しめることになる。多量の降雪があった翌朝には、ゲートの前に解放を待つスノーボーダーとスキーヤーの長蛇の列ができるそうだ。

　なお、"気象条件によって自己責任を前提に立入禁止をとくエリア"　というのが"アライ"の「気象条件付きゾーン」の説明である。"アライ"によって管理されたエリアであるけれどもそこは自然の山、"自己責任"が求められるということだろう。

③コース規制標識

　"アライ"を滑った経験のある人なら気がつくと思うが、コースを規制するロープの張り方のていねいさ、滑走を手助けしてくれる標識と危険を告知する標識のわかりやすさは日本のほかのスキー場に比較して非常に優れたものとなっている。ところが1999年2月20日、4月1日、4月16日と立て続けに規制ロープを潜って「滑走禁止エリア」に入り込んだスノーボーダーが崖や沢に転落して3名死亡、4名重軽傷という事故が起きた。2001年2月11日には、「滑走禁止エリア」に入り込んだスノーボーダー4人が雪崩を誘発、1名が約200m流されて埋没した。幸い体の一部が雪面に出ていたため救出された。

　いずれの事故も立入禁止のロープや規制の標識が立てられているにも関わらず、利用者が無視した結果だった。

　"アライ"では徹底的な安全管理を施すことを前提に「立入禁止」の規制ロープが存在し、ロープを越えた向こう側は本当に危険なエリアになっている。ロープや標識は、"アライ"のルールを示していると言えるだろう。ところが利用者の受け止め方が違っている。

　自然の山を登る時、滑る時、自分の命は自分で守らなければならず自己責任が求められる。スキー場は自然の山を利用して造られているけれど管理された遊園地、公園のようなものである。遊園地には遊園地のルールが存在して利用者はルールを守る責任があるわけだ。ところが日本のスキー場の規制ロープには過去の面影が残っている。リフトやゴンドラがなく、シールをつけて山に登り滑っていた時代の面影だ。「下手な人は入ってはいけない。滑りのうまい人ならかまわない」という意味程度の規制の立入禁止だ。さらには事故が起きた時の責任を逃れるための「建前」だけの立入禁止規制であっ

たりする。スキー場にはスキー場のルールが適用されるにも関わらず、ルールが無視されロープを潜ってゆく人が絶えない背景の1つである。

"アライ"の規制はそんなあいまいなものでなく、厳密なルールの適用を示す規制と標識なのだ。「お客様にできるだけ大きなエリアを滑ってもらい、新雪を楽しんでもらいたい」と雪の管理をするパトロールたち。彼らの努力、それを知ればルールを無視する客もいなくなるように思う。ダボスのパルセンレスキューサービスのパトロールたちが人々に信頼され、規制が守られるのと同じように客とスキー場の信頼関係を築かなければ、パトロールが行なう規制が利用者に守られない。社会的背景の成熟もスキー場の標識に求められる条件だろう。

"アライ"のパトロールは35名。彼らが張り巡らせる規制ロープの延長は10km。パトロールたちは毎日、点検し、雪が降り積もれば掘り起こし位置を変え、適切な場所に規制のロープを張り、標識を立てているのである。

### ④パトロールの行なう雪崩教育

徹底した雪崩管理を行なった結果、"アライ"のパトロールたちは雪と雪崩の知識経験が豊富な専門家になった。その知識を生かして"アライ"の利用者に雪崩知識を教育するマウンテン・セーフティー・キャンプ（MOUNTAIN SAFTY CAMP）が1998年から開催されるようになった。2000～01冬シーズンには2001年2月16日～18日の3日間の日程で行なわれた。

写真12-21 さまざまな規制標識

写真12-22 気象条件ゾーン入口のゲート

写真12-23 総延長10kmにおよぶロープの点検をパトロールが行っている

プログラムは多岐にわたる。
①雪山の基礎知識
　地形図の読み方
　行動判断
②雪崩の科学的知識
　埋没体験

積雪断面観察
　　弱層テスト
③レスキュー知識
　　雪崩ビーコン捜索練習
　　ゾンデ捜索練習
　　埋没体験
④レスキュー総合練習
といった内容の講習である。パトロールたちがここまでの雪崩教育を行なえる点を高く評価したい。

## （2）花火による雪崩コントロール

　日本と欧米のスキー場の根本的な違いの1つは、スキー場の範囲の捉え方だ。欧米ではコース外を含めて山全体をスキー場と捉え安全管理を行うが、日本では、「雪崩は起きない」という条件のもとにスキーコースが認可され、認可された範囲だけをスキー場と考えて安全管理を行なう。スキー場側が考えているスキー場の範囲と利用者が考えている範囲が一致していないのが現状だ。

　いわゆるコース外の安全管理を行なって利用者が望む新雪滑降をさせようと試みるスキー場が最近になって日本にも登場してきた。コース外滑走を実施する最大の問題点は安全管理、雪崩の危険性除去と事故が起きた時の対応策だろう。

　コース外滑走を実現させるために、スキー場を雪崩から守るためにハンドチャージ（手で投げる）方式で使用することができ、ダイナマイト並の効果をあげる雪崩コントロール方法として"花火"を開発して運用しているスキー場が

ある。日本独自の雪崩コントロール方法として注目され、普及してゆくのではないだろうか。

＊

　白馬国際コルチナスキー場のパトロールたちは素手で雪崩と戦っていた。コース外で発生する雪崩がコース内にまで押し寄せ、客や施設を脅かすため、パトロールたちは人力で稜線の雪庇を落とし、雪崩そうな斜面へスキーで突っ込んでゆく。不安定な積雪を落とすため、雪崩に"特攻隊"のように立ち向かっていた。安全管理責任者である元村幸時は、コース外であるブナ林をスキーヤーに開放したいと考えていた。カモシカの遊ぶブナ林にはいつも極上のパウダースノーがあり、滑ったら最高に面白い。ブナ林を滑降すれば雪崩の危険は避けられないが、ガゼックスで埋め尽くすわけにもいかない。雪崩に特攻隊のように立ち向かう無謀さとブナ林を開放したいジレンマに元村は悩んでいた。

　1998年春、スキー場の崖地が崩れて巨岩が落ちかけリフト小屋を直撃しそうだった。そこで元村は長野県大町市の発破業者丸岩商会を呼んだ。ダイナマイトで巨岩を粉砕することなどいともたやすく、腹の底から響いてくる音、衝撃を体全体で受けた元村は「これはガゼックスと同じだ」と感じた。

　元村は抱えるジレンマを丸岩商会に打ち明けた。丸岩商会は、発破業もやるし花火製造業者であった。

「ダイナマイトの規制が厳しく雪崩コントロールに使いづらいのなら、号砲を使えばいいではないか」

　号砲とは、運動会や祭りの時に合図として打

ち上げられる「昼花火」のことである。

テストしてみると、ガゼックスと雪崩コントロールに使うダイナマイト量の爆発と同じ程度の衝撃波、音を発生させるのは3号玉と呼ばれる直径3寸（約10cm）、ソフトボールほどのサイズの号砲花火だった。

号砲花火に使用される火薬は爆音剤と呼ばれるもので、衝撃や熱に対して危険性は低く、取り扱いがやさしい。

パトロールたちは花火に点火して斜面に投げる、雪庇に穴を開け花火を埋め込む、リフトから斜面に投げるといった使い方をしなければならない。点火してから安全地帯に逃げるに必要な時間は30秒、そのために導火線を30cmと長くした。こうして号砲3号玉と呼ばれる昼花火にちょっと火薬量を増やし、導火線を長くした"コルチナ特製花火"「エース（ACE = Avalanche Control Explosive）」が誕生したのである。元村幸時と晒章太郎のふたりが、「煙火打揚従事者」の資格を取って花火師が誕生したのは、98年初冬のことだった。

写真12－24　雪崩コントロール用花火「エース」

写真12－25　「エース」を斜面に投げて雪崩を起こす

写真12－26　雪庇に穴を開けて「エース」を仕掛ける

写真12－26　「エース」の爆発の瞬間

雪崩コントロール用に開発された号砲花火「エース」を使用する場合、1日に15発以下の使用なら消防署への届出、15発を超える時は消防署への許可申請が法律で義務付けられる。

ダイナマイトの規制の厳しさに比べれば、保管や運用が煩わしくなく、日本のスキー場の雪崩コントロールに最適だった。値段も1個数千円ほどである。

その冬、元村たちは「エース」をあっちで"ボン"、こっちで"ボン"といろいろ試した。30分もかかっていた堰堤の雪庇落としは数分で片付く。稜線に延々と続く雪庇も何発かの「エース」を投げ入れれば瞬く間に落ちてしまう。雪崩に巻き込まれるのでないかとビクビク

しながら入っていった斜面にリフトから「エース」を投げれば雪崩が発生、パトロールは安心して雪崩れた後の斜面に入ることができた。1998年～99年冬のシーズンに170発が使用された。

唯一の問題点は強風の時、ライターでの点火が難しいことだけだった。これは2シーズン後、マッチをこすって点火するのと同じ方式に改良されたので強風時でも簡単に点火できるようになった。

99年冬、元村は丸岩商会への「エース」の注文を増やした。欧米のダイナマイトによる雪崩コントロールを真似しようとばかり考えていたが、日本伝統の「号砲花火」が白馬コルチナ国際スキー場にはふさわしいことに気がついたからだ。この冬、「煙火打揚従事者」の資格を持つスキーパトロールはさらに増え6名となった。パトロールたちは花火師になったのである。エースの使用量も飛躍的に増え350発が使用された。

多くのスキーヤーとスノーボーダーはスキー場コースから簡単に、つまり登ったり歩いたりする労力なしにパウダースノーを自由に楽しく滑降することを望んでいる。

スキー場コース内や隣接した斜面の雪崩コントロールを行なうとすれば、「エース」ほど使いやすく、効果があり、安全なものはない。スキー場の雪崩コントロールだけでなく、道路や工事現場での雪崩コントロールにも応用できる。

さて、元村は「エース」が雪崩遭難者救助に使えないかと考え始めている。八方尾根ガラガラ沢でのニュージーランド人4人の雪崩事故、文部省登山研修所の大日岳での雪庇崩壊による雪崩事故。いずれも2次雪崩の危険のために捜索隊が現場に入ることができなかった。ヘリコプターからエースを投下して雪崩の危険を除去してしまえば、救助隊が現場に入れるのではないか。この構想を実現するため導火線を点火後に除去できるようにし、安全な保管箱も製作してエースをヘリコプターに搭載する法的規制をすべて満たした。おそらくこの冬（2001年～2002年）には、ヘリコプターにエースを搭載して雪崩コントロールを行なうことが実現するはずだ。

元村はエースと災害救助犬とを加え生存救出を目的とした雪崩専門救助隊「アクト（ACT）」を発足させ、通報から1時間以内に雪崩現場に到着、雪崩発生から最低4時間までは捜索を行なう新しい雪崩救助の方法を模索している。

なお、「エース」を使用した雪崩コントロールについては、丸岩商会ACE事業部（338頁参照）に問い合わせが可能である。

## （3）ニセコ町の「雪に関する情報」

ニセコアンヌプリ（1308m）を主峰とするニセコ山系は、日本にスキーが紹介された直後の大正時代からスキーヤーでにぎわい、今では4町村にまたがって6スキー場が営業している。東西に伸びる山系には日本海から吹く北西の季節風によって一冬の降雪量15mにも達する豪雪をもたらされ、しかも北海道の気温の低さから本州の雪とは違った軽いパウダースノーとなる。滑って面白いということは雪崩の危険

が存在することの裏返し、ニセコ山系には雪崩が多い。ただし、人が死亡する雪崩事故が昔から多かったわけではなく、スキーリフトがニセコアンヌプリ山頂近くまで延長され高速化された1980年代半ばから死亡事故が増加した。とりわけ90年から95年は雪崩事故が多く、ニセコアンヌプリ周辺だけでも5件が発生、6名が死亡した。たいていの雪崩事故はスキー場コースに隣接した斜面にスキーヤーやスノーボーダーが入り込み雪崩を誘発している。

一冬に1件の雪崩事故が起き1人が死亡する。ニセコは日本で雪崩事故がもっとも多いエリアとなってしまった。

雪崩事故が起きると地元自治体職員、遭難対策協議会、スキー場パトロール、自衛隊の人々が捜索活動に狩り出される。すべてはボランティアとしての協力だ。救助隊が雪崩現場に入り捜索してもほとんど死体を掘り出すことになり、生存救出は稀である。

あまりの雪崩事故の多さにニセコ町内でロッジを経営する新谷暁生は、「なんとか雪崩事故を防ぐ方法はないものか」と考えた。彼は経験豊富な登山家であり、遭対協の一員として、雪崩事故が発生すれば真っ先に救助に駆けつけていた。ニセコで人が死亡する雪崩事故が発生する時は、「強風波浪警報」や「強風波浪注意報」が発令された吹雪の時である。風下側の斜面に雪が吹きだまり「風成雪」が形成されて積雪の安定が悪くなり、そこへ人が入り刺激を与え斜面の安定を破壊すれば雪崩が起きる。吹雪によって弱層の上に上載積雪が増加する、降雪がなくても斜面の上載加重が増加するわけだ。雪崩発生の必要条件のひとつが「強風」、「吹雪」であることに着目した新谷は、「吹雪が雪崩の原因をつくる」と考えたのである。なんとしても雪崩事故を防ぐ現実的な対策は、危険な時に斜面に人を入れないことである。

ニセコモイワスキー場山頂で秒速17m以上の強風が2時間以上継続する、ニセコに近い積丹岬で波高3m以上となって4mを超える強風が吹くと予想される時などの基礎的な気象データに、彼の長い登山経験によって培われた知識を加味して、雪崩の危険が大きいから危険な場所に入らないようにと呼びかける"雪崩警報"を出すことになった。"雪崩警報"は新谷からニセコ町役場、町内のスキー場へと伝達され、利用者に呼びかけられる。94年冬のことであった。

98年にはニセコ町の防災計画に雪崩事故対策が盛り込まれ、雪崩知識の普及、雪崩事故の予防、雪崩被害の防止策、雪崩情報の提供を自治体として正式に取り組むことになった。"雪崩警報"の名称は気象業務法とのかねあいから「雪に関する情報」に変更された。「雪に関する情報」の的確性を高めるために気象情報会社や町内スキー場からの情報、弱層テストといった判断材料も加えられた。00～01冬シーズンからはニセコ町だけでなく隣の倶知安町のひらふスキー場にも「雪に関する情報」は提供されるようになっている。当初は危険の告知だけの内容だったが、雪崩や雪の啓蒙と教育的な目的、安全な時の告知も「雪に関する情報」には盛り込まれるようになったため情報提供の件数が89件と増えている。危険だけを告知していた

冬の情報件数は平均15件だったという。

　ニセコ町の「雪に関する情報」（当初は"雪崩警報"）が提供されるようになってからスキーヤー、スノーボーダーが死亡する雪崩事故はニセコ町内では発生していない。雪崩事故減少の原因がこの情報提供と証明されるわけではないが、事故防止の抑止力として作用しているのは間違いない。

　逢坂誠二ニセコ町長は、「情報の科学的な根拠の向上、スキー場の管理運営のありかたの検討、スキー場利用者のモラル向と意識改革、遭難救助体勢の確立などまだまだ課題は多い」としつつも、「ニセコ町と倶知安町、スキー場経営の事業者で協議会を立ち上げニセコの雪崩対策を再構築してゆきたい」とニセコ山系の雪崩事故防止に積極的に取り組んでいくことを表明している。

　ニセコ山系で起きた山岳遭難の救助費用は、地元町村の税金でまかなわれている。ときには1000万円という多額の費用がかかることもあったというが、自治体は遭難の当事者に請求しないという慣例が続いてきた。今後は当事者の費用負担を検討する必要があるだろう。

　地元の人々の雪崩事故防止への努力ばかりに頼っているだけではいけない。スキー場の利用者、事業者、警察、消防といった社会全体で雪崩事故と取り組む必要がある。成果を上げているニセコ町の「雪に関する情報」提供の試みが、そんな問題提起をしている。

# 13章
# 山岳雪崩遭難の実態調査

福沢卓也

1. 日本の雪崩遭難の実態
2. ヒマラヤの雪崩遭難の実態

## 1 日本の雪崩遭難の実態

わが国における雪崩遭難の実態は、いったいどうなっているのだろうか。ここでは、主にこれまでの研究成果報告（林1989、福沢ほか1993）に基づいて、山岳雪崩遭難の一般的特徴を探ってみよう。

これまでに調べられているだけでも登山者・スキーヤーの雪崩による遭難死亡者は、843人（登山者803人・スキーヤー40人）に及ぶ。これに、集落や産業・交通関連の雪崩災害を含めると、雪崩による犠牲者の総数は2800人を超える。山岳地域では、毎年数人から数十人の登山者が雪崩によって確実に命を亡くしている実態にある。ケガを負ったり仲間に救出されて辛くも助かったという人を加えると、雪崩に巻き込まれた人の総数は、おそらくこの何倍にも膨れ上がることだろう。

山岳雪崩について詳しい調査の行われている北海道、富山県、長野県の雪崩事例のデータを参考にして、以下、雪崩の実態に少し踏み入っ

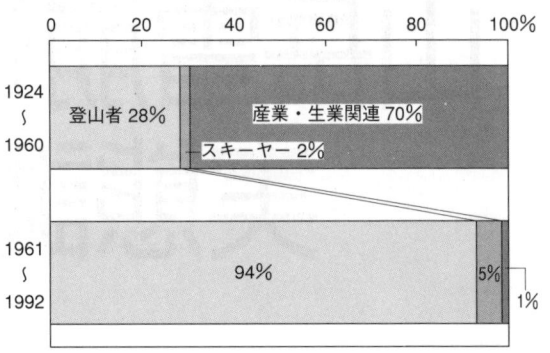

図13-2　1960年度以前と以降における山岳雪崩災害死亡者の被災対象の推移

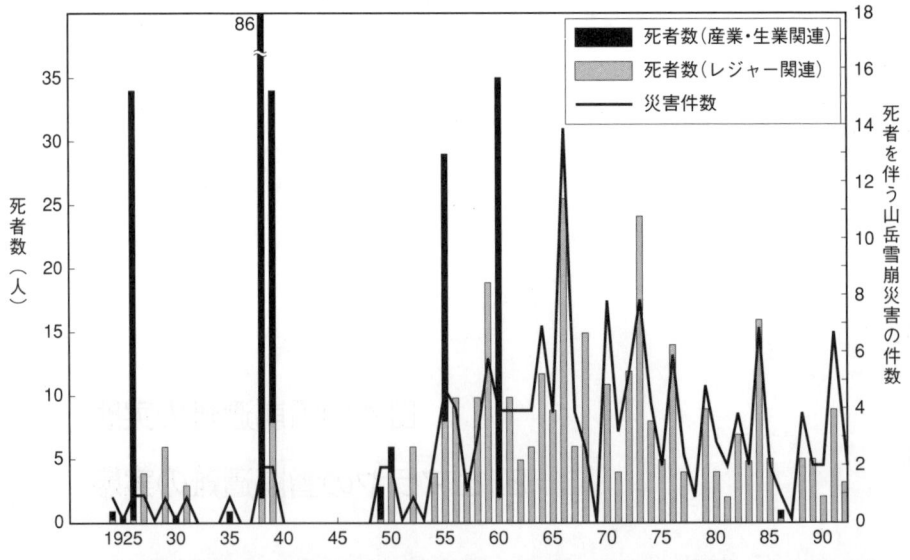

図13-1　山岳雪崩災害の死者数と発生件数の変遷（北海道・富山県・長野県、1924-1992）

てみよう。

## （1）山岳雪崩災害の時代的推移

図13－1は、山岳地域（集落や主要道路より奥深くの地域）で起こった雪崩災害について、死者数と件数を年度別に集計したものである。この間、最大の死者数を記録した雪崩災害は、1938年12月27日黒部峡谷志合谷で電力会社の飯場に襲来した雪崩によるもので、死者・行方不明者は84名に及んだ。

1960年以前では一度に多くの死者を出す大災害が幾度か起こり、犠牲者の大半は電力開発を中心とする産業関連従事者であった。これに対し、61年以降は年によってばらつきはあるものの、全体として死者を伴う雪崩の件数はそれ以前の期間に比べて増えている。また、その犠牲者の中心は登山者へと移行し、1回の災害にともなう人的被害は小型化した。

このように、山岳地域で発生した雪崩災害は、1960年前後を遷移期として電力開発関連の大災害から小型の山岳遭難へと内容が推移してきた。図13－2に、1924～1960年および1961～1992年の各期間での雪崩死亡者の構成比を示した。産業関連の犠牲者が急激に減少し、これに代わって61年以降は、登山者・スキーヤーが死亡者の大半を占めている様子がよくわかる。このような推移の背景には、水力発電の比重が低下したことや産業構造の変化、さらに関連機関による防災対策の進展がある一方、リゾート開発にともない山岳地域へ入り込む登山・スキー人口が増加したことが原因としてあげられる。この60年代は、スキー場のリフトの数が急激に増加した時期と一致している（天野・中村、1990）。

## （2）雪崩のタイプときっかけ

最も注意すべき雪崩は、どんなタイプの雪崩なのだろうか。起こった雪崩のタイプを表層雪崩、全層雪崩、両者の複合した雪崩の3つに分けて、それぞれの雪崩件数の占める割合を図13－3に示した。図13－3を見ると、ほとんどの山岳雪崩遭難は表層雪崩によるものであることがわかる。後に詳しく説明するように、表層雪崩には全層雪崩に見られるような前兆現象が現れず、外観だけからその発生を予知することはできない。表層雪崩の危険があるかどうかを判断するには、雪穴を掘って積雪の安定の度合を把握することが唯一の直接的判断材料となるが、知識不足またはこの作業にかかる手間と時間を惜しんで、あまり実践されていないのが現状のようだ。

また、図13－4は、人為的な誘発による雪崩と自然に発生した雪崩との比率を示したものである。これによると、全体の60％以上にお

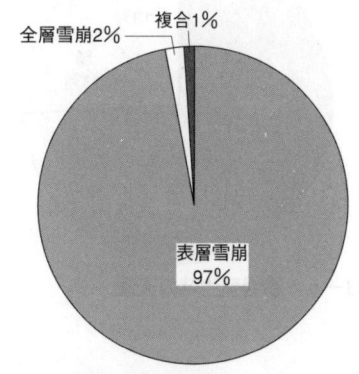

図13－3　雪崩の発生形態

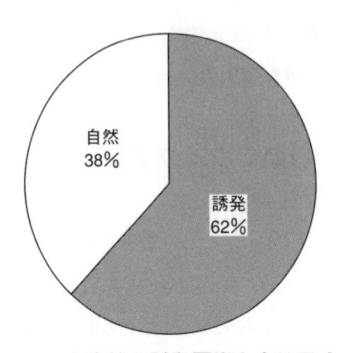

図13-4 人為的な誘発雪崩と自然発生の雪崩との割合

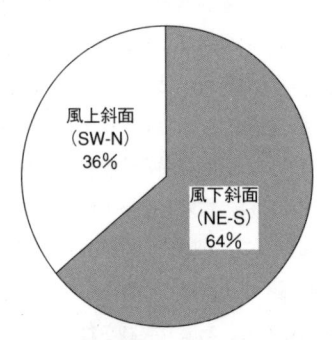

図13-5 卓越風向を西北西と考えた時の風上斜面と風下斜面における雪崩件数の割合

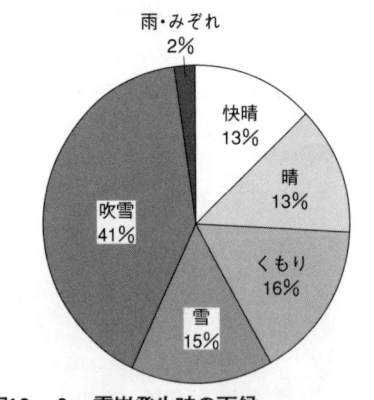

図13-6 雪崩発生時の天候

よぶ雪崩遭難は、登山者・スキーヤー自身の刺激によって引き起こされていることがわかる。ただし、明らかに自分たちが誘発した雪崩以外は、自然発生として処理されがちであることを考えると、実際には人為的な誘発雪崩の占める割合がもっと多いことが想像できる。また、自然発生の雪崩の場合も、宿営地の選定に問題があるなど、人為的な判断ミスに起因した雪崩遭難が少なくない。このように、多くの雪崩遭難は、不用意に斜面に入り込んだり、宿営地の選定の際に雪崩に対する警戒心が欠けているなどといったさまざまな人為的な要因が否定できない。

## （3）発生斜面の向き

どの方向を向いた斜面で雪崩は起こりやすいのだろうか。図13-5は、冬期間に卓越する北西～西の季節風に対して、風上向き斜面と風下向き斜面での雪崩件数の割合を示したものだ。風上向きの斜面では発生件数が少なく、風下向きの斜面では多い傾向がある。一般に、風上側の積雪は吹き払われる傾向にあるのに対して、風下側の斜面では吹きだまる傾向にある。このため、「2章 雪崩の発生メカニズム」で述べたように表層で形成された弱層は、風上側で吹き払われるのに対し、風下側では埋没して雪崩の危険性を高める傾向にある。また、風下側では雪庇がよく発達することも、雪崩の危険性を高くしている。

この傾向は、南北に連なる山稜では特に強く現れていて、北海道・日高山脈を例にとると、実に全体の8割以上の雪崩が稜線の風下側で発

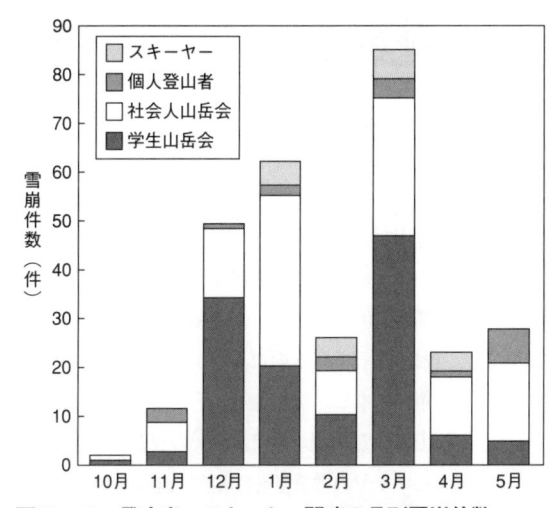

図13-7　登山者・スキーヤー関連の月別雪崩件数

図13-7は、月ごとの雪崩件数を集計したものだが、これを見ると雪崩遭難は3月に最も多く発生しており、次いで1月、12月、5月と続いている。それぞれの時期は、春休み・正月休み・ゴールデンウィークといった大型の連休に対応している。また、発生件数上位の1月と3月について被災者の内訳に注目すると、1月には社会人の割合が多く、3月には春休みを持つ学生の比率が高い傾向にある。このことは、雪崩の多い少ないは、気温とはあまり関係がなく、入山者が多いか少ないかがより反映していることを示している。

生している。

## （4）雪崩発生時の天候

雪崩の起きやすい天気は、どのような天気なのだろう。図13-6は、雪崩発生時の天気ごとの雪崩件数の割合を示している。吹雪時の雪崩件数が41％と最も多いが、降雪がない時の雪崩も全体の40％を超えている。このことは、雪崩の危険性を判断する上で、その時の天候というのはあまりよい判断材料とはなり得ないことを示唆している。

## （5）月ごとの発生件数

気温の高い時と、低い時とでは、どちらが雪崩が起こりやすいのだろうか。しかし残念なことに、雪崩が起こった時の気温の記録が残されていることはきわめて少ない。ここでは、月ごとに雪崩件数を整理して、気温の効果を考えてみることにしよう。

## （6）雪崩発生時刻

登山者やスキーヤーが遭遇した雪崩の発生時刻を集計すると、日中（6〜18時）が94％、夜間（18〜6時）が6％と、日中における雪崩の件数が圧倒的に多い。これは単に昼間は活動している人が多いことの現れで、登山活動を夜間に行うのは極めてまれなため、当然の結果といえる。しかし、夜間の雪崩事故は現実に起こっており、夜間は雪崩の危険性が少ないと断定するのは、はなはだ一面的だ。その証拠に、登山以外の民家や交通機関を襲った雪崩について調べてみると、その発生時刻には顕著な傾向を見いだすことはできない（秋田谷、1974）。

夜間に起こった雪崩遭難の特徴は、宿営地の選定に問題があることだ。その宿営地が、降雪中に起こった自然発生の表層雪崩に襲われ、遭難に至るケースが極めて多い。

＊

近年、スキーヤーの遭難件数が増加傾向にある。これは警戒心のない一般スキーヤーが、危険地域へ入り込めるようになったためと考えられる。スキー場の立ち入り禁止対策が不充分だったこともしばしば指摘されるが、その一方、モラルが不足したスキーヤーが増えていることも現実であり、雪崩の危険性の啓蒙が今まさに重要である。

# 2 ヒマラヤの雪崩事故の実態

国内はもとより、海外においても近年盛んに登山が行われている。登山が行われれば遭難はつきもので、雪崩遭難とて例外ではあるまい。高所登山における雪崩遭難の実態は、いったいどうなっているのだろうか。ここでは、1994年に日本ヒマラヤ協会が行った「第1回高所登山事故と環境対策研修会」の資料に基づいて、ヒマラヤの雪崩遭難の実態に迫ってみる。ここでいう「ヒマラヤ」とは、一般にいわれるヒマラヤより少し広い地域を指し、国名でいえばネパール、パキスタン、アフガニスタン、インド、ロシア、中国の山岳地帯を指す。

## （1）ヒマラヤ登山の事故原因

1952～92年の41年間に6000m以上の高峰を目指した日本隊は1173隊にも及び、のべ人数は8700人を超える。この間、213人が帰らぬ人となった。単純に計算すると、40人に1

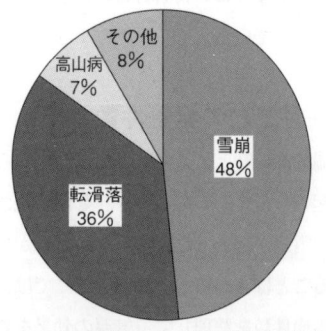

図13－8　日本隊のヒマラヤ登山死亡事故原因（1952～1992年、213人）

写真13-1　ヒマラヤの大規模な雪崩はしばしば多数の犠牲者を出す（中国・ミニヤ・コンガで登山者を襲う雪崩）

人の割合で遭難死していることになる。

図13-8は、ヒマラヤ登山中に死亡した213人について、事故原因の割合をまとめたグラフだ。雪崩による犠牲者は103人で、全体の遭難死者数のほぼ半数（48.4％）にあたる。死亡者の実に2人に1人が雪崩による犠牲者であることを示している。これに続いて転滑落・高山病が高い割合を占めている。その他の内訳は、疲労凍死、落石・氷、雷等からなっている。高山病を背景にした滑落や疲労凍死のように互いに因果関係はあるものの、雪崩が全体の半分を占めることは客観的な事実である。

目標高度別に死亡原因を比較してみると（図13-9）、いずれの高度でも雪崩を事故原因とするものがほぼ半数

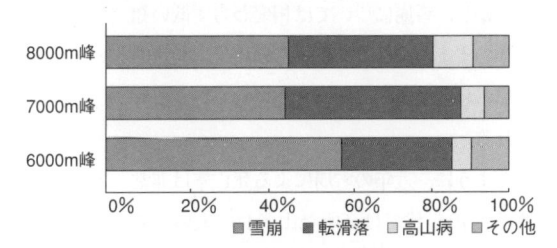

図13-9　目標高度ごとの事故原因の割合

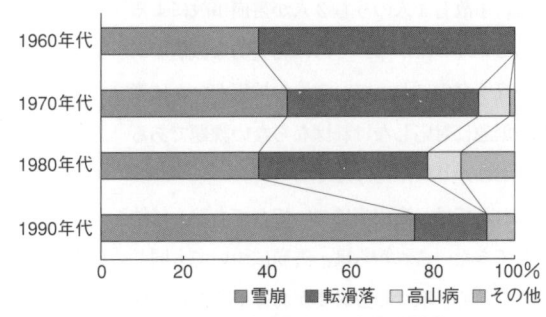

図13-10　ヒマラヤ登山事故原因の時代的推移

を占めていることがわかる。特に6000m峰では、他の要因に比べ雪崩が幅をきかせている。その一方8000m峰では、高山病を原因とする死者の割合が増え、高所の厳しさを物語っている。

### (2) 事故原因の時代推移

図13-10は、各年代ごとの事故原因の割合を示している。1960年代は転滑落が主な事故原因であったが、近年は雪崩が台頭する傾向にあり、高山病や転滑落による事故はむしろ減少傾向にある。この背景としては、高山病の知識向上や登攀装備・技術の充実などがあげられよう。しかし、雪崩については相変わらず低い知識水準のままのようである。その結果、相対的に雪崩に起因する事故の割合が増していると考えられる。

このように、近年の雪崩による死亡率は非常に高く、90年代では高所登山者100人のうち2人が確実に雪崩の犠牲になったことになる。また、事故者4人のうち3人が雪崩事故によるものというのだから、それは驚異的な数値である。高所登山において、雪崩の被害がいかに深刻で緊急に対応しなければならない課題であるか、おわかりいただけたであろう。

これまでは、高山病についてとても熱心に勉強してきた。これからは、雪崩についても同じくらい熱心に取り組む必要がありそうだ。雪崩事故を防ぐことは、山岳遭難を最も効果的に減らすことになるのだから。

# 14章
# 全国山岳雪崩発生地点地図

和泉 薫

1. ニセコ連峰／2. 利尻山／3. 大雪山
4. 十勝連峰／5. 札幌近郊／6. 芦別岳周辺
7. 日高山脈／8. 知床連峰 9. 北海道その他
10. 谷川岳周辺／11. 後立山連峰
12. 黒部、剱・立山連峰／13. 槍・穂高連峰
14. 八ガ岳周辺／15. 南アルプス／16. 富士山
17. 大山／18. 中央アルプス／19. その他

この地図は、A「山岳雪崩災害の現状分析と防災対策の検討」(1993、福沢卓也、白岩孝行、飯田肇)、B「全国主要山岳地帯 雪崩遭難発生地点地図」(1986、日本勤労者山岳連盟遭難対策委員会、山と仲間2月号・3月号)、C「全国主要山域雪崩事故発生一覧」(1995、日本勤労者山岳連盟・雪崩講習会調査)、D「日本の雪崩災害データベース」(2000、和泉薫)からまとめた。「1.ニセコ連峰」～「9.北海道その他」、「11.後立山連峰」～「13.槍・穂高連峰」はA、「10.谷川岳周辺」、「14.八ガ岳周辺」～「18.中央アルプス」はB、「19.その他」はDを中心にした。また、「1.ニセコ連峰」～「18.中央アルプス」についてもDに基づいて見直しを行い、訂正・追加・削除等を施した。

① 「1.ニセコ連峰」～「9.北海道その他」、「11.後立山連峰」～「13.槍・穂高連峰」について

　次頁「出典一覧」の1～62を出典とした。表の内容は、発生年月日(西暦：00、01は2000、2001年を示す)、発生時刻、雪崩発生の場所(地名、斜面の向き、標高)、雪崩の発生形態、天気、誘発の有無、人的被害(死者数、遭遇者数)、所属団体。各項目中の？は「不明」あるいは「不確実」を示す。

　「地図」の項目の番号は地図中の位置を示す。
　「形態」の項目の「表層」は表層雪崩、「全層」は全層雪崩を示す。
　「発生」の項目の「誘発」は人為的に誘発させた雪崩、「自然」は人為的誘発のない自然発生の雪崩を示す。

　「所属」の項目の「社会人」は社会人山岳会(山岳ガイドを含む)、「学生」は大学および高校の山岳関係クラブ、「スキー」は一般スキーヤー、スキー連盟、スキーパトロール、スキー関係クラブ、「会社等」は電力会社を中心とする民間会社を意味し、雪崩遭遇者がそれぞれの所属であることををを示す。

② 「10.谷川岳周辺」、「14.八ガ岳周辺」～「19.その他」について

　表の内容は、発生年月日(西暦：00、01は2000、2001年を示す)、発生場所、人的被害(死者数、負傷者数、脱出者数)、パーティ(人数、所属)。各項目中の？は「不明」あるいは「不確実」を示す。

　「地図」の項目の番号は地図中の位置を示す。
　「所属」の項目の「社会人」は社会人山岳会、大学山は大学山岳部、大学Wは大学ワンダーフォーゲル部を示し、パーティがそれぞれの所属であることを示す。

③ 地図について

　9、18、19をのぞき、国土地理院発行の2万5千分の1及び5万分の1地形図、20万分の1地勢図をもとに、発生地点を記入した。
　発生地点を確定できないものは？を記入した。発生地点を確定できた場合も、記述の信頼性および作業者の主観の問題が残り、誤差を含んだものと理解いただきたい。

■山岳雪崩発生地点地図出典一覧

1　秋田谷英次・遠藤八十一・小野寺弘道・酒谷幸彦、1981、北海道・ニセコスキー場の雪崩、低温科学物理編40
2　秋田谷英次・川田邦夫、1971、羊蹄山における雪崩のデブリ調査、低温科学物理編29
3　秋田谷英次・清水弘・成瀬廉二・福沢卓也、1990、ニセコ雪崩（1990.1）の積雪と気象条件からみた発生機構、低温科学物理編29
4　秋田谷英次・清水弘・成瀬廉二・福沢卓也、1991、1990年1月15日ニセコスキー場の雪崩、北海道地区自然災害科学資料センター報告5
5　秋田谷英次・成瀬廉二・福沢卓也、1992、1991-1992年冬のニセコ雪崩、北海道地区自然災害科学資料センター報告7
6　旭川スキー連盟調査団、1953、大雪山愛山渓に於ける調査報告書、旭川スキー連盟
7　一原有徳、1974、小さな頂、茗溪堂
8　飯田肇、1992、北アルプス大日平で発生した雪崩に関する事例報告、雪崩の内部構造とダイナミックスに関する研究
9　魚津岳友会、1969、池ノ谷遭難報告書
10　魚津岳友会、1982、'80早月尾根遭難報告書
11　川田邦夫、1989、黒部ホウ雪崩の概要と研究の歴史、黒部ホウ雪崩、富山大学立山研究室
12　川崎隆章、1972、安全登山学への道、NHKブックス
13　岳人編集部、1973、正月遭難を追う、岳人73-3、東京新聞出版局
14　京都大学山岳部、1968、逝友
15　北の山脈編集委員会、1971・1972・1973、北の山脈4・5・6・12、北海道撮影社
16　京都大学山岳部、1982、赤谷山遭難報告書
17　札幌ピオレ山の会、1992、1991年12月31日利尻山東稜遭難事故報告書
18　札幌登攀倶楽部、1992、1992年5月利尻山事故報告書
19　札幌山岳会、1973、利尻山西壁中央リッジとアクシデント、会報創立20周年記念特別号
20　清水弘・遠藤八十一・渡部興亜・山田知充、1966、札内川なだれ調査報告、低温科学物理編24
21　清水弘、1979、なだれ、気象研究ノート136号、日本気象学会
22　清水弘・秋田谷英次、1987、日勝峠雪崩の発生機構、低温科学物理編46
23　清水弘・秋田谷英次・田村和也・笹本悟・高橋満敏、1988、日勝峠地域の雪崩発生機構2、低温科学物理編47
24　信濃毎日新聞社、1973、この山なみの声、二見書房
25　Ziskin C.、1989、私信
26　滝本幸夫、1982、北の山の栄光と悲劇、岳書房
27　武田文男、1987、山で死なないために、朝日新聞社
28　東北大学山岳部山の会、1966、日高遭難報告と反省、会報8
29　富山県警察山岳警備隊、1992、遭難報告の中から抜粋
30　成瀬廉二、1989、北海道の山岳地における山岳雪崩事例一覧、山岳雪崩の危険予知と避難行動の検討
31　長野県山岳遭難防止対策協会他、1989、山岳遭難の実態と遭難対策のあゆみ
32　新田隆三、1983、ニセコアンヌプリ山頂付近スキー場化に伴う安全対策に関する所見
33　日本勤労者山岳連盟、1986、雪崩遭難発生地点地図
34　速水潔、1977、冬山、北海道新聞社
35　道東地区勤労者山岳連盟、1985、ニペソツに
36　北海道教育大学札幌分校ワンダーフォーゲル部山行記録の中から抜粋
37　北海道大学体育会山スキー部、1978、昭和47年11月21日旭岳盤の沢雪崩遭難報告書
38　北海道大学体育会山スキー部山行記録から抜粋
39　北海道大学体育会山岳部、1938・1959・1966・1984・1990、山岳部報6・8・10・12・13
40　北海道大学体育会山岳部、1979、北大山岳部50周年記念誌
41　北海道大学体育会山岳部、1990、オロフレ遭難報告会資料
42　北海道大学体育会探検部山行記録の中から抜粋
43　北海道大学体育会ワンダーフォーゲル部、1984、定山渓天狗岳雪崩報告書
44　北海道大学体育会ワンダーフォーゲル部、1990、槙柏山雪崩事故報告書
45　北海道大学体育会ワンダーフォーゲル部OB会、1985、奥手稲山事故報告書
46　北海道大学体育会ワンダーフォーゲル部山行記録の中から抜粋
47　北海道大学低温科学研究所雪害科学部門、1986、北海道の主な災害雪崩、雪害科学部門のあゆみ
48　北海道電力本店山岳部、1992、1991年12月ニセコアンヌプリ雪崩事故報告書
49　本多勝一、1990、ガイド付き登山の遭難事故を考える、山と溪谷655、山と溪谷社
50　室蘭RCC、1969、室蘭岳裏沢雪崩事故報告
51　明治大学体育会山岳部利尻山遭難捜索委員会、1992、利尻山遭難捜索報告書、明治大学体育会山岳部
52　安川茂雄、1969、穂高に死す、三笠書房
53　安川茂雄、1970、立山ガイドの系譜、三笠書房
54　安川茂雄、1972、山の遺書、二見書房
55　山と溪谷編集部、1974、山と溪谷472、山と溪谷社
56　山と仲間編集部、1985、正月遭難を考える、山と仲間4月号、水曜社
57　吉田順五・藤岡敏夫・木下誠一・若浜五郎、1963、北海道日高の雪崩調査報告、低温科学物理編21
58　若林隆三・北大山岳部雪崩研究会、1976、北海道における登山者・山スキーヤーのナダレ死亡事故、雪崩の危険と遭難対策
59　日本勤労者山岳連盟雪崩講習会、1995、全国主要山域雪崩事故発生一覧
60　和泉薫、2000、日本の雪崩災害データベース
61　社団法人日本雪氷学会、2001、3.27左俣谷雪崩災害調査報告書、(社)日本雪氷学会
62　北海道大学体育会ワンダーフォーゲル部、1995、十勝連峰OP尾根大砲岩付近雪崩遭難事故報告

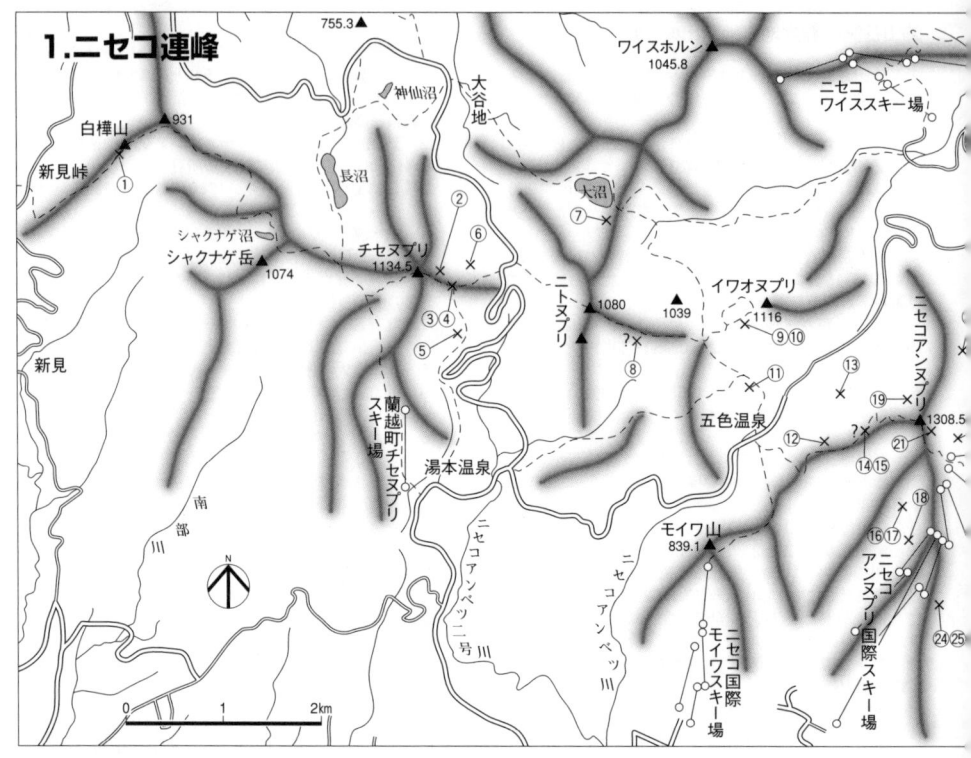

# 1. ニセコ連峰

## 1. ニセコ連峰

| 地図 | 年月日 | 時刻 | 発生場所 | 斜面 | 標高 | 形態 | 天気 | 発生 | 死亡 | 遭遇 | 所属 | 出典 |
|---|---|---|---|---|---|---|---|---|---|---|---|---|
| ① | 83.12.25 | 13:00 | 白樺岳 | 南 | 900? | 表層 | 小雪 | 誘発 | 0 | 1 | 学生 | 30 |
| ② | 92.02.08 | 10:30 | チセヌプリ | 南東 | 1090 | 表層 | 吹雪 | 誘発 | 0 | 5 | 学生 | 38 |
| ③ | 73.12.30 | 8:50 | チセヌプリ | 南東 | 950 | 表層 | 曇 | 誘発 | 0 | 1 | 学生 | 30 |
| ④ | 54.01.? | 11:00 | チセヌプリ | 南東 | 950 | 表層 | 吹雪 | 誘発 | 0 | 0 | その他 | 30 |
| ⑤ | 85.01.下 | 10:00 | チセヌプリ | 南東 | 800 | 表層 | 曇 | 誘発 | 0 | 2 | スキー | 30 |
| ⑥ | 38.03.中 | 11:00 | チセヌプリ | 東 | 900 | 表層 | 小雪 | 誘発 | 0 | 4 | 個人 | 30 |
| ⑦ | 83.01.04 | 9:00 | 大沼南方 | 北 | 920 | 表層 | 吹雪 | 誘発 | 0 | 3 | 学生 | 46 |
| ⑧ | 83.12.23 | 11:30 | ニトヌプリ東方 | 東 | 960? | 表層 | 雪 | 誘発 | 0 | 1 | 学生 | 42 |
| ⑨ | 85.01.02 | 14:00 | イワオヌプリフリコ沢 | 南東 | 1060 | 表層 | 晴 | 誘発 | 0 | 1 | 学生山 | 30 |
| ⑩ | 64.03.21 | 16:20 | イワオヌプリフリコ沢 | 南東 | 1060? | 表層 | 吹雪 | 誘発 | 0 | 3 | 社会人 | 47,60 |
| ⑪ | 75.02.23 | 12:00 | イワオヌプリ〜山の家間 | 南 | 840? | 表層 | ? | 誘発 | 1 | 1 | 個人 | 58 |
| ⑫ | 91.12.29 | 14:50 | ニセコアンヌプリ碑ノ沢 | 西 | 900 | 表層 | 吹雪 | 誘発 | 1 | 2 | 社会人 | 5,48 |
| ⑬ | 65.12.25 | 10:10 | ニセコアンヌプリ | 西 | 950 | 表層 | 吹雪 | 誘発 | 0 | 5 | 学生 | 30 |
| ⑭ | 86.04.07 | 11:00 | ニセコアンヌプリ西側斜面 | 北西 | 1000 | 全層 | 雨 | 自然 | 0 | 0 | スキー | 30 |
| ⑮ | 92.12.29 | ? | ニセコアンヌプリ | ? | ? | ? | ? | ? | 1 | 2 | 社会人 | 59 |
| ⑯ | 85.01.07 | 10:40 | ニセコアンヌプリ鉱山の沢 | 西 | 950? | 表層 | ? | 誘発 | 1 | 2 | スキー | 47 |
| ⑰ | 95.02.20 | 11:30 | ニセコアンヌプリ国際スキー場西側の沢 | ? | ? | 表層 | ? | 誘発 | 1 | 2 | スノーボード | 59,60 |
| ⑱ | 01.03.06 | 10:05 | ニセコアンヌプリ国際スキー場西側の沢 | 西 | 800 | 表層 | 晴 | 誘発 | 0 | 1 | スノーボード | 60 |
| ⑲ | 47.03.上 | 10:30 | ニセコアンヌプリ | 北 | 1200 | 表層 | 晴 | 誘発 | 0 | 0 | 社会人 | 30 |
| ⑳ | 99.03.13 | 9:50 | ニセコアンヌプリ北東側 | 北東 | 930 | 表層 | ? | 誘発 | 1 | 2 | スノーボード | 60 |
| ㉑ | 81.04.25 | 12:45 | ニセコアンヌプリ藤原の沢 | 東 | 1200 | 全層 | 曇 | 自然 | 0 | 0 | その他 | 1 |

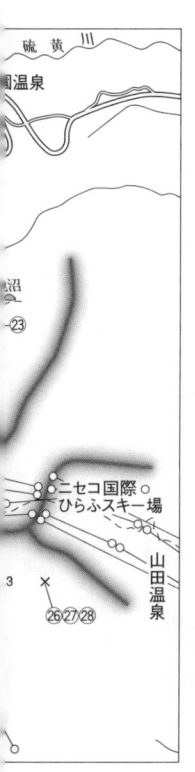

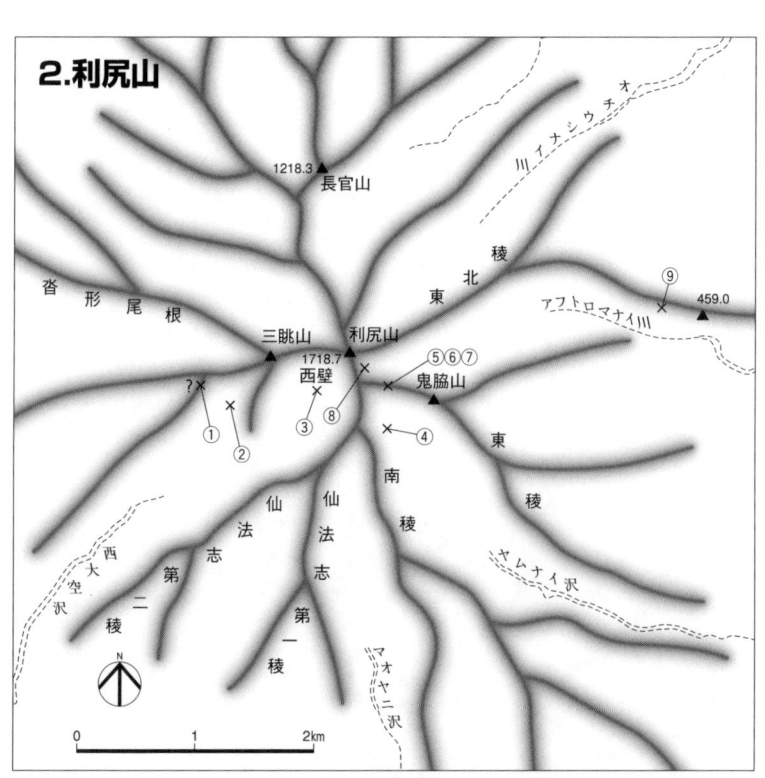

## 2. 利尻山

| 地図 | 年月日 | 時刻 | 発生場所 | 斜面 | 標高 | 形態 | 天気 | 発生 | 死亡 | 遭遇 | 所属 | 出典 |
|---|---|---|---|---|---|---|---|---|---|---|---|---|
| ① | 77.03.24 | 12:00 | 利尻山沓形第3稜 | 南? | 1150 | 表層 | 吹雪 | 誘発 | 0 | 3 | 社会人 | 30 |
| ② | 63.01.04 | 4:10 | 利尻山大空沢 | 南 | 1000? | 表層 | 吹雪 | 自然 | 2 | 3 | 社会人 | 15,19 |
| ③ | 92.05.02 | 6:10 | 利尻山西壁中央リッヂ大斜面 | 西 | 1200 | 雪 | 誘発 | 1 | 2 | 社会人 | 18 |
| ④ | 87.05.03 | 13:50 | 利尻山ヤムナイ沢 | 東 | 300 | 表層 | 晴 | 誘発 | 1 | 1 | 社会人 | 30 |
| ⑤ | 69.01.02 | 14:10 | 利尻山東稜ヤムナイ沢側 | 南 | 1500? | 吹雪 | ? | 0 | 1 | 社会人 | 60 |
| ⑥ | 91.12.28 | 11:00 | 利尻山東稜ヤムナイ沢側 | 南 | 1510 | 表層 | 吹雪 | 1 | 2 | 学生 | 51 |
| ⑦ | 91.12.31 | 13:00 | 利尻山東稜ヤムナイ沢側 | 南 | 1500? | 表層 | 吹雪? | 2 | 2 | 社会人 | 17 |
| ⑧ | 72.02.14 | 8:40 | 利尻山アフトロマナイ沢源頭 | 北東 | 1600 | 全層 | 吹雪 | 2 | 3 | 社会人 | 58 |
| ⑨ | 88.03.16 | 11:00 | 利尻山東北稜 | 南 | 550 | 表層 | 曇 | 誘発 | 0 | 6 | 学生 | 30 |

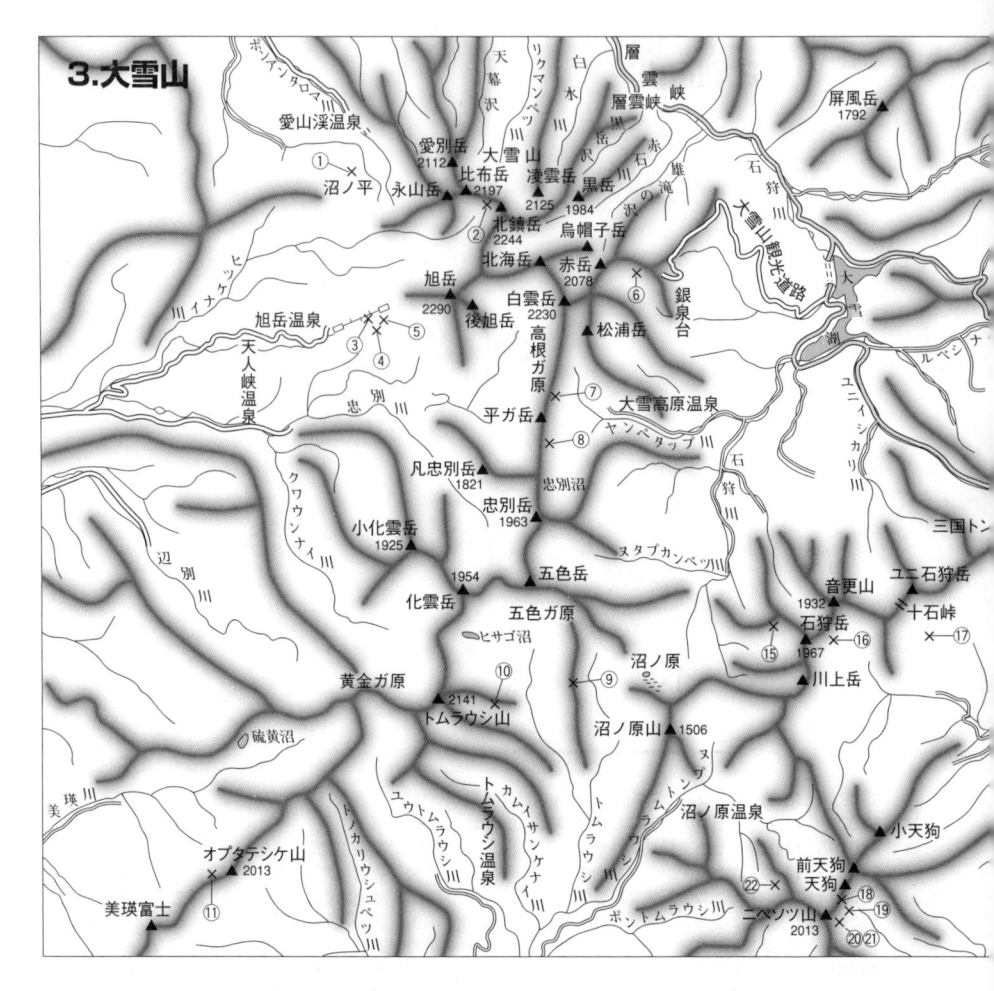

## 3. 大雪山

| 地図 | 年月日 | 時刻 | 発生場所 | 斜面 | 標高 | 形態 | 天気 | 発生 | 死亡 | 遭遇 | 所属 | 出典 |
|---|---|---|---|---|---|---|---|---|---|---|---|---|
| ① | 53.03.21 | 11:00 | 愛山渓沼ノ平・三ノ沼尾根 | 北東 | 1350 | 表層 | 快晴 | 誘発 | 6 | 24 | スキー | 6,34 |
| ② | 85.04.03 | 18:00 | 比布岳東コル・南側沢源頭 | 南 | 2050 | 表層 | 吹雪 | ? | 0 | 3 | 学生 | 38 |
| ③ | 62.01.20 | 11:00 | 旭岳女ガ原～旭岳温泉間 | 東 | 1400 | 表層 | 快晴 | 誘発 | 0 | 0 | スキー | 30 |
| ④ | 72.11.21 | 23:10 | 旭岳盤ノ沢 | 西 | 1400? | 表層 | 吹雪 | 自然 | 5 | 6 | 学生 | 37 |
| ⑤ | 88.05.03 | 14:30 | 旭岳盤ノ沢 | 南西? | 1500? | 表層 | 晴 | 0 | 0 | 0 | 社会人 | 30 |
| ⑥ | 71.03.20 | 13:00? | 赤岳銀泉台付近 | 東 | 1350 | ? | 晴 | 0 | 0 | 0 | 学生 | 30 |
| ⑦ | 89.03.17 | ? | 高根ガ原平ガ岳北東方 | 東 | 1600 | 表層 | ? | 自然 | 0 | 0 | 学生 | 46 |
| ⑧ | 89.03.17 | ? | 高根ガ原平ガ岳南東方 | 東 | 1600 | 表層 | ? | 自然 | 0 | 0 | 学生 | 46 |
| ⑨ | 85.04.02 | 8:30 | 五色ガ原南方・東沢右岸 | 東 | 300 | 表層 | 快晴 | 誘発 | 0 | 2 | 学生 | 46 |
| ⑩ | 89.03.13 | ? | トムラウシ山東尾根末端 | 東 | 1400 | 表層 | ? | 自然 | 0 | 0 | 学生 | 46 |
| ⑪ | 88.04.28 | ? | オプタテシケ山中央稜右股沢 | 北西 | 1650 | 表層 | ? | 自然 | 0 | 0 | 学生 | 46 |
| ⑫ | 37.01.04 | ? | 武利岳ニセイチャロマップ川 | 西 | 1600 | 表層 | 雪 | 誘発 | 0 | 1 | ? | 30 |

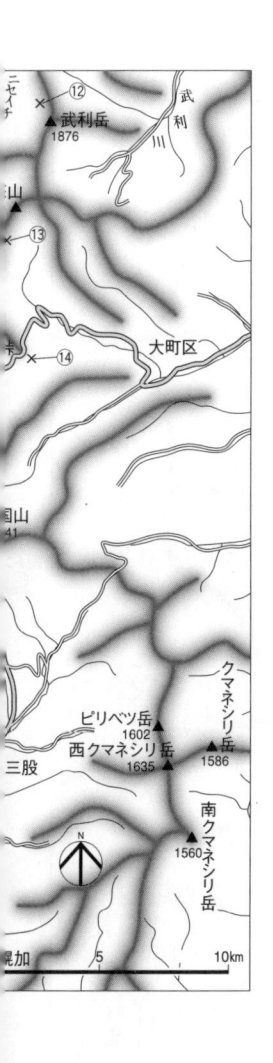

| | | | | | | | | | | | |
|---|---|---|---|---|---|---|---|---|---|---|---|
| ⑬ | 80.03.03 | 8:40 | 武華山ライオン岩南方 | 南 | 1490 | 表層 | 曇 | 誘発 | 0 | 5 | 学生 | 39 |
| ⑭ | 71.12.18 | ? | 石北峠付近 | 南西 | 1000? | ? | 晴 | 自然 | 0 | 1 | ? | 30 |
| ⑮ | 88.03.17 | 14:00 | 石狩峠西方 | 南 | 1600 | 表層 | 雪 | 誘発 | 0 | 1 | 学生 | 46 |
| ⑯ | 73.01.06 | 9:00 | 石狩峠第2尾根 | 南東 | 1470 | 表層 | 晴 | 誘発 | 0 | 1 | 学生 | 39 |
| ⑰ | 81.01.03 | 2:30 | 十石峠南東の尾根 | 南東 | 1050 | 表層 | 雪 | 自然 | 0 | 2 | 学生 | 38 |
| ⑱ | 85.01.04 | ? | ニペソツ山と天狗のコル南東 | 東 | 1700 | 表層 | 快晴 | 誘発 | 3 | 3 | 社会人 | 35 |
| ⑲ | 88.04.03 | 11:00 | ニペソツ山東方南斜面 | 南 | 1500 | 表層 | 快晴 | 自然 | 0 | 0 | 学生 | 46 |
| ⑳ | 84.12.30 | 6:30 | ニペソツ山逆V字状大斜面 | 東 | 1800 | 表層 | 晴 | 誘発 | 0 | 0 | 社会人 | 35 |
| ㉑ | 85.01.02 | 8:00 | ニペソツ山逆V字状大斜面 | 東 | 1800 | 表層 | 晴 | 誘発 | 0 | 3 | 社会人 | 35 |
| ㉒ | 68.01.01 | 11:00 | ニペソツ山西方 | 南西 | 300 | 表層 | 晴 | 誘発 | 0 | 0 | 学生 | 30 |
| | 63.01.初 | ? | ウペペサンケ山頂付近 | 北 | 1820? | 表層 | ? | 誘発 | 3 | 3 | 学生 | 60 |
| | 86.02.02 | 12:00 | 然別天望山 | 南東 | ? | ? | 快晴 | 誘発 | 0 | 1 | 学生 | 30 |
| | 00.02.12 | 10:25 | ニセイカウシュッペ山 | 南西? | 1760 | 表層 | ? | 誘発 | 1 | 4 | 社会人 | 60 |

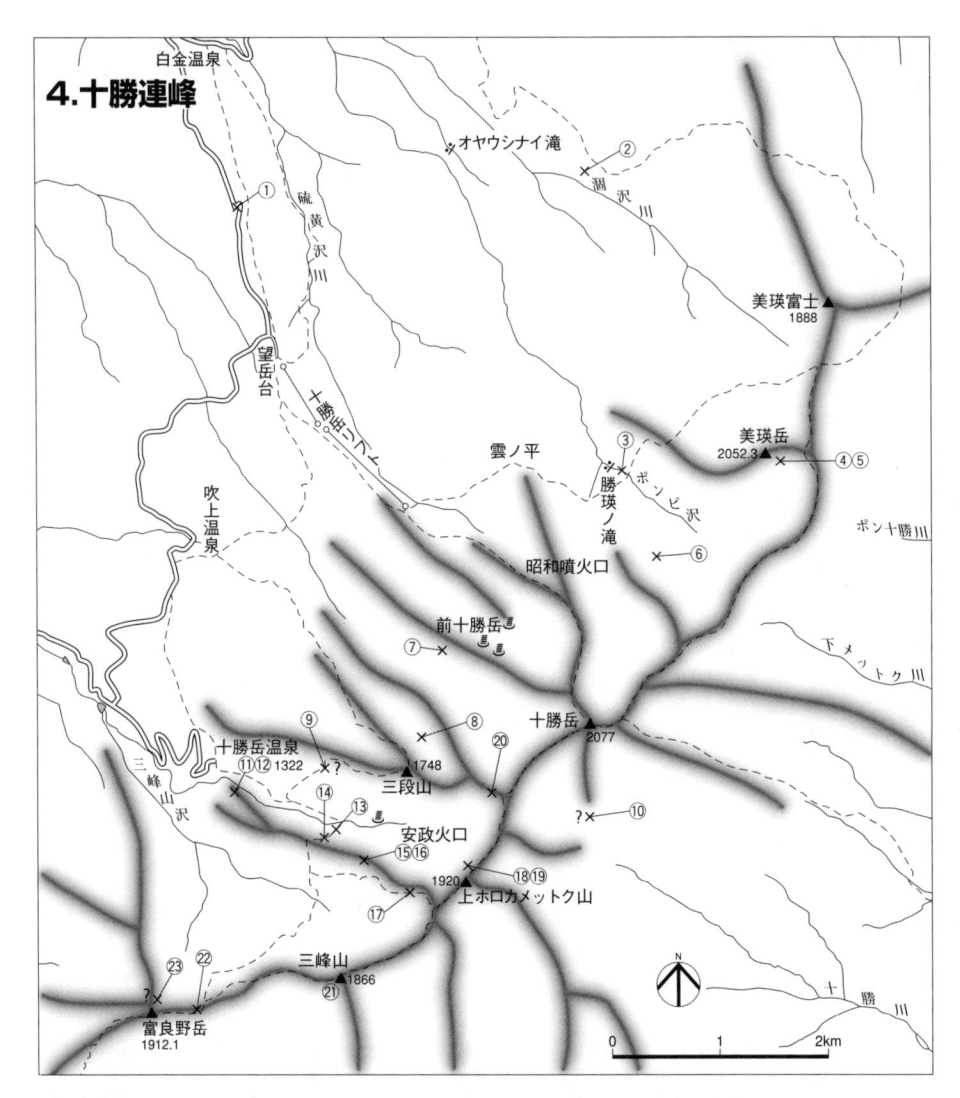

# 4. 十勝連峰

## 4. 十勝連峰

| 地図 | 年月日 | 時刻 | 発生場所 | 斜面 | 標高 | 形態 | 天気 | 発生 | 死亡 | 遭遇 | 所属 | 出典 |
|---|---|---|---|---|---|---|---|---|---|---|---|---|
| ① | 61.02.11 | 13:30 | 望岳台S字カーブ | 北東 | 800 | 表層 | 吹雪 | 誘発 | 0 | 1 | 社会人 | 30 |
| ② | 83.03.11 | 11:30 | 美瑛岳涸沢川 | 南 | 1040 | 表層 | ? | 誘発 | 0 | 4 | 学生 | 38 |
| ③ | 37.01.03 | 11:00 | 美瑛岳ポンビ沢 | 北 | 1400 | 表層 | 吹雪 | ? | 0 | 0 | 学生 | 30 |
| ④ | 47.03.? | 12:00 | 美瑛岳美瑛谷上部南壁 | 南 | 2000? | 表層 | 雪 | 自然 | 0 | 1 | 学生 | 7 |
| ⑤ | 67.01.05 | 10:30 | 美瑛岳美瑛谷上部南壁 | 南 | 1900 | 表層 | 吹雪 | 誘発 | 4 | 7 | 学生 | 26 |
| ⑥ | 38.12.24 | 8:00 | 十勝岳北東方 | 北 | 1660? | 表層 | 曇 | 誘発 | 0 | 1 | 学生 | 30 |
| ⑦ | 55.12.23 | 7:00 | 前十勝岳 | 北東 | 1650 | 表層 | 吹雪 | 誘発 | 0 | 1 | その他 | 30 |
| ⑧ | 34.12.? | 10:00 | 三段山 | 北 | 1580? | 表層 | 曇 | 誘発 | 0 | 0 | 学生 | 30 |

| | | | | | | | | | | | | |
|---|---|---|---|---|---|---|---|---|---|---|---|---|
| ⑨ | ? | 8:20 | 三段山 | 南西 | 1350 | 表層 | 快晴 | 誘発 | 0 | 3 | 社会人 | 30 |
| ⑩ | 55.12.? | 7:00 | 十勝岳 | 南 | 1800 | 表層 | みぞれ | 誘発 | 0 | 3 | 学生 | 30 |
| ⑪ | 76.11.22 | 12:30 | 上ホロカメットク山D尾根末端 | 西 | 300 | ? | 雪 | 誘発 | 0 | 1 | 社会人 | 30 |
| ⑫ | 86.04.02 | 10:45 | 上ホロカメットク山D尾根末端 | 西 | 1280 | 表層 | 曇 | 誘発 | 0 | 1 | 学生 | 30 |
| ⑬ | 77.11.20 | 10:10 | 上ホロカメットク山安政火口西方 | 西 | 1400 | 表層 | 曇 | 誘発 | 0 | 3 | 社会人 | 30 |
| ⑭ | 75.01.? | 10:00 | 上ホロカメットク山D尾根 | 北 | 1400 | 表層 | 吹雪 | 自然 | 0 | 0 | 学生 | 30 |
| ⑮ | 88.11.27 | 13:05 | 上ホロカメットク山D尾根・化物岩東側 | 北 | 1650 | 表層 | 雪 | 誘発 | 1 | 3 | 社会人 | 30 |
| ⑯ | 89.03.26 | ? | 上ホロカメットク山D尾根・化物岩東側 | 北 | ? | 表層 | ? | 自然 | 0 | 0 | その他 | 30 |
| ⑰ | 38.12.27 | 12:30 | 上ホロカメットク山D尾根・ハツ手岩南 | 南西 | 1760 | 複合 | 吹雪 | 誘発 | 2 | 5 | 学生 | 40 |
| ⑱ | ? | ? | 上ホロカメットク山北西壁 | 北西 | 1800 | 表層 | 雪 | 誘発 | 0 | 4 | 社会人 | 30 |
| ⑲ | 94.11.26 | 9:40 | 上ホロカメットク山北西壁 | 北西 | 1800 | 表層 | 晴 | ? | 2 | 3 | 社会人 | 60 |
| ⑳ | 94.12.03 | 10:15 | OP尾根大砲岩付近 | 北西 | 1830 | 表層 | 吹雪 | 誘発 | 1 | 4 | 学生 | 62 |
| ㉑ | 93.12.31 | 15:55 | 三峰山 | ? | ? | 表層 | ? | ? | 0 | 2 | 個人 | 60 |
| ㉒ | 81.04.16 | 12:00? | 富良野岳～三峰山間 | 北東 | 1800 | 表層 | ? | 誘発 | 0 | 3 | 社会人 | 30 |
| ㉓ | 34.12.27 | 11:00 | 富良野岳 | 北 | 1850 | 表層 | 晴 | 誘発 | 0 | 0 | 学生 | 30 |

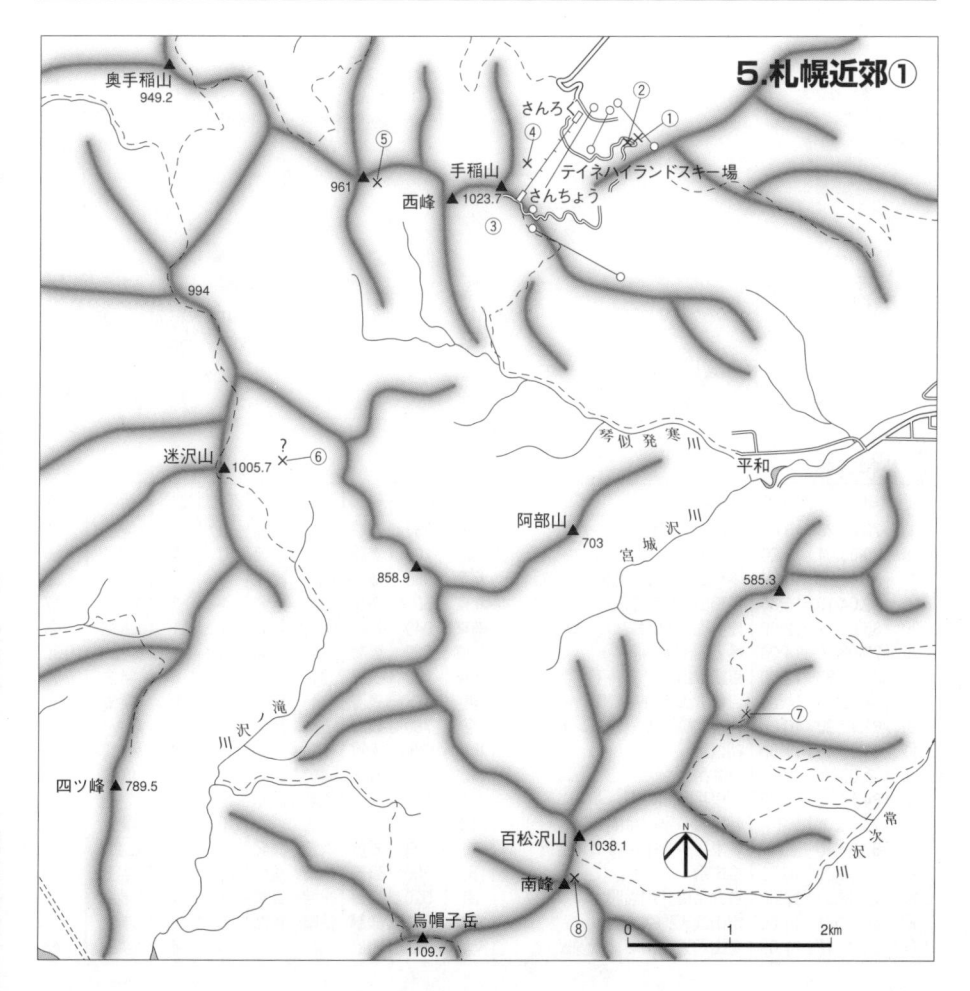

## 5.札幌近郊①

# 5. 札幌近郊②

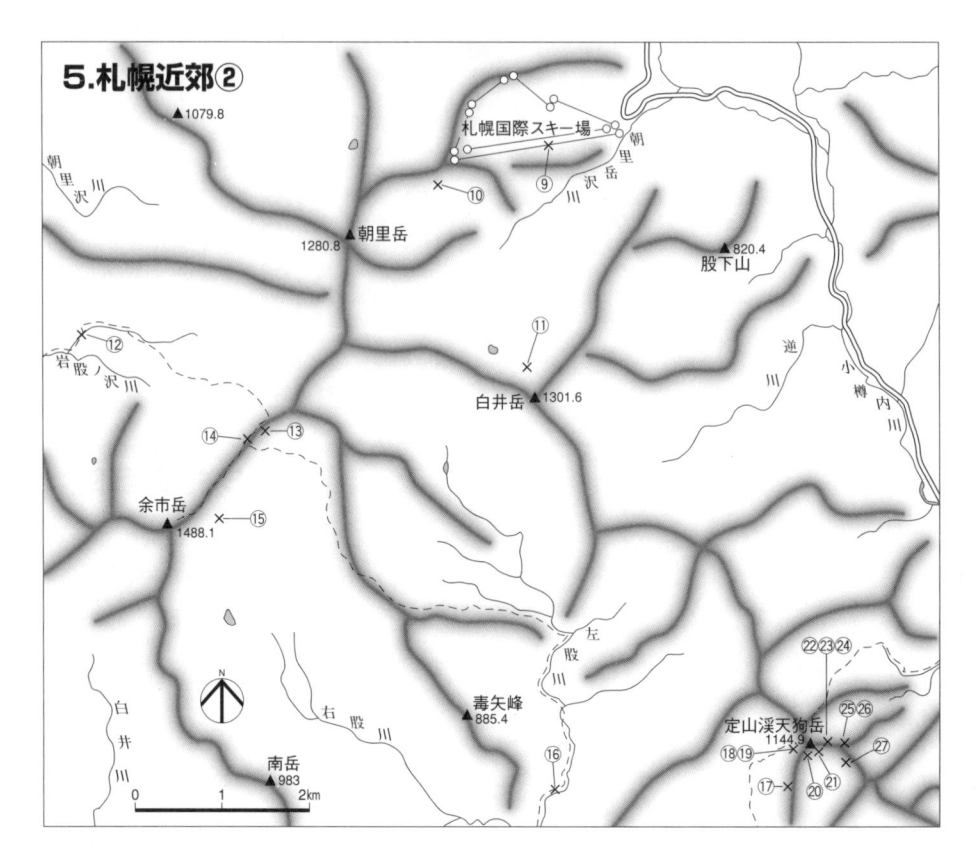

## 5. 札幌近郊

| 地図 | 年月日 | 時刻 | 発生場所 | 斜面 | 標高 | 形態 | 天気 | 発生 | 死亡 | 遭遇 | 所属 | 出典 |
|---|---|---|---|---|---|---|---|---|---|---|---|---|
| ① | 72.02.28 | 10:00 | 手稲山（回転バーン） | 北西 | 760 | 表層 | 雪 | 自然 | 0 | 5 | 学生 | 46 |
| ② | 99.03.04 | 15:20 | 手稲山（ナチュラルコース） | 北 | 700 | 表層 | ? | 誘発 | 0 | 1 | スキー | 60 |
| ③ | 72.03.上 | 10:30 | 手稲山（男子大回転コース） | 北東 | 950 | 複合 | 晴 | 誘発 | 0 | 2 | スキー | 30 |
| ④ | 82.04.10 | 16:30 | 手稲山（V字の沢） | 北東 | 950? | 表層 | 吹雪 | 誘発 | 1 | 2 | スキー | 47 |
| ⑤ | 85.02.11 | 12:40 | 奥手稲961(旧974)m峰南 | 南東 | 940 | 表層 | 吹雪 | 誘発 | 1 | 1 | 学生 | 45 |
| ⑥ | 79.03.? | 14:00 | 迷沢山南東斜面 | 南東 | 825 | 表層 | 晴 | 誘発 | 0 | 1 | 会社等 | 30 |
| ⑦ | 85.12.27 | 12:50 | 百松沢山ザッテル下 | 北東 | 700 | 表層 | 雪 | 誘発 | 0 | 5 | 学生 | 36 |
| ⑧ | 87.12.26 | 14:00 | 百松沢山南峰東斜面 | 東 | 1030 | 表層 | 晴 | 誘発 | 0 | 0 | 学生 | 30 |
| ⑨ | 81.12.30 | 10:00 | 札幌国際スキー場ゴンドラ下 | 東 | 780 | 表層 | ? | 誘発 | 0 | 3 | スキー | 47 |
| ⑩ | 88.03.09 | 11:30 | 朝里岳 | 北東 | 1060 | 表層 | 晴 | 誘発 | 0 | 0 | 会社等 | 30 |
| ⑪ | ?.03.? | | 白井岳 | 北 | 1200 | 表層 | 曇 | 誘発 | 0 | 0 | 学生 | 30 |
| ⑫ | 84.04.15 | 11:30 | 朝里岳南西の沢 | 南西 | 850 | 複合 | 快晴 | 誘発 | 0 | 1 | スキー | 30 |
| ⑬ | 73.03.? | ? | 朝里岳〜余市岳間 | 南東 | 1280 | ? | 吹雪 | 誘発 | 0 | 2 | 学生 | 30 |
| ⑭ | 67.01.30 | ? | 朝里岳〜余市岳のコル付近 | 南 | 1260 | 表層 | 吹雪 | 誘発 | 0 | 1 | 社会人 | 15 |
| ⑮ | 87.05.09 | 16:10 | 余市岳 | 東 | 300 | 表層 | 快晴 | 誘発 | 0 | 5 | 学生 | 30 |
| ⑯ | 72.02.27 | 12:00 | 白井岳白井川右股 | 南 | 520 | 表層 | 吹雪 | 自然 | 1 | 1 | 学生 | 15 |
| ⑰ | 68.03.31 | 14:00 | 定山渓天狗岳南西 | 南 | 830 | 表層 | 快晴 | 自然 | 0 | 2 | 学生 | 30 |
| ⑱ | 84.02.12 | 11:05 | 定山渓天狗岳熊ノ沢源頭 | 南西 | 1100 | 表層 | 曇 | ? | 0 | 4 | 学生 | 43 |

## 5.札幌近郊③

## 5.札幌近郊④

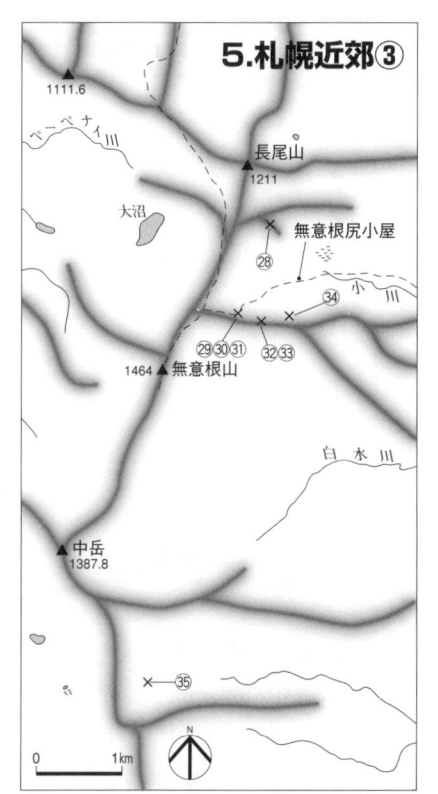

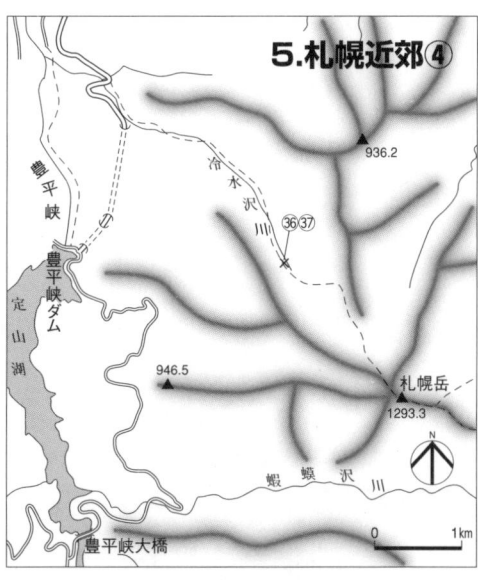

| | | | | | | | | | | | |
|---|---|---|---|---|---|---|---|---|---|---|---|
| ⑲ | 96.04.30 | 16:20 | 定山渓天狗岳熊ノ沢源頭 | 南西 | 1100 | 全層 | 晴 | 自然 | 1 | 7 | ツアー | 60 |
| ⑳ | 84.02.12 | 15:00 | 定山渓天狗岳中央稜 | 南 | 1100 | 表層 | 曇 | ? | 1 | 3 | 社会人 | 47 |
| ㉑ | 76.02.20 | 15:00 | 定山渓天狗岳・ニセワラジ | 南 | 1050 | 表層 | 曇 | ? | 0 | 3 | 社会人 | 30 |
| ㉒ | ? | 18:30? | 定山渓天狗岳エプロンフェース | 南 | 1000 | 表層 | 曇 | 自然 | 0 | 0 | 社会人 | 30 |
| ㉓ | 75.02.01 | 13:00 | 定山渓天狗岳東尾根 | 南 | 1000 | ? | 曇 | 誘発 | 0 | 0 | 学生 | 30 |
| ㉔ | 69.01.19 | 11:30 | 定山渓天狗岳東尾根 | 南 | 1000 | 表層 | 雪 | 誘発 | 0 | 0 | 学生 | 15 |
| ㉕ | 61.01.19 | 12:00 | 定山渓天狗岳東尾根取付 | 南 | 950? | 全層 | 雪 | 誘発 | 0 | 2 | 学生 | 15 |
| ㉖ | 66.03.19 | 16:00 | 定山渓天狗岳東尾根取付 | 南 | 950? | 表層 | 雪 | 誘発 | 0 | 1 | 学生 | 30 |
| ㉗ | 82.04.? | 11:00 | 定山渓天狗岳天狗沢 | 南 | 800 | 表層 | 晴 | 自然 | 0 | 0 | 社会人 | 30 |
| ㉘ | 74.03.25 | 16:10 | 無意根山〜長尾山間 | 東 | 1160 | 表層 | 曇? | 誘発 | 2 | 5 | スキー | 58 |
| ㉙ | 75.03.? | 15:00 | 無意根山テラス北壁 | 北 | 1170? | 表層 | 曇 | ? | 0 | 1 | 学生 | 30 |
| ㉚ | 51.01.15 | 11:00 | 無意根山テラス北壁 | 北 | ? | 表層 | ? | ? | 0 | 8 | 個人 | 47 |
| ㉛ | 58.12.31 | 14:34 | 無意根山テラス北壁 | 北 | ? | 表層 | 吹雪 | 誘発 | 0 | 3 | 学生 | 15 |
| ㉜ | 59.01.01 | 11:53 | 無意根山テラス尾根 | 北東? | 1200 | 表層 | 吹雪 | 誘発 | 0 | 7 | 社会人 | 15 |
| ㉝ | 67.12.20 | 8:00 | 無意根山テラス尾根 | 北東? | 1200 | 表層 | 晴 | 誘発 | 0 | 3 | 学生 | 30 |
| ㉞ | 85.12.31 | 10:00 | 無意根山テラス尾根末端 | 北東 | 1070 | 表層 | 曇 | 誘発 | 0 | 0 | 学生 | 30 |
| ㉟ | 80.02.09 | 17:00 | 中岳〜並河岳間 | 北東 | 1150 | 表層 | 雪 | 誘発 | 0 | 0 | 学生 | 30 |
| ㊱ | 76.02.? | 8:00 | 札幌岳冷水沢 | 南 | 850 | 表層 | 快晴 | 自然 | 0 | 3 | 社会人 | 30 |
| ㊲ | 66.01.15 | 14:30 | 札幌岳冷水沢 | 南 | 850? | 表層 | 吹雪 | ? | 0 | 10 | 社会人 | 60 |
| | 44.12.31 | 16:00 | 空沼岳鞍馬越付近 | 東 | 800 | ? | 曇 | 誘発 | 0 | 3 | 学生 | 30 |
| | 37.12.29 | 8:30 | 空沼岳空沼小屋北方湯ノ沢川 | 南東? | 900 | 表層 | 吹雪 | ? | 2 | 4 | 学生 | 60 |
| | 72.02.27 | 12:00 | 札幌市盤渓市民スキー場 | 北? | 350? | 表層 | 湿雪 | 自然 | 0 | 1 | スキー | 60 |

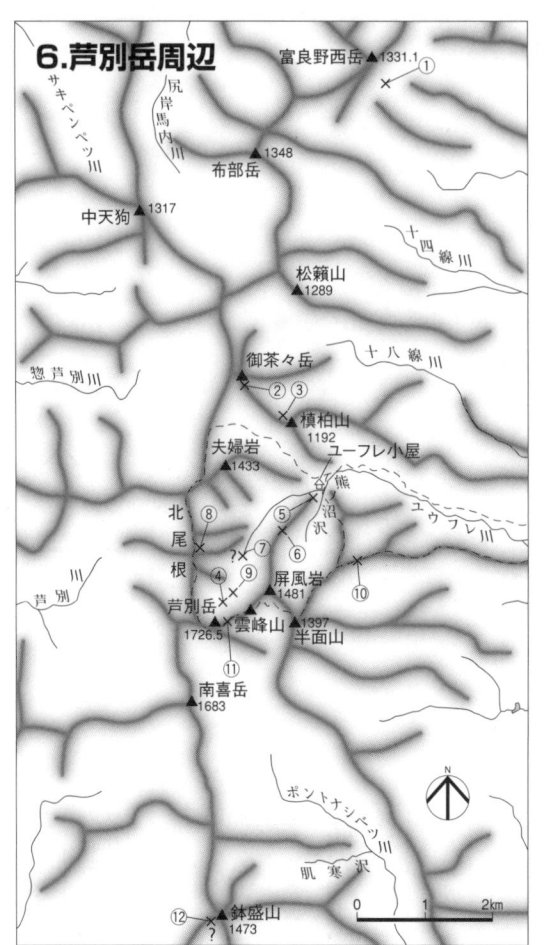

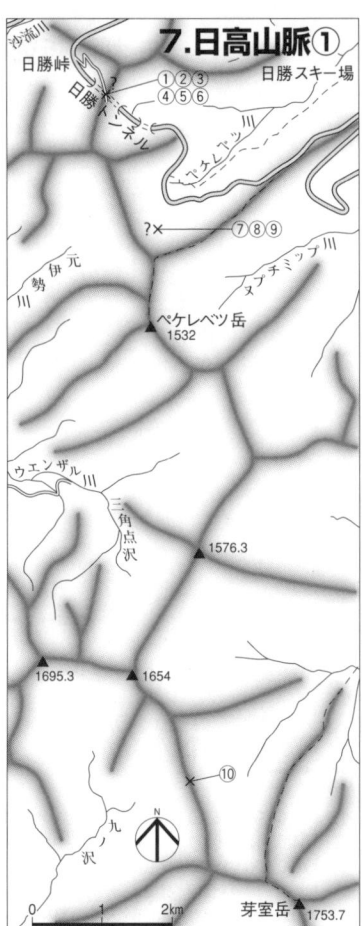

## 6. 芦別岳周辺

| 地図 | 年月日 | 時刻 | 発生場所 | 斜面 | 標高 | 形態 | 天気 | 発生 | 死亡 | 遭遇 | 所属 | 出典 |
|---|---|---|---|---|---|---|---|---|---|---|---|---|
| ① | 87.03.13 | 12:30 | 富良野西岳 | 東 | 1100 | 表層 | 曇 | 誘発 | 0 | 2 | 社会人 | 30 |
| ② | 88.03.10 | 9:00 | 御茶々岳 | 南 | 300 | 表層 | 雪 | 誘発 | 0 | 1 | 学生 | 30 |
| ③ | 89.01.13 | 14:10 | 槙柏山 | 北 | 1120 | 表層 | 雪 | 誘発 | 0 | 3 | 学生 | 44 |
| ④ | 62.01.02 | 午前 | 芦別岳第2稜 | 北? | ? | 表層 | ? | 誘発 | 1 | 2 | 学生 | 60 |
| ⑤ | ?.03.20 | 13:00 | 芦別岳第5稜 | 北東 | 800 | 表層 | 曇 | 誘発 | 0 | 1 | 社会人 | 30 |
| ⑥ | 76.03.22 | 9:00 | 芦別岳第5稜 | 北 | 1000 | 表層 | 吹雪 | 誘発 | 0 | 1 | 社会人 | 30 |
| ⑦ | 71.05.03 | 0:00? | 芦別岳本谷 | ? | ? | 表層 | 曇 | ? | 0 | 0 | 学生 | 46 |
| ⑧ | 75.05.11 | 7:25 | 芦別岳本谷 | 東 | 460? | 表層 | 晴 | 自然 | 0 | 0 | 学生 | 46 |
| ⑨ | 82.05.04 | 0:00? | 芦別岳本谷Bルンゼ | 北 | 300 | 全層 | 晴 | 自然 | 0 | 0 | 社会人 | 30 |
| ⑩ | 84.03.? | 9:00 | 芦別岳 | 南東 | 900 | 表層 | 晴 | 自然 | 0 | 1 | 会社等 | 30 |
| ⑪ | 88.03.21 | 8:00 | 芦別岳ポントナシベツ川源頭 | 東 | 1650 | 表層 | 曇 | 誘発 | 0 | 1 | 社会人 | 30 |
| ⑫ | 60.02.05 | 15:20 | 鉢盛山南側 | 南 | 1400? | ? | 曇 | 自然 | 0 | 0 | スキー | 30 |

## 7. 日高山脈

| 地図 | 年月日 | 時刻 | 発生場所 | 斜面 | 標高 | 形態 | 天気 | 発生 | 死亡 | 遭遇 | 所属 | 出典 |
|---|---|---|---|---|---|---|---|---|---|---|---|---|
| ① | 73.03.25 | 8:25 | 日勝峠トンネル上 | ? | ? | 表層 | ? | ? | 0 | 0 | ? | 22 |
| ② | 74.04.11 | ? | 日勝峠付近 | ? | ? | 全層 | ? | ? | 0 | 0 | ? | 22 |
| ③ | 79.04.02 | 14:00 | 日勝峠トンネル左の沢 | ? | ? | ? | 雪 | ? | 0 | 0 | ? | 22 |
| ④ | 81.03.03 | 15:30 | 日勝峠トンネル上 | 南東 | 1120 | 表層 | 快晴 | 自然 | 0 | 0 | ? | 22 |
| ⑤ | 87.01.29 | 11:00 | 日勝峠トンネル上 | 南東 | 1120 | 表層 | 快晴 | 自然 | 1 | 10 | 会社等 | 22 |
| ⑥ | 87.03.16 | 10:00 | 日勝峠トンネル上 | 南東 | 1120 | 表層 | 吹雪 | 自然 | 0 | 0 | ? | 22 |
| ⑦ | 75.03.21 | 15:00 | ペケレベツ岳北方 | 北 | ? | 表層 | 吹雪 | 自然 | 0 | 0 | 会社等 | 22 |
| ⑧ | 88.03.16 | 9:20 | ペケレベツ岳北方 | 北 | 1270 | 表層 | 雪 | 自然 | 0 | 0 | 会社等 | 23 |
| ⑨ | 86.04.08 | 13:30 | ペケレベツ岳北方 | 北東 | 1000 | 全層 | 晴 | 自然 | 0 | 0 | 会社等 | 30 |
| ⑩ | 84.03.27 | 14:30 | ウエンザル南コル | 東 | 460 | 表層 | 吹雪 | 誘発 | 0 | 0 | 学生山 | 38 |
| ⑪ | 87.03.14 | ? | 北戸蔦別岳西方 | 北東 | 1500 | 表層 | ? | 自然 | 0 | 0 | 学生山 | 46 |
| ⑫ | 61.04.05 | 5:00 | 額平川 | 東 | 800 | 全層 | ? | 自然 | 12 | 18 | 会社等 | 57 |
| ⑬ | 61.04.05 | 7:30 | ブイラル別川 | 南 | 1400 | 全層 | ? | 自然 | 21 | 27 | 会社等 | 57 |
| ⑭ | 77.12.31 | 10:30 | 戸蔦別岳〜幌尻岳間の吊尾根 | 南東 | 1800 | 表層 | 快晴 | 誘発 | 0 | 3 | 学生 | 30 |
| ⑮ | 63.01.09 | 11:00 | ナメワッカ岳 | 北 | 1200 | 表層 | 雪 | 自然 | 0 | 1 | 学生 | 30 |
| ⑯ | 87.03.16 | ? | (北の)神威岳西方 | 北 | 1680 | 表層 | ? | 自然 | 0 | 0 | 学生 | 46 |
| ⑰ | 65.03.20 | 10:05 | (北の)神威岳西方50m | 南 | 1700 | 表層 | 雪 | 自然 | 1 | 4 | 学生 | 28 |
| ⑱ | 64.03.09 | 8:50 | 神威岳〜エサオマントッタベツ岳間稜線東 | 東 | 1540 | 表層? | 快晴 | 誘発 | 1 | 1 | 学生 | 58 |
| ⑲ | 57.01.05 | 10:00 | エサオマントッタベツ岳北方最低コル | 東 | 1500 | 全層 | 曇 | 誘発 | 0 | 3 | 学生 | 40 |
| ⑳ | 86.03.23 | 13:00 | 札内岳J.P付近 | 南 | 1820 | 複合 | 晴 | 誘発 | 0 | 0 | 学生 | 30 |
| ㉑ | 65.03.14 | 2:00 | 札内岳札内川源頭部 | 南 | 1780? | 表層 | 吹雪 | 自然 | 6 | 6 | 学生 | 39,60 |
| ㉒ | 76.03.22 | ? | 札内岳〜エサオマントッタベツ岳間稜線南 | 南 | 1700 | 表層 | 快晴 | 自然 | 0 | 0 | 学生 | 30 |
| ㉓ | 36.03.18 | 10:00 | 札内岳ピリカペタヌ沢 | 北 | 1100 | 表層 | 吹雪 | 誘発 | 0 | 2 | 学生 | 39 |
| ㉔ | 87.12.31 | 12:00 | 十勝幌尻岳オビリネップ沢 | 北東 | 1500 | 表層 | 晴 | 誘発 | 0 | 1 | 社会人 | 30 |
| ㉕ | 76.03.25 | 11:00 | 札内川十ノ沢源頭部 | 東 | 1700 | 表層 | 快晴 | 誘発 | 0 | 0 | 学生 | 30 |
| ㉖ | 73.01.03 | 13:00 | ピラトミ山直登沢 | 北東 | 1400 | 表層 | 晴 | 誘発 | 1 | 1 | 社会人 | 15 |
| ㉗ | 59.03.20 | 10:00 | 1823m峰付近 | 南西 | 1750 | 表層 | 晴 | 誘発 | 0 | 0 | 学生 | 30 |
| ㉘ | 85.03.29 | 8:00 | コイカクシュサツナイ岳夏尾根 | 北東 | 1150 | 表層 | ? | 誘発 | 0 | 2 | 学生 | 38 |
| ㉙ | 86.03.27 | 11:00 | コイカクシュサツナイ岳冬尾根 | 北 | 900 | 表層 | 晴 | 誘発 | 0 | 1 | 学生 | 30 |
| ㉚ | 40.01.05 | 16:00 | コイカクシュサツナイ沢 | 東 | 300 | 表層 | 雪 | 誘発 | 8 | 9 | 学生 | 40,58 |
| ㉛ | 89.03.09 | 12:30 | コイカクシュサツナイ岳東尾根 | 南東 | 1700 | 表層 | 晴 | 誘発 | 0 | 1 | 社会人 | 30 |
| ㉜ | 87.04.01 | 9:00 | 1839m峰〜ヤオロマップ岳間 | 南 | 1800 | ? | 曇 | 自然 | 0 | 0 | 学生 | 30 |
| ㉝ | 78.03.13 | 7:00 | 1596m峰〜ヤオロマップ岳間 | 北東 | 1580 | 表層 | ? | 誘発 | 0 | 0 | 学生 | 30 |
| ㉞ | 78.03.17 | ? | 1600m峰〜1569m峰間 | 北 | 460 | 表層 | 快晴 | 誘発 | 0 | 0 | 学生 | 30 |
| ㉟ | 78.03.17 | 9:00 | ルベツネ山〜1600m峰間 | 東 | 1500 | 表層 | 快晴 | 誘発 | 0 | 0 | 学生 | 30 |
| ㊱ | 41.04.02 | 10:00 | ルベツネ山国境稜線下 | 北東 | 1500 | 表層 | 吹雪 | 誘発 | 0 | 0 | 学生 | 30 |
| ㊲ | 67.03.18 | 11:20 | ペテガリ山〜中ノ岳間 | 東 | 450 | 表層 | 曇 | 誘発 | 1 | 1 | 学生 | 14 |
| ㊳ | 75.03.26 | 10:00 | 神威岳頂上付近 | 南東 | 1600 | 表層 | 雪 | 誘発 | 0 | 1 | 学生 | 30 |
|  | 88.03.26 | 11:00 | トヨニ岳南東方 | 東 | 600 | 表層 | 快晴 | 誘発 | 0 | 0 | 学生 | 30 |

# 7. 日高山脈 ②

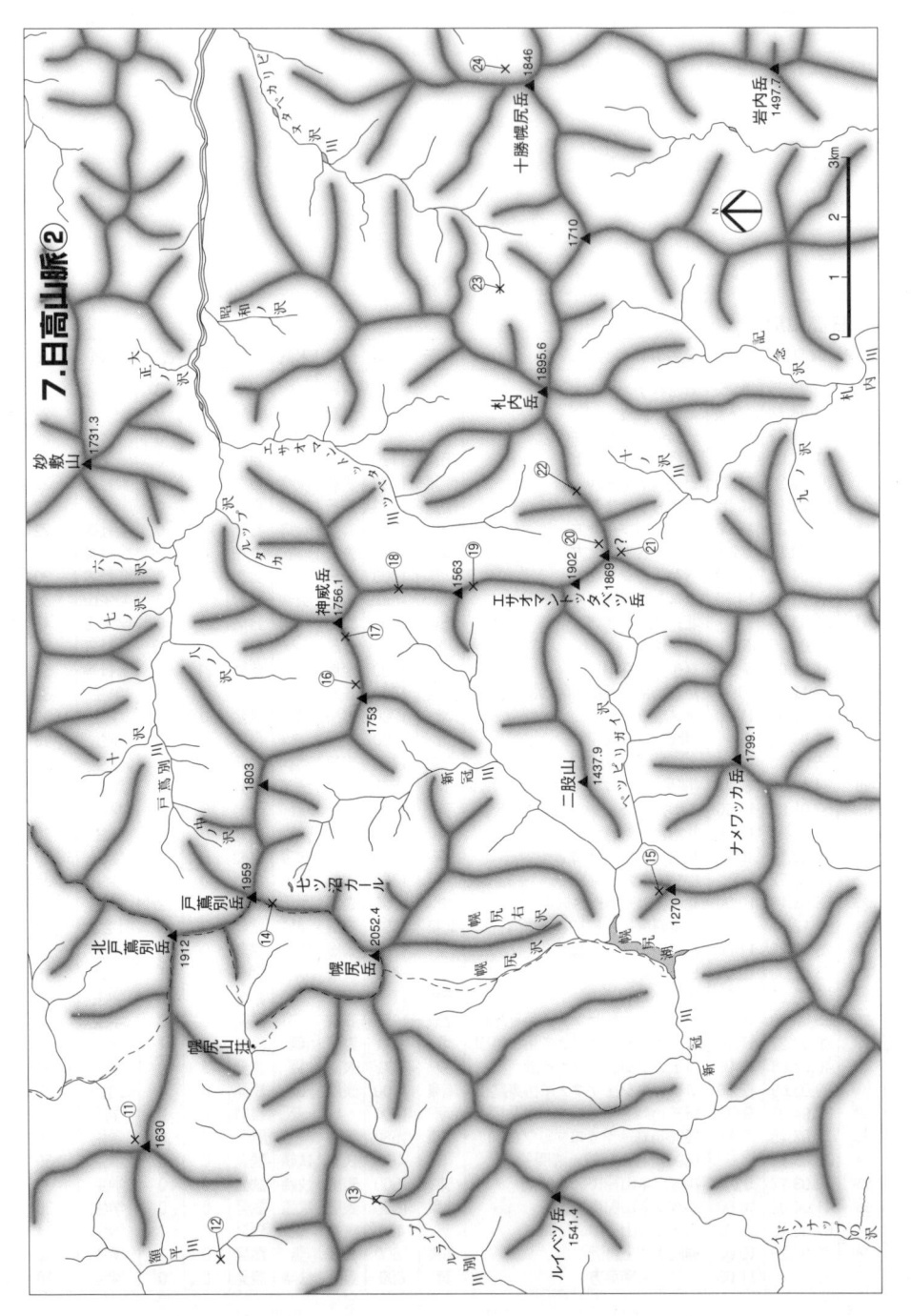

- 妙敷山 1731.3
- 十勝幌尻岳 1846
- 岩内岳 1497.7
- 札内岳 1895.6
- 神威岳 1756.1
- 1753
- 1803
- 1710
- 1902
- 1869
- 二股山 1437.9
- ナメワッカ岳 1799.1
- 戸蔦別岳 1959
- 北戸蔦別岳 1912
- 幌尻岳 2052.4
- 七ツ沼カール
- 幌尻山荘
- 1630
- 1270
- ルイベツ岳 1541.4
- 1563

N ↑
0 1 2 3km

# 7. 日高山脈③

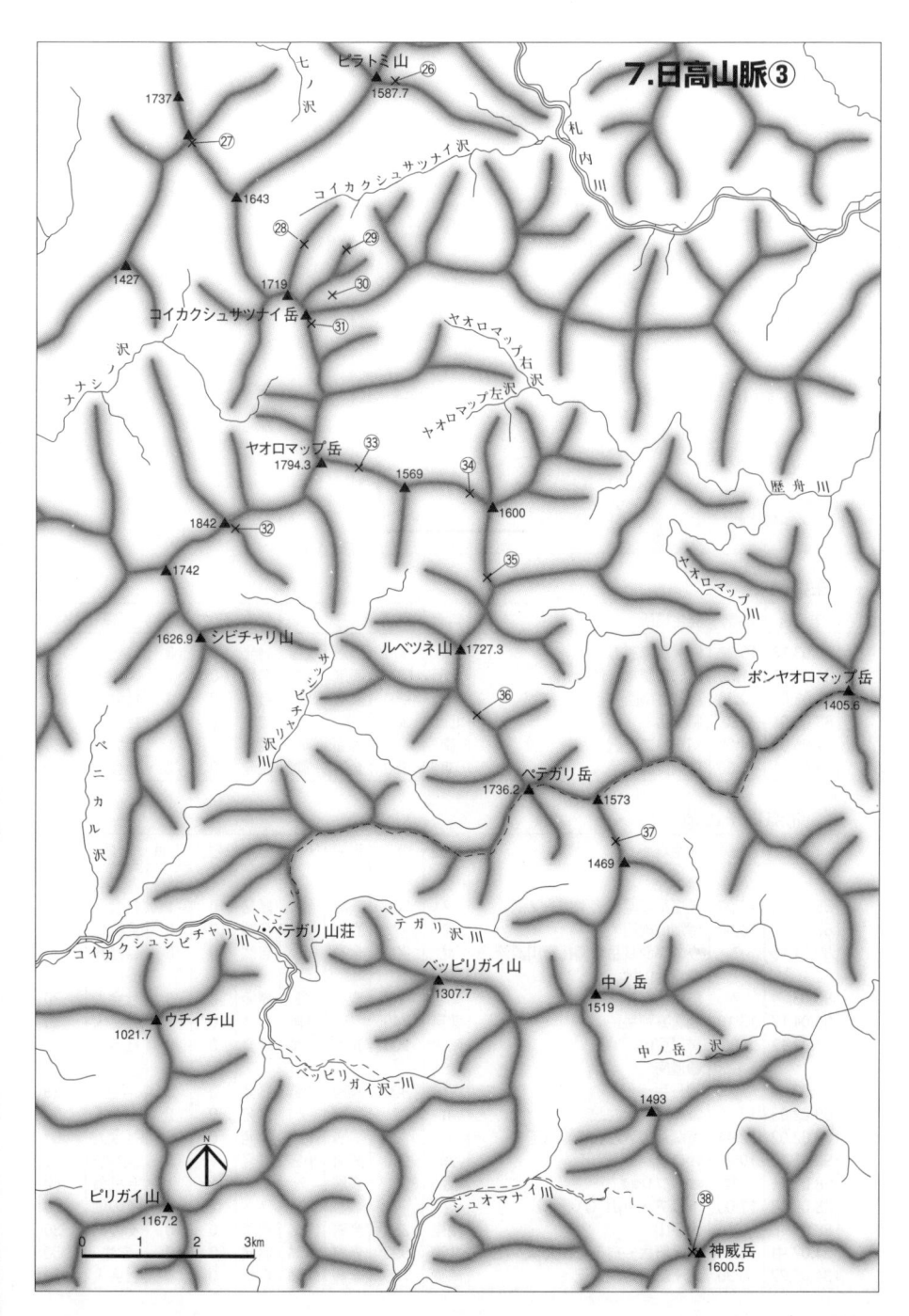

- 1737
- ㉗
- 七ノ沢
- ピラトミ山 ㉖ 1587.7
- 札内川
- ▲1643
- コイカクシュサツナイ沢
- ㉘ ㉙
- ㉚
- ▲1427
- 1719
- ㉛
- コイカクシュサツナイ岳
- ナナシノ沢
- ヤオロマップ右沢
- ヤオロマップ左沢
- ヤオロマップ岳 ㉝
- 1794.3
- ▲1569
- ㉞ ▲1600
- 1842 ㉜
- 歴舟川
- ▲1742
- ㉟
- 1626.9 シビチャリ山
- ルベツネ山 ▲1727.3
- ヤオロマップ川
- ポンヤオロマップ岳
- ▲1405.6
- サッピチャリ沢
- ㊱
- ペニカル沢
- ペテガリ岳
- ▲1736.2
- ▲1573
- ㊲
- ▲1469
- コイカクシビチャリ川
- ペテガリ山荘
- ペテガリ沢川
- ベッピリガイ山
- ▲1307.7
- 中ノ岳
- ▲1519
- ウチイチ山
- 1021.7
- 中ノ岳ノ沢
- ベッピリガイ沢川
- ▲1493
- N
- ピリガイ山
- ▲1167.2
- シュオマナイ川
- ㊳
- 神威岳
- 1600.5
- 0  1  2  3km

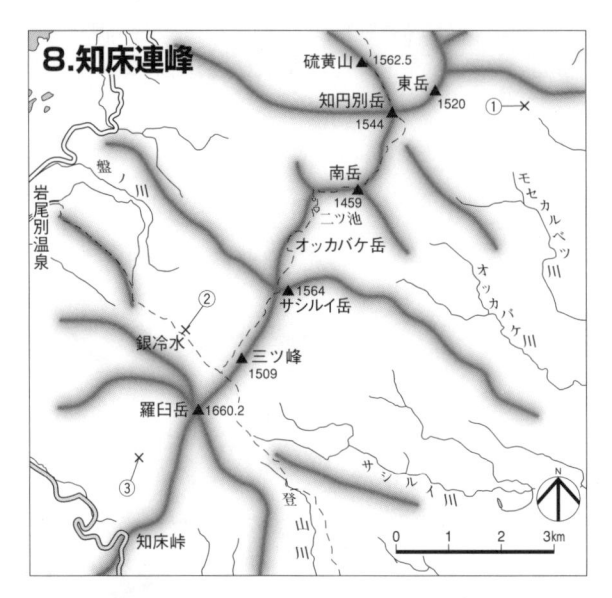

## 8. 知床連峰

| 地図 | 年月日 | 時刻 | 発生場所 | 斜面 | 標高 | 形態 | 天気 | 発生 | 死亡 | 遭遇 | 所属 | 出典 |
|---|---|---|---|---|---|---|---|---|---|---|---|---|
| ① | 65.03.18 | 10:30 | 硫黄岳南東方 | 東 | 800 | 表層 | 吹雪 | 誘発 | 0 | 3 | 学生 | 0 |
| ② | 84.05.06 | 11:00 | 羅臼銀冷水付近 | 北西 | 1200 | 表層 | 雪 | 誘発 | 0 | 1 | 学生 | 30 |
| ③ | 85.05.04 | 10:30 | 羅臼南西方 | 南西 | 950 | 表層 | 晴 | 自然 | 0 | 0 | 社会人 | 30 |
|  | 83.05.04 | 9:30 | 斜里岳 | 北西 | 300 | ? | 快晴 | 自然 | 0 | 0 | 社会人 | 30 |
|  | 71.05.03 | 14:00 | 斜里岳ニノ沢 | 南 | ? | 表層 | 晴 | 自然 | 0 | 1 | 社会人 | 30 |
|  | 79.02.11 | 11:00 | 摩周湖西別岳 | 東 | 950 | 全層 | 雪 | 誘発 | 0 | 2 | 社会人 | 30 |

## 9. 北海道その他

| 年月日 | 時刻 | 発生場所 | 斜面 | 標高 | 形態 | 天気 | 発生 | 死亡 | 遭遇 | 所属 | 出典 |
|---|---|---|---|---|---|---|---|---|---|---|---|
|  |  | ●道北 |  |  |  |  |  |  |  |  |  |
| 85.03.10 | 13:00 | 天塩岳東尾根渚滑川一ノ沢 | ? | 800 | 表層 | 曇 | 誘発 | 0 | 1 | 社会人 | 30 |
| 67.03.? | 14:00 | 幌別山周辺の沢 | ? | ? | 表層 | 晴 | 自然 | 0 | 0 | 会社等 | 30 |
| 85.04.15 | ? | ウエンシリ岳北側札滑川源流 | 北 | 900 | 全層 | 晴 | 自然 | 0 | 0 | 会社等 | 30 |
|  |  | ●増毛山地 |  |  |  |  |  |  |  |  |  |
| 83.03.? | ? | 群別岳南西尾根 | 南西 | 1100 | 表層 | 曇 | 誘発 | 0 | 3 | 社会人 | 30 |
| 88.04.17 | 13:10 | 西暑寒別岳 | 北東 | 740 | ? | 快晴 | 自然 | 0 | 0 | 社会人 | 30 |
| 84.02.12 | 8:00 | 神居尻山 | 南東 | 900 | 表層 | 快晴 | 自然 | 0 | 0 | 社会人 | 30 |
|  |  | ●道南 |  |  |  |  |  |  |  |  |  |
| 85.02.? | ? | 積丹岳 | ? | 900 | 表層 | 吹雪 | 誘発 | 0 | 3 | 学生 | 39 |
| 69.02.02 | 12:25 | 室蘭岳裏沢左股 | 北 | ? | 表層 | ? | 誘発 | 0 | 5 | 社会人 | 50 |
| 69.02.02 | 12:44 | 室蘭岳裏沢左股稜線直下 | 北 | ? | 表層 | ? | 誘発 | 0 | 5 | 社会人 | 50 |
| 90.02.10 | 10:20 | オロフレ山 | 南 | 940 | 表層 | 小雪 | 誘発 | 1 | 5 | 学生 | 60 |
| 98.01.11 | 午後 | オロフレ峠 | 南西? | 850? | 表層 | ? | ? | 1 | 1 | 会員 | 60 |
| 28.02.08 | 11:00 | トウアベツ山（八雲町） | ? | ? | 表層 | ? | ? | 2 | 2 | その他 | 60 |
| 88.03.10 | ? | 大平山 | 南東 | 250 | 全層 | 曇 | 自然 | 0 | 0 | その他 | 30 |
| 54.02.中 | 13:00 | 大千軒岳～前千軒岳間コル北 | 北東 | 990 | 表層 | 快晴 | 誘発 | 0 | 0 | 学生 | 30 |
| 84.05.27 | 10:30 | 大千軒岳燈明ノ沢 | 南東 | 700 | 全層 | 快晴 | 自然 | 0 | 0 | 社会人 | 30 |

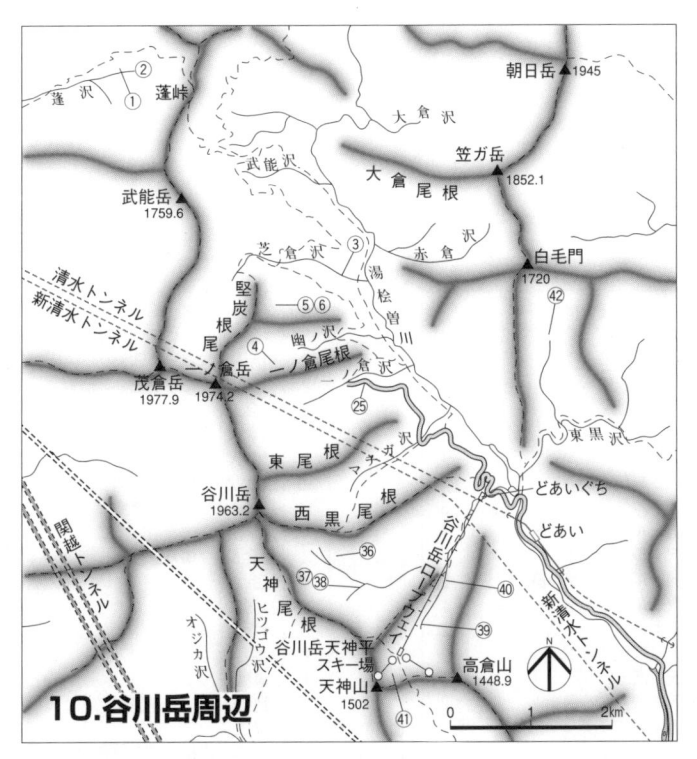

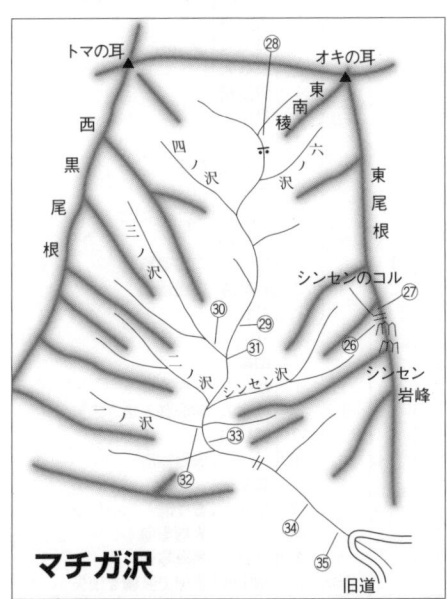

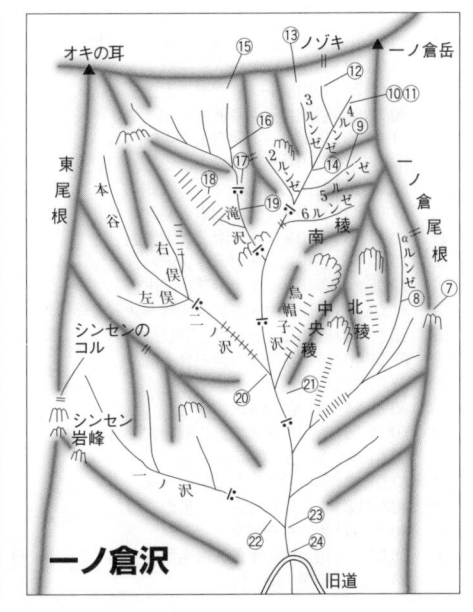

**10. 谷川岳周辺**

## マチガ沢

## 一ノ倉沢

## 10. 谷川岳周辺

| 地図 | 年月日 | 発生場所 | 死亡 | 負傷 | 脱出 | パーティ | 所属 | 備考 |
|---|---|---|---|---|---|---|---|---|
| ① | 58.04.06 | 谷川連峰蓬沢・東又沢出合付近 | 2 | | | 8 | スキー | 山スキー、2回の雪崩 |
| ② | 72.02.11 | 谷川連峰蓬沢上流 | 3 | | | 3 | 大学山 | 5月に遺体発見 |
| ③ | 66.05.03 | 谷川岳芝倉沢出合 | 1 | 1 | | 2 | 無所属 | ブロック雪崩 |
| ④ | 71.05.16 | 谷川岳幽ノ沢V字状岩壁 | | 1 | | 2 | 社会人 | ブロック雪崩 |
| ⑤ | 66.05.04 | 谷川岳堅炭沢左俣 | | 3 | | 9 | 社会人 | ブロック雪崩 |
| ⑥ | 71.05.14 | 谷川岳堅炭沢 | 1 | | | 2 | 大学W | ブロック雪崩 |
| ⑦ | 75.01.03 | 谷川岳一ノ倉沢尾根 | 1 | | | 1 | 社会人 | 推定 |
| ⑧ | 40.06.15 | 谷川岳一ノ倉沢αルンゼ | 4 | 1 | | 10 | 遺体収 | ブロック雪崩、二重遭難 |
| ⑨ | 70.05.03 | 谷川岳一ノ倉沢5ルンゼ | 3 | 7 | | 11 | 社会人 | ブロック雪崩 |
| ⑩ | 51.05.30 | 谷川岳一ノ倉沢4ルンゼ | 4 | | | 4 | 大学山 | |
| ⑪ | 59.05.02 | 谷川岳一ノ倉沢4ルンゼF4 | 1 | | | 3 | 社会人 | ブロック雪崩 |
| ⑫ | 59.03.22 | 谷川岳一ノ倉沢4ルンゼノゾキ直下 | 2 | 1 | | 3 | 社会人 | |
| ⑬ | 61.03.09 | 谷川岳一ノ倉沢3ルンゼ上部 | 1 | | | 3 | 社会人 | |
| ⑭ | 55.05.06 | 谷川岳一ノ倉本谷F1 | 2 | | | 2 | 大学山 | |
| ⑮ | 34.04.30 | 谷川岳一ノ倉滝沢稜線直下 | 2 | | | 2 | 社会人 | |
| ⑯ | 71.01.16 | 谷川岳一ノ倉滝沢上部 | 1 | | | 1 | 単独 | |
| ⑰ | 80.03.17 | 谷川岳一ノ倉滝沢 | 2 | | | | 社会人 | 転落雪崩誘発 |
| ⑱ | 60.03.24 | 谷川岳一ノ倉滝沢スラブ | 1 | 2 | | 5 | 混成 | |
| ⑲ | 01.03.20 | 谷川岳一ノ倉滝沢リッジ | | 2 | | 3 | 無所属 | 山岳ガイド付登山 |
| ⑳ | 65.01.15 | 谷川岳一ノ倉沢二ノ沢出合 | | 1 | | 2 | 無所属 | |
| ㉑ | 84.02.12 | 谷川岳一ノ倉沢テールリッジ上 | | 4 | | 6 | 社会人 | |
| ㉒ | 61.03.19 | 谷川岳一ノ倉沢一ノ沢 | | 2 | | 3 | 社会人 | |
| ㉓ | 73.01.28 | 谷川岳一ノ倉沢一ノ沢出合 | 2 | | | 4 | 無所属 | |
| ㉔ | 70.12.06 | 谷川一ノ倉沢出合 | 4 | | | 4 | 社会人 | |
| ㉕ | 71.03.07 | 谷川岳一ノ倉沢出合手前旧道 | | 2 | | 4 | 社会人 | |
| ㉖ | 81.12.21? | 谷川岳東尾根 | 6 | | | 6 | 山岳団 | 推定 |
| ㉗ | 66.01.30 | 谷川岳東尾根マチガ沢側 | 2 | | | 2 | 社会人 | |
| ㉘ | 61.05.04 | 谷川岳マチガ沢本谷要ノ滝付近 | 1 | | | | 単独 | |
| ㉙ | 79.12.16 | 谷川岳マチガ沢三ノ沢付近 | 1 | | | 4 | 大学W | |
| ㉚ | 79.12.16 | 谷川岳マチガ沢三ノ沢付近 | | 1 | | 4 | 社会人 | 二重遭難 |
| ㉛ | 79.05.24 | 谷川岳マチガ沢三ノ沢出合 | | 2 | | 2 | 救助隊 | 二重遭難 |
| ㉜ | 41.02.10 | 谷川岳マチガ沢S字状一ノ沢出合 | 4 | | | 7 | 社会人 | |
| ㉝ | 58.03.30 | 谷川岳マチガ沢S字状付近 | 2 | | | 4 | 社会人 | |
| ㉞ | 67.01.10 | 谷川岳マチガ沢出合上部 | 5 | | | 5 | 山岳団 | |
| ㉟ | 67.01.10 | 谷川岳マチガ沢出合 | 4 | | | 4 | 社会人 | 二重遭難 |
| ㊱ | 80.02.24 | 谷川岳西黒沢 | | | 3 | 3 | 社会人 | 雪庇踏み抜き誘発 |
| ㊲ | 50.12.30 | 谷川岳西黒沢ガレ沢熊穴沢出合 | 5 | 5 | | 11 | 高校山 | |
| ㊳ | 90.01.03 | 谷川岳西黒沢ガレ沢 | | | | 3 | ? | 表層雪崩 |
| ㊴ | 67.01.19 | 谷川岳田尻沢滑降コース | 3 | | | 3 | スキー | |
| ㊵ | 53.02.08 | 谷川岳田尻沢二つ目の二股 | | | | 11 | 社会人 | 救助隊 |
| ㊶ | 88.03.04 | 谷川岳天神平 | 1 | | | 1 | ? | 表層雪崩 |
| ㊷ | 68.02.15 | 白毛門山東黒沢白毛門沢上部 | 2 | | | 4 | 社会人 | 表層雪崩 |
| | 74.11.14 | 平標山南斜面 | | | | 6 | 学生W | 雪崩で装備を喪失 |

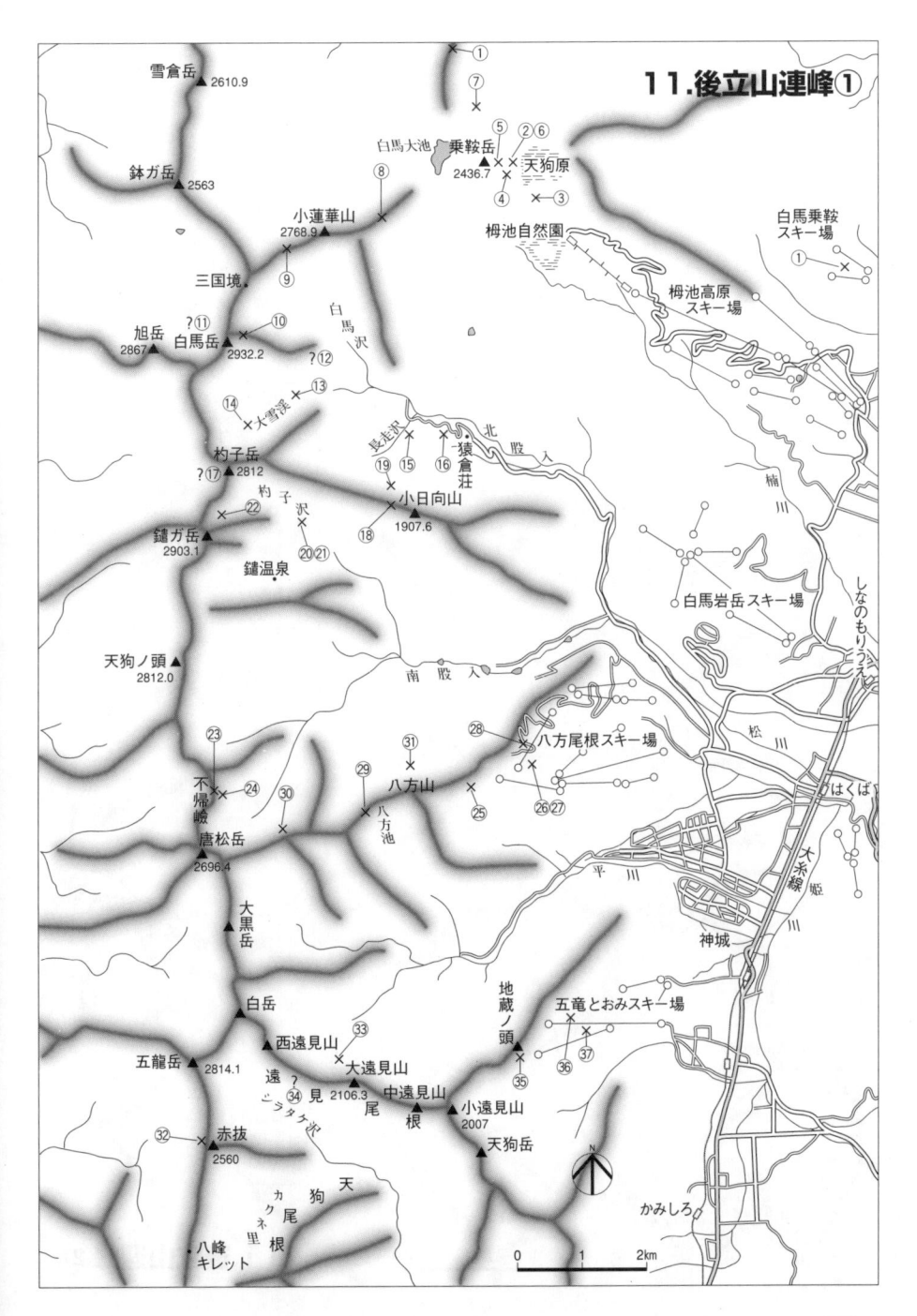

# 11. 後立山連峰①

雪倉岳 ▲ 2610.9

鉢ガ岳 ▲ 2563

白馬大池　乗鞍岳 ▲ 2436.7　天狗原

小蓮華山 ▲ 2768.9

栂池自然園

白馬乗鞍スキー場

栂池高原スキー場

三国境

白馬沢

旭岳 ▲ 2867　白馬岳 ▲ 2932.2

大雪渓

杓子岳 ▲ 2812

杓子沢

葱平沢

猿倉荘

北股入

小日向山 ▲ 1907.6

鑓ガ岳 ▲ 2903.1

鑓温泉

白馬岩岳スキー場

天狗ノ頭 ▲ 2812.0

南股入

八方尾根スキー場

八方山

八方池

不帰嶮

唐松岳 ▲ 2696.4

はくば

平川

松川

大糸線

姫川

神城

大黒岳 ▲

白岳 ▲

西遠見山

大遠見山 2106.3

遠見尾根

中遠見山

小遠見山 2007

天狗岳 ▲

地蔵ノ頭

五竜とおみスキー場

五龍岳 ▲ 2814.1

赤抜 2560

ニクタケ沢

カクネ里

天狗尾根

八峰キレット

かみしろ

0　1　2km

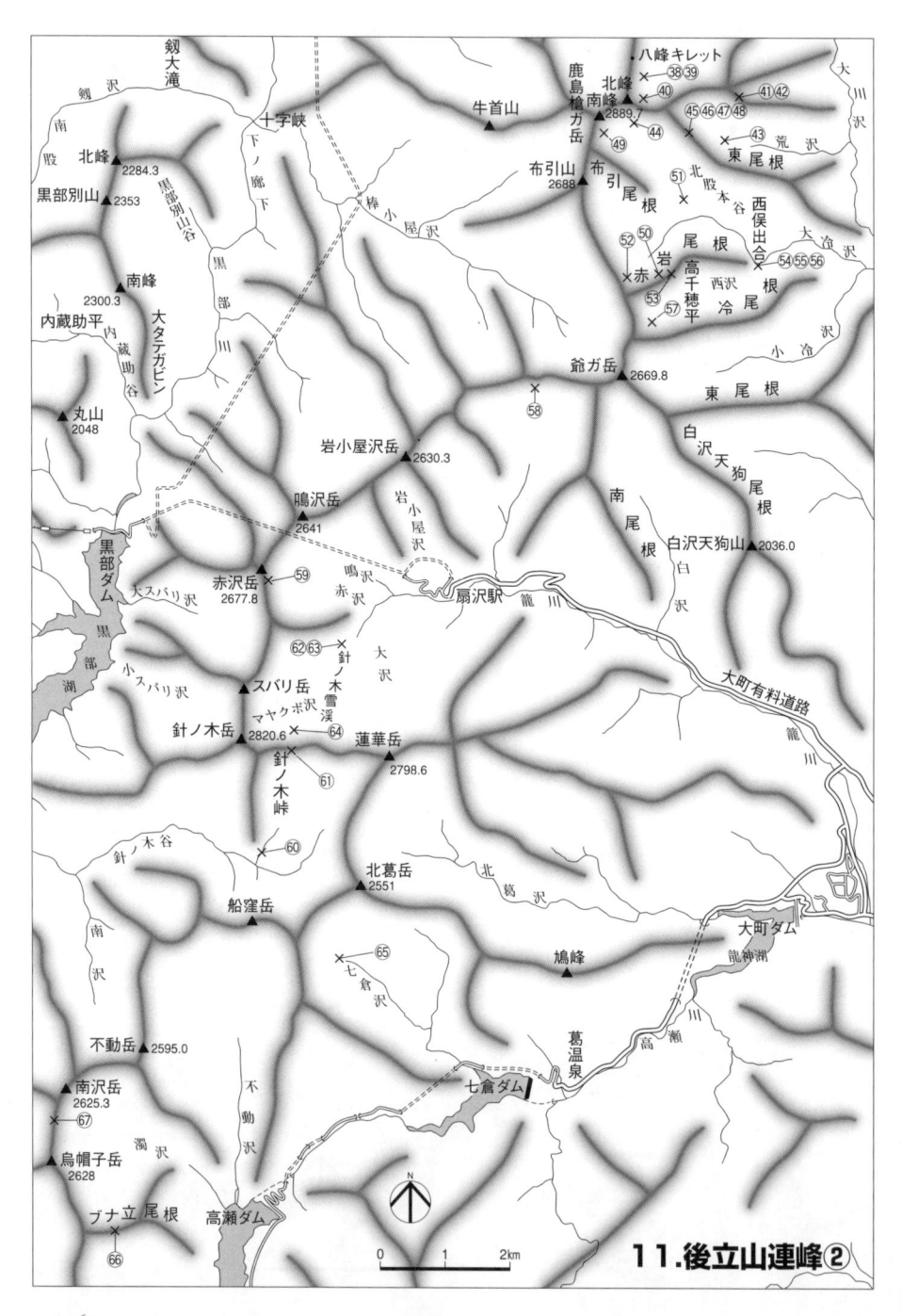

# 11. 後立山連峰②

## 11. 後立山連峰

| 地図 | 年月日 | 時刻 | 発生場所 | 斜面 | 標高 | 形態 | 天気 | 発生 | 死亡 | 遭遇 | 所属 | 出典 |
|---|---|---|---|---|---|---|---|---|---|---|---|---|
| ① | 76.04.08 | 10:40 | 白馬乗鞍岳天狗ノ庭付近 | ? | 2200 | 表層 | 晴 | ? | 2 | 3 | 個人 | 60 |
| ② | 82.03.22 | 8:35 | 白馬乗鞍岳天狗原上部 | 東 | 2300? | 表層 | ? | 誘発 | 1 | 1 | スキー | 31,60 |
| ③ | 40.02.18 | 11:30 | 白馬乗鞍岳栂池小屋付近 | 南東 | 2000? | 表層 | 雪 | 誘発 | 1 | 4 | スキー | 60 |
| ④ | 96.02.03-04 | ? | 白馬乗鞍岳 | 南東 | 2400 | 表層 | 雪 | 自然 | 0 | 0 | 林破壊 | 60 |
| ⑤ | 57.12.25 | 10:30 | 白馬乗鞍岳頂上直下栂池側 | 東 | 2300 | 表層 | ? | 誘発 | 1 | 4 | 学生 | 33,60 |
| ⑥ | 83.03.18 | ? | 白馬乗鞍岳下方 | 東 | 2300 | 表層 | ? | 誘発 | 2 | 3 | 学生 | 31 |
| ⑦ | 38.04.11 | 昼頃 | 白馬乗鞍岳弥兵衛頭下 | 北東 | 2300? | 表層 | ? | ? | 1 | 1 | 学生 | 60 |
| ⑧ | 83.03.19 | 13:00 | 小蓮華山〜白馬大池間金山沢 | 南東 | 2600 | 表層 | ? | 誘発 | 1 | 1 | スキー | 31 |
| ⑨ | 82.12.28 | 3:55 | 小蓮華山〜三国境間 | 南 | 2700 | 表層 | ? | 自然 | 3 | 9 | 学生 | 31,60 |
| ⑩ | 68.04.29 | 14:00 | 白馬岳主稜上部 | 東 | 2800? | 表層 | ? | 自然 | 0 | 2 | 社会人 | 31,60 |
| ⑪ | 90.01.04 | ? | 白馬岳 | ? | ? | 表層 | 雪 | ? | 3 | ? | 学生 | 31 |
| ⑫ | 73.03.27 | 6:00 | 白馬岳主稜取付付近 | ? | ? | 表層 | 雪 | ? | 1 | 3 | 社会人 | 60 |
| ⑬ | 74.03.18 | 8:00 | 白馬岳主稜末端 | 東 | 1900 | 表層 | 吹雪 | 誘発 | 5 | 9 | 社会人 | 27 |
| ⑭ | 92.05.04 | 8:00 | 白馬岳大雪渓 | 東 | 2600 | 表層 | 曇 | 自然 | 2 | 3 | 個人 | 31,60 |
| ⑮ | 58.01.03 | 1:00 | 白馬岳長走沢 | 北東 | 1400 | 表層 | ? | 自然 | 4 | 5 | 社会人 | 31 |
| ⑯ | 75.03.22 | 3:20 | 白馬岳猿倉長走沢 | 北 | 1500 | 表層 | ? | ? | 2 | 4 | 社会人 | 31,60 |
| ⑰ | 92.03.11 | ? | 杓子岳山頂付近 | ? | ? | 表層 | ? | ? | 0 | 2 | 学生 | 59 |
| ⑱ | 74.03.22 | 10:00 | 杓子岳小日向のコル付近 | 東 | 1800 | 表層 | 吹雪 | 自然 | 1 | 9 | 社会人 | 31,60 |
| ⑲ | 55.01.05 | 昼頃 | 杓子岳双子尾根 | 北 | 1700? | 表層 | 雪 | 誘発 | 0 | 3 | 社会人 | 60 |
| ⑳ | 57.03.12 | 10:20 | 白馬鑓ガ岳湯沢杓子沢合流点 | 東 | 2000 | 表層 | 吹雪 | 誘発 | 0 | 8 | 学生 | 24 |
| ㉑ | 57.03.12 | 11:00 | 白馬鑓ガ岳湯沢杓子沢合流点 | 東 | 2000 | 表層 | 吹雪 | 誘発 | 4 | 8 | 学生 | 24 |
| ㉒ | 68.05.02 | 14:00 | 白馬鑓ガ岳 | 東 | 2700? | 表層 | ? | ? | 1 | 2 | 社会人 | 31,60 |
| ㉓ | 63.04.29 | 朝 | 不帰Ⅰ峰〜Ⅱ峰間 | 東 | 2400? | ? | ? | ? | 2 | 2 | 社会人 | 60 |
| ㉔ | 67.03.22 | 6:30 | 不帰東壁独標ルンゼ | 東 | 2400 | 表層 | ? | 自然 | 2 | 2 | 社会人 | 31,60 |
| ㉕ | 65.04.03 | 10:30 | 唐松岳八方尾根スキー場リーゼントコース | 北 | 1800? | 表層 | ? | 誘発 | 0 | 1 | スキー | 31,60 |
| ㉖ | 95.01.28 | 11:45 | 唐松岳八方尾根スキー場 | 東 | 1500 | 表層 | ? | 誘発 | 0 | 5 | スキー | 60 |
| ㉗ | 62.03.18 | 16:30 | 唐松岳八方尾根黒菱スキー場東方 | 東 | 1500 | 表層 | ? | 誘発 | 3 | 3 | スキー | 31,60 |
| ㉘ | 65.12.29 | 8:50 | 唐松岳八方尾根黒菱平 | 北 | 1500 | 表層 | ? | 誘発 | 1 | 1 | スキー | 60 |
| ㉙ | 58.01.03 | 10:30 | 唐松岳八方尾根第3ケルン上 | 北 | 2100 | 表層 | ? | ? | 0 | 6 | 社会人 | 31,60 |
| ㉚ | 71.05.01 | 15:00 | 唐松岳八方尾根丸山ケルン唐松沢側 | 北 | 2400 | 表層 | ? | 自然 | 1 | 3 | 社会人 | 31,60 |
| ㉛ | 00.02.19 | 14:30 | 唐松岳八方尾根ガラガラ沢 | 北 | 1900 | 表層 | 晴 | 誘発 | 3 | 4 | スノーボード | 60 |
| ㉜ | 68.01.01 | 13:00 | 五竜岳G5キレット付近富山側 | 西 | 2500 | 表層 | 吹雪 | 誘発 | 1 | 3 | 社会人 | 31,60 |
| ㉝ | 75.03.22 | 12:50 | 五竜岳遠見尾根犬川沢 | 北 | 1900 | 表層 | ? | ? | 1 | 2 | 個人 | 31,60 |
| ㉞ | 57.01.01 | 14:00 | 五竜岳遠見尾根 | 南 | ? | 表層 | ? | 誘発 | 1 | 3 | 社会人 | 60 |
| ㉟ | 89.03.18 | 15:45 | 五竜岳遠見尾根地蔵ノ頭付近 | 北西 | 1700 | 表層 | ? | 誘発 | 1 | 6 | 研修会 | 59,60 |
| ㊱ | 74.02.09 | 8:00 | 五竜岳五竜遠見スキー場 | 北 | 1700 | 表層 | ? | 自然 | 0 | 0 | スキー | 60 |
| ㊲ | 78.02.24 | 9:20 | 五竜岳五竜遠見スキー場 | 北東 | 1200 | 全層 | 晴 | 自然 | 0 | ? | スキー | 60 |
| ㊳ | 61.04.08 | 9:30 | 鹿島槍ガ岳北壁主稜 | 北東 | 2400 | 表層 | 曇 | 自然 | 1 | 3 | 社会人 | 31,60 |
| ㊴ | 81.01.01 | ? | 鹿島槍ガ岳北壁主稜 | 北東 | 2400? | ? | ? | ? | 0 | 4 | 社会人 | 60 |
| ㊵ | 67.01.01 | ? | 鹿島槍ガ岳北峰北壁沢源頭部 | 北東 | 2800? | 表層 | 吹雪 | ? | 3 | 3 | 社会人 | 31 |
| ㊶ | 55.12.30 | ? | 鹿島槍ガ岳天狗尾根第2クーロワール | 南 | 2000 | 表層 | ? | 誘発 | 4 | 4 | 学生 | 31 |
| ㊷ | 75.05.04 | 6:00 | 鹿島槍ガ岳天狗ノ鼻下部 | 南 | 2000 | ? | 雨 | ? | 1 | 5 | 社会人 | 60 |
| ㊸ | 74.03.24 | 10:00 | 鹿島槍ガ岳荒沢 | 東 | 1900 | 表層 | 吹雪 | 自然 | 5 | 5 | 社会人 | 27 |
| ㊹ | 91.05.02 | 14:00 | 鹿島槍ガ岳北俣本谷上部 | 南東 | ? | 表層 | ? | 自然 | 2 | 4 | 社会人 | 31,60 |
| ㊺ | 77.01.01 | 15:20 | 鹿島槍ガ岳東尾根 | 南 | 2600 | 表層 | 吹雪 | ? | 1 | 3 | 社会人 | 55,60 |
| ㊻ | 77.01.01 | ? | 鹿島槍ガ岳東尾根 | 南 | 2600 | 表層 | 吹雪 | ? | 1 | 3 | 社会人 | 55,60 |
| ㊼ | 77.01.01? | ? | 鹿島槍ガ岳東尾根 | 南 | 2600 | 表層 | 吹雪 | ? | 5 | 5 | 社会人 | 55,60 |
| ㊽ | 84.12.31 | 21:00 | 鹿島槍ガ岳東尾根第1・第2岩峰間 | 南東 | 2700 | 表層 | 吹雪 | 自然 | 6 | 6 | 社会人 | 56,60 |
| ㊾ | 75.04.30 | ? | 鹿島槍ガ岳ダイレクト尾根 | 南東 | 2700 | 表層 | ? | 自然 | 2 | 2 | 社会人 | 31 |
| ㊿ | 74.03.24 | ? | 鹿島槍ガ岳北俣本谷 | 北西 | 2150 | 表層 | ? | 自然 | 0 | 2 | 学生 | 31 |
| 51 | 61.04.30 | 10:40 | 鹿島槍ガ岳東尾根三ノ沢出合 | 南 | 1600 | 表層 | ? | 自然 | 0 | 7 | 社会人 | 31,60 |

→次頁に続く

| | | | | | | | | | | | |
|---|---|---|---|---|---|---|---|---|---|---|---|
| ㊼ | 74.03.23 | 10:40 | 鹿島槍ガ岳赤岩尾根冷乗越稜線近く | 東 | 2700 | 表層 | ? | 自然 | 1 | 3 | 社会人 | 31,60 |
| ㊽ | 74.03.25 | 5:55 | 鹿島槍ガ岳赤岩尾根高千穂平 | 北西 | 2100 | 表層 | ? | 誘発 | 3 | 3 | 社会人 | 31,60 |
| ㊾ | 35.12.16 | ? | 鹿島槍ガ岳大冷沢 | ? | ? | 表層? | 雪 | ? | 3 | 3 | 小屋番 | 60 |
| ㊿ | 50.12.31 | ? | 鹿島槍ガ岳大冷沢西俣出合 | 東 | 1400 | 表層 | ? | 自然 | 4 | 4 | 学生 | 31 |
| 56 | 66.01.06 | ? | 鹿島槍ガ岳大冷沢西俣付近 | 北東 | 1500 | 表層 | ? | 自然 | 3 | 3 | 学生 | 31 |
| 57 | 84.01.01 | 12:30 | 爺ガ岳西俣奥壁中央稜上部 | 北東 | 2300 | 表層 | ? | 自然 | 5 | 13 | 社会人 | 31 |
| 58 | 96.03.17 | 9:00 | 爺ガ岳扇沢 | ? | ? | 表層 | ? | 自然 | 1 | 5 | 学生 | 60 |
| 59 | 81.01.02 | 8:40 | 赤沢岳稜線 | 西 | 2600 | 表層 | 吹雪 | 誘発 | 1 | 4 | 社会人 | 29 |
| 60 | 81.07.26 | 10:45 | 針ノ木岳南側針ノ木谷 | 南東? | 1900 | ブロック | ? | 自然 | 1 | 1 | 学生 | 60 |
| 61 | 65.05.04 | 6:00 | 針ノ木岳針ノ木峠 | 北東 | 2800? | 表層 | 吹雪 | 誘発 | 1 | 1 | 個人 | 31 |
| 62 | 27.12.30 | 11:00 | 針ノ木岳籠川谷赤石沢出合 | 北東 | 1800 | 表層 | 吹雪 | 自然 | 4 | 11 | 学生 | 53 |
| 63 | 30.01.01 | 10:00 | 針ノ木岳籠川谷赤石沢出合 | 北東 | 1900? | 表層 | ? | 自然 | 0 | 12 | 学生 | 60 |
| 64 | 76.03.24 | 16:30 | 針ノ木岳雪渓上部 | 北 | 2400 | 表層 | ? | 誘発 | 4 | 6 | 学生 | 31 |
| 65 | 55.02.16 | 10-11h | 船窪岳七倉沢本谷 | 南 | 2200 | 表層 | ? | 自然 | 2 | 3 | 個人 | 31 |
| 66 | 76.03.27 | 14:15 | 烏帽子岳ブナ立尾根 | 東? | 2300? | 表層 | ? | ? | 1 | 3 | 個人 | 31,60 |
| 67 | 84.05.03 | 11:00 | 烏帽子岳-南沢岳中間 | 西 | 2500 | 表層 | ? | ? | 0 | 2 | 個人 | 60 |
| | 86.03.04 | 12:40 | 佐野坂スキー場水無沢 | ? | ? | 表層 | ? | ? | 0 | 0 | スキー | 60 |
| | 84.03.12 | 15:50 | 白馬乗鞍スキー場里見ゲレンデ | 南東 | 1000 | 表層 | 雪 | 自然 | 0 | 1 | スキー | 60 |
| | 74.03.07 | 未明 | わらび平スキー場第3リフト付近2カ所 | 南東 | 1000 | 全層 | 雨 | 自然 | 0 | 0 | スキー | 60 |
| | 91.02.10 | 14:30 | 白馬コルチナ国際スキー場 | 南 | 1120 | 表層 | 雪 | 誘発 | 1 | 2 | スキー | 60 |
| | 00.03.20 | 10:30 | 蓮華温泉付近 | ? | ? | 表層 | ? | 誘発 | 0 | 1 | 個人 | 60 |

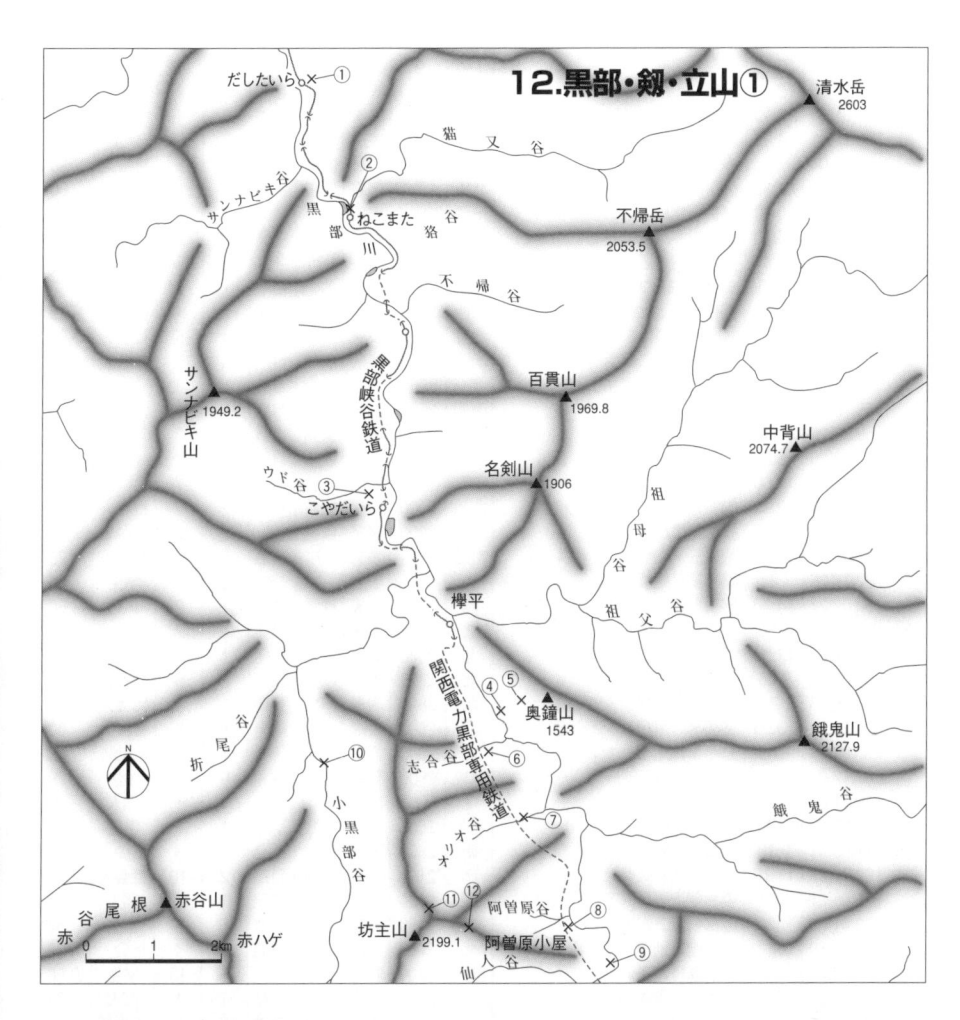

## 12. 黒部，剱・立山連峰

| 地図 | 年月日 | 時刻 | 発生場所 | 斜面 | 標高 | 形態 | 天気 | 発生 | 死亡 | 遭遇 | 所属 | 出典 |
|---|---|---|---|---|---|---|---|---|---|---|---|---|
| ① | 27.01.29 | 5:20 | 黒部峡谷出し平 | 西 | 400 | 表層 | 吹雪 | 自然 | 34 | 56 | 会社等 | 21 |
| ② | 56.02.10 | 10:10 | 黒部峡谷竹原谷（猫又） | 北東 | 400 | 表層 | 吹雪 | 自然 | 21 | 31 | 会社等 | 21 |
| ③ | 36.02.20 | 未明 | 黒部峡谷ウド谷 | 東 | 650 | 表層 | 吹雪 | 自然 | 1 | 10 | 会社等 | 21 |
| ④ | 77.03.13 | ? | 奥鐘山西壁取付 | 東 | 600 | 表層 | ? | 自然 | 2 | 2 | 社会人 | 29 |
| ⑤ | 77.05.05 | 13:30 | 奥鐘山下山コース | 東 | ? | 表層 | ? | 自然 | 1 | 2 | 社会人 | 29 |
| ⑥ | 38.12.27 | 3:30 | 黒部峡谷志合谷 | 東 | 800 | 表層 | 吹雪 | 自然 | 84 | 102 | 会社等 | 11 |
| ⑦ | 37.01.20 | ? | 黒部峡谷オリオ谷 | 東 | 900 | 表層 | 吹雪 | 自然 | 5 | ? | 会社等 | 21 |
| ⑧ | 40.01.09 | 14:15 | 黒部峡谷阿曽原谷 | 東 | 800 | 表層 | 吹雪 | 自然 | 26 | 63 | 会社等 | 11 |
| ⑨ | 66.01.09 | 5:40 | 黒部峡谷雲切谷 | 西 | 900 | 表層 | 吹雪 | 自然 | 0 | ? | 会社等 | 21 |
| ⑩ | 50.02.28 | ? | 黒部峡谷小黒部谷 | ? | ? | 表層 | ? | ? | 2 | 2 | 猟師 | 29 |
| ⑪ | 85.12.29 | 15:30 | 北仙人尾根坊主山 | 北? | 2100? | 表層 | ? | 自然 | 3 | 10 | 学生 | 29 |
| ⑫ | 98.12.30 | 11:45 | 北仙人尾根 | 東? | 1765 | 表層 | 吹雪 | 誘発 | 0 | 7 | 社会人 | 60 |

→次頁に続く

| No. | 日付 | 時刻 | 場所 | 方位 | 標高 | 雪質 | 天候 | 原因 | 遭難 | 死亡 | 分類 | 年齢 |
|---|---|---|---|---|---|---|---|---|---|---|---|---|
| ⑬ | 78.05.? | ? | 剱岳剱沢剱大滝付近 | ? | ? | 表層 | ? | 自然 | 2 | 2 | 学生 | 29 |
| ⑭ | 84.03.21 | 13:00 | 黒部別山南尾根 | 南 | ? | 表層 | ? | 誘発 | 0 | 3 | 社会人 | 29 |
| ⑮ | 95.04.29 | 16:30 | 黒部別山南尾根 | ? | ? | ? | ? | ? | 1 | 4 | 学生 | 59 |
| ⑯ | 67.01.05 | 12:25 | 黒部丸山 | 北西 | 1700? | 表層 | ? | 自然 | 2 | 2 | 社会人 | 29 |
| ⑰ | 01.01.14 | 17:00 | 黒部峡谷内蔵助谷 | 東 | 1400 | 表層 | 吹雪 | 自然 | 3 | 4 | 社会人 | 60 |
| ⑱ | 80.12.31 | 14:20 | 赤谷尾根 | 南 | 1500 | 表層 | 吹雪 | 誘発 | 2 | 6 | 学生 | 16 |
| ⑲ | 69.01.04 | 夜 | 赤谷尾根 | 南 | 1500 | 表層 | 吹雪 | 自然 | 5 | 5 | 社会人 | 60 |
| ⑳ | 69.01.04 | 14:30 | 剱岳小窓尾根末端取付点雷岩上部 | 北東 | 1500 | 表層 | 吹雪 | 誘発? | 3 | 3 | 社会人 | 60 |
| ㉑ | 62.12.20 | 10:30 | 剱岳小窓頭池ノ谷側 | 南西 | 2200? | 表層 | ? | 誘発 | 1 | 7 | 学生 | 60 |
| ㉒ | 78.03.19 | 15:30 | 剱岳小窓尾根ニードル | 南東 | 2350 | 表層 | ? | 自然 | 0 | 3 | 社会人 | 29 |
| ㉓ | 87.12.30 | 9:38? | 剣岳小窓付近 | ? | ? | 表層 | ? | 自然? | 2 | 2 | 個人 | 60 |
| ㉔ | 71.03.17 | 5:00 | 剱岳小窓上コル | 北東 | 2300 | 表層 | ? | 自然 | 1 | 7 | 学生 | 29,60 |
| ㉕ | 71.05.01 | 8:25 | 剱岳小窓頭小窓側 | 北西 | 2650 | 表層 | ? | 誘発 | 2 | 10 | 社会人 | 29 |
| ㉖ | 66.01.01 | 7:30 | 剱岳小窓ノ王手前コル付近小窓側 | 北東 | 2700 | 表層 | ? | 誘発 | 4 | 5 | 社会人 | 29,60 |
| ㉗ | 61.12.26-27 | ? | 剱岳池ノ谷二俣手前 | 南西 | 1900? | 表層 | 吹雪 | 自然 | 3 | 3 | 社会人 | 29,60 |
| ㉘ | 59.12.20-21 | ? | 剱岳池ノ谷二俣左俣寄り | 南 | 2100? | 表層 | 吹雪 | 自然 | 3 | 3 | 学生 | 60 |
| ㉙ | 59.12.25 | ? | 剱岳池ノ谷三ノ窓下 | 南西 | ? | 表層 | 吹雪 | 自然 | 3 | 3 | 学生 | 29,60 |
| ㉚ | 60.03.26 | ? | 剱岳池ノ谷二俣 | 南西 | 2400? | 表層 | ? | 自然 | 2 | 2 | 学生 | 29 |
| ㉛ | 62.03.26 | 16:00 | 剱岳池ノ谷二俣付近 | 南東 | 1900 | 表層 | ? | 自然 | 1 | 2 | 学生 | 29,60 |
| ㉜ | 65.04.30 | 13:00 | 剱岳池ノ谷二俣 | 南東 | 1900 | 表層 | ? | ? | 1 | 1 | 社会人 | 29 |
| ㉝ | 66.11.21 | 10:30 | 剱岳池ノ谷二俣小窓尾根側壁 | 北東 | 1900 | 表層 | 吹雪 | 自然 | 2 | 2 | 社会人 | 9 |
| ㉞ | 67.01.07 | ? | 剱岳剱尾根上部 | 北 | 2900 | 表層 | 吹雪 | ? | 3 | 3 | 社会人 | 29,60 |
| ㉟ | 86.04.27 | 15:00 | 剱岳三ノ窓雪渓 | 南西 | ? | 表層 | ? | 自然 | 0 | 3 | 社会人 | 29 |
| ㊱ | 37.12.26 | ? | 剱岳早月尾根 | ? | ? | 表層 | ? | ? | 9 | 11 | 学生 | 60 |
| ㊲ | 50.02.27 | 14:00 | 剱岳早月尾根 | 西 | 1900 | 表層 | 吹雪 | 誘発 | 1 | 2 | 猟師 | 53,60 |
| ㊳ | 92.12.29 | 8:50 | 剱岳早月尾根 | 北 | 2600 | 表層 | ? | 誘発 | 1 | 7 | 学生 | 29 |
| ㊴ | 71.11.25 | 12:05 | 剱岳早月尾根シシ頭 | 北 | 2800 | 表層 | ? | 誘発 | 1 | 3 | 学生 | 10 |
| ㊵ | 80.01.06 | 9:45 | 剱岳早月尾根シシ頭 | 北 | 2800 | 表層 | ? | 誘発 | 2 | 6 | 社会人 | 29 |
| ㊶ | 80.05.03 | ? | 剱岳早月尾根シシ頭 | 北 | 2800 | 表層 | ? | ? | 1 | 2 | 社会人 | 29 |
| ㊷ | 97.12.31 | 13:05 | 剱岳早月尾根シシ頭付近 | 北 | 2800 | 表層 | ? | 誘発 | 5 | 5 | 社会人 | 60 |
| ㊸ | 91.03.07 | 9:45 | 剱岳早月尾根カニノハサミ | 北 | 2800 | 表層 | 吹雪 | 誘発 | 1 | 26 | 救助隊 | 29 |
| ㊹ | 67.12.28 | 15:15 | 剱岳長次郎谷 | 北東 | 2900 | 表層 | ? | 誘発 | 0 | 9 | 学生 | 29 |
| ㊺ | 79.11.04 | 8:00 | 剱岳長次郎谷 | ? | ? | 表層 | ? | ? | 1 | 1 | 個人 | 29 |
| ㊻ | 92.05.05 | 7:30 | 剱岳八ツ峰四・五のコル | 北西 | 2600 | 表層 | ? | 誘発 | 1 | 5 | 学生 | 29 |
| ㊼ | 71.05.01 | 9:10 | 剱岳一服剱 | 南 | 2600 | 表層 | ? | 誘発 | 1 | 3 | 社会人 | 29 |
| ㊽ | 92.11.23 | 11:10 | 剱岳前剱武蔵谷 | 南 | 2100 | 表層 | 吹雪 | 自然 | 2 | 10 | 社会人 | 29 |
| ㊾ | 71.05.01 | ? | 剱岳剱沢小屋直下 | 北西 | 2400 | 表層 | ? | 誘発 | 1 | 2 | 個人 | 29 |
| ㊿ | 30.01.09 | 4:20 | 剱岳剱沢三田平 | 北東 | 2450 | 表層 | 吹雪 | 自然 | 6 | 6 | 学生 | 53 |
| 51 | 80.04.30 | ? | 立山連峰別山 | 北 | 2700 | 表層 | ? | 誘発 | 0 | 4 | 社会人 | 29 |
| 52 | 59.12.24 | 20:45 | 立山連峰雷鳥沢 | 南西 | 2700 | 表層 | 吹雪 | 自然 | 1 | 18 | 学生 | 29,60 |
| 53 | 80.11.03 | 10:00 | 立山連峰雷鳥沢 | 南 | 2600 | 表層 | ? | 自然 | 1 | 1 | 学生 | 29 |
| 54 | 68.01.15頃 | ? | 立山連峰雷鳥沢 | 西 | 2300 | 表層 | ? | 自然 | 0 | 0 | 山小屋 | 12 |
| 55 | 69.01-03 | ? | 立山連峰雷鳥沢 | 西 | 2300? | ? | ? | ? | 0 | 0 | 山小屋 | 60 |
| 56 | 81.01.05 | 12:40 | 奥大日岳大谷尾根クズバ山 | 南東 | 1800 | 表層 | ? | 自然 | 0 | 7 | 学生 | 29 |
| 57 | 80.03.22 | 13:50 | 奥大日岳西大谷尾根 | 北東 | 2500 | 表層 | 吹雪 | 誘発 | 1 | 6 | 学生 | 29 |
| 58 | 65.05.04 | ? | 立山連峰真川 | ? | ? | 全層 | ? | 自然 | 1 | 1 | 猟師 | 53 |
| 59 | 51.03.15 | ? | 黒部渓谷ヌクイ谷 | ? | ? | ? | ? | ? | 2 | 3 | 猟師 | 53 |
| 60 | 00.03.05 | 11:25 | 大日岳頂上付近 | 北東 | 2500 | 表層 | 晴 | 誘発 | 2 | 11 | 研修会 | 60 |
|  | 91.02.? | ? | 大日岳大日平 | 南東 | 2100 | 表層 | ? | 自然 | 0 | 0 | 山小屋 | 60 |
|  | 94.02.? | ? | 大日岳大日平 | 南東 | 2100 | 表層 | ? | 自然 | 0 | 0 | 山小屋 | 60 |
|  | 79.05.04 | ? | 立山連峰タンボ沢 | 南西 | 2500 | 表層 | ? | ? | 0 | 4 | 個人 | 29 |
|  | 85.05.27 | 9:45 | 小早月川濁谷大蔵谷 | ? | 700 | ブロック | 曇 | 自然 | 1 | ? | 救助隊 | 29 |
|  | 25.02.09 | 13:00 | 立山連峰真川桑谷 | 南 | 750 | 全層 | 晴 | 自然 | 1 | 5 | 猟師 | 53 |
|  | 74.02.09 | 14:00 | 栗栖野スキー場上部 | 北西 | 900 | 表層 | 雪 | 誘発? | 0 | 3 | 社会人 | 60 |
|  | 01.02.05 | 10:40 | 芦峅寺出し谷 | 南 | 1250 | 表層 | 曇 | 自然 | 1 | 3 | 猟師 | 60 |
|  | 81.08.13 | 10:30 | 朝日岳柳又谷 | ? | 900 | ブロック | ? | 自然 | 1 | 5 | 社会人 | 60 |

# 12.黒部・剱・立山②

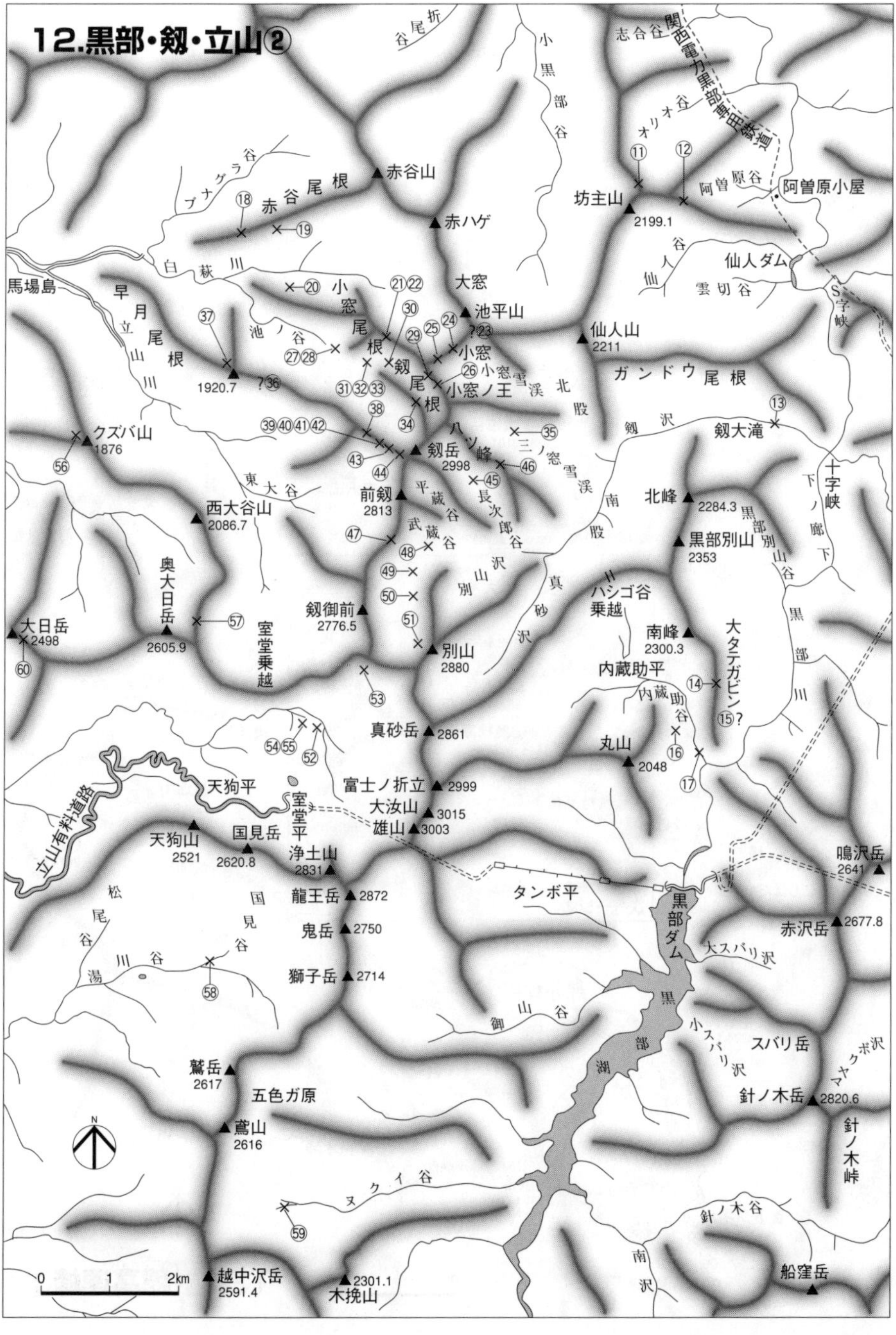

関西電力黒部専用鉄道
志合谷
オリオ谷
阿曽原谷
阿曽原小屋
坊主山
2199.1
仙人谷
仙人ダム
雲切谷
S字峡
仙人山
2211
ガンドウ尾根
剱沢
剱大滝
十字峡
下ノ廊下
北峰
2284.3
黒部別山
2353
黒部別山谷
ハシゴ谷乗越
南峰
2300.3
大タテガビン
内蔵助平
内蔵助谷
丸山
2048
黒部川
折尾谷
小黒部谷
赤谷山
赤ハゲ
プナグラ谷
赤谷尾根
白萩川
馬場島
早月尾根
立山川
池ノ谷
小窓尾根
大窓
池平山
小窓
小窓ノ王
小窓雪渓
北股
剱尾根
1920.7
クズバ山
1876
ハツ峰
三ノ窓雪渓
剱岳
2998
南股
東大谷
前剱
2813
平蔵谷
長次郎谷
武蔵谷
西大谷山
2086.7
真砂沢
別山沢
奥大日岳
2605.9
大日岳
2498
室堂乗越
剱御前
2776.5
別山
2880
真砂岳
2861
富士ノ折立
2999
大汝山
3015
雄山
3003
天狗平
室堂平
立山有料道路
天狗山
2521
国見岳
2620.8
浄土山
2831
龍王岳
2872
鬼岳
2750
獅子岳
2714
タンボ平
黒部ダム
大スバリ沢
鳴沢岳
2641
赤沢岳
2677.8
松尾谷
国見谷
湯川谷
御山谷
黒部湖
小スバリ沢
スバリ岳
マヤクボ沢
針ノ木岳
2820.6
針ノ木峠
鷲岳
2617
五色ガ原
鳶山
2616
ヌクイ谷
針ノ木谷
南沢
越中沢岳
2591.4
2301.1
木挽山
船窪岳
N
0
1
2km

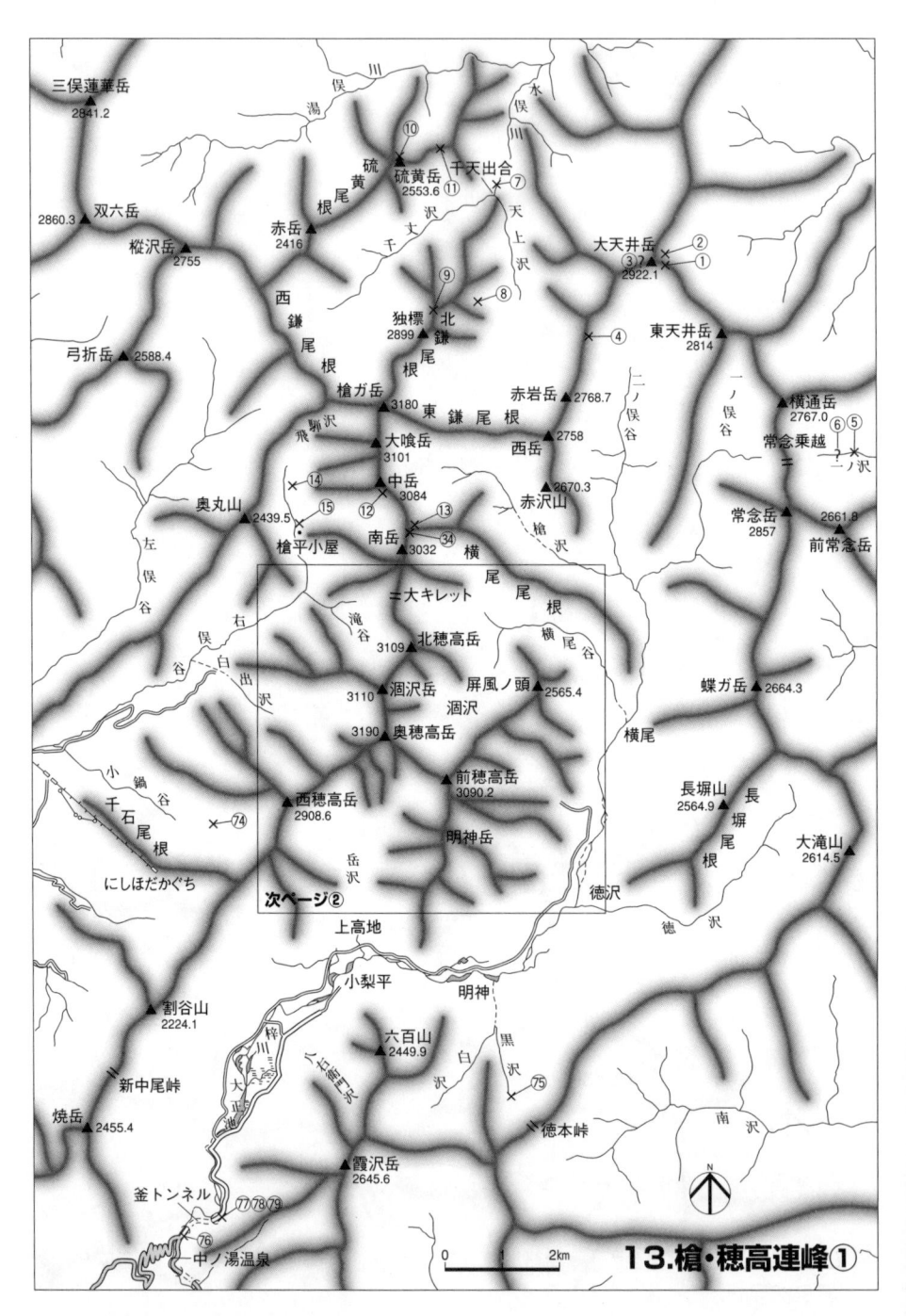

# 13. 槍・穂高連峰 ①

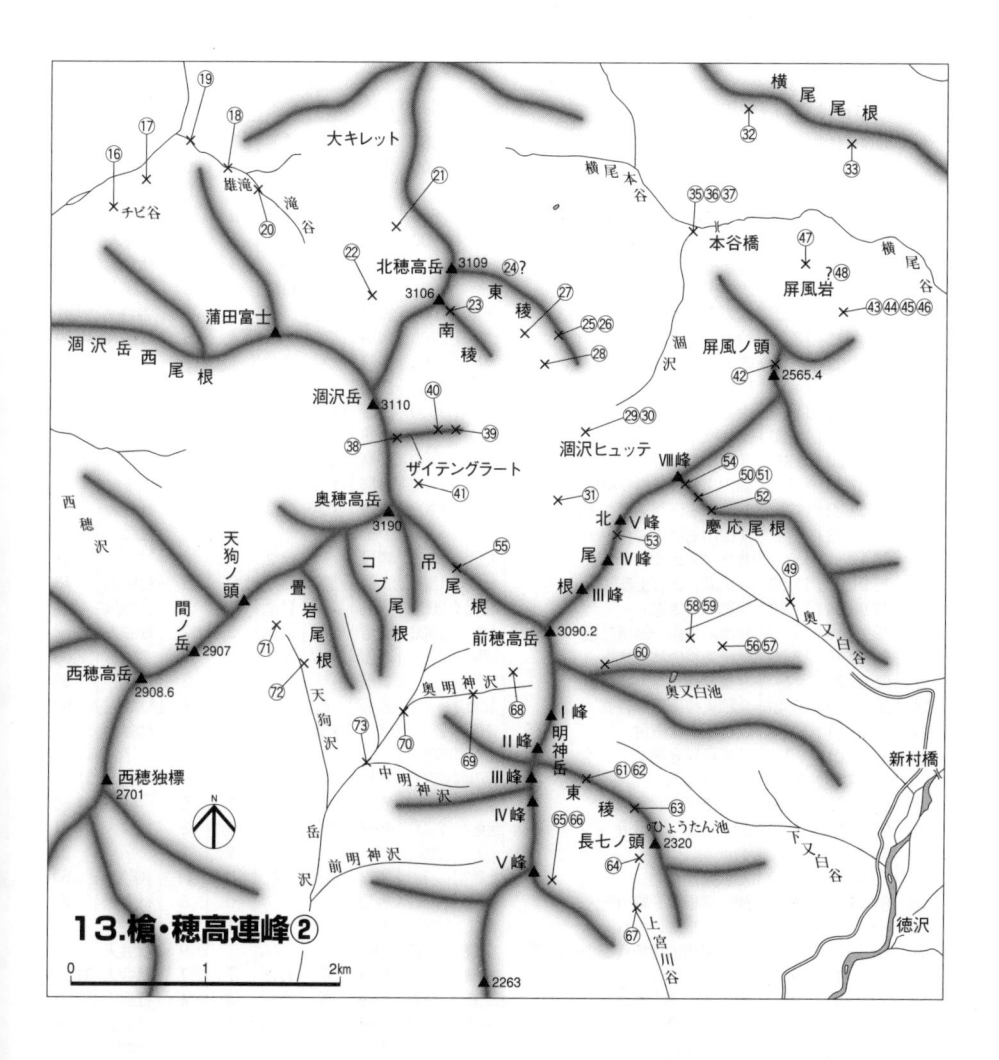

# 13. 槍・穂高連峰 ②

横尾尾根
大キレット
チビ谷
雌滝
滝谷
蒲田富士
涸沢岳 西尾根
北穂高岳 3109
3106
南稜
東稜
横尾本谷
本谷橋
屏風岩
屏風ノ頭 2565.4
涸沢岳 3110
ザイテングラート
奥穂高岳 3190
涸沢ヒュッテ
慶応尾根
Ⅷ峰
北尾根 Ⅴ峰
Ⅳ峰
Ⅲ峰
西穂沢
天狗ノ頭
間ノ岳 2907
畳岩尾根
コブ尾根
吊尾根
前穂高岳 3090.2
奥又白池
西穂高岳 2908.6
天狗沢
奥又白谷
西穂独標 2701
中明神沢
奥明神沢
Ⅰ峰
Ⅱ峰
明神岳
Ⅲ峰
東稜
Ⅳ峰
長七ノ頭 2320
ひょうたん池
下又白谷
Ⅴ峰
前明神沢
岳沢
新村橋
上宮川谷
徳沢
2263

N

0  1  2km

## 13. 槍・穂高連峰

| 地図 | 年月日 | 時刻 | 発生場所 | 斜面 | 標高 | 形態 | 天気 | 発生 | 死亡 | 遭遇 | 所属 | 出典 |
|---|---|---|---|---|---|---|---|---|---|---|---|---|
| ① | 84.11.24 | 12:10 | 大天井岳東面 | 東 | 2660 | 表層 | ? | 誘発 | 1 | ? | 社会人 | 31,60 |
| ② | 92.03.22 | 8:20 | 大天井岳頂上直下 | 東 | 2900 | 表層 | ? | 誘発 | 1 | 5 | 学生 | 59 |
| ③ | 56.04.03 | 14:30 | 大天井岳14峰付近 | ? | ? | ? | ? | ? | 1 | 8 | 学生 | 60 |
| ④ | 67.01.02 | 17:00 | 大天井岳～赤岩岳間二ノ俣側 | 東 | 2600 | 表層 | 吹雪 | 誘発 | 0 | 2 | 学生 | 31,60 |
| ⑤ | 32.03.29 | 18:00 | 常念岳一ノ沢乗越沢出合 | 東 | 1900 | 表層 | 晴 | 自然 | 3 | 5 | 社会人 | 52 |
| ⑥ | 86.12.29 | ? | 常念岳一ノ沢 | ? | ? | 表層 | ? | ? | 3 | 3 | 社会人 | 59 |
| ⑦ | 75.05.04 | 10:30 | 水俣川千丈沢・天井沢出合 | ? | 1600 | 全層 | 雨 | 自然 | 2 | 3 | 社会人 | 31,60 |
| ⑧ | 59.12.20 | 7:40 | 槍ガ岳北鎌沢右俣 | 南東 | 2200 ? | 表層 | 吹雪 | ? | 6 | 9 | 学生 | 31 |
| ⑨ | 80.03.22 | 12:00 | 槍ガ岳北鎌尾根P 8 | 北 | 2700 | 表層 | ? | ? | 4 | 6 | 社会人 | 31,60 |
| ⑩ | 67.01.02 | 7:00 | 硫黄岳頂上直下北側 | 北 | 2500 | 表層 | 吹雪 | 誘発 | 1 | 1 | 学生 | 31,60 |
| ⑪ | 69.03.17 | 14:30 | 硫黄岳頂上直下 | 北 | 2200 | 表層 | ? | 誘発 | 5 | 8 | 学生 | 31,60 |
| ⑫ | 58.12.13 | 11:00 | 中岳直下南岳側 | 南 | 3500 | 表層 | 吹雪 | 誘発 | 4 | 8 | 学生 | 54,60 |
| ⑬ | 80.12.31 | 14:00 | 南岳横尾尾根最上部 | 北東 | ? | 表層 | ? | 誘発 | 1 | 9 | 社会人 | 56 |
| ⑭ | 73.11.20 | 0:35 | 蒲田川右俣谷中ノ沢出合 | 西 | 2100 | 表層 | 吹雪 | 自然 | 5 | 22 | 学生 | 31 |
| ⑮ | 76.03.30 | ? | 蒲田川右俣谷槍平小屋 | 北西 | 1980 | 表層 | 吹雪 | 自然 | 0 | 0 | ? | 31 |
| ⑯ | 64.03.20 | ? | 蒲田川右俣谷チビ谷出合 | 北西 | 1700 | 表層 | 吹雪 | 自然 | 2 | 2 | 社会人 | 31 |
| ⑰ | 87.01.03 | ? | 蒲田川右俣谷滝谷～チビ谷間 | ? | ? | ? | ? | ? | 2 | 3 | 社会人 | 59,60 |
| ⑱ | 70.12.31 | ? | 北穂滝谷出合500m上 | 北西 | 1900 | 表層 | ? | 自然 | 1 | 2 | 社会人 | 31 |
| ⑲ | 73.01.02 | 11:30 | 北穂滝谷出合上部500m | 北西 | 1800 | 表層 | 雪 | 自然 | 0 | 5 | 社会人 | 13 |
| ⑳ | 71.05.04 | 12:30 | 北穂滝谷雄滝 | 北西 | 2000 | 表層 | ? | 自然 | 2 | 6 | 救助隊 | 31 |
| ㉑ | 59.10.18 | 13:00 | 北穂滝谷第一尾根付近 | 西 | 2800 | 表層 | 吹雪 | 自然 | 2 | 2 | 社会人 | 52 |
| ㉒ | 59.10.18 | 18:00 | 北穂滝谷C沢左俣 | 西 | 2700 | 表層 | 吹雪 | 自然 | 2 | 3 | 学生 | 52,60 |
| ㉓ | 95.05.05 | ? | 北穂南稜テント場付近 | ? | ? | 表層 | ? | ? | 0 | 2 | 学生 | 59 |
| ㉔ | 60.05.03 | 10:40 | 北穂東稜直下本谷側 | 北東 | ? | 表層 | ? | 誘発 | 1 | 4 | 社会人 | 60 |
| ㉕ | 67.01.01 | 10:50 | 北穂沢東稜取付 | 南東 | 2600 | 表層 | 吹雪 | 自然 | 2 | 8 | 社会人 | 31,60 |
| ㉖ | 68.01.01 | ? | 北穂東稜末端 | ? | 2500 ? | ? | ? | ? | ? | ? | ? | 31 |
| ㉗ | 89.04.30 | 9:50 | 北穂北穂沢 | 南東 | 2300 | 表層 | ? | ? | 1 | 14 | 社会人 | 31,60 |
| ㉘ | 62.12.25 | 14:30 | 北穂南稜下北穂沢 | 北西 | 2500 ? | 表層 | ? | 自然 | 1 | 9 | 学生 | 31,60 |
| ㉙ | 67.01.01 | 13:50 | 涸沢ヒュッテ付近 | 南東 ? | 2300 | 表層 | 吹雪 | 自然 | 8 | 8 | 社会人 | 31 |
| ㉚ | 68.01.01 | ? | 涸沢 | ? | 2300 ? | ? | ? | ? | ? | ? | ? | 31 |
| ㉛ | 79.04.30 | 11:30 | 涸沢雪渓 | 北東 ? | ? | 表層 | 雨 | ? | 0 | 11 | 学生 | 60 |
| ㉜ | 62.01.02 | 14:00 | 横尾尾根第５峰付近 | 南 ? | 2400 ? | 表層 | ? | ? | 0 | 8 | 社会人 | 60 |
| ㉝ | 82.12.26 | 9:35 | 横尾尾根三のガリー | 南 ? | 2100 ? | 表層 | ? | ? | 1 | 9 | 学生 | 60 |
| ㉞ | 84.12.31 | 14:30 | 横尾尾根の槍穂稜線の分岐下 | 南東 | 2950 | 表層 | ? | ? | 1 | 9 | 社会人 | 60 |
| ㉟ | 65.03.12 | 夜 | 横尾本谷出合 | 南東 | 1900 | 表層 | 雪 | 自然 | 7 | 7 | 社会人 | 31,60 |
| ㊱ | 73.01.01 | 夜 | 横尾本谷涸沢出合 | 南東 | 1900 | 表層 | 雪 | 自然 | 4 | 4 | 社会人 | 31 |
| ㊲ | 78.01.09 | 14:00 | 涸沢本谷橋付近 | 南東 | 1900 | 表層 | ? | 自然 | 1 | 2 | 社会人 | 31,60 |
| ㊳ | 58.12.26 | 15:20 | 奥穂高岳穂高小屋直下 | 東 | 2900 | 表層 | 吹雪 | ? | 0 | 2 | 学生 | 60 |
| ㊴ | 58.12.26 | 15:30 | 奥穂高岳ザイテングラート | 東 | 2700 | 表層 | 吹雪 | 自然 | 2 | 4 | 学生 | 31,60 |
| ㊵ | 71.04.01 | 8:00 | 奥穂高岳ザイテングラート | 東 | 2700 | 表層 | ? | ? | 1 | 2 | 個人 | 31,60 |
| ㊶ | 97.05.05 | 9:30 | 奥穂高岳あずき沢 | 北東 | 3000 ? | 表層 | 晴 | 自然 | 1 | 3 | 個人 | 60 |
| ㊷ | 79.01.02 | 13:30 | 屏風ノ頭付近 | ? | 2550 ? | 表層 | ? | ? | 1 | 2 | 社会人 | 60 |
| ㊸ | 40.03.21 | 19:00 | 屏風岩東壁Ａ沢 | 東 | ? | 表層 | ? | ? | 2 | 4 | 学生 | 60 |
| ㊹ | 78.04.30 | 9:30 | 屏風岩東壁直登ルート | 東 | ? | ブロック | ? | 自然 | 0 | 2 | 個人 | 60 |
| ㊺ | 89.03.18 | 5:30 | 屏風岩東壁Ｔ４尾根 | 東 | 1900 | 表層 | ? | ? | 1 | 1 | 学生 | 60 |
| ㊻ | 67.01.01 | 11:00 | 屏風岩１ルンゼ | 北東 | 2000 ? | 表層 | 吹雪 | 自然 | 1 | 3 | 社会人 | 31,60 |
| ㊼ | 62.03.18 | ? | 屏風岩２ルンゼ | 北 | 2000 ? | 表層 | ? | 自然 | 3 | 3 | 社会人 | 31 |
| ㊽ | 81.12.31 | 13:00 | 屏風岩 | ? | ? | 表層 | ? | ? | 0 | 3 | 社会人 | 60 |
| ㊾ | 60.12.30 | 6:40 | 前穂北尾根慶応尾根末端 | 南 | 1900 ? | 表層 | ? | 自然 | 1 | 6 | 社会人 | 31,60 |
| ㊿ | 74.03.22 | 12:00 | 前穂北尾根慶応尾根 | 南 | 2500 | 表層 | ? | ? | 0 | 3 | 社会人 | 31,60 |
| (51) | 75.03.22 | 9:30 | 前穂北尾根慶応尾根上部 | 南 | 2500 ? | 表層 | 吹雪 | ? | 0 | 3 | 社会人 | 60 |

| | | | | | | | | | | | |
|---|---|---|---|---|---|---|---|---|---|---|---|
| ㊾ | 78.01.07 | ? | 前穂北尾根慶応尾根 | 南 | 2400 | 表層 | ? | ? | 1 | 3 | 社会人 | 31 |
| ㊼ | 65.05.03 | 12:00 | 前穂北尾根4・5のコル | 南東 | 2800 ? | 表層 | 雪 | 誘発 | 0 | 4 | 社会人 | 60 |
| ㊴ | 56.03.10 | 8:20 | 前穂北尾根Ⅷ峰直下奥又白谷側 | 南 | 2600 ? | 表層 | ? | ? | 1 | 5 | 学生 | 31,60 |
| ㊶ | 88.11.04 | 16:30 | 前穂吊尾根 | 北 | 2900 | 表層 | 快晴 | 誘発 | 2 | 3 | 個人 | 49 |
| ㊻ | 56.12.21 | 12:00 | 前穂奥又白谷松高ルンゼ | 東 | 2300 | 表層 | 吹雪 | 自然 | 2 | 3 | 学生 | 31,60 |
| ㊽ | 85.12.30 | 21:30 | 前穂奥又白谷 | 東 | 2300 | 表層 | ? | ? | 1 | 6 | 学生 | 31 |
| ㊾ | 56.01.07 | 15:30 | 前穂奥又白谷中畠新道上部 | 東 | 2300 | 表層 | 吹雪 | 誘発 | 2 | 14 | 社会人 | 24,60 |
| ㊿ | 66.03.18 | 13:00 | 前穂奥又白谷松高ルンゼ上部 | 東 | 2300 ? | 表層 | ? | 自然 | 4 | 11 | 社会人 | 31 |
| ⑩ | 56.01.04 | 20:00 | 前穂奥又白谷A沢踏替点 | 東 | 2800 | 表層 | 晴 | 誘発 | 1 | 6 | 社会人 | 24 |
| ⑪ | 58.12.22 | 12:05 | 明神岳東稜馬ノ背200m下 | 東 | 2680 | 表層 | 曇 | 誘発 | 4 | 5 | 学生 | 24 |
| ⑫ | 66.01.08 | 13:00 | 明神岳東稜下白谷側 | 北東 | 2700 ? | 表層 | ? | 誘発 | 1 | 5 | 学生 | 31,60 |
| ⑬ | 84.12.30 | 14:50 | 明神岳東稜ひょうたん池上部 | 東 | 2400 | 表層 | ? | 自然 | 3 | 6 | 社会人 | 31,60 |
| ⑭ | 67.01.01 | ? | 明神岳東稜ひょうたん池手前 | 南 | 2200 | 表層 | 吹雪 | 自然 | 1 | ? | 社会人 | 31 |
| ⑮ | 62.01.02 | 14:00 | 明神岳V峰東壁中央リンネ | 南東 | 2600 ? | 表層 | ? | 誘発 | 0 | 4 | 社会人 | 60 |
| ⑯ | 67.01.01 | ? | 明神岳V峰東壁中央ルンゼ | 南東 | 2600 ? | 表層 | 吹雪 | 自然 | 3 | 3 | 社会人 | 31 |
| ⑰ | 67.01.01 | ? | 明神岳上宮川本谷 | 南 | 2000 ? | 表層 | 吹雪 | 自然 | 1 | 1 | 個人 | 31 |
| ⑱ | 54.12.29 | 10:30 | 岳沢奥明神沢 | 南西 | 2700 | 表層 | 晴 | 自然 | 2 | 9 | 学生 | 52 |
| ⑲ | 68.01.01 | ? | 岳沢奥明神沢 | 西 | 2500 ? | 表層 | 吹雪 | 自然 | 2 | 2 | 社会人 | 31 |
| ⑳ | 68.01.08 | 23:30 | 岳沢奥明神沢出合 | 西 | 2200 | 表層 | ? | 自然 | 2 | 4 | 社会人 | 31,60 |
| ㉑ | 63.04.30 | 15:00 | 岳沢天狗沢畳岩直下 | 南東 | 2600 ? | 表層 | ? | 自然 | 1 | 3 | 社会人 | 31,60 |
| ㉒ | 77.05.03 | 13:00 | 岳沢天狗沢 | 南 | 2400 ? | 表層 | ? | 自然 | 1 | 4 | 個人 | 31,60 |
| ㉓ | 57.12.24 | 4:40 | 岳沢水呑沢出合 | 西 | 2000 | 表層 | 吹雪 | 自然 | 3 | 3 | 学生 | 31,60 |
| ㉔ | 73.02.18 | ? | 西穂小鍋谷 | 西 | 2000 | 表層 | ? | ? | 1 | 2 | 個人 | 31 |
| ㉕ | 74.03.21 | ? | 徳本峠下白沢 | 北 | 1800 ? | ? | ? | ? | 2 | 2 | 学生 | 31 |
| ㉖ | 56.01.04 | 18:00 | 上高地釜トンネル中ノ湯側口 | 北西 | ? | 表層 | ? | 自然 | 0 | 2 | 社会人 | 60 |
| ㉗ | 64.03.20 | 18:30 | 上高地釜トンネル上高地側口 | 北西 | 1500 | 表層 | 吹雪 | 自然 | 3 | 4 | 社会人 | 60 |
| ㉘ | 64.03.20 | 12:40 | 上高地釜トンネル上高地側口 | 北西 | 1500 | 表層 | 吹雪 | 自然 | 0 | 9 | 学生 | 60 |
| ㉙ | 72.12.01 | 14:30 | 上高地釜トンネル上高地側口 | 北西 | 1500 | 表層 | 吹雪 | 自然 | 1 | 4 | 社会人 | 31,60 |
| | 60.12.26 | 15:00 | 笠ガ岳穴毛谷三ノ沢 | 東 ? | ? | 表層 | ガス | ? | 1 | 4 | 学生 | 60 |
| | 64.04.04 | 10:00 | 笠ガ岳穴毛谷四ノ沢 | ? | ? | ? | ? | ? | 0 | 2 | 社会人 | 60 |
| | 67.01.01 | 12:50 | 笠ガ岳笠新道 | 南東 | 2700 | 表層 | 吹雪 | ? | 1 | 6 | 社会人 | 31 |
| | 00.03.27 | 11:50 | 笠ガ岳穴毛谷最上流稜線直下 | 南 | 2720 | 表層 | 晴 | 自然 | 2 | 2 | 会社等 | 61 |
| | 84.03.19 | 7:15 | 錫杖岳北沢 | ? | 1600 | 表層 | ? | ? | 0 | 3 | 社会人 | 60 |
| | 62.11.28 | 10:45 | 乗鞍岳位ガ原コロナ観測所間 | 東 | ? | 表層 | ? | ? | 1 | 2 | 学生 | 60 |

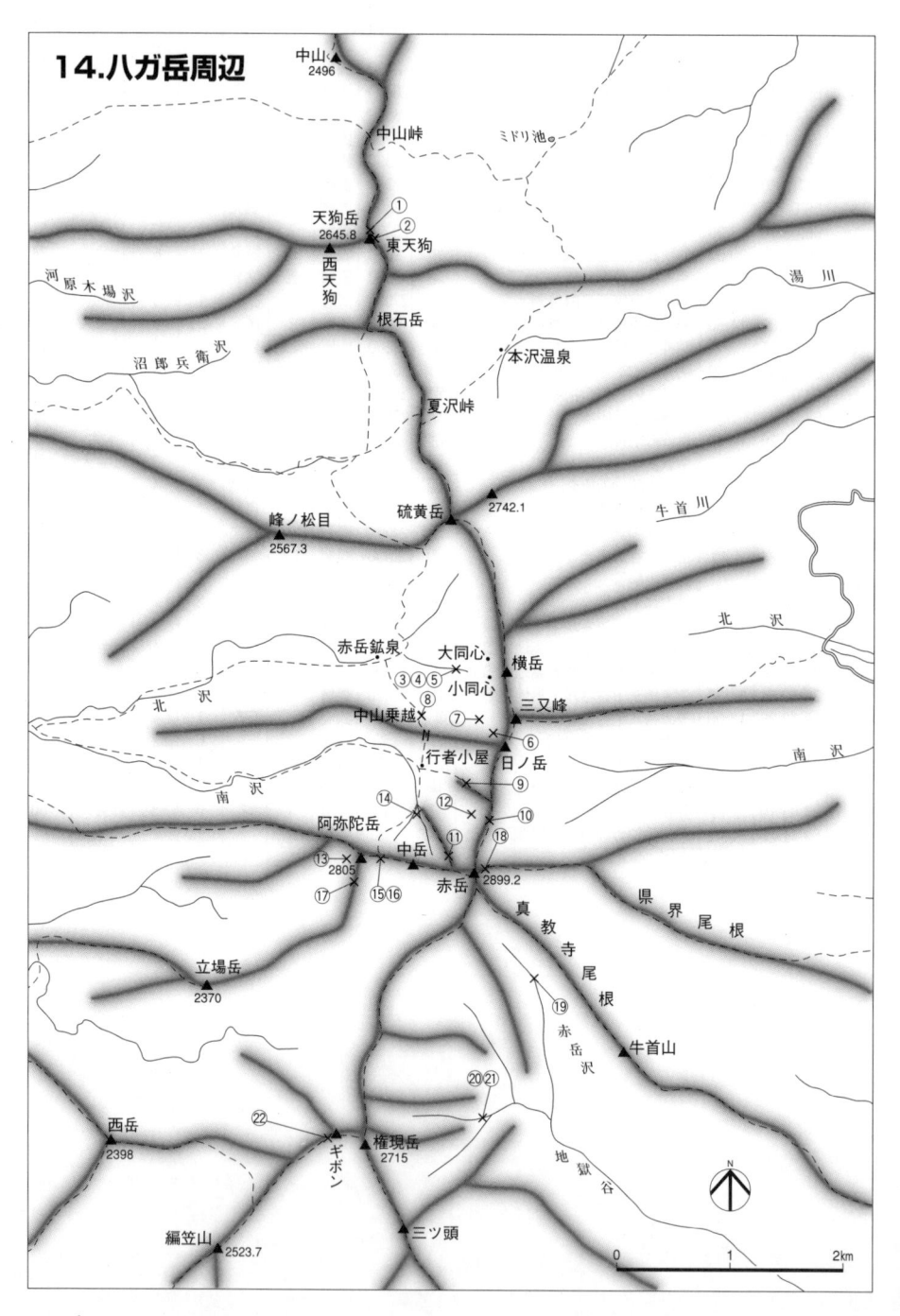

# 14. 八ガ岳周辺

中山 2496
中山峠
ミドリ池
天狗岳 2645.8 ①②
東天狗
西天狗
河原木場沢
湯川
根石岳
沼郎兵衛沢
本沢温泉
夏沢峠
峰ノ松目 2567.3
硫黄岳 2742.1
牛首川
北沢
赤岳鉱泉
大同心 横岳
③④⑤
⑧ 小同心
北沢
中山乗越 ⑦ ⑥ 三又峰
南沢
行者小屋 日ノ岳
⑨
⑭ ⑫ ⑩
阿弥陀岳
中岳 ⑪ ⑱
⑬ 2805
⑰ ⑮⑯ 赤岳 2899.2
南沢
県界尾根
立場岳 2370
真教寺尾根
⑲ 赤岳沢
牛首山
⑳㉑
西岳 2398
㉒
ギボシ
権現岳 2715
地獄谷
N
編笠山 2523.7
三ツ頭
0  1  2km

## 14. 八ガ岳周辺

| 地図 | 年月日 | 発生場所 | 死亡 | 負傷 | 脱出 | パーティ | 所属 | 備考 |
|---|---|---|---|---|---|---|---|---|
| ① | 67.01.02 | 東天狗岳頂上直下ミドリ池側 | 1 | 2 | | 3 | 無所属 | |
| ② | 61.01.01 | 東天狗岳東壁頂上直下 | 1 | 2 | | 3 | 会社員 | |
| ③ | 65.01.01 | 横岳大同心ルンゼ | 1 | 1 | | 3 | 社会人 | |
| ④ | 74.02.11 | 横岳大同心ルンゼ | 3 | | | 5 | 社会人 | |
| ⑤ | 99.02.13 | 横岳大同心ルンゼ | 1 | | 1 | 2 | 大学生 | |
| ⑥ | 98.01.11 | 横岳日ノ岳ルンゼ | | | 2 | 3 | 社会人 | |
| ⑦ | 72.01.16 | 横岳石尊稜取付 | 2 | 3 | | 5 | 社会人 | ビバーク中 |
| ⑧ | 96.01.15 | 赤岳鉱泉―行者小屋間　中山乗越 | 1 | | | 2 | 社会人 | |
| ⑨ | 65.05.03 | 赤岳地蔵尾根 | | 3 | | 6 | 社会人 | |
| ⑩ | 64.01.19 | 赤岳石室付近佐久側 | 1 | | | 4 | 社会人 | |
| ⑪ | 78.11.13 | 赤岳文三郎尾根上部 | 2 | | | 2 | 会社員 | |
| ⑫ | 01.01.27 | 赤岳南沢大滝 | | 2 | | 2 | 大学生 | |
| ⑬ | 75.03.22 | 阿弥陀岳正面ルンゼ付近 | | 2 | | 2 | 会社員 | |
| ⑭ | 82.03.21 | 阿弥陀岳中岳沢 | 12 | | | 14 | 社会人 | |
| ⑮ | 90.02.11 | 中岳のコル | 1 | | 1 | 2 | 会社員 | |
| ⑯ | 61.03.28 | 中岳と阿弥陀岳の中間稜線 | 1 | 1 | | 3 | 高校山 | |
| ⑰ | 81.11.28 | 阿弥陀岳南陵 | | | | 3 | 会社員 | |
| ⑱ | 94.03.26 | 赤岳頂上県界尾根付近 | 1 | | | 3 | 会社員 | |
| ⑲ | 80.03.01 | 赤岳赤沢 | 1 | | | 2 | 社会人 | |
| ⑳ | 67.01.01 | 権現岳地獄谷大滝 | 2 | | | 2 | 社会人 | |
| ㉑ | 67.01.01 | 権現岳地獄谷権現沢 | 3 | | | 3 | 社会人 | |
| ㉒ | 72.02.14 | 権現岳ギボシ直下 | 1 | | | 2 | 無所属 | |
| | 80.03.01 | 双子山大河原峠付近 | 1 | | 3 | 4 | 会社員 | |
| | 74.02.10 | 霧ガ峰高原鷲ガ峰 | 1 | | | 2 | 高校生 | ツアースキー |
| | 74.02.24 | 霧ガ峰高原車山北斜面男女岩上方 | 1 | | | 3 | 高校生 | ツアースキー |

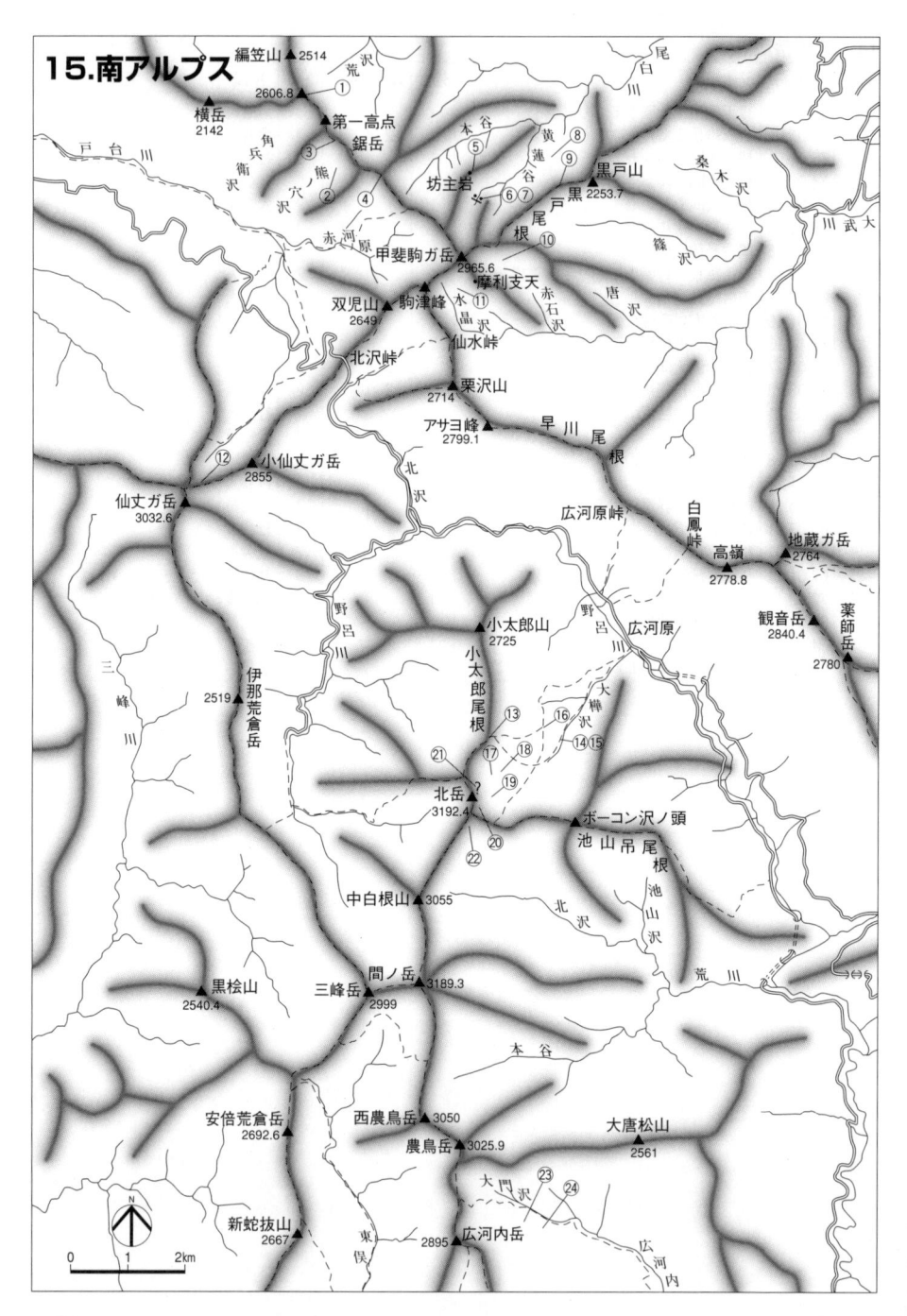

# 15. 南アルプス

- 編笠山 ▲2514
- 横岳 2142
- ▲2606.8 ①
- ▲第一高点 鋸岳
- ③
- ②
- ④
- ⑤
- 坊主岩
- ⑥⑦
- ⑧
- ⑨
- 黒戸山 ▲2253.7
- ⑩
- 甲斐駒ヶ岳 ▲2965.6
- 摩利支天
- 双児山 ▲駒津峰 2649
- ⑪
- 仙水峠
- 北沢峠
- 栗沢山 ▲2714
- アサヨ峰 ▲2799.1
- 早川尾根
- 広河原峠
- 白鳳峠
- 高嶺 ▲2778.8
- 地蔵ヶ岳 ▲2764
- ⑫
- 小仙丈ヶ岳 ▲2855
- 仙丈ヶ岳 ▲3032.6
- 観音岳 ▲2840.4
- 薬師岳 ▲2780
- 伊那荒倉岳 ▲2519
- 小太郎山 ▲2725
- 小太郎尾根
- 広河原
- ⑬
- ⑭⑮
- ⑯
- ⑰⑱
- ⑲
- ㉑
- 北岳 ▲3192.4
- ⑳
- ㉒
- ボーコン沢ノ頭
- 池山吊尾根
- 中白根山 ▲3055
- 黒桧山 ▲2540.4
- 三峰岳 ▲2999
- 間ノ岳 ▲3189.3
- 安倍荒倉岳 ▲2692.6
- 西農鳥岳 ▲3050
- 農鳥岳 ▲3025.9
- 大唐松山 ▲2561
- 新蛇抜山 ▲2667
- ▲2895
- 広河内岳
- ㉓㉔

N
0 1 2km

## 15. 南アルプス

| 地図 | 年月日 | 発生場所 | 死亡 | 負傷 | 脱出 | パーティ | 所属 | 備考 |
|---|---|---|---|---|---|---|---|---|
| ① | 77.12.31 | 鋸岳荒沢稜線付近 |  | 1 | 1 | 3 | 会社員 |  |
| ② | 36.01.04 | 鋸岳熊ノ穴沢 | 1 |  | 1 | 2 | 社会人 |  |
| ③ | 55.03.28 | 鋸岳第二高点付近 |  | 3 |  | 3 | 社会人 |  |
| ④ | 56.01.05 | 三ツ頭付近 | 1 |  | 1 | 2 | 会社員 |  |
| ⑤ | 96.02.11 | 甲斐駒ガ岳尾白川本谷 坊主岩付近 | 1 | 1 | 1 | 3 | 社会人 |  |
| ⑥ | 72.01.02 | 甲斐駒ガ岳黄蓮谷 | 4 |  |  | 4 | 社会人 | ビバーク中 |
| ⑦ | 81.12.20 | 甲斐駒ガ岳黄蓮谷奥千丈滝 | 3 |  |  | 4 | 社会人 |  |
| ⑧ | 90.02.11 | 甲斐駒ガ岳五丈ノ滝付近 | 1 |  | 1 | 2 | 社会人 |  |
| ⑨ | 96.02.11 | 甲斐駒ガ岳黄蓮谷七丈小屋付近 | 1 |  |  | 3 | 社会人 |  |
| ⑩ | 64.12.30 | 甲斐駒ガ岳赤石沢奥壁右ルンゼ | 3 |  |  | 3 | 社会人 |  |
| ⑪ | 82.03.22 | 甲斐駒ガ岳水晶沢 | 1 | 1 |  | 9 | 社会人 |  |
| ⑫ | 82.03.22 | 仙丈ガ岳 | 2 |  |  | 2 | 社会人 |  |
| ⑬ | 30.01.06 | 北岳小太郎尾根草すべり | 1 |  |  | 5 | 大学山 | 板状雪崩 |
| ⑭ | 65.05.03 | 北岳大樺沢 | 3 |  |  | 3 | 不明 |  |
| ⑮ | 57.12.31 | 北岳大樺沢 |  | 2 |  | 2 | 社会人 |  |
| ⑯ | 99.01.末 | 北岳白根御池小屋 |  |  |  |  |  | 山小屋全壊 |
| ⑰ | 59.01.02 | 北岳バットレス1尾根枝稜上部 | 1 |  |  | 4 | 社会人 |  |
| ⑱ | 57.05.03 | 北岳バットレスAガリー上部 |  | 3 |  | 7 | 大学山 |  |
| ⑲ | 74.01.01 | 北岳バットレス4尾根 | 3 |  |  | 3 | 社会人 |  |
| ⑳ | 95.12.31 | 北岳バットレス5尾根 | 1 | 1 |  | 2 | 無所属 | 面発生乾雪表層雪崩 |
| ㉑ | 68.05.04 | 北岳 |  | 5 |  |  | 社会人 |  |
| ㉒ | 97.12.31 | 北岳・北岳山荘一八本歯間 | 2 |  | 1 | 4 | 社会人 |  |
| ㉓ | 56.04.08 | 農鳥岳大門沢ツバクロ沢 | 1 |  |  | 2 | 無所属 |  |
| ㉔ | 67.04.01 | 農鳥岳大門沢奥南沢支流 | 2 |  |  | 2 | 社会人 |  |
|  | 64.12.31 | 荒川岳前岳頂上直下 | 5 |  |  | 5 | 社会人 |  |
|  | 65.01.01 | 聖岳山頂付近 |  | 2 |  | 5 | 社会人 |  |

## 16. 富士山

| 地図 | 年月日 | 発生場所 | 死亡 | 負傷 | 脱出 | パーティ | 所属 | 備考 |
|---|---|---|---|---|---|---|---|---|
| ① | 80.04.14 | 山梨側七合目付近 |  |  |  |  |  | スラッシュ、県営駐車場埋没 |
| ② | 96.03.30 | 山梨側七合目付近 |  |  |  |  |  | スラッシュ、スバルライン埋没 |
| ③ | 98.04.13 | 山梨側七合目付近 |  |  |  |  |  | スラッシュ、スバルライン埋没 |
| ④ | 54.11.28 | 吉田大沢七合目 | 15 | 16 |  |  | 大学山 |  |
| ⑤ | 61.05.04 | 吉田大沢七合目鎌岩付近 |  | 2 |  | 5 | 社会人 |  |
| ⑥ | 53.03.11 | 吉田大沢七合目 |  |  |  |  |  | 山小屋数軒全壊 |
| ⑦ | 50.11.25 | 吉田大沢屏風尾根 |  | 2 |  | ? | ? | 新雪雪崩 |
| ⑧ | 60.11.19 | 吉田大沢八合目 | 11 | 30 |  |  | 大学山 |  |
| ⑨ | 65.12.12 | 吉田大沢八合目 |  | 1 |  | ? | ? | 新雪雪崩 |
| ⑩ | 99.03.31 | 吉田大沢八合目 | 1 | 1 |  | 2 | 社会人 |  |
| ⑪ | 61.12.03 | 吉田大沢八合目屏風岩付近 |  | 2 |  | 2 | 無所属 |  |
| ⑫ | 80.05.02 | 吉田大沢八合目屏風岩付近 |  | 2 |  |  | 社会人 |  |
| ⑬ | 67.11.23 | 吉田大沢九合目 |  | 2 |  | 8 | 無所属 |  |
| ⑭ | 81.11.21 | 吉田大沢九合目 |  | 4 |  |  | 大学山 |  |
| ⑮ | 88.04.13 | 富士宮口七合目 |  |  |  |  |  | スラッシュ、指導センター建物全壊 |
| ⑯ | 49.12.21 | 富士宮口八合目 |  | 2 |  | 8 | 高校山 |  |
| ⑰ | 12.02.22 | 御殿場口太郎坊上方 |  |  |  |  |  | スラッシュ、山小屋流出 |
| ⑱ | 36.03.15 | 御殿場口二合目 |  |  |  |  |  | スラッシュ、山小屋・森林破壊 |
| ⑲ | 47.03.02 | 御殿場口二合五勺獅子岩付近 |  |  |  |  |  | スラッシュ、山小屋破壊 |
| ⑳ | 72.03.20 | 御殿場口二合五勺 | 6 |  |  |  | 社会人 | スラッシュ |
| ㉑ | 72.03.20 | 御殿場口二子山下二合五勺 |  |  |  |  |  | スラッシュ、乗用車流出 |

→次頁に続く

# 16.富士山

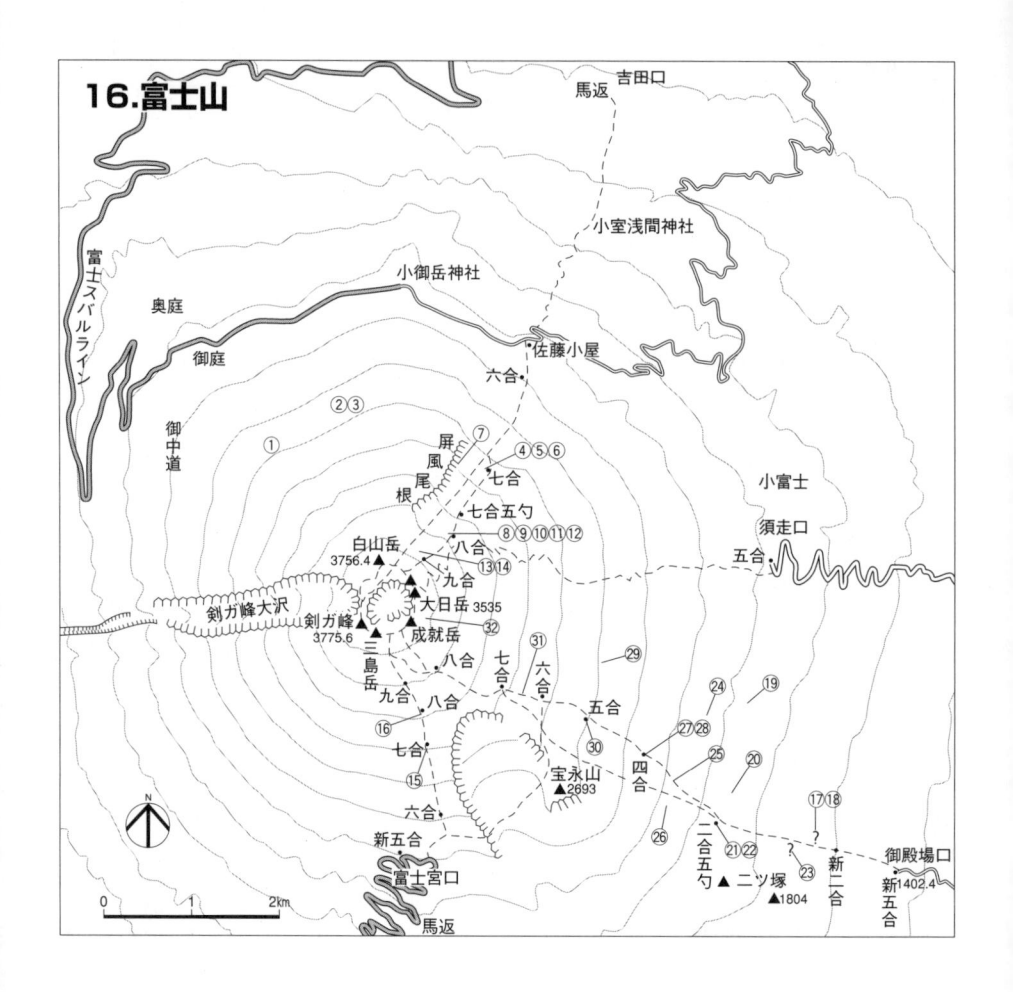

| | | | | | | | |
|---|---|---|---|---|---|---|---|
| ㉒ | 81.03.15 | 御殿場口1900m付近 | | | | | スラッシュ、スキー場埋没 |
| ㉓ | 94.03.? | 御殿場口 | | | | | スラッシュ、駐車場埋没 |
| ㉔ | 39.03.11 | 御殿場口二合八勺 | | | | | スラッシュ、森林破壊 |
| ㉕ | 59.01.29 | 御殿場口三合目 | | | | | スラッシュ、山小屋流出 |
| ㉖ | 90.02.11 | 御殿場口2200m付近 | | | | | スラッシュ、スキー場施設流出 |
| ㉗ | 50.03.07 | 御殿場口四合目 | | | | | スラッシュ、山小屋流出 |
| ㉘ | 54.02.27 | 御殿場口四合目 | | | | | スラッシュ、山小屋流出 |
| ㉙ | 56.03.19 | 御殿場口須走口中間五合目付近 | | | | | スラッシュ、電柱流出 |
| ㉚ | 95.03.17 | 御殿場口五合目2400m付近 | | | | | スラッシュ、電波中継所損壊 |
| ㉛ | 49.05.13 | 御殿場口六合五勺 | | | | | スラッシュ、電柱流出 |
| ㉜ | 62.03.04 | 御殿場口不浄沢上部九合目 | | | | | 表層雪崩、電柱倒壊 |

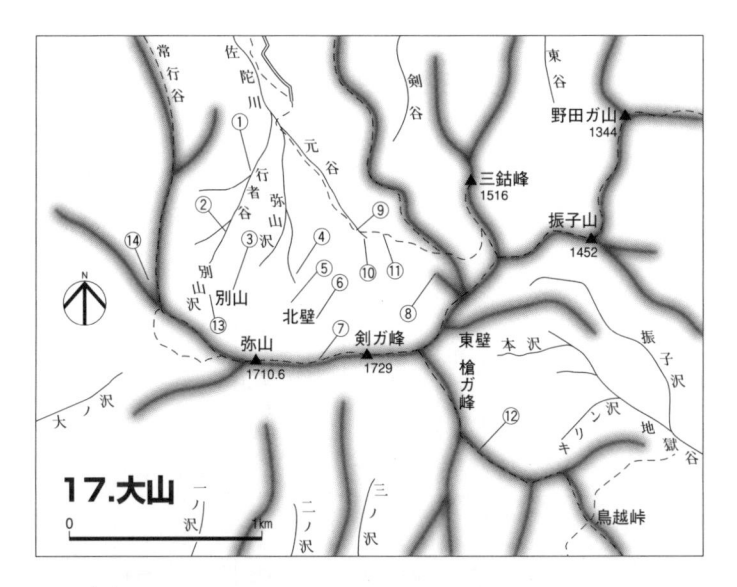

## 17. 大山

| 地図 | 年月日 | 発生場所 | 死亡 | 負傷 | 脱出 | パーティ | 所属 | 備考 |
|---|---|---|---|---|---|---|---|---|
| ① | 81.12.13 | 大山行者谷 | 1 | | | 5 | 社会人 | |
| ② | 67.01.08 | 大山別山沢入口 | 3 | | | 5 | 社会人 | |
| ③ | 58.01.02 | 大山別山付近 | 1 | 1 | | | 社会人 | |
| ④ | 72.02.11 | 大山北壁中ノ沢 | 2 | | 1 | 3 | 社会人 | |
| ⑤ | 72.02.11 | 大山滝沢稜線付近 | 1 | | | | 社会人 | |
| ⑥ | 85.01.02 | 大山北壁 | 1 | 2 | | 9 | 社会人 | |
| ⑦ | 80.03.02 | 大山主稜直下 | 1 | 5 | | 7 | 社会人 | |
| ⑧ | 93.01.31 | 大山墓場尾根 | | | | 5 | 社会人 | 表層雪崩、アラレ状の雪 |
| ⑨ | 62.01.02 | 大山元谷 | | 30 | 30 | 31 | 救助隊 | 二重遭難 |
| ⑩ | 58.12.28 | 大山元谷上宝珠沢分岐 | 2 | 2 | | 2 | 社会人 | |
| ⑪ | 62.01.02 | 大山元谷上宝珠沢 | 1 | | | 3 | 社会人 | |
| ⑫ | 65.12.31 | 大山キリン峠本谷側 | 1 | | | 3 | 社会人 | |
| ⑬ | 56.01.07 | 大山槍尾根 | | | 2 | 5 | 大学山 | |
| ⑭ | 57.02.23 | 大山六合目上部草鳴社沢 | 4 | 1 | 1 | 6 | 社会人 | |

## 18. 中央アルプス

| 年月日 | 発生場所 | 死亡 | 負傷 | 脱出 | パーティ | 所属 | 備考 |
|---|---|---|---|---|---|---|---|
| 77.03.30 | 将棋頭山 | 7 | | | 10 | 高専山 | |
| 74.03.29 | 宝剣岳極楽平西端尾根 | | 1 | 7 | 8 | 高校山 | |
| 74.03.29 | 宝剣岳頂上付近 | | 1 | 2 | 3 | 会社員 | |
| 75.03.22 | 宝剣岳直下宝剣沢 | 7 | | 1 | 8 | 社会人 | |
| 82.03.21 | 宝剣岳直下八丁坂 | 3 | | | 7 | 会社員 | |
| 82.03.21 | 宝剣岳直下八丁坂 | | | 2 | 4 | ? | |
| 76.03.27 | 千畳敷駅真下の沢 | 3 | | 5 | 8 | 従業員 | |
| 85.12.15 | 千畳敷天狗沢 | | 1 | | 1 | 社会人 | |
| 90.02.11 | 千畳敷カール | 2 | | | 4 | 社会人 | |
| 95.01.04 | 千畳敷カール | 6 | | | 6 | 社会人 | |
| 77.12.30 | 空木岳迷尾根 | 1 | 1 | | 2 | 官庁職 | |
| 86.12.31 | 空木岳小地獄付近 | 1 | | 1 | 2 | 大学山 | |
| 96.02.11 | 空木岳ヨナ沢の頭直下 | 1 | | 1 | 4 | 社会人 | |
| 77.12.31 | 檜尾岳赤沢頭付近 | | 2 | | 5 | 大学山 | |
| 90.03.08 | 檜尾岳の尾根 | 2 | | | 4 | 大学山 | |
| 91.02.10 | 木曽駒高原スキー場 | | 1 | 10 | 11 | スキー | リフト終点上部2カ所から、表層 |

## 19. その他

| 年月日 | 発生場所 | 死亡 | 負傷 | 脱出 | パーティ | 所属 | 備考 |
|---|---|---|---|---|---|---|---|
| | ●北海道 | | | | | | |
| 91.02.10 | 岩内町敷島内ウエンドマリ | | 1 | | 8 | 社会人 | 元ロッククライミング会場で登山訓練中 |
| 66.02.18 | 小樽市天狗山スキー場ロングラインコース | | 2 | | 3 | スキー | 雪庇に乗って落下、雪崩誘発 |
| 72.01.17 | 小樽市天狗山スキー場中腹 | | 1 | | 4 | スキー | スキー練習中 |
| 69.01.20 | 白滝村飛雲坂スキー場 | 1 | | | 2 | スキー | 尻滑りの小学生 |
| 69.02.26 | 枝幸町三笠山スキー場 | 1 | 1 | 2 | 4 | スキー | ソリ遊びの小学生 |
| | ●青森県 | | | | | | |
| 76.04.02 | 岩木山8合目大沢付近 | | | | | | 山小屋倒壊 |
| 86.01.02 | 岩木山種蒔苗代付近 | 4 | | 1 | 5 | 社会人 | 猛吹雪、表層雪崩 |
| 99.04.20-21 | 岩木山大沢上部9合目付近 | | | | | | 全層雪崩、百沢コース閉鎖 |
| 90.03.09 | 八甲田岳前岳北斜面 | 1 | | 2 | 19 | スキー | 表層雪崩、気温上昇 |
| 74.01.25 | 十和田湖温泉スキー場 | | | | | スキー | パトロールを救出 |
| 66.02.23 | 大鰐スキー場 | 1 | | | | スキー | ゲレンデ内、表層雪崩 |
| | ●宮城県 | | | | | | |
| 96.03.16 | 栗駒山いこいの村上部 | | 1 | | 2 | 社会人 | 表層雪崩 |
| 61.12.27 | 蔵王山中腹ロバの耳 | 2 | | 1 | 6 | 大学山 | 山スキー |
| 54.01.07 | 蔵王山丸山沢噴気口右股 | 2 | | 1 | 3 | 大学山 | 山スキー |
| | ●山形県 | | | | | | |
| 82.01.24 | 最上・花立峠頂上手前 | 1 | | | 2 | スキー | 山スキー、表層雪崩 |
| 55.12.26 | 朝日連峰小朝日岳-鳥原山間 | 1 | | | 3 | 大学山 | アタック隊 |
| 69.01.11 | 蔵王スキー場横倉ゲレンデ | | | | | スキー | ゲレンデ内の表層雪崩 |
| 00.01.05 | 蔵王スキー場横倉の壁 | | | | | スキー | ゲレンデ内の全層雪崩 |
| 52.12.27 | 飯豊連峰梶川頭 | | | | 12 | 大学山 | キャンプ中 |
| 80.10.30 | 飯豊連峰石転沢 | 1 | 1 | 1 | 6 | 大学W | 新雪雪崩 |
| 83.02.19 | 飯豊連峰西俣峰・枯松峰中間尾根 | 1 | | 1 | 5 | 社会人 | 表層雪崩 |
| 75.03.29 | 東吾妻連峰薬師森 | 1 | | | 25 | 高校山 | 合同登山訓練中 |
| 92.03.22 | 西吾妻連峰姥湯温泉付近 | 1 | | | 2 | スキー | 山スキー |
| 40.02.04 | 米沢・鉢森山 | | | | 2 | 無所属 | 山スキー |
| 77.01.04 | 栗子国際スキー場 | | | | | スキー | ゲレンデ脇から、1人救出 |
| | ●福島県 | | | | | | |
| 58.12.30 | 吾妻山家形山ガンチャン落し | 1 | 1 | | 7 | 社会人 | |

| 年月日 | 場所 |  |  |  |  | 属性 | 備考 |
|---|---|---|---|---|---|---|---|
| 70.03.? | 吾妻山家形山家形ヒュッテ |  |  |  |  |  | 山小屋倒壊、表層雪崩 |
| 67.02.12 | 安達太良山カラス谷コース |  |  | 1 | 5 | 社会人 |  |
| 72.02.11 | 安達太良山八幡岳付近 | 1 |  |  | 5 | 無所属 |  |
| 60.04.29 | 只見・朝日岳曲り沢 |  | 1 | 1 | 3 | 社会人 |  |
| 96.02.03 | アルツ磐梯スキー場 |  | 3 |  |  | スキー | 表層雪崩 |
|  | ●栃木県 |  |  |  |  |  |  |
| 72.04.10 | 那須連峰朝日岳中腹ミョウバン沢 | 2 |  |  | 3 | 高校山 |  |
| 94.12.17 | 那須岳剣ガ峰 | 1 |  | 1 | 3 | 無所属 | 表層雪崩 |
| 69.02.09 | 那須岳スキー場 |  |  |  | 15 | スキー | 表層雪崩 |
| 73.01.12 | 那須岳スキー場 |  |  | 1 |  | スキー | 表層雪崩、スキー大会中 |
| 72.02.27 | 日光湯本スキー場 |  |  | 5 |  | スキー | 表層雪崩 |
| 38.03.06 | 奥日光金精峠 |  | 2 |  | 6 | スキー | 暖気 |
| 64.03.21 | 奥日光金精峠 | 1 |  |  | 3 | 無所属 | 新雪表層雪崩 |
| 69.12.26 | 奥日光前白根山白根沢付近 | 1 |  |  | 8 | 高専山 | 新雪表層雪崩 |
| 69.12.26 | 奥日光前白根山白根沢付近 | 2 | 2 |  | 21 | 大学W | 二重遭難、新雪表層雪崩 |
| 72.01.13 | 奥日光前白根山白根沢 |  | 2 |  | 2 | ? | 新雪表層雪崩 |
| 84.02.16 | 奥日光前白根山五色沢 | 3 |  |  | 10 | 社会人 |  |
| 97.01.26 | 日光・高山登山道 | 1 |  |  | 10 | ハイキングクラブ |  |
| 67.01.29 | 皇海山松木沢支流水無沢 | 1 | 1 |  | 4 | 社会人 | 雪泥流 |
|  | ●群馬県 |  |  |  |  |  |  |
| 30.02.12 | 草津温泉と香草温泉中間 | 1 |  |  | 3 | スキー |  |
| 74.02.21 | 水上・大穴スキー場 |  |  | 2 |  | スキー | 全層雪崩 |
| 95.02.19 | 前武尊山 | 1 |  |  | 2 | スキー | 山スキー、表層雪崩 |
|  | ●新潟県 |  |  |  |  |  |  |
| 36.01.31 | 湯沢・布場スキー場 |  |  |  |  | スキー | 売店食堂等破壊 |
| 37.02.14 | 湯沢・布場スキー場 |  |  |  | 3 | スキー | 全層雪崩、食堂内3人救出 |
| 38.02.05 | 湯沢・布場スキー場 |  |  |  | 3 | スキー | 売店倒壊、就寝の3人救出 |
| 95.02.23 | 湯沢・布場スキー場 |  |  |  |  | スキー | 全層雪崩、ゲレンデ埋没 |
| 65.02.07 | 湯沢・大峰山山頂の東側 |  |  | 1 | 1 | スキー | 表層雪崩、山スキーヤ救出 |
| 70.03.07 | 湯沢・岩原スキー場第8リフト付近 |  | 3 |  | 3 | スキー | 巡回のリフト従業員 |
| 64.03.18 | 湯沢・中里スキー場 |  |  | 1 |  | スキー | スキーに当たりリフトから転落 |
| 62.03.26 | 湯沢・土樽スキー場 |  |  |  |  | スキー | 全層雪崩、ゲレンデ埋没 |
| 61.02.18 | 石打丸山スキー場 | 1 |  |  | 2 | スキー | スキーハウス倒壊 |
| 96.01.16 | 塩沢・上越国際スキー場 |  |  |  |  | スキー | 全層雪崩、ゲレンデ埋没 |
| 71.01.03 | 巻機山前巻機井戸尾根 | 2 |  |  | 4 | 社会人 | 表層雪崩 |
| 68.03.12 | 六日町・坂戸スキー場 |  |  |  |  | スキー | 表層雪崩、ゲレンデ埋没 |
| 81.02.09 | 六日町・坂戸スキー場 |  |  | 1 |  | スキー | 表層雪崩 |
| 99.02.21 | 六日町・坂戸スキー場 |  |  |  |  | スキー | 全層雪崩、ゲレンデ埋没 |
| 53.02.24 | 浦佐・堂平スキー場 | 2 |  |  | 46 | スキー | 小学校のスキー練習中 |
| 01.02.12 | スポーツコム浦佐国際スキー場 |  |  | 1 |  | スキー | ゲレンデ内の全層雪崩 |
| 62.05.20 | 越後駒ガ岳桑ノ木沢 | 2 |  |  |  | 大学山 | ブロック雪崩 |
| 72.05.03 | 越後駒ガ岳金山沢 |  | 2 |  | 4 | 社会人 | ブロック雪崩 |
| 66.05.02 | 荒沢岳中ノ俣滝沢 | 1 |  | 2 | 3 | 社会人 | ブロック雪崩 |
| 67.03.21 | 守門岳沢入スキー大会コース | 1 |  |  |  | スキー | 下山中の役員 |
| 97.01.29 | 安塚・キューピットバレースキー場 |  |  | 1 | 2 | スキー | 巻き込まれたスキー客2人無事 |
| 59.01.08 | 妙高・燕温泉入口七曲 | 1 |  |  | 6 | スキー | 下山途中 |
| 67.01.16 | 妙高・関見トンネル出口付近 |  | 2 |  | 2 | スキー |  |
| 69.02.28 | 妙高・赤倉―燕温泉間ツアーコース | 1 |  |  | 2 | スキー | 表層雪崩 |
| 70.03.07 | 妙高・関温泉スキー場幕の沢 | 2 |  |  | 2 | スキー | リフト小屋倒壊 |
| 77.01.14 | 妙高・関温泉スキー場第1リフト付近 |  |  | 8 |  | スキー | 表層雪崩 |
| 94.02.27 | 海谷山塊・鉢山 | 1 |  |  | 7 | 社会人 | 表層雪崩 |
|  | ●長野県 |  |  |  |  |  |  |
| 36.02.01 | 地蔵峠西の内山沢（長野市松代町） | 1 |  |  | ? | 商校生 | 雪中行軍中 |

→次頁に続く

| 日付 | 場所 | | | | | 区分 | 備考 |
|---|---|---|---|---|---|---|---|
| 70.03.07 | 信濃平スキー場（当時黒岩スキー場） | 1 | 3 | | 4 | スキー | 第2リフト点検中の4人 |
| 75.03.11 | 信濃平スキー場 | | | | | スキー | 全層雪崩、ゲレンデ埋没 |
| 78.02.03 | 信濃平スキー場 | | 4 | | | スキー | リフト管理小屋と食堂損壊 |
| 85.01.05 | 信濃平スキー場 | 1 | 7 | | | スキー | 表層雪崩がゲレンデに流込む |
| 81.01.11 | 戸狩スキー場 | | | | | スキー | 表層雪崩、ゲレンデ閉鎖 |
| 81.01.下旬 | 戸狩スキー場 | | | | | スキー | 小雪崩続発、リフト運行中止 |
| 88.03.04 | 戸狩スキー場 | 1 | | | 6 | スキー | インストラクター、表層雪崩 |
| 76.01.23 | 野沢温泉スキー場チャレンジコース | | | 4 | | スキー | 大回転競技中、役員等が遭遇 |
| 81.01.中旬 | 野沢温泉スキー場 | | | | | スキー | 雪崩頻発、ゲレンデ閉鎖 |
| 84.03.22 | 野沢温泉スキー場日影ゲレンデの上部 | 0 | 1 | | | スキー | リフトの2人が転落し埋没 |
| 74.01.12 | 黒姫高原スキー場 | 2 | 1 | | 6 | スキー | スキー学校指導員の訓練中 |
| 75.12.31 | 志賀高原　渋峠付近 | 1 | | | 3 | スキー | 表層雪崩 |
| 95.01.27 | 志賀高原　前山スキー場 | 1 | | 2 | 3 | スキー | 表層雪崩 |
| 34.01.21 | 浅間山中ノ沢行者戻シ上方 | 6 | | | 6 | 社会人 | 表層雪崩 |
| 98.02.28 | 御岳山・継子岳 | | | | 4 | スキー | 山スキー |
| | ●東京都 | | | | | | |
| 58.02.08 | 奥多摩・雲取山唐松谷 | 1 | | | 1 | 大学山 | |
| 84.03.16 | 奥多摩・鷹ノ巣山 | 1 | | | 6 | 社会人 | |
| | ●石川県 | | | | | | |
| 00.08.15 | 白山・丸石谷上流黒滝付近 | 1 | | | 6 | 社会人 | ブロック雪崩、時期的最遅の発生 |
| | ●滋賀県 | | | | | | |
| 34.01.05 | 伊吹山山頂付近 | 1 | | | 3 | 官庁職 | 測候所員、交替下山中 |
| 38.12.29 | 伊吹山5合目の小屋 | | 1 | | 1 | 会社等 | 山小屋倒壊、管理人を救出 |
| 40.02.28 | 伊吹山山頂南側地獄谷 | 1 | | 1 | 2 | 社会人 | 1人は53時間ぶりに救出 |
| 68.02.04 | 伊吹山5合目の小屋 | 3 | 1 | | 4 | スキー | 山小屋倒壊、管理人も死亡 |
| 97.01.26 | 奥伊吹スキー場 | 1 | 2 | | | スキー | ゲレンデ脇斜面からの表層雪崩 |
| 68.02.25 | 比良山満山第一ルンゼ8合目付近 | 2 | 3 | | 6 | 社会人 | 表層雪崩 |
| 68.02.25 | 比良山系大谷のシャカ岳 | | 2 | | 3 | 社会人 | 表層雪崩 |
| | ●三重県 | | | | | | |
| 65.02.07 | 鈴鹿・藤原岳8合目藤原岳スキー場 | 2 | | | 2 | スキー | |
| 81.02.11 | 鈴鹿・藤原岳9合目 | 1 | 3 | | 4 | 社会人 | |
| | ●兵庫県 | | | | | | |
| 30.02.09 | 鉢伏山 | 1 | | 8 | 10 | スキー | 山スキー |
| 66.01.05 | 鉢伏山東尾根 | 3 | | | 6 | 高校山 | 山スキー |
| 40.02.04 | 妙見山9合目 | 1 | | 1 | 7 | スキー | 山スキー |
| 94.02.12 | スカイバレースキー場 | 3 | | | 3 | スキー | リフト近くで遺体を発見 |
| 94.02.12 | 奥ハチスキー場 | 1 | | | | スキー | パトロール |
| 99.02.13 | 氷ノ山流れ尾下 | 5 | | | 5 | 社会人 | 4月に遺体を発見 |
| | ●岡山県 | | | | | | |
| 94.02.12 | 恩原高原スキー場 | | 1 | 2 | | スキー | ゲレンデ内 |
| | ●広島県 | | | | | | |
| 63.01.06 | 恐羅漢山内黒峠中ノ谷 | 2 | | | 19 | 社会人 | 山スキー |
| | ●徳島県 | | | | | | |
| 65.03.16 | 剣山一ノ森直下 | 1 | | | 2 | 官庁職 | 測候所員、電線修理中 |
| | ●愛媛県 | | | | | | |
| 43.03.29 | 石鎚山初芽成谷上部おたけ沢 | 1 | | | 1 | 無所属 | 表層雪崩で滑落 |
| 68.02.23 | 石鎚山初芽成谷一雪瀑間 | 4 | | | 7 | 大学山 | 表層雪崩 |
| 97.02.09 | 笹ガ峰北側斜面 | | | | 1 | 会社等 | 着雪調査 |
| | ●高知県 | | | | | | |
| 63.01.14 | 天狗原高原スキー場 | | | | | スキー | ゲレンデ、5人救出 |
| | ●大分県 | | | | | | |
| 78.12.24 | 由布岳8合目 | | 6 | | 10 | 社会人 | 表層雪崩 |
| 97.02.初 | 久住山 | | | 1 | 4 | ？ | 表層雪崩 |

# 資 料

阿部幹雄・樋口和生

1. 日本の雪崩教育と雪崩関連情報
2. 北海道雪崩事故防止研究会の
概要と活動の歴史

# 1 日本の雪崩教育と雪崩関連情報

## （1）雪崩教育を実施する団体と講習会・講演会

ここ数年で日本国内の雪崩教育を取り巻く環境は大きく変化した。1996年に『最新雪崩学入門』を出版した頃、雪崩関連の講演会や講習会は全国でも数えるほどしかなかった。しかし、スノーボードやテレマークスキーの普及に伴い、新雪を求めてバックカントリーに入る人の数が増えたことによって、雪崩に関する知識や雪崩対策に関する技術を系統立てて学びたいとする人も増え、各地で講習会が開催されるようになった。知識や技術は体験を伴ってより強固なものとなる。特に、雪崩など自然を相手にする分野では、直接体験は何事にも変えがたい。

全国で開かれている講演会や講習会のうち、代表的なものを紹介する。読者の皆さんもこのような場に積極的に出かけ、専門家から直に話を聞いたり、直接雪に触れながら、本書で読んで得た知識や技術をより確実なものとしていただきたい。

①北海道雪崩事故防止研究会
●講演会「雪崩から身を守るために」
実施時期＝11月下旬～12月上旬の平日・夜間 1日／対象＝一般登山者、スキーヤー、スノーボーダー、スキー場関係者など／参加費＝無料
●雪崩事故防止セミナー
実施時期＝1月下旬～2月上旬の土～日（1泊2日）／対象＝一般登山者、スキーヤー、スノーボーダー、スキー場関係者など／参加費＝一般5000円・学生3000円（2001年）
[連絡先] 〒064-0805 札幌市中央区南5条西8丁目 アーバンビル2F・北海道自然体験学校NEOS内 電話011-520-2066・ファクス011-520-2067・E-mail：assh@neos.gr.jp・URL：http://www.neos.gr.jp/neos-new/kanren/fset-kanren.html

②北海道自然体験学校NEOS
●アウトドアリーダーシップコース・アバランチ・ベーシック
実施時期＝12月中旬・3月中旬（各2日）／対象＝一般登山者、スキーヤー、スノーボーダー、スキー場関係者など／参加費＝1万5000円（2001年／2002年）
[連絡先] 〒064-0805 札幌市中央区南5条西8丁目 アーバンビル2F・北海道自然体験学校NEOS内 電話011-520-2066・ファクス011-520-2067・E-mail：npo@neos.gr.jp・URL：http://www.neos.gr.jp/

③日本勤労者山岳連盟
●中央登山学校雪崩講習会
実施時期＝10月～2月／対象＝日本勤労者山岳連盟加入山岳会会員、一般登山者、スキーヤー、スノーボーダー、スキー場関係者／参加費＝照会
[連絡先] 〒162-0805 東京都新宿区矢来町108・第5英晃ビル 電話03-3260-6331 ファクス03-3235-4324・E-mail：jwaf@qb3.so-net.ne.jp・URL：http://www.geocities.co.jp/Athlete-Athene/6102/

④北海道登山者雪崩研究会
●北海道登山者雪崩講習会
実施時期＝10月～2月／対象＝一般登山者、スキーヤー、スノーボーダー、スキー場関係者など／参加費＝1万5000円（2000／2001年）
[連絡先] 〒062-0931 札幌市豊平区平岸1条11丁目1-3・松浦孝之・電話011-823-9758・ファクス011-823-9858・E-mail：FZB06301@nifty.ne.jp・URL：http://member.nifty.ne.jp/hokkaidonadare

⑤日本雪氷学会雪崩分科会
●全国山岳・スキー場雪崩安全セミナー
実施時期＝9月下旬～10月上旬の週末・1日／対象＝学会員、一般登山者、スキーヤー、スノーボーダー、スキー場関係者など／参加費

＝2000円（2001年）

［連絡先］〒102−0071　東京都千代田区富士見2−15−5・ベルベデーレ九段207号・電話03−3262−1943・ファクス03−3262−1923・E-mailg：jimu@seppyo.org・URL：http://wwwsoc.nacsis.ac.jp/jssi/

⑥日本雪氷学会
●雪崩対策の基礎技術研修会

実施時期＝1月中旬（2日間）／対象＝防災行政担当者、コンサルタント、災害救助関係者、スキー場安全管理者など／参加費＝3万円

［連絡先］〒102−0071　東京都千代田区富士見2−15−5・ベルベデーレ九段207号・電話03−3262−1943・ファクス03−3262−1923・E-mail：jimu@seppyo.org・URL：http://wwwsoc.nacsis.ac.jp/jssi/

⑦日本雪崩ネットワーク
●雪崩ネット・トレーニングスクール

実施時期＝1月下旬を中心にした1週間／対象＝ガイド、パトロールなど専門の実務家を目指す人、専門の講習を希望する個人／参加費＝9〜10万円

［連絡先］〒158−0094・東京都世田谷区玉川1−6−8−403　電話03−3707−1663・ファクス03−5717−6144・E-mail：info@nadare.gr.jp　URL：http://www.nadare.gr.jp

⑧山ボード研究会
●山ボード研究会

実施時期＝11月〜1月（日帰り、1泊2日）／対象＝スノーボーダー、山スキーヤーなど／参加費＝1500円（日帰り）、2万8000円（1泊2日）（2000／2001年）

［連絡先］ファクス03−3353−5853・E-mail：info@yamaboken.gr.jp・URL：http://www.yamaboken.gr.jp

⑨Arai Mountain & Snow Park
●Avalanche Safety Camp

実施時期＝3月の週末（1泊2日）／対象＝スノーボーダー、スキーヤー（滑走レベル中級以上）／参加費＝1万9500円（1999年）

［連絡先］〒944−0062　新潟県新井市両善寺1966・電話0255−70−1111・E-mail：araisim@ja2.so-net.ne.jp・URL：http://skiweb.whspace.co.jp/arai/

⑩丸岩商会　ＡＣＥ事業部
●ＡＣＥ取扱従事者講習会

実施時期＝不定期／対象＝雪崩処理を行う団体、事業所に所属する方（救助関係団体、スキー場、建設会社など。個人不可）／参加費＝照会

［連絡先］〒398−0003　長野県大町市大字社6411・電話0261−23−0180・ファクス0261−23−3590

⑪エヴァーグリーン・アウトドアセンター
●ＣＡＡ（カナダ雪崩協会）雪崩講習

実施時期＝12月〜3月、2日間コース／場所＝北海道ニセコ、富良野、長野県白馬、群馬県水上／対象＝一般登山者、スキーヤー、スノーボーダー、スキー場関係者など、英語講習も／参加費＝2万円

［連絡先］〒398−0001　長野県北安曇郡白馬村エコーランド・エコーホテル3020−503　デイビッド・エンライト　電話0261−72−5150・ファクス0261−72−5150・E-mail：tours@evergreen-outdoors.com・URL：http://www.evergreen-outdoors.com

⑫カラースポーツクラブ
●雪崩安全講習会

実施時期＝12月〜3月随時、2日間コース／場所＝長野県白馬村／対象＝一般登山者、スキーヤー、スノーボーダー、スキー場関係者など／参加費＝2万円

［連絡先］〒399−9301　長野県北安曇郡白馬村北城6024−3・カラースポーツクラブ事務局　電話0261−71−1229・ファクス0261−71−1239・ＵＲＬ：http://www.good-color.com/・E-mail：color@valley.ne.jp

## (2) 雪崩関連情報

### ①日本国内の雪崩関連のホームページ
●北海道雪崩事故防止研究会
http://www.neos.gr.jp/neos-new/kanren/fset-kanren.html
研究会主催の講演会、講習会の情報を掲載。
●信州大学農学部演習林研究室
http://avalanche.shinshu-u.ac.jp/
新田隆三教授による雪崩情報のホームページ。
●中山建生の雪崩情報ページ
http://www.skier.ne.jp/nadare/
中山建生氏の雪崩情報に関するホームページ
●日本雪崩ネットワーク
http://www.nadare.gr.jp
カナダ雪崩協会と提携した講習会情報など。
●北海道大学低温科学研究所　雪氷環境研究グループ
http://duvel.lowtem.hokudai.ac.jp/
雪崩を始めとした雪氷の学術研究を公開。
●山とパラの情報
http://www4.justnet.ne.jp/~kami_shishido/
「山スキーの為の最新雪崩学」で、詳しく解説。
●北見工業大学寒地気象観測室
http://snow2.civil.kitami-it.ac.jp/
積雪層構造モデルCrocusの検証に必要な気象要素と積雪断面の観測データ、霜ざらめ雪の発達過程の積雪断面観測データなど。
●カラースポーツクラブ　積雪・雪崩情報
http://www.valley.ne.jp/~color/
長野県白馬村の気象情報、積雪断面観察、雪崩発生状況、積雪断面観察の道具、方法の解説も。

### ②海外の雪崩関連のホームページ
●Colorado Avalanche Information Center
http://geosurvey.state.co.us/avalanche/
アメリカ・コロラド州の雪崩予報と雪崩教育。
●Www.csac.org － The Avalanche Center
http://www.csac.org/
アメリカのオレゴンに本拠地を置く、サイバースペース・スノー・アンド・アバランチ・センター。
●Northwest Weather and Avalanche Center
http://www.nwac.noaa.gov/
ワシントン州、オレゴン州、カナダのブリティッシュ・コロンビア州南部の雪、雪崩、気象情報。
●Norwegian Geotechnical Institute
http://www.ngi.no/index.html
ノルウェイ地質工学研究所。雪と雪崩の情報も。
●SportScotland Avalanche Information Service　Http://www.sais.gov.uk/
スコットランドの雪、雪崩、クライミング情報。
●Swiss Federal Institute for Snow and Avalanche Research Davos
http://www.slf.ch/welcome-en.html
スイス国立雪・雪崩研究所。ヨーロッパの雪崩関連のリンクが充実。
●Westwide Avalanche Network
http://www.avalanche.org/
北米西部の雪崩関連のネットワーク。

### ③雪崩関連装備製作企業のホームページ
●Backcountry Access
http://www.bcaccess.com/
バックカントリーアクセス社。
●Black Diamond
http://www.bdel.com/
ブラックダイアモンド社。
●Life-Link
http://www.life-link.com/
ライフリンク社。
●Mammut
http://www.mammut.ch/default.htm
マムート社。
●ORTOVOX
http://www.ortovox.com/
オルトボックス社。
●Survival on Snow
http://www.sos-find.com/
サバイバルオンスノー社。

# 2 北海道雪崩事故防止研究会の概要と活動の歴史

## （1）北海道雪崩事故防止研究会の概要

名称：北海道雪崩事故防止研究会［Avalanche Safety Seminar in Hokkaido（ASSH）］
代表者：阿部幹雄
設立：1991年
設立者：阿部幹雄、樋口和生、福沢卓也
会員数：10名
事務局：樋口和生　〒064-0805　札幌市中央区南5条西8丁目・アーバンビル2F　電話011-520-2066／ファクス011-520-2067・E-mail：assh@neos.gr.jp／URL：http://www.neos.gr.jp/neos-new/kanren/fset-kanren.html

活動目的：雪崩の科学的知識の啓蒙ならびに雪崩遭難対策装備、救助知識の普及を目指し、雪崩犠牲者をなくする。

## （2）北海道雪崩事故防止研究会の活動の歴史

1991年1月
　新田隆三（森林総研・現信州大学農学部教授）、中山健生（労山）を招き、雪崩講演会を開催（北海道大学低温科学研究所雪害部門・山スキー部・山とスキーの会共催）。会場：北大低温研（講演会）／旧手稲パラダイスヒュッテ周辺（講習会）
　チャーリー・ジスキン（米コロラド大学）が雪崩ビーコンを使った捜索を実演。
1991年10月
　阿部、福沢、樋口の3名で北海道雪崩事故防止研究会設立
1991年12月
　雪崩ビーコン　オルトボックスF1プラスの共同購入。北大山とスキーの会（山スキー部OB会）40台、北大山の会（山岳部OB会）15台、北大ワンゲル部OB会15台
1992年2月8日～9日
　第1回雪崩事故防止セミナー　講師3名、参加者40名／会場：札幌市南区国営滝野すずらん公園
1992年8月
　講師養成講習会〈講義〉　講師1名、参加者6名／会場：北海道大学低温科学研究所
1992年12月6日～7日
　講師養成講習会〈実技〉　講師3名、参加者4名／会場：十勝連峰三段山周辺／内容：積雪断面観察、弱層テスト、雪崩ビーコン（AB1500）の性能試験
1993年1月30日～31日
　第2回雪崩事故防止セミナー〈北海道勤労者山岳連盟共催〉　講師6名、参加者60名／会場：札幌市南区・無意根山荘
1993年
　山と渓谷社から雪崩啓蒙書の出版を決定。
1993年11月29日～12月15日
　山岳先進国スイスの雪崩事情視察　参加者：阿部　福沢　樋口／視察地：ダボス（国立雪・雪崩研究所、パルセンレスキューサービス、スイス山岳会雪崩講習会）、ツェルマット周辺スキー場、ドイツ（オルトボックス社）
1994年1月23日～24日

写真16-1　北海道雪崩事故防止研究会の講師スタッフ

写真16-2　北海道雪崩事故防止研究会の講習会は手稲山の北大手稲パラダイスヒュッテを会場に行われる

写真16-3　講習会では実践的なセルフレスキュー訓練が行われる

　　講師養成講習会〈講義と実技〉　講師3名、参加者6名／会場：札幌市北区　北大低温研、手稲区手稲山
1994年2月3日
　　第1回講演会「雪崩から身を守るために」〈日本雪氷学会主催〉　講師派遣4名、参加者200名／会場：札幌市中央区かでる2・7
1994年2月6日
　　第3回雪崩事故防止セミナー　講師8名、参加者60名／会場：札幌市・手稲パラダイスヒュッテ周辺
1994年3月23日〜24日
　　アライスキー場「ガゼックス」視察（参加者3名）
1994年9月28日
　　日本ヒマラヤ協会隊に参加した福沢卓也が、中国ミニヤ・コンガ峰（7556m）北東稜第3キャンプで消息を絶つ。享年27歳。
1994年11月19日
　　全国雪崩防災教育経験交流会（日本雪氷学会主催）で「雪崩先進国スイスの雪崩事情と北海道における雪崩対策」に講師派遣（阿部）。　会場：横浜市・ポートコミュニティ万国橋
1994年11月
　　北海道大学低温科学研究所雪崩研究会発足（代表：所長秋田谷英次）
1995年1月23日
　　講師養成研修会　講師4名、受講者8名／会場：札幌市・手稲パラダイスヒュッテ周辺
1995年2月3日
　　第2回講演会「雪崩から身を守るために」〈日本雪氷学会共催〉　講師4名、参加者200名／会場　札幌市教育文化会館
1995年2月4日
　　第4回雪崩事故防止セミナー　講師10名、参加者67名／会場：札幌市・手稲パラダイスヒュッテ周辺
1995年4月3日
　　講演会「雪崩事故の分析と予防法」〈北大山とスキーの会共催〉　講師2名、参加者150名／会場：札幌市・かでる2・7
1995年11月28日
　　第3回講演会「雪崩から身を守るために」〈日本雪氷学会共催〉　講師派遣5名、参加者180名／会場：札幌市教育文化会館
1995年12月9日〜10日
　　旭岳パトロール隊、東川町遭難救助隊「第1回雪崩講習会」に講師派遣（阿部）。会場：旭岳天女ガ原周辺

1996年1月22日
　講師養成講習会　参加者8名／会場：手稲パラダイスヒュッテ周辺
1996年2月3日〜4日
　第5回雪崩事故防止セミナー　講師8名　参加者64名／会場：札幌市・手稲パラダイスヒュッテ／再建されたヒュッテに宿泊して、2日間の参加を義務づけたセミナーとなる
1996年2月23日
　道北地方山岳遭難防止対策協議会の第1回講演会「雪崩から身を守るために」に講師派遣（秋田谷、阿部）。参加者102名／会場：旭川市勤労者福祉会館
1996年3月
　『最新雪崩学入門』（山と渓谷社）を刊行。
1996年10月12日〜13日
　第2回全国山岳スキー場雪崩安全セミナー（日本雪氷学会主催）「北海道における雪崩教育経験」を阿部が講演／会場：松本市
1996年11月28日
　第4回講演会「雪崩から身を守るために」講師4名、参加者200名／会場：札幌市・かでる2・7
1996年12月19日
　北海道消防防災航空隊を見学。参加者4名
1997年1月19日
　第1回道北地区雪崩事故防止セミナー「雪崩の危険から身を守るために」〈道北遭対協・旭川山岳会共催〉に講師（西村、八久保、三和）を派遣。参加者28名／会場：美瑛町・自然の家
1997年1月22日
　講演会「積雪の層構造と表層雪崩」（講師：八久保晶弘）開催。参加者60名／会場：北大低温研
1997年1月24日〜25日
　第6回雪崩事故防止セミナー　講師9名、受講者62名／会場：手稲パラダイスヒュッテ／北海道警察災害救助犬捜索デモンストレーション
1997年2月
　道央勤労者山岳連盟雪崩講習会に講師を派遣。会場：無意根山荘、無意根山千尺高地
1997年2月28日
　北海道警察山岳救助隊・航空隊・災害救助犬の冬山救助訓練見学。参加者20名／会場：キロロスキー場
1997年3月14日
　北海道勤労者スキー協議会スキー交流会に講師（阿部）を派遣へ。参加者17名／会場：札幌市・手稲パラダイスヒュッテ

写真16－4　山ボード研究会の活動は山ボード愛好者たちの自主的な学習会として行われる

写真16－5　参加した者たちがお互いに学びあう。雪の観察と救出した者の搬送（山ボード研究会）

1997年3月24日
　消防ヘリを活用した雪崩遭難救助訓練の実施（北海道防災航空隊・札幌市消防航空隊・北海道雪崩事故防止研究会共催）　会場：札幌市・手稲研修センター前広場
1997年9月28日
　第3回全国山岳スキー場雪崩安全セミナー（日本雪氷学会主催）で「空飛ぶ救急車・消防防災ヘリの雪崩遭難への活用」を阿部が講演。
1997年12月2日
　第5回講演会「雪崩から身を守るために」（日本雪氷学会他共催）　講師6名　参加者200名／会場：札幌市・かでる2・7
1997年12月13日〜14日
　旭岳パトロール隊・東川遭難救助隊の第2回「雪崩講習会」に講師3名派遣。会場：旭岳天女が原周辺
1998年1月19日

写真16−6　航空隊のヘリコプターや災害救助犬による救助方法も学んだ

北海道警察災害救助犬の合同雪崩捜索訓練
1998年1月31日〜2月1日
　第7回雪崩事故防止セミナー　講師11名　参加者42名／会場：札幌市・手稲パラダイスヒュッテ
　道警災害救助犬の捜索実演。
　講師養成3カ年計画スタート。
　受講定員を半分に削減。受講料を値上げ。
1998年2月8日
　北海道広報番組「ほっかいどう」（HBC）で『白い恐怖！　雪崩事故防止セミナー』放送。
1998年2月20日〜21日
　北海道勤労者山岳連盟講習会に講師3名（阿部・樋口・石田）を派遣。会場：手稲山研修センター、手稲パラダイスヒュッテ周辺
1998年2月23日
　道北地方山岳遭難防止対策協議会の第2回講演会「雪崩から身を守るために」講師を派遣（秋田谷、阿部）。
1998年9月2日〜3日
　札幌市消防航空隊山岳救助研修（講義）に講師（樋口）派遣。
1998年9月8日〜9日
　札幌市消防航空隊山岳救助訓練（実技）に講師（樋口）派遣。場所：無意根山白水川
1998年9月20日
　第4回全国山岳スキー場雪崩安全セミナー（日本雪氷学会主催）で「北海道における雪崩事故の実際と教訓」を阿部が講演。
1998年12月2日
　第6回講演会「雪崩から身を守るために」　講師3名　参加者70名／会場：札幌市・かでる2・7
1999年1月31日
　当会会員の三和祐佶、層雲峡七賢峰の氷瀑で墜落死。享年52歳。
1999年2月6日〜7日
　第8回雪崩事故防止セミナー　講師9名　参加者37名／会場：札幌市手稲パラダイスヒュッテ
　講師養成3カ年計画2年目

資料-2　北海道雪崩事故防止研究会の概要と活動の歴史

1999年3月7日
　第2回道北地区雪崩事故防止セミナー「雪崩の危険から身を守るために」（道北遭対協・旭川山岳会共催）に講師3名（阿部・八久保・佐藤）派遣。参加者20名／会場：美瑛町・自然の家

1999年12月1日
　第7回講演会「雪崩から身を守るために」（北大低温研雪崩研究会他共催）　講師5名　参加者120名／会場：札幌市教育文化会館

2000年1月29日～30日
　第9回雪崩事故防止セミナー　講師11名、参加者40名／会場：札幌市・手稲パラダイスヒュッテ

2000年2月25日
　雪崩遭難救助合同訓練　会場：テイネオリンピアゴルフクラブ／北海道雪崩事故防止研究会（2名）、札幌市消防局（50名）、北大山岳部（7名）、北大山スキー部（15名）、北大ワンダーフォーゲル部（25名）

2000年3月10日～11日
　大雪山雪崩遭難救助訓練（東川町他主催）　講師派遣3名　会場：旭岳温泉周辺

2000年3月17日
　日本スキー学会雪崩講習会に講師派遣2名。会場：ニセコひらふスキー場

2000年12月6日
　第8回講演会「雪崩から身を守るために」　講師4名、参加者120名／会場　札幌市教育文化会館

2001年1月22日～26日
　アウトドアリスクマネージメントセミナー（北海道主催）実技研修Ⅱ・札幌会場に講師派遣（阿部）。

2001年1月29日～2月2日
　アウトドアリスクマネージメントセミナー（北海道主催）実技研修Ⅱ・美瑛会場に講師派遣（阿部）。

2001年2月3日～4日
　第10回雪崩事故防止セミナー　講師10名、参加者35名／会場：札幌市・手稲パラダイスヒュッテ

写真16-7　北海道主催のアウトドア・リスク・マネージメント・セミナーは北海道警察の協力も得てＮＥＯＳが実施

2001年2月5日～9日
　アウトドアリスクマネージメントセミナー（北海道主催）実技研修Ⅱ・斜里会場に講師派遣（阿部）

2001年2月10日
　第3回道北地区雪崩等事故防止セミナー（道北地区山岳遭難防止対策協議会・旭川山岳会主催）に講師派遣1名。

2001年2月27日
　北海道山岳ガイド協会雪崩講習会に講師派遣（樋口）。参加者10名／会場：札幌市・藻岩山

2001年3月2日
　札幌市消防局雪崩捜索訓練に講師2名派遣（阿部・樋口）。

2001年9月30日
　第7回全国山岳スキー場雪崩安全セミナー（日本雪氷学会）に講師・スタッフ派遣（阿部・樋口・佐藤・石田）。

2001年11月27日
　第9回講演会「雪崩から身を守るために」　講師2名　参加者100名／会場：札幌市教育文化会館

343

## ■参考文献

秋田谷英次、1974、調査カードによるなだれ情報の整理、雪氷36、3

秋田谷英次ほか、1998、日本雪氷学会積雪分類、雪氷、60

秋田谷英次・遠藤八十一、2000、雪崩の分類と発生機構、基礎雪氷学講座Ⅲ、雪崩と吹雪、古今書院

アメリカ林野局、橋本誠二・清水弘訳、1974、雪崩──その遭難を防ぐために──、北海道大学図書刊行会

新谷暁生、1997、ニセコの雪崩1997

和泉薫、1991、雪氷調査法、日本雪氷学会北海道支部編、4章雪崩の調査、北海道大学図書刊行会

和泉薫・他、2000．浅草岳で発生したブロック雪崩事故について．2000年度日本雪氷学会講演予稿集.

今西錦司、1933.日本山岳研究．中央公論社 (1969)．

海原拓哉、1999、しもざらめ雪弱層の強度変化及び圧縮に関する研究、平成10年度北海道大学大学院地球環境科学研究科修士論文

遠藤八十一、1993、降雪強度による乾雪表層雪崩の発生予測、雪氷55（2）

上石勲、小林俊一、和泉薫、1994、雪泥流の衝撃力の測定、新潟大災害研年報

金坂一郎、1973.岩と雪.34巻、金坂一郎遺稿集(1988)に収録。

金坂一郎、1975、高所登山と雪崩、岩と雪43

北アルプス大日岳遭難事故調査委員会、2001、北アルプス大日岳遭難事故調査報告書、文部科学省

京都大学学士山岳会、1992、雪氷・雪崩、梅里雪山事故調査報告書

京都大学学士山岳会日中合同梅里雪山学術登山隊、1992、日中合同梅里雪山学術登山隊報告書、京都大学学士山岳会

京都大学学士山岳会日中合同梅里雪山事故調査委員会、1992、梅里雪山事故調査報告書、京都大学学士山岳会

小林禎作、1983、雪の結晶──冬のエフェメラル、北海道大学図書刊行会

札幌中央勤労者山岳連盟、2001、ニセイカウシュッペ山遭難事故報告書、札幌中央勤労者山岳会

佐野愛子・品川誠・八久保晶弘・成瀬廉二、1997．樺戸山塊の乾雪全層雪崩（1997年3月5日）．北海道の雪氷、No.16．

スイス国立雪・雪崩研究所、1994、1994シーズン457KHz雪崩ビーコンテスト、スイス国立雪・雪崩研究所所報第53号8

高橋喜平、1980、日本の雪崩、講談社

谷口凱夫、2000、ヘリコプター救助を考える、山と渓谷2000年7・8月号

中山健生、1998、雪山に入る101のコツ　バックカントリー入門、枻出版社

成瀬廉二、1989、山岳雪崩の危険予知と避難行動の検討──北海道の山岳地帯における雪崩遭遇アンケート調査結果──

成瀬廉二・中島一彦・杉見創、1995．十勝連峰ＯＰ尾根の雪崩（1994年12月3日）．北海道の雪氷、No.14．

西村浩一編、1998、雪崩、気象研究ノート、日本気象学会　西村浩一、1999、スキージャンプ台実験と3次元粒子流モデル開発による雪崩流動機構の解明、科学研究費補助金研究成果報告書.

新田隆三、1991、雪崩ビーコン周波数について、雪氷53巻2号

新田隆三、1994、雪崩埋没者の捜索方法、雪崩対策の基礎技術、日本雪氷学会

新田隆三、1981、雪崩の世界から、古今書院

新田隆三、1986、雪崩の世界から・改訂増補版、古今書院

日本勤労者山岳連盟編、1986、雪崩事故を防ぐための講習会テキスト、日本勤労者山岳連盟

日本建設機械化協会編、1988、新編防雪工学ハンドブック、森北出版

日本雪氷学会北海道支部編、1991、雪氷調査法、北海道大学図書刊行会

日本雪氷学会編、1990、雪氷辞典、古今書院

林春男、1989、雪崩災害および雪崩災害対策の現状、表層雪崩災害に関する災害警報と避難行動の研究

日本雪氷学会、1998．日本雪氷学会雪崩分類．雪氷、60巻5号．

日本雪氷学会調査委員会、2001、3.27左俣雪崩災害調査報告書

日本雪氷学会雪崩分科会、2001、第7回全国山岳スキー場雪崩安全セミナー資料集、第7回全国山岳スキー場雪崩安全セミナー札幌開催実行

委員会
納口恭明、1986、実際の地形上での雪崩の運動走路、国立防災科学技術センター研究報告
萩本茂治、1994、雪崩ビーコンの電波特性と捜索、雪崩対策の基礎技術、日本雪氷学会
広谷光太郎、1970、ランタン・リルンの雪崩、岳人27
福沢卓也・秋田谷英次、1991、しもざらめ雪の急速形成過程の観測、低温科学A50
福沢卓也・秋田谷英次、1991、大きな温度勾配の下でのしもざらめ雪成長実験（Ⅰ）、低温科学A50
福沢卓也・白岩孝行・飯田肇、1993、山岳雪崩災害の現状分析と防災対策の検討、
藤澤和範、1998、雪崩対策、気象研究ノート、日本気象学会
北海道警察航空隊、1999、ヘリコプターによる救助時の注意事項、北海道警察航空隊
北海道消防防災航空隊、1998、消防防災ヘリコプターはまなす2号、北海道消防防災航空隊
北海道大学体育会ワンダーフォーゲル部、1995、十勝連峰OP尾根大砲岩付近の雪崩遭難事故報告
前野紀一、遠藤八十一、秋田谷英次、小林俊一、竹内政夫、2000、基礎雪氷学講座Ⅲ雪崩と吹雪、古今書院.
湊正雄、1941.十勝上ホロカメットク山遭難報告．北大山岳部報、7号．
明治大学体育会山岳部、1992、利尻山遭難捜索報告書、明治大学体育会山岳部
八久保晶弘・福沢卓也・秋田谷英次、1994、積雪表面霜の形成機構、北海道の雪氷、13
八久保晶弘・秋田谷英次、1995、野外観測及び数値実験による積雪表面霜形成の風速依存性の考察、北海道の雪氷、14
山田高嗣ほか、1998、ニセコ春の滝で発生した雪崩（1998.1.28）調査報告、北海道の雪氷、17
山田高嗣・Jim McElwaine、2000.スキーヤー・登山者を対象とした雪崩調査カードの試作、日本スキー学会誌10
雪センター編、1999、雪氷関連用語集、雪センター
若林隆三・北大山岳部雪崩研究会、1976、雪崩の危険と遭難対策 第二版、北海道大学体育会山岳部
わらじの仲間、1998、八ガ岳日の岳ルンゼ雪崩

事故報告書
Alean J., 1985, Ice avalanche activity and mass balance of a high-altitude hanging glacier in the Swiss Alps, Annals of Glaciology, vol. 6
Bruce Jamieson、1994、雪崩ビーコン携行者の生存率、Avalanche News No.42 1993 /1994
Brugger, H.und Falk, M., 1992、OEAV-Mitteilungen6/92, Innsbruck
Föhn P.M.B., 1992, Charactaristics of weak snow layers or interfaces, Proc. ISSW in Breckridge 1991
Fredston, J.A. and Fesler, D., 1999. Snow Sense, A Guide to Evaluating Snow Avalanche Hazard. Alaska Mountain Safety Center.
Fukuzawa T. and Akitaya E., 1993, Depth-hoar crystal growth in the surface layer under high temperature gradient, Ann. Glaciol., 18
Hamish MacInness, 1972, 3International Mountain Rescue Handbook, Charles Scribrer's Sons
Izumi K. and Naruse R., 2001. Observations of ice avalanches at Soler Glacier, northern Patagonia, November-December, 1998. Glaciological and Geomorphological Studies in Patagonia、1998 and 1999.
J.A.ウィルカーソン編 赤須孝之訳、1990、登山の医学・改訂新版、東京新聞出版局
Kobayashi S. and Naruse R., 1987, Ice avalanches on Soler Glacier, Patagonia, Bulletin of Glacier Research, vol. 4
McClung D. and Schaerer P., 1993, The Avalanche Handbook, The mountaineers
Nishimura K/F.Sanderson/K. Kristensen and K.Lied, 1995, Measurements of powder snow avalanche, Nature, Surveys in Geophisics
Rob Faisant, 1994、雪崩ビーコンの新捜索法、Avalanche Review 1994 November
EX編集部、1998、雪崩事故からの生還、EX Ski&, Snowboard、双葉社
出川あずさ, 1998、ニセコでの雪崩事故を巡って、POWDER Vo 3、椛出版

## 旧版あとがき

「もし僕が山から帰ってこなかったら、あとの原稿のことは秋田谷先生に相談して欲しい」。こう言い残して、福沢卓也は日本ヒマラヤ協会ミニヤ・コンガ峰登山隊に参加して、中国へ旅立った。標高5900ｍの第3キャンプで若い仲間4人と共に消息を絶ったのは、1994年9月28日のことだ。登山隊は通信途絶の原因を雪崩によるものと想像。雪崩なら全員死亡と3日後に断定、遭難現場を確認できないまま下山した。そのため、福沢たち4人にいったい何が起きたのか、真実はだれも知らない。

"雪崩の教科書"となる本を出版しようと僕たち3人が決めた時、「日本での間違った雪崩の常識を打ち破る本にしよう」と話し合った。"雪崩すなわち死"というのは日本の雪国や登山界での常識らしい。たしかに、雪崩に埋没して長時間生存することは困難だが、雪崩に埋まったら、即、死亡と最初から生存救出をあきらめるのは間違いなのだ。生存救出を可能にする"セルフレスキュー"を実践するための装備や知識を持ち合わせていれば助かる可能性もあるし、運よくデブリの下で長時間生存する例だってある。救出後の正しい医療処置で、低体温症に陥った雪崩埋没者も生存への道が開かれるのだ。

僕と福沢、樋口の3人が雪崩事故防止研究会を結成したのは、雪崩による犠牲者を1人でも減らしたかったからだ。雪崩の発生メカニズムを研究する福沢にすれば、研究成果を人々に伝え、雪崩から身を守るための科学的知識を啓蒙したかったのだろう。僕たちはなんとか、山で人が死ぬことをなくしたかった。人の命は尊い。あたりまえのこの考えを追い求めようとしていた。雪崩から命を守る可能性があるのなら、尊い命を救うためならば、最大限の努力をしたいと。だが、福沢卓也の人生の終幕は、僕たちが掲げた理想からほど遠い終末であり、自然の脅威の前にははかなかった。このことに、僕は深い悲しみを覚えたのである。

予定では福沢がミニヤ・コンガ遠征から帰ってきた冬、この本は出版されるはずだった。彼の遭難は、とても原稿を書くどころではない状態に僕を追い込んだ。だが、それはさておき、北海道大学低温科学研究所所長の秋田谷英次教授と成瀬廉二助教授に、福沢が書き残した原稿をどうするかを相談すると、お2人が分担して原稿を執筆する事を快諾され、完成にこぎつけた。

思えば、僕たちは助けられてばかりだ。

北大における"近代的雪崩教育"は新田隆三氏によって始められ、研究会の発足も、同氏を招いて行った講習会が契機だった。日本勤労者

山岳連盟の中山建生氏が実践する雪崩教育は、僕たちの目標だった。萩元茂治氏が完成した日本初の雪崩ビーコンを持参して、十勝岳の麓でテストしたことも懐かしい。

僕たちの活動が順調に運ぶのは、札幌の登山用具店の老舗、秀岳荘の存在が大きい。金井哲夫社長や高畠勉店長に活動への協力を求めに行くと、「いいですよ」と、にこやかな返事がいつも返ってきた。今は閉店したスポーツ店、ウルの三和裕佶氏の協力も大きかった。僕たちが主催する講習会の講師は、尾関俊浩、八久保晶弘、松岡健一、西田顕郎、石田淳一、栃内譲、長水洋、佐藤隆文、みんな雪崩に関心を持つボランティアたちだ。こんな仲間たちと再建されたばかりの手稲パラダイスヒュッテに泊まり込み、桑園中央病院の松井傑医師との討論から生まれたのが、「雪崩埋没者への4つのダメージチェック」だった。これは革新的な提案だと自負している。

僕たち3人はスイス国立雪・雪崩研究所を訪ねた。研究所スタッフの懇切丁寧で、温かい対応は忘れられない。心に残る福沢との取材旅行だった。カスパー氏が率いるパルセン・レスキューサービスでは、"命を守る"ための彼らの熱心な活動に感銘を受けた。このように、ここに書き切れぬほどの人々の力によって、この本は生まれた。山と渓谷社の節田重節第一出版本部長と森田洋ヤマケイJOY編集長はさしずめ、その介添役といえようか。福沢の遭難という思いがけない事態があったにせよ、相当の難産であった。その間、辛抱強く見守り、温かく応援されたことを感謝する。

福沢卓也の葬儀が北海道の猿払村で行われたのは、1995年3月28日だ。その日、僕はミニヤ・コンガのヤンズーゴー氷河、福沢たちの第1キャンプ跡にいた。そこを訪れたのは14年振りだ。僕の仲間たちは、氷河を彷徨い、14年前の遭難者の遺体を探していた。その遺体とは、頂上直下まで僕が行動を共にし、最期の一瞬まで見届けていた8人の遺体だ。そのうちの4人の遺体を福沢たちが発見していたのだ。死の世界から生還した僕は、"生きる"幸せを知った。ミニヤ・コンガに向かい「福沢よ、生きて還って欲しかった」、ただそれだけを呼びかけた。

この本が、"雪崩から身を守るために"役立ち、人々が雪山から生きて還ることを僕は、強く望みたい。

1996年2月3日

北海道雪崩事故防止研究会代表
阿部幹雄
(前著『最新雪崩学入門』より)

# あとがき

　私が初めて雪崩ビーコンを手にしたのは、1990年1月、アメリカのワイオミング州にある野外学校のコースに参加した時だった。18日間のそのコースでは、テレマークスキーの技術講習と合わせて雪崩の発生メカニズムのレクチャーを受け、ビーコンの捜索練習を行ってから雪山に14日間入った。将来野外学校を開きたいと考えていた私にとって、現場でプロとして働くインストラクターたちに導かれての山旅は、毎日が刺激的で有意義なものとなったが、中でも雪崩ビーコンの存在と練習の時に感じたその威力の印象は強烈だった。学生時代から雪山に入っていた私にとって雪崩は常に身近な存在であったし、所属していた山岳部でも先輩たちがまとめた雪崩の小冊子をもとに勉強会を開いて雪崩対策を十分に行っていたつもりではあったが、雪崩危険地帯を通過する時の対策としては、弱層テストと「雪崩紐」がせいぜいの時代だった。帰国後もビーコンのことが頭から離れず、なんとかしてこの優れた道具を広く紹介できないかと考えていた矢先に縁あって阿部、福沢と巡り合い、北海道雪崩事故防止研究会を結成することになった。

　研究会を結成して10年。多くの人に助けられながら、講演会や講習会を通して、雪崩の科学的な知識と雪崩対策の装備の普及啓蒙に務めてきた。前書『最新雪崩学入門』を出版したのも、より多くの人に「雪崩」を知ってもらい、雪崩による犠牲者を1人でも減らしたいという思いからだった。

*

　この10年で「雪崩」を取り巻く環境は大きな変化をみせた。

　私たちが『最新雪崩学入門』で取り上げた雪崩の三種の神器——ビーコン、ゾンデ、シャベル——は、雪山に入る人の常識となり、日本勤労者山岳連盟や北海道雪崩事故防止研究会以外の場でも雪崩講習会が行なわれるようになった。登山道具店には各社が工夫を凝らした三種の神器が並んでいるし、雪山で行き交う登山者やスキーヤー、スノーボーダーが、ビーコンを身につけ、ザックにシャベルをさし、携帯用ゾンデを忍ばせている姿は珍しいものではなくなりつつある。

　しかし、一方で、雪崩による事故は後を絶たず、毎年犠牲者が出ているという現実を忘れてはならない。本書でも再三繰り返し述べているが、相手は自然であり100％の安全などはありえない。いくら科学的な知識を身につけ、雪崩対策の装備で身を固めても、雪山に入る限り雪崩の危険は常に身の周りにあり、その危険から完全に逃れることは不可能だ。

# あとがき

私たちにできることは、目の前にある危険を察知し、可能な限り回避すること。そして、回避できなかった危険に対して最大限の努力をし、被害を最小限に食い止めることしかない。

楽しみに行った雪山から事故に遭わずに帰ること、雪崩による犠牲者を1人でも減らすこと、そして人生に多くの喜びをもたらしてくれる雪山を愛する人が1人でも増えること、これらが私たち著者の一貫した願いだ。

今年も雪山のシーズンとなった。どうか、無理をせず、大いに雪と戯れ、山を満喫していただきたい。

\*

本書は、前書『最新雪崩学入門』をベースにしてはいるものの、6年近い歳月の間に増えた新たな情報や知見をもとに、新しく書き下ろした箇所が少なくない。1章、2章では北海道教育大学の尾関俊浩助教授に、14章では新潟大学の和泉薫助教授に新たに執筆陣に加わっていただき、最新の情報を盛り込むことができた。前書を通読された方も、初めての本を読むような新たな気持ちでお読みいただければ、よりいっそう雪崩に対する理解が深まるはずである。

\*

北海道雪崩事故防止研究会の活動は、実に多くの人に支えられている。前書にお名前をあげさせていただいた方々には、引き続き多大なご協力をいただいているとともに、以下の方々にも多方面に渡ってご支援をいただいた。

新しく研究会のメンバーに加わった、レスキューの専門家である阿部恭浩さんと山岳ガイドの鳥羽晃一さん。彼らが加わることによって、研究会の活動に新しい知見と厚みが加わった。

苫小牧東病院の船木上総医師には、医療の専門家として、また登山家・スキーヤーとしての立場のから有益なさまざまなアドバイスをいただいた。小山健二さんと松浦孝之さんをはじめとする、北海道登山者雪崩研究会の方々とは、情報交換をしながら切磋琢磨しあい、活動に広がりを持つことができた。

北海道警察、中でも地域課、航空隊、鑑識課の方々からは、エアーレスキューや災害救助犬について、多大な知見をいただくことができた。

札幌市消防局、札幌市消防航空隊、北海道消防防災航空隊の方々とは、北海道大学の山系サークル（山岳部、山スキー部、ワンダーフォーゲル部）の学生たちとともに大規模な雪崩捜索訓練をするなど、実践的なノウハウを提供していただいた。

日本国内では、先進的な雪崩対策を取り入れている、ARAI MOUNTAIN & SNOW PARK、白馬国際コルチナスキー場の方々には、雪崩コントロールの現場の見学と取材に快く応じていただいた。

逢坂誠二町長をはじめとするニセコ町の方々積極的な取り組みからは、「行政と雪崩」に対する示唆を受けることができた。なかでも、雪の降り始めから雪解けまで、ニセコの山を見続け、冬期間一日も休むことなく「雪に関する情報」の基礎データを集め、情報を発信し続ける新谷暁生さんの真摯な態度と不屈の努力は敬服に値する。

　北海道自然体験学校NEOSのスタッフには、事務局でありながら留守がちな私のサポートをしてもらい、大いに助けられた。

　出版に当たり、唯一残念でならないのは、本書を三和裕佶さんにお見せできないことだ。三和さんは、研究会発足当時から我々の活動に理解を示し、会の中心メンバーとして活動した。北海道の山岳界を代表する登山家であった彼が、大雪山・層雲峡の氷瀑で不慮の死を遂げたことは、いまだに信じられない思いがする。ここにご冥福をお祈りする。

　当初2001年の秋に刊行される予定だった本書は、私たちの遅筆のためにすっかり遅れてしまい、厳冬期の出版となった。千秋社の米山芳樹さんには、原稿の遅れを辛抱強く待っていただき、迅速な編集をしていただいた。山と渓谷社の森田洋さんからは、根気強い励ましをいただき、前書同様今回もすっかりお世話になった。

　その他、私たちが開催する講演会や講習会にご参加いただいた多くの方をはじめ、前書『最新雪崩学入門』を読んでご意見やご感想を寄せていただいた方々、研究会の活動に理解を示していただいた方々、ここにお名前をあげられなかった方も含め、著者一同感謝を申し上げる。

2002年1月10日
樋口和生

■執筆者紹介 (五十音順)

**秋田谷英次（あきたや　えいじ）**
1935年北海道生まれ。61年北海道大学農学部卒。63年北海道大学低温科学研究所助手。同研究所元所長、元教授。理学博士。雪氷災害を専門とし、積雪の変態、雪崩の発生機構、道路雪氷を研究。近年、利雪・親雪運動を推進し、「雪を考える会」代表として、家族で楽しむ雪中キャンプを提唱・実践。1997年、北海道大学退職。雪と土に親しむ「北の生活館」設立。1999年、北星学園大学教授。著書：『雪氷調査法』（北海道大学図書刊行会・共著）、『雪と氷のはなし』（技法堂出版・共著）、『雪国の視座』（毎日新聞社・共著）

**阿部幹雄（あべ　みきお）**
北海道雪崩事故防止研究会代表。1953年愛媛県生まれ。79年北海道大学工学部卒。北大山スキー部OB。報道写真家、81～2001年雑誌「FOCUS」（新潮社）を舞台に北海道地域、崩壊するソ連、千島、カムチャッカ、北極などの辺境、日本の自然をテーマに取材。81年北海道山岳連盟ミニャ・コンガ登山隊に参加。95、96、2001年遺体捜索と収容のため同峰に赴く。著書：「北千島冒険紀行」、「生と死のミニャ・コンガ」、「イトウ」（共著）（以上山と渓谷社）、「祈りの木」（飛鳥新社・共著）

**和泉薫（いずみ　かおる）**
1950年新潟県生まれ。73年北海道大学理学部卒。75年同大学院理学研究科修士課程修了。現在、新潟大学積雪地域災害研究センター助教授。理学博士。日本雪氷学会理事・雪崩分科会長。同学会の雪崩研修会・雪崩安全セミナーの開催を推進。雪崩災害の実地調査・資料調査により日本の雪崩災害史を研究。北欧、欧州アルプス、北米における雪崩災害・対策施設を調査。専門は雪氷防災学。著書：『雪氷調査法』（北海道大学図書刊行会・共著）、『雪崩対策の基礎技術』（日本雪氷学会・共著）

**尾関俊浩（おぜき　としひろ）**
1968年北海道生まれ。90年北海道大学理学部卒。96年同大学院地球物理学専攻博士課程修了。同大大学院工学研究科助手、科学技術振興事業団特別研究員を経て、現在、北海道教育大学教育学部岩見沢校助教授。理学博士。北大基礎スキー部OB。雪氷物理学を専門とし、積雪の変態、雪崩の発生機構、着氷雪などの雪害科学や、雪や氷を使った理科教材を研究。

**成瀬廉二（なるせ　れんじ）**
1942年京都府生まれ。66年北海道大学理学部卒。68年同大学院地球物理学専攻修士修了。現在、北海道大学低温科学研究所助教授。理学博士。北大ワンダーフォーゲル部OB、前顧問教官。68～74年、南極観測越冬隊に2回参加。92年、34次南極観測隊夏隊長。南米パタゴニア地域の氷河調査を9回にわたって実施。専門は氷河学、雪氷物理学。著書：『雪氷調査法』（北海道大学図書刊行会・共著）、『氷河：基礎雪氷学講座』（古今書院・共著）

**樋口和生（ひぐち　かずお）**
1962年大阪府生まれ。87年北海道大学農学部卒。特定非営利活動法人ねおす専務理事。北海道自然体験学校NEOSチーフディレクター。北大山岳部OB。日本山岳ガイド連盟公認ガイド。山岳ガイド、自然活動、環境教育の専門家として、子どもから大人まで幅広い層を対象とした各種自然体験プログラムの企画・運営を行う。北海道雪崩事故防止研究会事務局長。
著書：『冒険術入門』（徳間書店・共著）、『北海道ネイチャーツアーガイド』（山と渓谷社・共著）

**福沢卓也（ふくざわ　たくや）**
1965年北海道生まれ。89年北海道大学理学部卒。91年同大学理学研究科修了。同年北海道大学低温科学研究所助手。北大ワンダーフォーゲル部OB。雪崩の研究に従事し、特に弱層形成に関する研究は内外で高い評価を得た。89年、北大ヒンズークシュ遠征隊としてパキスタンの5000m峰2座に初登頂。日本ヒマラヤ協会ミニヤ・コンカ峰登山隊隊員として登山中、94年9月28日遭難。享年28歳。

| | |
|---|---|
| **決定版雪崩学** | 北海道雪崩事故防止研究会編 |
| | 発行者　川崎吉光 |
| 2002年2月10日　初版第1刷 | 発行所　株式会社　山と溪谷社 |
| | 住所　〒105-8503 |
| | 　　　東京都港区芝大門1-1-33 |
| | 電話　03-3436-4094　編集部 |
| | 　　　03-3436-4055　営業部 |
| | 振替口座　00180-6-60249 |
| | DTP　　株式会社千秋社 |
| | 印刷・製本　大日本印刷株式会社 |

©Eiji AKITAYA, Mikio ABE, Kaoru IZUMI, Toshihiro OZEKI,
Renji NARUSE, Kazuo HIGUCHI, Takuya FUKUZAWA 2001

＊定価はカバーに表示してあります。　　　　　　　　　　　ISBN 4-635-42000-0

2003.2.2